Physica-Schriften zur Betriebswirtschaft

Herausgegeben von

K. Bohr, Regensburg · W. Bühler, Dortmund · W. Dinkelbach, Saarbrücken
G. Franke, · Konstanz · P. Hammann, Bochum · K.-P. Kistner, Bielefeld
H. Laux, · Frankfurt · O. Rosenberg, Paderborn · B. Rudolph, Frankfurt

Heinrich Kuhn

Einlastungsplanung von flexiblen Fertigungssystemen

Mit 98 Abbildungen

Physica-Verlag Heidelberg

Dr. Heinrich Kuhn
Fachgebiet Produktionswirtschaft
Abt. Betriebswirtschaftslehre
Technische Universität Braunschweig
Pockelsstraße 14
D-3300 Braunschweig

ISBN-13: 978-3-7908-0511-6   e-ISBN-13: 978-3-642-99757-0
DOI: 10.1007/978-3-642-99757-0
CIP-Titelaufnahme der Deutschen Bibliothek

Kuhn, Heinrich:
Einlastungsplanung von flexiblen Fertigungssystemen/
Heinrich Kuhn. – Heidelberg: Physica-Verl., 1990
(Physica-Schriften zur Betriebswirtschaft; 31)
Zugl.: Darmstadt, Techn. Hochsch., Diss., 1990
ISBN 3-7908-0511-4
NE: GT

Druck und Bindearbeiten: Weihert-Druck GmbH, Darmstadt
7120/7130-543210

Meinen Eltern

Willst du dich am Ganzen erquicken,
So mußt du das Ganze im Kleinsten erblicken.

Johann Wolfgang von Goethe

Vorwort

Die vorliegende Arbeit entstand während meiner Tätigkeit als wissenschaftlicher Mitarbeiter am Fachgebiet für Fertigungs- und Materialwirtschaft der Technischen Hochschule Darmstadt. Sie wurde im Juni 1990 am Fachbereich I der Technischen Hochschule Darmstadt als Dissertation angenommen.

Meinem akademischen Lehrer Prof. Dr. Horst Tempelmeier danke ich für die vielfältige Unterstützung während dem Entstehungsprozeß der Arbeit. Ohne seine fortwährende Diskussionsbereitschaft und seine zahlreichen Anregungen könnte die Arbeit in dieser Form nicht vorliegen.

Herrn Prof. Dr. Wolfgang Domschke, der das Zweitgutachten verfaßte, möchte ich ebenfalls ganz herzlich danken. Insbesondere durch die räumliche Nähe meines Arbeitsplatzes zu seinem Lehrstuhl und der Aufgeschlossenheit seiner Mitarbeiter Prof. Dr. Andreas Drexl, Dr. Erwin Pesch und Dr. Stefan Voß ergaben sich viele Diskussionsmöglichkeiten mit wichtigen Impulsen für die Arbeit.

Herrn Prof. Dr. Klaus-Peter Kistner danke ich für die Aufnahme in die Schriftenreihe.

Den Kollegen Dipl.-Wirtsch.-Ing. Thomas Endesfelder, Dipl.-Wirtsch.-Ing. Reiner Hoenig, Dipl.-Wirtsch.-Inf. Hans-Jochen Schmitt, Dr. Karl Trautmann und Dipl.-Wirtsch.-Ing. Volker Weber bin ich für die stete Hilfsbereitschaft in EDV-technischer, fachlicher und/oder moralischer Hinsicht dankbar. Ganz besonders bedanken möchte ich mich bei meinem Kollegen Dr. Ulrich Tetzlaff. In gemeinsamen Projekten, vielen Diskussionsrunden und im Zuge der Korrekturphase habe ich viele Anregungen erhalten, die in die Arbeit eingeflossen sind. Meinen neuen Kollegen Dipl.-Wirtsch.-Ing. Matthias Derstroff und Dipl.-Wirtsch.-Ing. Ulrich Weingarten danke ich für zahlreiche Verbesserungsvorschläge, die Sie mir bei der Durchsicht des Manuskriptes gaben.

Auch den zahlreichen Studenten, die mich im Rahmen von Studien- und Diplomarbeiten bei der Implementierung von Algorithmen unterstützt haben, bin ich zu Dank verpflichtet.

Einen ganz besonderen Verdienst an dieser Arbeit hat meine Freundin und baldige Ehefrau Marion. Sie hat alle Höhen und Tiefen im Entstehungsprozeß erlebt und auf viele gemeinsame Abende und Wochenenden verzichten müssen. Insbesondere in der Korrekturphase der Arbeit hat sie mich tatkräftig unterstützt.

Meinen Eltern danke ich, daß sie mir eine Ausbildung zukommen ließen, die die Anfertigung einer derartigen Arbeit überhaupt erst ermöglichte. Ihnen habe ich die Arbeit gewidmet.

Darmstadt, im Juli 1990   Heinrich Kuhn

Inhaltsverzeichnis

1. Gegenstand und Gang der Untersuchung

Die Anforderungen des Absatzmarktes an die industrielle Fertigung sind gekennzeichnet durch eine steigende Variantenvielfalt, kürzere Lieferzeiten, steigende Qualitätsansprüche, kleinere Auftragsgrößen und kürzere Produktlebenszyklen. Um diesen Marktanforderungen gerecht zu werden und die Wettbewerbsfähigkeit gegenüber der Konkurrenz zu erhalten oder zu verbessern, sind die Unternehmen gezwungen, ihre Produktion zunehmend zu flexibilisieren. In der Vergangenheit wurden Flexibilitätsbedarfe i.a. über Lagerbestände und über die Organisationsform der klassischen Werkstattfertigung abgefangen. Diese Varianten der Produktionsflexibilisierung sind nicht mehr gangbar, da sie dem Wirtschaftlichkeitsprinzip widersprechen und den Wettbewerbsfaktor Zeit ungenügend berücksichtigen. Es besteht daher die Forderung, die Flexibilität und die Produktivität der gesamten Wertschöpfungskette derart zu erhöhen, daß kurze Lieferzeiten auch bei niedrigen Umlaufbeständen ermöglicht werden. Darüberhinaus soll gewährleistet werden, daß neue Produkte zügig in den Produktionsablauf integriert werden können. Der Einsatz von flexiblen Fertigungssystemen (FFS) ist eine Möglichkeit, den zum Teil gegenläufigen Anforderungen gerecht zu werden. Flexible Fertigungssysteme sind eine Konzeptionsvariante der flexiblen automatisierten Fertigung[1].

Die hohen Investitionskosten und die mit der Entscheidung für ein neues Fertigungskonzept verbundenen Anpassungsmaßnahmen in der bestehenden Fertigungsstruktur erfordern die sensible Vorbereitung einer derartigen Entscheidung. Zur Erfüllung der genannten Zielvorstellung ist es daher nicht ausreichend, sich lediglich für den Einsatz eines FFS zu entscheiden. Insbesondere die Interdependenzen zwischen den beteiligten Systemkomponenten eines FFS und die mit dem Einsatz eines FFS verbundene Komplexitätszunahme führen zu neuen Planungsproblemen, die mit klassischen Planungskonzepten nicht ohne weiteres zu bewältigen sind. Die grundsätzlichen und wesentlichen Planungsphasen eines flexiblen Fertigungssystems sind dessen Einführungs- und Betriebsphase[2].

In der Einführungsphase oder auch Konfigurationsphase eines FFS sind die mit diesem System herzustellenden Produkttypen, die Art und die Anzahl der einzusetzenden Maschinen sowie alle weiteren Elemente - Transportsystem, Spannplätze, Paletten, Spannvorrichtungen, EDV-System und Pufferplätze - des FFS zu bestimmen. Es handelt sich dabei um eine langfristige Produktionspotentialplanung mit zum Teil nicht quantifizierbaren strategischen Einflüssen[3].

Die Betriebsphase eines FFS wird in die Einlastungs- und die Steuerungsphase unterschieden, welche der klassischen Produktionsdurchführungsplanung innerhalb eines Produktionsplanungs- und Steuerungssystems entsprechen[4]. Die Entscheidungsphase der Einlastungsplanung beginnt mit der Auftragsfreigabe von grobterminierten Aufträgen für das FFS und endet unmittelbar vor dem Systemstart. In dieser Phase sind folgende grundsätzliche Entscheidungen zu treffen:

---

1   vgl. Wiendahl (1987), S.15-24; Wildemann (1987), S.1-3 und 65-67; Zäpfel (1989a), S.121 und S.151ff
2   vgl. Stecke, K. E. (1985); Tempelmeier (1988b), S.964
3   Zum Problem der Einführungsphase vgl. Tetzlaff (1990) und die dort angegebene Literatur.
4   vgl. Zäpfel (1982), S.221-240; Hoitsch (1985) S.228-259

a)   Welche Aufträge aus dem Auftragsbestand sollen als nächste in das System ein-
        gelastet werden?

b)   Wie sollen die Maschinen für die ausgewählten Aufträge gerüstet werden?

Die Steuerungsphase umfaßt alle Entscheidungen, die während des aktuellen Systembetriebs zu treffen sind. Diese sind beispielsweise die Auswahl der nächsten Bearbeitungsmaschine für eine Werkstückbearbeitung, die Wahl des transportierenden Fahrzeugs
und die Reaktion auf unvorhergesehene Störungen im Betriebsablauf. Eine eindeutige
Trennung zwischen der Einlastungsphase und der Steuerungsphase ist nicht immer möglich, da die beiden Phasen in Abhängigkeit von der Systemkonzeption fließend ineinander
übergehen können.

Innerhalb der Betriebsphase eines FFS kommt insbesondere der Einlastungsphase eine
entscheidende Bedeutung zu. Aufgrund der Flexibilität des Systems steigt die Komplexität
des Planungsproblems erheblich an und liegt damit i.a. weit über der Komplexität klassi-
scher Ablaufplanungsprobleme. Die Vielfalt der Reihenfolge- und Zuordnungsmöglichkeiten ist dadurch häufig nicht mehr zu überschauen. Desweiteren wird gerade in
dieser Planungsphase die ursprüngliche Flexibilität des Systems wesentlich eingeschränkt
und somit über die Möglichkeit einer effizienten und effektiven Nutzung des Systems
entschieden[5].

Im Gegensatz zu der Bedeutung der Einlastungsplanung für den wirtschaftlichen Betrieb
eines FFS wird der Einsatz eines derartigen Planungssystems in der betrieblichen Praxis
derzeit fast vollständig vernachlässigt. Die für die Aufgaben der Einlastungsphase konzipierten und implementierten Leitstandsysteme dienen in erster Linie der Verwaltung von
Stammdaten und NC-Programmen, dem Empfang und der Rückmeldung von Bearbei-
tungsaufträgen sowie der Überwachung der einzelnen Systemkomponenten. Eine
Entscheidungsunterstützung bezüglich der zahlreich festzulegenden Entscheidungsvariablen wird im Grunde nicht gegeben[6].

In der Literatur werden im Gegensatz dazu vielfältige Ansätze zur Lösung der genannten
Problemstellung vorgeschlagen[7]. Eine der Ursachen für diese Diskrepanz zwischen theoretisch formulierten Lösungsansätzen und deren Umsetzung in eine betriebliche Anwendung kann darin gesehen werden, daß die in der Literatur angebotenen Lösungsansätze
wesentliche Entscheidungsparameter vernachlässigen. Werden dagegen realitätsgetreue
Modelle formuliert, dann sind die vorgeschlagenen Lösungsmethoden entweder sehr vereinfacht oder aber nur für sehr eingeschränkte Problemgrößen anwendbar. Aus diesem
Grund führen diese Ansätze in der betrieblichen Anwendung zu überwiegend unbefriedigenden Ergebnissen. Gegenstand der vorliegenden Arbeit ist daher die Entwicklung eines
Lösungskonzepts für die Problemstellungen der Einlastungsphase eines bestimmten Typs
von flexiblen Fertigungssystemen, welches den Anforderungen der Praxis gerecht wird.
Trägt ein derartiges Konzept zur Effizienz- und Effektivitätssteigerung eines FFS bei, dann
wird durch Kostensenkungen und eventuelle Erlössteigerungen die Wirtschaftlichkeit des
FFS insgesamt verbessert.

---

5   vgl. Stecke (1983), S.274; Schneeweiß (1987), S.232; Schmidt (1989), S.12-13; Zäpfel (1989a), S.189
6   vgl. Mussbach-Winter (1985); Grund, Wanger (1986); Geitner (1988); Walker (1988); Ziegler (1989)
7   vgl. Shanker, Tzen (1985); Rajagopalan (1985); Kusiak(1985a); Buzacott, Yao (1986); Whitney, Gaul (1985);
        Hintz (1987); Sarin, Chen (1987); Stecke, Kim (1988); Hwang (1988); Avonts, Wassenhove (1988); Bastos
        (1988); Mazzola, Neebe, Dunn (1989)

Die Untersuchung konzentriert sich aufgrund der vorliegenden Planungskomplexität ausschließlich auf die Einlastungsphase der FFS. Diese Einschränkung erlaubt es, grundsätzlich von einer deterministischen Planungssituation auszugehen, wodurch stochastische Einflüsse, die vor allem innerhalb der Steuerungsphase eines FFS auftreten, unberücksichtigt bleiben. Ebenso unbeachtet bleiben sozial- und gesellschaftswissenschaftliche Aspekte[8], die durch die Einführung und Inbetriebnahme eines FFS hervorgerufen werden.

Der Aufbau der vorliegenden Arbeit ist wie folgt: Im direkten Anschluß wird das technische Konzept der flexiblen Fertigungssysteme dargestellt (Kap. 2). Hieran anschließend erfolgt die Einordnung der Betriebsphase eines FFS in die klassische Produktionsplanung und -steuerung (Kap. 3). Nachdem der Planungsrahmen beschrieben wurde, kann das Entscheidungsproblem der Einlastungsphase genauer untersucht werden. Hierbei sind die Spezifizierung von Problemtypen sowie die Analyse der in dieser Entscheidungsphase relevanten Zielfunktion von wesentlichem Interesse (Kap. 4). Aufbauend auf der Konkretisierung der anstehenden Entscheidungsprobleme werden die in der Literatur vorhandenen Modell- und Lösungsansätze diskutiert (Kap. 5). Die Literaturanalyse verdeutlicht die Problematik der bisher vorgestellten Ansätze, so daß in Kapitel 6 ein neues Lösungskonzept vorgeschlagen wird. Hierzu wird zunächst der in dieser Arbeit betrachtete Problemtyp festgelegt und anschließend das zugehörige Modell aufgestellt. Zur Lösung der formulierten Problemstellung werden zum einen deskriptive und zum andern konstruktive Verfahren eingesetzt[9].

Der Einsatz von deskriptiven Verfahren ermöglicht eine realistische Approximation der Zielfunktionswerte, die durch die Verwirklichung der Lösungsalternativen zu erwarten sind. In diesem Zusammenhang bieten sich als deskriptive Verfahren die Algorithmen zur Lösung von geschlossenen Warteschlangennetzwerken an. Sie wurden für die Probleme der Einführungsphase eines FFS schon vielfach und vor allem mit großem Erfolg angewendet[10]. Im Kapitel 6.4 wird gezeigt, daß sie auch im kurzfristigen Bereich zur Bewertung von unterschiedlichen Planungsalternativen dienlich sein können.

Als konstruktive Verfahren werden ausschließlich heuristische Verfahren entwickelt, da die Komplexität der Problemstellung eine exakte Lösung für praxisrelevante Problemfälle nicht zuläßt (Kap. 6.5).

Den Abschluß der Arbeit (Kap. 7) bildet der numerische Vergleich des entwickelten Lösungskonzepts mit zwei alternativen Lösungsvarianten, die der Literatur entnommen wurden. Da diese Lösungsvarianten nicht alle in dieser Arbeit betrachteten Einflußgrößen berücksichtigen, mußten sie erweitert werden.

---

8   vgl. zu diesem Thema Kern, Schuhmann (1984)
9   Zur Unterscheidung zwischen deskriptiven und konstruktiven Verfahren vgl. Suri (1985), S.15-16; Gershwin et al. (1986), S.10-11.
10   vgl. Tempelmeier (1988b); Tempelmeier (1989)

2. Flexible Fertigungssysteme

Mitte der sechziger Jahre begann die technologische Entwicklung flexibler Fertigungssysteme[11]. Aufgabe dieser neuen Technologie sollte es vor allem sein, die Rüstzeiten und die Durchlaufzeiten einer Werkstückbearbeitung zu verkürzen. Der Einsatz automatisierter Werkzeugwechseleinrichtungen an universell konzipierten NC-Bearbeitungsmaschinen[12] ermöglichte diese Reduzierung der Rüstzeiten und damit die wahlfreie Fertigung von unterschiedlichen Werkstücken. Eine automatisierte und wahlfreie Verkettung dieser Bearbeitungseinrichtungen mit weiteren spezialisierten Maschinen (z.B. Meß- und Waschmaschinen) erlaubte eine weitestgehende Komplettbearbeitung der Werkstücke in einem abgeschlossenen Fertigungssystem. Aufgrund der hierdurch reduzierten Transport- und Liegezeiten der Aufträge konnte die Durchlaufzeit einer Werkstückbearbeitung wesentlich verkürzt werden. Die Verkettung der Bearbeitungsmaschinen erhöhte also, ähnlich dem Fließfertigungsprinzip, die Produktivität des Fertigungssystems, während die Reduzierung des Rüstaufwands zu dessen Flexibilitätssteigerung beitrug.

Im folgenden wird die Konzeption eines flexiblen Fertigungssystems genauer untersucht. Hierzu wird zunächst der Begriff FFS erläutert und eine Abgrenzung zu anderen flexiblen Fertigungskonzepten vorgenommen. Daran anschließend werden Aufbau und Komponenten eines FFS besprochen. Ist dies geschehen, erfolgt nach der Klärung des Begriffs Flexibilität eine Einordnung von Flexibilitätskriterien zwischen den angestrebten Zielen und den zur Realisierung bereitstehenden Mitteln.

2.1 Begriff "flexibles Fertigungssystem"

Die vielfältigen Gestaltungsmöglichkeiten eines FFS haben dazu geführt, daß der Begriff "flexibles Fertigungssystem" in der Literatur unterschiedlich definiert wird[13]. Hierbei besteht u.a. auch darüber Uneinigkeit, ob die Definition des Begriffs den Zweck oder die Mittel eines FFS festlegen soll[14]. Im Rahmen der vorliegenden Arbeit ist von einer mittelbezogene und allgemeingültige Definition des Begriffs auszugehen, da zum einen innerhalb der Betriebsphase eines FFS die Systemkomponenten vorgegebenen sind und zum anderen die Planungsphase zunächst verallgemeinert behandelt werden soll. Eine für diese Absichten geeignete Definition haben Kearney und Trecker[15] formuliert.

"FMS (Flexible Manufacturing System) combines the existing technology of NC manufacturing, automated material handling, and computer hardware and software to

---

11   vgl. Hedrich (1983), S.126; Kusiak (1986)

12   NC-Maschinen werden numerisch gesteuert (NC = numerical control). In der ersten technologischen Entwicklungsstufe erfolgte dies über eine fest verdrahtete Funktionssteuerung (NC-Maschinen). Die Programmeingabe wurde über Lochstreifen durchgeführt. Später übernahmen Kleinrechner die Aufgabe der numerischen Steuerung (CNC-Maschinen, computerized numerical control). Derzeit werden zunehmend Mikroprozessor-Steuerungen (MCNC-Steuerung) und Mehrprozessorsteuerungen (MPST-Steuerung) eingesetzt. Verfügt die CNC-Maschine über einen externen Rechneranschluß, spricht man von einer DNC-Maschine (direct numerical control). (vgl. Hedrich (1983), S.11-13 u. 25)

13   vgl. Hutchinson, Wynne (1973), S.10; Warnecke, Vettin (1977), S.77; Vettin (1979), S.15; Ránky (1983), S.1; Charles Stark Draper Laboratory (1984), S.4; Holz, Gaebler (1985), S.4; Bonetto (1988), S.39; Talavage, Hannam (1988) S.10; Schmidt (1989), S.4

14   vgl. Zörntlein (1988), S.10-12

15   Kearney und Trecker ist ein Hersteller von FFS

create an integrated system for the automatic random processing of palletized parts across various work stations in the system."[16]

2.2 Abgrenzung zu anderen flexiblen Fertigungskonzepten

Neben flexiblen Fertigungssystemen sind vor allem zwei weitere flexible Fertigungskonzepte entwickelt worden. Diese sind die flexible Fertigungszelle (FFZ) und die flexible Fertigungslinie (FFL)[17]. Allen Konzepten gemein ist der Einsatz von numerisch gesteuerten Werkzeugmaschinen (NC-Maschinen)[18] und die computergestützte Steuerung des Fertigungsprozesses. Unterschiede bestehen in der technischen Ausgestaltung und im Einsatzgebiet der jeweiligen Konzepte. Im Gegensatz zu einem FFS bestehen FFZ[19] nur aus einem, mit einem Werkstückpuffer versehenen Bearbeitungszentrum[20]. Vergleicht man die FFL[21] mit den FFS, so setzen sich die FFL zwar aus mehreren NC-Maschinen zusammen, verfügen aber über eine flußorientierte Verkettung der einzelnen Bearbeitungsstationen. Im Unterschied zur konventionellen Transferstraße ist es mit einer FFL möglich, gleichzeitig oder sequentiell unterschiedliche Werkstücke zu bearbeiten. Desweiteren werden die Fertigungskonzepte durch ihre unterschiedlichen Einsatzbereiche gegeneinander abgegrenzt. Dies wird i.a. wie in Abbildung 1 dargestellt vorgenommen[22].

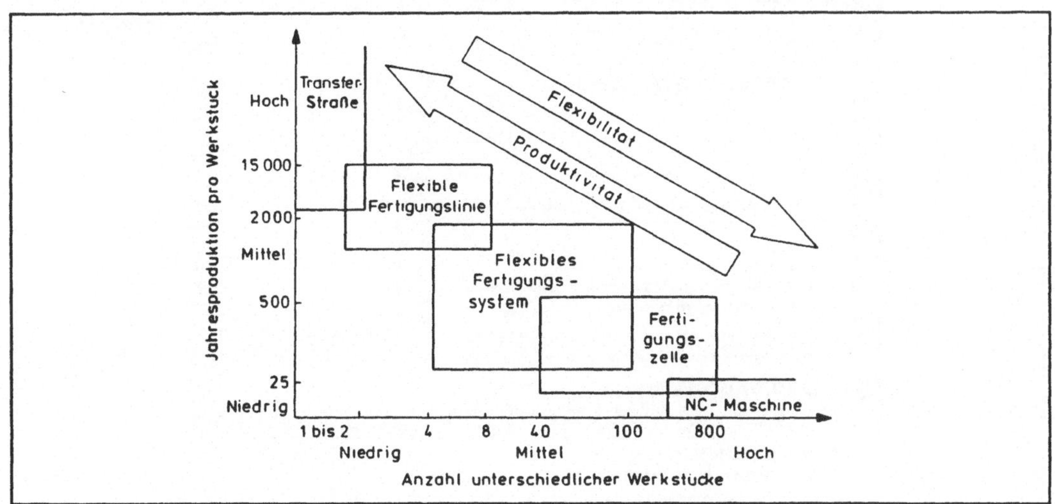

Abb. 1:   Einsatzbereiche verschiedener Fertigungskonzepte[23]

---

16   zitiert nach Buzacott, Yao (1986), S.891

17   vgl. Dey, Möller (1984); FFL werden auch als flexible Fertigungsstraßen bezeichnet (vgl. Pferdmenges (1981), S.15; Holz, Gaebler (1985), S.15). Eine Zusammenstellung der Literatur zu den unterschiedlichen Begriffen ist bei Wildemann zu finden (vgl. Wildemann (1987), S.3).

18   s. Fußnote 12

19   vgl. Mertins (1985a), S. 26-28; Förster (1988) S.6-10

20   Ein Bearbeitungszentrum ist eine universell konzipierte NC-Werkzeugmaschine mit integriertem lokalen Werkzeugspeicher (vgl. Hedrich (1983), S.33).

21   vgl. Mertins (1985a), S.37-38

22   vgl. Spur, Mertins (1981) S.441; Charles Stark Draper Laboratory (1984), S.9; Dey, Möller (1984), S.457; Holz, Gaebler (1985), S.10; Snader (1986), S.2, Spur, Seliger, Viehweger (1986), S.171; Schlingensiepen (1987), S.179; Talavage, Hannam (1988), S.8

23   vgl. Spur, Mertins (1981) S.441

Als Flexibilitätsmaß wird die Anzahl unterschiedlicher Werkstücke herangezogen[24], die mit diesen Konzepten im betrieblichen Einsatz üblicherweise gefertigt werden. Als Maß der Produktivität wird dagegen die Mengenleistung gewählt[25], die i.a. pro Produktart und Periode mit diesen Konzepten erzielt wird.

2.3 Aufbau und Komponenten eines flexiblen Fertigungssystems

Ausgehend von der Systembetrachtung läßt sich ein FFS in verschiedene Teilsysteme untergliedern. Diese Teilsysteme weisen sowohl untereinander als auch zum Umsystem Beziehungen auf (s. Abb. 2).

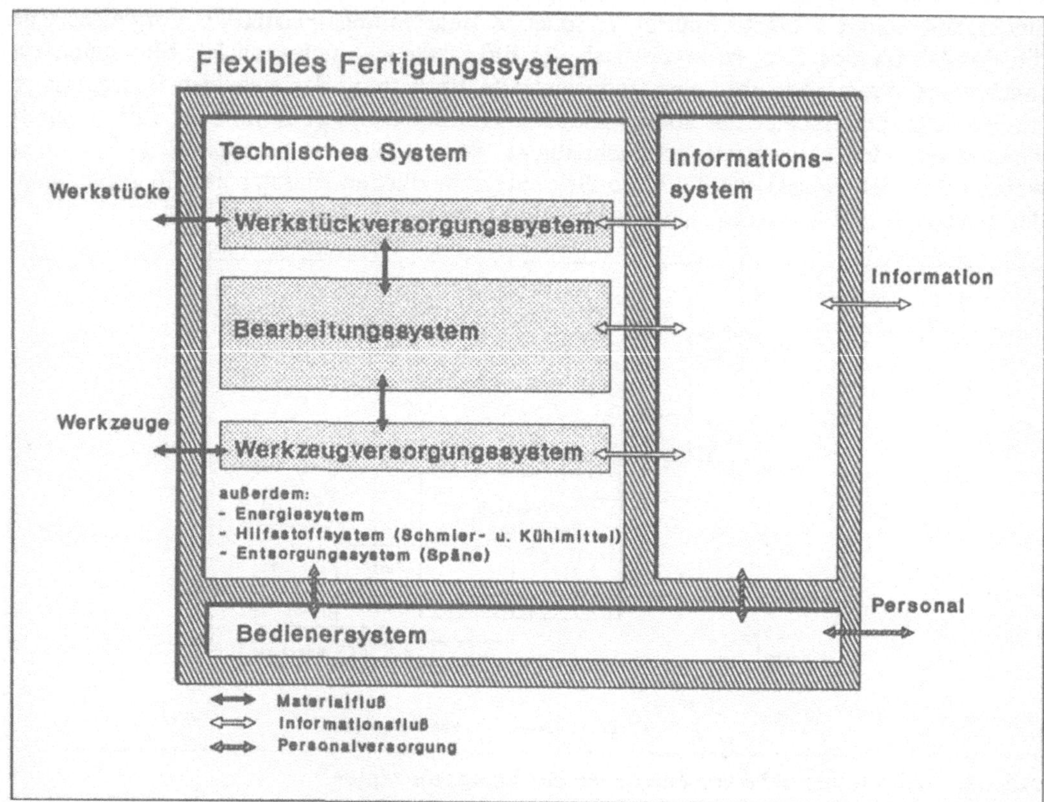

Abb. 2:   Subsysteme eines flexiblen Fertigungsystems

Die wesentlichen Teilsysteme eines FFS sind das technische System, das Bedienersystem und das Informationssystem.

---

24   Neben diesem Flexibilitätskriterium können noch zahlreiche weitere Kriterien unterschieden werden (s. Kap. 2.4).

25   Strenggenommen gibt eine reine Mengenleistung noch keine Auskunft über die Produktivität eines Systems (zum Begriff Produktivität vgl. Wöhe (1986), S.49). Zur Produktivitätsmessung wären Input und Output der jeweiligen Konzeptvariante miteinander in Beziehung zu setzten. Es wird jedoch ein konstanter Input unterstellt.

2.3.1 Technisches System

Das technische System beinhaltet alle Fertigungsmittel eines FFS. Es untergliedert sich in ein Bearbeitungssystem, ein Werkstückversorgungssystem und in ein Werkzeugversorgungssystem[26].

2.3.1.1 Bearbeitungssystem

Das Bearbeitungsystem eines FFS umfaßt die Werkzeugmaschinen, die maschineneigenen Werkzeugspeicher und -wechsler, die Spannmittel, die Meß- und Prüfeinrichtungen sowie die Reinigungsstationen.

Als Werkzeugmaschinen werden i.a. NC-Maschinen eingesetzt[27]. Die Werkzeugmaschinen sind im wesentlichen nach Spezialmaschinen oder Universalmaschinen (Bearbeitungszentren) zu unterscheiden. Universalmaschinen sind Werkzeugmaschinen, die für verschiedene spanende Fertigungsverfahren (wie z.B. bohren, fräsen, ausdrehen, gewindeschneiden) innerhalb einer Spannlage einsetzbar sind[28].

In FFS werden überwiegend Universalmaschinen eingesetzt. In einer 1985 veröffentlichten Studie[29] entfielen beispielsweise 55% der eingesetzten Maschinen auf diesen Typ, während sich die restlichen 45% auf Dreh-, Fräs-, Bohr-, Schleif- und sonstige Spezialmaschinen verteilten. Die Gesamtzahl der verzeichneten Maschinen in einem FFS betrug in 73% der Fälle zwischen 2 und 10 Maschinen, während mehr als 15 Maschinen nur in 8% der untersuchten Systeme eingesetzt wurden. Der Einsatz von FFS mit weniger als 10 Maschinen wird sich zukünftig erhöhen, da größere Systeme aufgrund ihrer Komplexität Schwierigkeiten im Systembetrieb bereiten[30].

In Abhängigkeit von den ausführbaren Bearbeitungsoperationen der einzelnen Maschinen lassen sich Systeme mit ersetzenden, ergänzenden sowie mit ersetzenden und ergänzenden Maschinen unterscheiden[31]. Dieser Tatbestand wurde in der oben zitierten Studie ebenfalls analysiert. 65% der untersuchten Systeme wiesen sowohl ersetzende als auch ergänzende Maschinen auf, während die anderen 35% zu fast gleichen Teilen entweder ersetzende oder ergänzende Systemvarianten darstellten[32].

Maschineneigene Werkzeugspeicher werden i.a. als ein Scheiben-, Umlauf- oder Kassettenmagazin konzipiert. Diese Magazine sind mit mehreren gleichen oder unterschiedlichen Werkzeugen bestückt. Im Falle einer sich verändernden Bearbeitungsaufgabe oder des Verschleißes des aktuell eingesetzten Werkzeugs wird das alte Werkzeug mit Hilfe eines Werkzeugwechslers automatisch ausgetauscht. Die Anzahl der aufnehmbaren Werkzeuge

---

26   Zusätzlich können noch das Energiesystem, das Hilfsstoffsystem (Schmier- u. Kühlmittel) und das Entsorgungssystem (Späne) unterschieden werden.

27   s. Fußnote 12

28   vgl. Hedrich (1983), S.33

29   vgl. Mertins (1985a), S.49; Mertins (1985b), S.253-254

30   vgl. Fix-Sterz, Lay, Schulz-Wild (1986), S.371

31   Verschiedentlich werden diese Systeme auch in einstufige, mehrstufige oder kombinierte Systeme unterschieden (vgl. Hormann (1973) S.8ff (zitiert nach Wildemann (1987), S.109); Mertins (1985a), S.30; Wildemann (1987), S.109; Zäpfel (1989a), S.188. Diese Begiffsdefinition widerspricht der Definition eines ein- bzw. mehrstufigen Fertigungsprozesses, welche ursprünglich auf ein Fertigungsobjekt bezogen ist. Eine derartige Unterscheidung würde voraussetzen, daß in einstufigen Systemen jedes Werkstück nur in einer Spannlage zu bearbeiten sei.

32   vgl. Mertins (1985b), S.255-264

ın einem lokalen Werkzeugmagazin ist beschränkt und variiert je nach technischer Ausgestaltung zwischen 20 und 120 Werkzeugen[33].

2.3.1.2 Werkstückversorgungssystem

Das Werkstückversorgungssystem ist in ein Transport-, ein Lager-, ein Bereitstellungs- und ein Handhabungssystem zu unterscheiden.

a)   Transportsystem

Das Transportsystem hat die Funktion, die einzelnen Bearbeitungsstationen, das Lagersystem und das Bereitstellungssystem miteinander zu verketten. Als Verkettungsarten können die Innen- und die Außenverkettung unterschieden werden[34]. Bei einer Innenverkettung führt der Werkstückfluß durch den Arbeitsraum der Bearbeitungsmaschine, während er bei der Außenverkettung an der Bearbeitungsstation vorbeiführt. Die Innenverkettung erfordert einen getakteten Transport oder eine entsprechende Anzahl an Pufferplätzen. Das Prinzip der Innenverkettung findet i.a. bei Transferstraßen Anwendung. In einem FFS werden die Bearbeitungsstationen überwiegend außenverkettet. Nur für bestimmte Maschinen (z.B. Prüf- und Waschmaschinen) erfolgt unter Umständen eine Innenverkettung.

Der Transport der Werkstücke in einem FFS erfolgt auf speziellen Werkstückträgern (Paletten). Für die technische Realisierung des Transports werden kontinuierliche und diskontinuierliche Materialflußsysteme eingesetzt, die in den untersuchten FFS der oben erwähnten Studie etwa zu gleichen Teilen vertreten waren. Unter den kontinuierlichen Materialflußsystemen dominierten die angetriebenen Rollenbahnen, während bei den diskontinuierlichen Materialflußsystemen die schienengebundenen und die induktiv gesteuerten Fahrzeuge zu gleichen Teilen auftraten[35].

b)   Lagersystem

Das Lagersystem dient der Aufgabe, die Werkstücke vor und nach den Bearbeitungsvorgängen zu lagern. Es erfüllt sowohl eine Pufferungs- als auch eine Sicherungsfunktion[36]. Die in einem FFS eingerichteten Speicherplätze können nach ihrer räumlichen Anordnung in zentrale und lokale Speicherplätze[37] unterschieden werden. Lokale Speicherplätze sind direkt einer Bearbeitungsstation zugeordnet, während zentrale Speicherplätze zur Zwischenlagerung aller im System befindlichen Werkstückträger dienen.

c)   Bereitstellungssystem

Das Bereitstellungssystem[38] übernimmt die physische Vorbereitung (Aufspannen), Zwischenbereitung (Umspannen) und Nachbereitung (Abspannen) der Werkstücke. Die erforderlichen Arbeitsgänge werden i.a. manuell an Spann- bzw. an Ein- und Ausgabestationen durchgeführt. Rotationssymmetrische Werkstücke werden üblicherweise in unge-

---

33   vgl. Warnecke (1985), S.273; o.V. (1989)

34   vgl. Mertins (1985a), S.31

35   vgl. Mertins (1985a), S.54

36   Die drei Grundfunktionen eines Lagers sind Sicherung, Pufferung und Spekulation (vgl. Pfohl (1985) S.92-93).

37   vgl. Mertins (1985a), S.34-35

38   Pferdmenges unterscheidet das Bereitstell- und das Spannsystem (vgl. Pferdmenges (1981), S.18).

spanntem Zustand als Sammelgut auf einer Palette oder in einem Magazin bereitgestellt und so durch das System transportiert. Prismatische Teile werden dagegen mittels spezieller Spannvorrichtungen auf dem Werkstückträger (Palette) fixiert. Die Nutzung sogenannter Spannwürfel erlaubt es, mehrere gleich- oder verschiedenartige Werkstücke auf einer Palette zu befestigen[39]. Die Paletten sind i.a. standardisiert und werden erst durch das Anbringen einer Spannvorrichtung auf einen bestimmten Werkstücktyp festgelegt. Für die gespannten Werkstücke ist die Transportaufspannung mit der Bearbeitungsaufspannung identisch, wobei zu einer Mehrseitenbearbeitung eine Umspannung an einer Spannstation notwendig wird. Ungespannte Werkstücke werden dagegen mit einem speziellen Handhabungsgerät in den Arbeitsraum der Maschine überführt und dort automatisch fixiert[40].

d)   Handhabungssystem

Das Handhabungssystem hat die Funktion, unterschiedliche Objekte, wie beispielsweise Werkstücke oder Paletten, in ihrer Orientierung und Position zwischen Bearbeitungs-, Transport-, Lager- und Bereitstellungssystem definiert zu verändern[41]. Ein typischer Handhabungsvorgang wäre beispielsweise die Entnahme eines Werkstückträgers aus einem lokalen Puffer und dessen Einbringung in den Arbeitsraum einer Maschine.

2.3.1.3 Werkzeugversorgungssystem

Im Werkzeugversorgungssystem werden entsprechend den Funktionen des Werkstückversorgungssystems die Aufgaben des Transports, der Bereitstellung, der Lagerung und der Handhabung von Werkzeugen wahrgenommen[42]. Im Bearbeitungssystem werden schließlich Werkstück und Werkzeug miteinander in Eingriff gebracht.

Das Werkzeugversorgungssystem ist danach zu unterscheiden, inwieweit die lokalen Werkzeugmagazine der Bearbeitungsmaschinen manuell oder automatisiert von einem zentralen Werkzeugspeicher versorgt werden. Die manuelle Variante erfordert eine Fertigung in bestimmten, dem System zugeordneten Losen (Scheinserie) von Werkstücken. Je nach technischer und organisatorischer Ausgestaltung kann es hierbei erforderlich sein, alle lokalen Werkzeugmagazine des FFS gleichzeitig mit neuen Werkzeugen zu bestücken. Eine automatisierte Versorgung der lokalen Werkzeugmagazine durch einen zentralen Werkzeugspeicher ermöglicht dagegen eine wahlfreie Fertigung aller potentiell fertigbaren Werkstücke[43].

2.3.2 Bedienersystem

Als das Bedienersystem wird das direkt zum Betrieb eines FFS notwendige Personal bezeichnet. Es stellt somit das Fertigungssubjekt dar. In vielen Konzepten zur Strukturierung von FFS wird das Bedienersystem vernachlässigt, wodurch der Eindruck erweckt wird, FFS seien personallos betreibbar. In der Praxis sind jedoch für viele Aufgaben noch keine oder noch keine wirtschaftlichen Automatisierungen entwickelt worden, so daß

---

39   vgl. Meretz (1989), S.144
40   vgl. Döttling (1981), S.19; Mertins (1985a), S.32-33 u. 36; Hintz (1987), S.37
41   vgl. Reitzle (1984), S.70ff; Mertins (1985a), S.36;
42   vgl. Hammer (1986), S.638-639
43   vgl. Döttling (1981), S.35; Warnecke (1985), S.273; Zäpfel (1989a), S.305

weiterhin umfangreiche, manuell auszuführende Tätigkeiten vorliegen. Diese Aufgaben sind beispielsweise die Werkstück- und Werkzeugbereitstellung, die Programmierung, die Überwachung, die Steuerung sowie die Wartung und Instandhaltung[44]. Sie erfordern die Gestaltung einer Arbeitsorganisation, in der über die räumliche, zeitliche und personelle Zuordnung dieser Aufgaben entschieden wird.

Das Bedienungspersonal setzt sich üblicherweise aus einem Anlagenführer und einer entsprechenden Zahl an Aufspannern, Werkzeugeinrichtern und Wartungskräften[45] zusammen, wobei zunehmend das Bestreben besteht, die Aufgabenteilung zu verringern[46].

2.3.3 Informationssystem

Das Informationssystem eines FFS untergliedert sich in ein kurzfristiges Planungs- und Steuerungssystem und in ein Datenverwaltungssystem. Das Datenverwaltungssystem übernimmt die Verwaltung der Auftrags- und NC-Programme. Das Planungs- und Steuerungssystem nimmt bestimmte Dispositions- und Ausführungsfunktionen wahr. Dabei greift es auf die im Datenverwaltungssystem zur Verfügung gestellten Informationen zurück[47]. Das Steuerungssystem selber läßt sich wiederum in ein technisches und in ein organisatorisches Steuerungssystem differenzieren[48]. Das technische Steuerungssystem gewährleistet beispielsweise die Übertragung der NC-Steuerdaten, die Steuerung des Material- und Werkzeugversorgungssystems, die Synchronisation zwischen Werkzeugmaschinen- und Transportsteuerung sowie die Steuerung der einzelnen Maschinen. Im Gegensatz dazu erfüllt das organisatorische Steuerungssystem beispielsweise die Funktionen der kurzfristigen Maschinenbelegung, die Umbelegung aufgrund von Störfällen und die Betriebsdatenerfassung.

Das kurzfristige Planungssystem ist dem technischen und organisatorischen Steuerungssystem vorgelagert[49]. Das Planungssystem nimmt unter Einbezug aktueller Informationen aus dem Steuerungssystem eine zielorientierte Belegungs- und Einlastungsplanung der aktuell zur Disposition stehenden Aufträge vor. Gegenstand der vorliegenden Arbeit sind die Planungsprobleme, die im Rahmen des kurzfristigen Planungssystems zu lösen sind.

2.4 Flexibilitätsrealisierung in einem flexiblen Fertigungssystem

2.4.1 Begriff "Flexibilität"

In der betriebswirtschaftlichen und ingenieurwissenschaftlichen Literatur besteht kein eindeutiges Verständnis darüber, welcher Inhalt dem Terminus "Flexibilität"[50] zuzuschreiben

---

44   vgl. Müller (1985), S.54; Sonntag (1985), S. 195-199; Bühner (1986), S.70

45   vgl. Hwang et al. (1984); Sonntag (1985), S. 194, S.852; Bühner (1986), S.73

46   vgl. Kohler, Schultz-Wild (1985); Bühner (1986), S.73

47   vgl. Scheer (1987), S.12-14

48   vgl. Döttling (1981), S.60-61 u. 65; Herrscher (1982), S.16-17; Seliger (1983), S.35-36; Weck et al. (1983), S.4-5 u. 23; Zäpfel (1989a), S.185-186

49   Das kurzfristige Planungssystem wird vielfach auch als dispositive (System)steuerung bezeichnet (vgl. Döttling (1981), S.60-61 u. 65; Herrscher (1982), S.16-17; Seliger (1983), S.35-36; Weck et al. (1983), S.4-5 u. 23; Schmidt (1989), S.10). In Anlehnung an die klassische Produktionsplanung und -steuerung werden diese Aufgaben der Planung zugerechnet.

50   Zur Abgrenzung des Begriffs Flexibilität zu ähnlichen Begriffen wie Elastizität, Anpassungsfähigkeit, Reaktionsfähigkeit, etc. vgl. Behrbohm (1985), S.182, Wolf (1989), S.8-9.

ist. Im Gegensatz zu einer mittelorientierten Definition des Begriffs FFS steht aber in diesem Zusammenhang eine zweckorientierte Betrachtung im Vordergrund. Im allgemeinen wird unter Flexibilität "die Eigenschaft der Anpassungsfähigkeit an unterschiedliche Situationen"[51] verstanden. Diese Begriffsdefinition, die vorrangig an der Reaktionsfähigkeit gegenüber Störungen festgemacht ist, vernachlässigt die Möglichkeit, potentielle Chancen durch bestehende Handlungsspielräume zu nutzen[52]. Diesem Einwand folgend und unter Einbeziehung des Systembegriffs läßt sich Flexibilität wie folgt definieren: Die Flexibilität eines Systems sind dessen Handlungsspielräume zur zielorientierten Reaktion auf Störungen sowie die Nutzung von sich bietenden Chancen[53]. Dieser Flexibilitätsbegriff ist in Hinblick auf die Aktionsflexibilität[54] eines FFS näher zu präzisieren.

2.4.2 Aktionsflexibilität eines flexiblen Fertigungssystems

Innerhalb der Aktionsflexibilität eines FFS sind in bezug auf den betrachteten Zeithorizont zwei Handlungsspielräume zu unterscheiden. Diese sind die möglichen Freiheitsgrade im Rahmen eines veränderbaren Produktionsapparats (Entwicklungs-Flexibilität) und die möglichen Freiheitsgrade im Rahmen eines vorgegebenen Produktionsapparats (Bestands-Flexibilität)[55]. Die Entwicklungs-Flexibilität kommt insbesondere durch die Kriterien der Erweiterungs- und Anpassungsflexibilität eines Produktionssystems zum Ausdruck. Diese Kriterien betrachten, inwieweit ein bestehendes System aufgrund von Produktmengen- und Produktartänderungen durch Hinzufügen von Betriebsmitteln erweiterbar bzw. durch Veränderung der bestehenden Betriebsmittel umbaubar ist[56]. Im Rahmen der vorliegenden Arbeit ist vor allem die Bestands-Flexibilität von Interesse.

Flexibilität läßt sich weiterhin danach spezifizieren, inwieweit sie auf die Planungs- bzw. die Realisationsebene bezogen ist[57]. Die Planungsflexibilität kennzeichnet das Planungs- und Steuerungssystem dadurch, inwieweit es einen Anpassungsbedarf rechtzeitig erkennt und daraus die erforderlichen Maßnahmen sach- und zeitgerecht vornimmt. Die maximal mögliche Planungsflexibilität ist jedoch durch die in der Realisations- bzw. Prozeßebene bereitgestellten Handlungsspielräume beschränkt. Es ist daher im Rahmen einer Flexibilitätsanalyse wesentlich, die Realisationsebene eines FFS zu untersuchen. In der Literatur werden verschiedene Flexibilitätskriterien zur Beschreibung der Realisationsebene eines Fertigungssystems angeführt (s. Abb. 3).

---

51 Altrogge (1979), Sp. 605; vgl. auch Jacob (1974), S.322

52 vgl. Reichwald, Behrbohm (1983), S.837

53 vgl. Maier (1982), S.107; Reichwald, Behrbohm (1983), S.838; Behrbohm (1985), S.192; Wolf (1989), S.10

54 Aktionsflexibilität sind die Freiheitsgrade, die bei einer Entscheidung zur Verfügung stehen (vgl. Meffert (1969), S.790). Neben der Aktionsflexibilität werden in der betriebswirtschaftlichen Literatur weitere Flexibilitätstypen unterschieden (vgl. Meffert (1969), S.787-793).

55 vgl. Jacob (1974), S.322-323; Zäpfel unterscheidet in bezug auf die Fristigkeit die Anpassungsfähigkeit an ein geändertes Produktionsprogramm und die Anpassungsfähigkeit innerhalb eines bestehenden Produktionsprogramms (vgl. Zäpfel (1989a) S.269). Dieser zweckorientierten Einteilung kann hier nicht gefolgt werden, da die anschließend zu beschreibenden Flexibilitätskriterien die möglichen Handlungsspielräume eines Produktionsystems anhand der eingesetzten Mittel definieren. Die von Zäpfel vorgenommene Unterscheidung würde damit eine eindeutige Trennung dieser Flexibilitätskriterien verhindern.

56 vgl. Zäpfel (1989a), S.270; In der angloamerikanischen Literatur wird dies als Expansion Flexibility bezeichnet (vgl. Browne et al. (1984), S.115; Stecke, Browne (1985), S.180).

57 vgl. Maier (1982), S.63; Horváth, Mayer (1986) S.70-71; Wolf (1989), S.16

- Vielseitigkeit	- Durchlauffreizügigkeit
- Umrüstbarkeit	- Homogenität der Betriebsmittel
- Kompensationsfähigkeit	- Fertigungsmittelredundanz
- Volumenflexibilität	- Ausführungsflexibilität
- Speicherfähigkeit	- Arbeitsgangreihenfolgeflexibilität

Abb. 3:   Flexibilitätskriterien

Diese Flexibilitätskriterien (-grade, -maße) charakterisieren lediglich die Eigenschaften eines FFS[58]. Zur Bestimmung eines langfristigen oder kurzfristigen Aktionsprogramms sind sie nicht hilfreich[59]. Dies wird insbesondere dadurch deutlich, daß der Bedarf an Flexibilität durch Maßnahmen der Risikovorsorge einschränkbar ist und somit eine erforderliche Bereitstellung von Handlungsspielräumen begrenzt werden kann[60]. Dies kann in einem FFS beispielsweise durch den Einsatz von Werkzeugbruch- und Werkzeugstandzeitüberwachungssystemen erfolgen. Die durch diese Systeme vermiedenen Maschinenausfälle müssen nicht mehr durch die Bereitstellung von Freiheitsgraden abgefangen werden[61]. Trotz dieser Einwände soll aufgrund der vielfältigen Definition von zum Teil überschneidenden Flexibilitätskriterien eine Einordnung zwischen den Zielen zur Schaffung von Handlungsspielräumen und deren Realisierung anhand der zur Verfügung stehenden Mittel erfolgen. Die Kriterien verdeutlichen die bestehenden Freiheitsgrade eines FFS und zeigen somit die zu berücksichtigenden Variablen eines kurzfristigen Planungs- und Steuerungsystems auf[62].

2.4.3   Einordnung von Flexibilitätskriterien in die Zweck-Mittel-Beziehung

Die oben angeführten Flexibilitätskriterien werden folgend sowohl in bezug auf das angestrebte Flexibilitätsziel, als auch in bezug auf dessen Realisierung dargestellt (s. Abb. 4). Flexibilitätsziele sind einerseits die Schaffung von Handlungsspielräumen zur Anpassung an extern verursachte Produktmengen- und Produktartänderungen und andererseits die Bereitstellung von Freiheitsgraden zum Abfangen von intern verursachten potentialfaktorbedingten Störungen. Die Mittel, mit denen diese Flexibilitätsziele erreicht werden, sind auf der Realisationsebene eines FFS das Fertigungsmittel (technisches System), das Fertigungssubjekt (Bedienungspersonal) und das Fertigungsobjekt (Produkte).

---

58   In vielfältigen Untersuchungen wird versucht, die Flexibilitätskriterien zu quantifizieren (vgl. Maier (1980), S.32-38; Eversheim, Schaefer (1980); Mertins (1985a), S.58-63; Kumar (1987); Hutchinson, Sinha (1989); Gupta, Buzacott (1989); Mandelbaum, Brill (1989))
59   vgl. Jacob (1974), S.326
60   Meffert bezeichnet dies als Built-in-Flexibilität (vgl. Meffert (1985) S. 124-125).
61   vgl. Buchholz, Kuhn (1988), S.72-77; Gupta, Buzacott (1989), S.90
62   vgl. Schmidt (1989), S.9-10

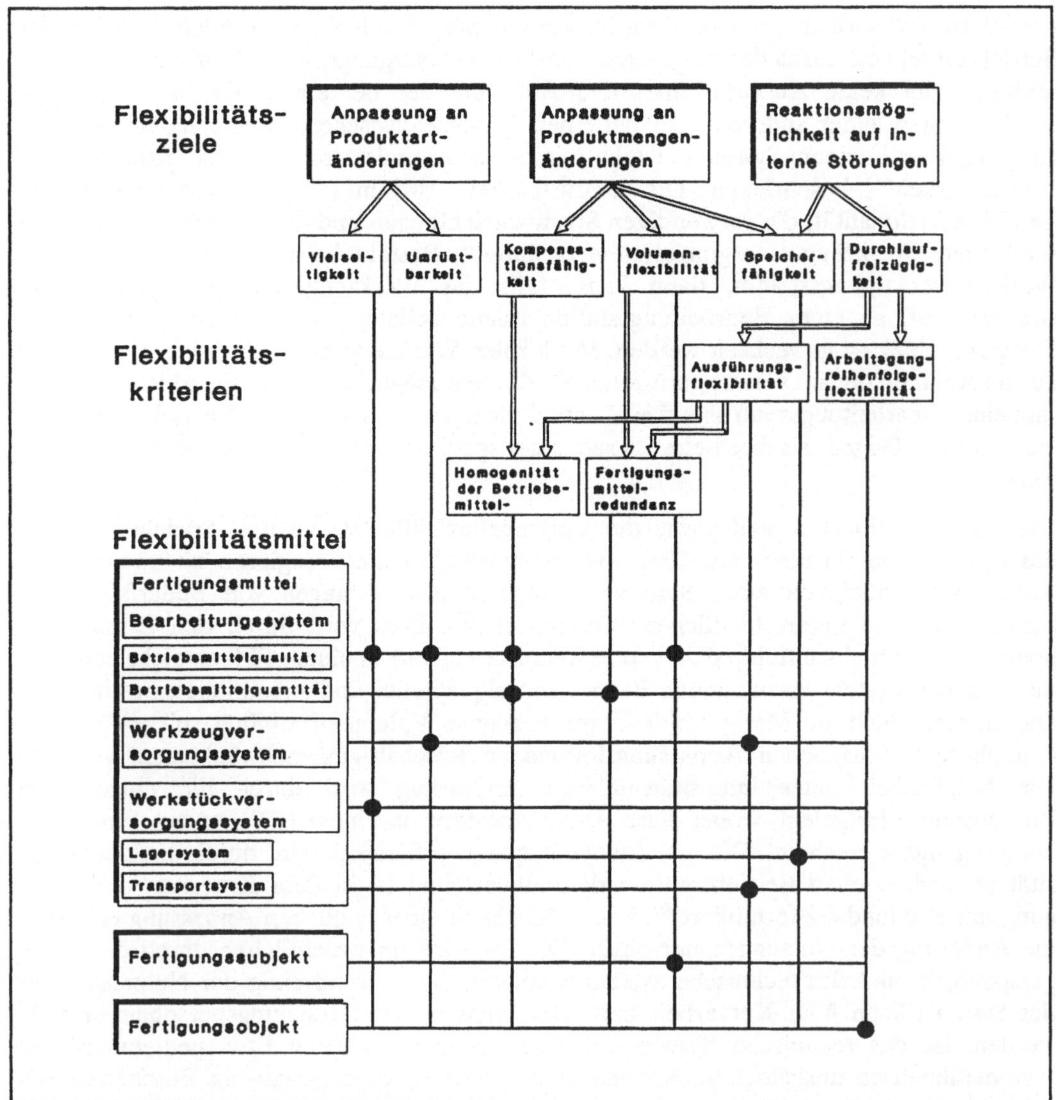

Abb. 4: Zusammenhang zwischen Flexibilitätszielen, -kriterien und -mitteln eines FFS bei unveränderbarem Produktionsapparat

Die Möglichkeit, auf Änderungen der Produktart reagieren zu können, wird durch die Kriterien der Vielseitigkeit und der Umrüstbarkeit eines Fertigungssystems beschrieben. Die Vielseitigkeit umfaßt die gesamten alternativen Verwendungsmöglichkeiten des Systems. Sie umschreibt, welche unterschiedlichen Verrichtungen bzw. Objekte bezüglich der Dimension und Beschaffenheit grundsätzlich im System ausführbar bzw. bearbeitbar sind[63]. In FFS wird dieses Kriterium im wesentlichen durch die verwendete Qualität der Betriebsmittel und durch das eingesetzte Werkstückversorgungssystem bestimmt. Die Vielseitigkeit gibt keine Auskunft über den Aufwand, der bei einem Wechsel von einer Verrichtung zu einer anderen oder bei einem Wechsel zwischen unterschiedlichen Fertigungsobjekten in einem System entsteht. Dieser Sachverhalt wird durch das Kriterium der Umrüstbarkeit[64] beschrieben. Die Umrüstbarkeit wird in FFS durch die eingesetzte Betriebsmittelqualität, die verwendeten Spannvorrichtungen und im besonderen durch das verwendete Werkzeugversorgungssystem beeinflußt. Besteht beispielsweise ein zentrales Werkzeugversorgungssystem, dann kann, falls das Werkzeugversorgungssystem nicht überlastet ist, an einer Bearbeitungsstation relativ beliebig zwischen unterschiedlichen Fertigungsobjekten gewechselt werden. Mit lokalen Werkzeugversorgungssystemen ist dies nur im Rahmen der im voraus gerüsteten Werkzeuge möglich. Entsprechend ist beim Einsatz eines Bearbeitungszentrums der Wechsel zwischen verschiedenen Verrichtungen einfacher zu bewältigen, als dies beim Einsatz einer spezialisierten Bohrkopfmaschine der Fall wäre.

Die Kompensationsfähigkeit sowie die Volumenflexibilität[65] und die Speicherfähigkeit des Systems umschreiben das Ziel, auf Mengenänderungen reagieren zu können. Die Kompensationsfähigkeit eines Systems ermöglicht das Abfangen von Bedarfsverschiebungen zwischen unterschiedlichen Produktarten[66]. Dies wird durch den Einsatz von homogenen Betriebsmitteln (sich ersetzenden Maschinen) in einem FFS erreicht und über die in einem System vorhandenen Betriebsmittelqualitäten und -quantitäten bestimmt[67]. Die ausschließlich auf Mengenänderungen bezogene Volumenflexibilität spiegelt die von Gutenberg beschriebenen Anpassungsformen an Beschäftigungsschwankungen wider[68]. Die Möglichkeit einer intensitätsmäßigen Anpassung wird durch die eingesetzten Betriebsmittel festgelegt, wobei diese Anpassungsform in einem FFS nur mit Einschränkungen gangbar erscheint. Die quantitative Anpassungsfähigkeit wird durch die Überkapazität an vorhandenen Betriebsmitteln determiniert und ist in dem Kriterium der Fertigungsmittelredundanz formuliert[69]. Die Möglichkeit einer zeitlichen Anpassung erfordert die Änderung der Nutzungsdauer eines FFS. Sie wird im wesentlichen durch das Fertigungssubjekt und das technische System bestimmt. Die Veränderung der Nutzungsdauer des Systems kann über Kurzarbeit bzw. Überstunden des Bedienungspersonals erreicht werden. Ist das technische System auf einen bedienungsarmen bzw. bedienungslosen Automatikbetrieb ausgelegt, so können auch dadurch Anpassungen an Beschäftigungsschwankungen vorgenommen werden.

---

63   vgl. Maier (1982), S.145. Verschiedentlich werden der Vielseitigkeit eines Produktionsystems nur die Zustände zugerechnet, die ein System automatisch und ohne manuelle Eingriffe einnehmen kann (vgl. Horváth, Mayer (1986) S.71; Zäpfel (1989a), S.271). Dieser Definition wird hier nicht gefolgt, da hierzu eine nähere Beschreibung des Umrüstaufwands notwendig ist. Dies wird aber bereits durch das Kriterium der Umrüstbarkeit ausgedrückt. Weiterhin würde durch eine derartige Begriffsauffassung die Beschreibung des möglichen Einsatzpotentials eines Fertigungssystems fehlen.

64   vgl. Maier (1982), S.146-147; Horváth, Mayer (1986) S.71; Zäpfel (1989a), S.271

65   In der angloamerikanischen Literatur wird dies als Volume Flexibility bezeichnet (vgl. Browne et al. (1984), S.115; Stecke, Browne (1985), S.180).

66   vgl. Maier (1982), S.148; Wildemann (1987), S.5; Zäpfel (1989a), S.271

67   vgl. Maier (1980), S.39

68   vgl. Gutenberg (1979), S.354-356

69   vgl. Zäpfel (1989a), S.271

Die Speicherfähigkeit beschreibt die Möglichkeit, eventuelle Mengenänderungen durch vorhandene Lagerbestände ausgleichen zu können[70]. In FFS ist dies mit dem vorhandenen Lagersystem nur eingeschränkt möglich. Die Speicherfähigkeit des Lagersystems ist jedoch zur Reaktion auf interne Störungen von wesentlicher Bedeutung[71]. Das Potential an Reaktionsmöglichkeiten auf interne Störungen[72] wird vor allem auch durch die Durchlauffreizügigkeit charakterisiert. Die Durchlauffreizügigkeit eines Fertigungsobjektes wird einerseits durch die Ausführungsflexibilität und andererseits durch die Arbeitsgangreihenfolgeflexibilität bestimmt. Die Ausführungsflexibilität bezeichnet die Möglichkeit, ein zur Bearbeitung anstehendes Werkstück auf einer anderen, als der ursprünglich vorgesehenen Maschine zu fertigen[73]. Diese Möglichkeit wird durch die Homogenität und Redundanz der verwendeten Betriebsmittel beeinflußt. Dabei entscheidet das vorhandene Transportsystem darüber, inwieweit eine potentielle Ausweichmaschine erreichbar ist. Neben diesen Einflußgrößen bestimmt das eingesetzte Werkzeugversorgungssystem, inwieweit die benötigten Werkzeuge an einer potentiellen Ausweichmaschine kurzfristig bereitstellbar sind.

Im Gegensatz zur Ausführungsflexibilität ist die Arbeitsgangreihenfolgeflexibilität[74] nur vom Fertigungsobjekt abhängig. Dieses Kriterium betrachtet die Möglichkeit, erforderliche Arbeitsgänge eines Werkstücks in unterschiedlicher Reihenfolge auszuführen[75]. Im Falle eines Betriebsmittelausfalls ermöglicht diese Art der Flexibilität, einen ursprünglich nachgeordneten Arbeitsgang vorzuziehen.

---

70   vgl. Zäpfel (1989a), S.272

71   vgl. Horváth, Mayer (1986) S.72

72   vgl. Horváth, Mayer (1986) S.71-72; Zäpfel (1989a), S.271; In der angloamerikanischen Literatur wird dies als Routing Flexibility bezeichnet (vgl. Browne et al. (1984), S.114-115; Stecke, Browne (1985), S.180).

73   vgl. Maier (1980), S.57-60

74   In der angloamerikanischen Literatur wird dies als Operation Flexibility bezeichnet (vgl. Browne et al. (1984), S.115; Stecke, Browne (1985), S.180).

75   vgl. Maier (1980), S.57-60, Döttling (1981), S.37

3. Operative Produktionsplanung und -steuerung von flexiblen Fertigungssystemen

Zu Beginn der Arbeit wurde konstatiert, daß im Rahmen der Betriebsphase eines FFS Planungs- und Steuerungsprobleme entstehen und zu lösen sind. An dieser Stelle gilt es zu untersuchen, welcher Phase der dispositiven Produktionsplanung und -steuerung diese Probleme zuzuordnen sind und inwieweit sie sich von klassischen Planungs- und Steuerungsproblemen unterscheiden. Kann gezeigt werden, daß ein Bedarf an neuen Planungskonzepten besteht, dann ist ein solches Konzept zu entwickeln und seine Einordnung in bestehende Ansätze vorzunehmen. Zur Lösung der gestellten Aufgabe ist zunächst die operative Produktionsplanung und -steuerung zu erläutern.

3.1 Operative Produktionsplanung und -steuerung

Die Aufgaben der operativen Produktionsplanung und -steuerung[76] (PPS) unterscheiden sich sowohl in zeitlicher als auch in sachlicher Hinsicht. Ein PPS-System wird i.a. wie in Abbildung 5 dargestellt strukturiert[77].

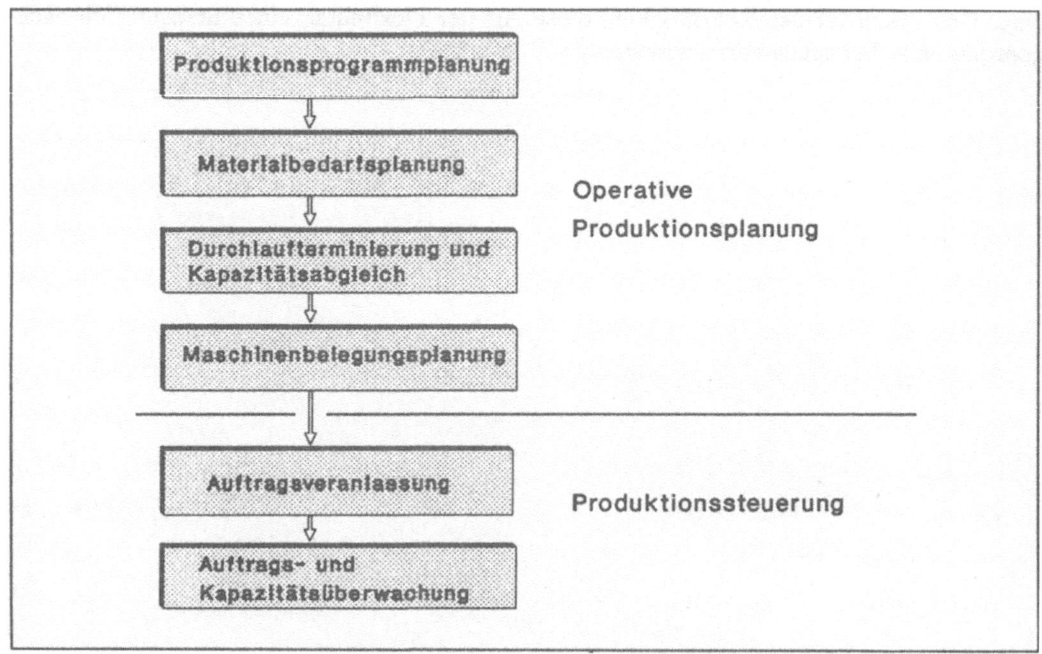

Abb. 5: Aufgaben der operativen Produktionsplanung und -steuerung

Der Planungsprozeß wird in die Teilbereiche Produktionsprogrammplanung, Materialbedarfsplanung, Durchlaufterminierung und Kapazitätsabgleich sowie Maschinenbele-

---

76   Der operativen Produktionsplanung und -steuerung ist die strategische und taktische Produktionsplanung vorgelagert (vgl Zäpfel (1982), S.36).

77   vgl. Zäpfel (1982), S.40-42 u. S.305; Hackstein (1989), S.5; Hoitsch (1985), S.71; Zäpfel (1989a), S.190

gungsplanung[78] differenziert. Der Steuerungsprozeß untergliedert sich in die Auftragsveranlassung sowie die Auftrags- und Kapazitätsüberwachung[79].

Die Produktionsprogrammplanung spezifiziert in einer mittelfristigen und aggregierten Betrachtungsweise das für die nähere Zunkunft (1-2 Jahre) geplante Produktionsprogramm. Ausgehend von Absatzprognosen und eventuell vorliegenden Kundenaufträgen werden die zu produzierenden Produktgruppen nach Art, Menge und Termin festgelegt. Im Rahmen der kurzfristigen Produktionsprogrammplanung wird dieses Programm weiter konkretisiert[80].

Die Materialbedarfsplanung schließt sich an die Produktionsprogrammplanung an. Um das geplante Produktionsprogramm durchführen zu können, bestimmt die Materialbedarfsplanung die zu beschaffenden oder zu fertigenden Baugruppen, Einzelteile und Rohstoffe nach Art, Menge und Termin. Diese Festlegung erfolgt entweder programmorientiert (auf der Grundlage des strukturellen Zusammenhangs zwischen Material und Enderzeugnis) oder verbrauchsorientiert (aufgrund von Verbrauchswerten aus der Vergangenheit). Der so bestimmte Materialbedarf wird im Zuge der Losgrößenplanung unter wirtschaftlichen Gesichtspunkten zu Produktions- oder Beschaffungslosen zusammengefaßt. Hierbei werden produktions- oder beschaffungsbedingte Vorlaufzeiten sowie eventuell bestehende Lagerbestände berücksichtigt[81].

Für die aus der Materialbedarfsplanung terminierten Produktionsaufträge werden innerhalb der Termin- und Kapazitätsplanung Start- und Endtermine festgelegt. Dabei werden vergangenheitsbezogene Durchlaufzeiten und technisch bedingte Arbeitsabläufe einbezogen. Anschließend wird überprüft, inwieweit die bereitstehenden Kapazitäten zur Durchführung der terminierten Aufträge ausreichen. Sollten die Kapazitäten überbelegt sein, so wird entweder versucht, diese an den Bedarf anzupassen oder durch eine Arbeitsgangverschiebung im Rahmen der ermittelten Pufferzeiten einen Kapazitätsabgleich zu erreichen[82].

In die Termin- und Kapazitätsplanung werden i.a. nur aggregierte Kapazitätseinheiten und geplante Durchlaufzeiten einbezogen. Die Aufgabe der Maschinenbelegungs- oder Ablaufplanung ist es daher, den Fertigungsablauf definitiv festzulegen. An dieser Stelle werden die Arbeitsgänge endgültig den Betriebsmitteln zugeordnet. Weiterhin wird eine Entscheidung über die Fertigungsreihenfolge der Aufträge und Arbeitsgänge getroffen[83]. Die Maschinenbelegungsplanung wird häufig auch der Produktionssteuerung zugeordnet. Dies ist davon abhängig, inwieweit die einzelnen Aufgaben von auszuführenden Stellen übernommen werden[84].

---

78   Die Maschinenbelegungsplanung wird auch als Feinterminierung oder Ablaufplanung bezeichnet.

79   Da die einzelnen Teilaufgaben der dispositiven Produktionsplanung nicht simultan gelöst werden können und nicht anzunehmen ist, daß dies durch den Einsatz von FFS grundsätzlich verändert werden kann, wird im Rahmen der vorliegenden Arbeit an dieser Einteilung festgehalten. Zu simultanen Ansätzen der Produktionsplanung vgl. Zäpfel (1982), S.290-296; Hoitsch (1985), S.299-324; Heinrich (1987), S.24-28.

80   vgl. Zäpfel (1982), S.40-42, S.45-152; Hoitsch (1985), S.76-151; Heinrich (1987), S.14; Tempelmeier (1988a) S.6; Zäpfel (1989a), S.192

81   vgl. Zäpfel (1982), S.40-42 u. 154-220; Hoitsch (1985), S.157-228; Tempelmeier (1988a) S.6; Zäpfel (1989a), S.192

82   vgl. Zäpfel (1982), S.40-42 u. 221-240; Hoitsch (1985), S.228-238; Zäpfel (1989a), S.193

83   vgl. Zäpfel (1982), S.40-42 u. S.247-277; Hoitsch (1985), S.238-282; Heinrich (1987), S.23

84   vgl. Zäpfel (1989a), S.194

Mit der Produktionssteuerung beginnt die Fertigung der Aufträge. Im Rahmen der Auftragsveranlassung ist die Verfügbarkeit von Material und Betriebsmitteln zu überprüfen. Die Kapazitäts- und Auftragsüberwachung verfolgt die Aktivitäten des Produktionsgeschehens, um auf eventuelle Änderungen von Kunden- oder Produktionsaufträgen sowie auf Störungen des Produktionsapparats reagieren zu können[85].

3.2 Veränderung der Produktionsplanung und -steuerung bei Einsatz von flexiblen Fertigungssystemen

Durch den Einsatz von FFS verändert sich das Anforderungsprofil an die operative Produktionsplanung und -steuerung. Die Ausführungen zu den Teilsystemen eines FFS (Kap. 2.3) und die Analyse der mit diesen Systemen geschaffenen Handlungsspielräume im Produktionsbereich (Kap. 2.4) haben gezeigt, daß durch den Betrieb eines FFS gegenüber der klassischen Werkstattfertigung die Restriktionen und die Anzahl festzulegender Variablen zunehmen.

Folgende Sachverhalte führen gegenüber der klassischen Werkstattfertigung zu zusätzlichen Restriktionen:

-   Die lokalen Werkzeugmagazine an den Maschinen können nur eine begrenzte Zahl an Werkzeugen aufnehmen. Dadurch ist die Anzahl der unterschiedlichen Werkstücke, die simultan gefertigt werden können, begrenzt.

-   Für jedes Werkzeug steht nur eine begrenzte Anzahl an Schwesterwerkzeugen zur Verfügung. Dadurch können die Werkzeuge zum Engpaß werden.

-   Die in einem FFS zirkulierende Anzahl an Werkstücken wird durch die verfügbare Palettenzahl beschränkt.

-   Die werkstückspezifischen Spannvorrichtungen zur Befestigung der Werkstücke auf den Paletten sind nur begrenzt vorhanden. Somit wird die Anzahl gleicher, im System zirkulierender Werkstücktypen beschränkt.

-   Der Einsatz von Spannwürfeln kann eine gemeinsame Spannung von mehreren Werkstücken auf einer Palette erfordern.

Folgende Sachverhalte verursachen eine Erweiterung der bestehenden Freiheitsgrade:

-   Die Werkzeugmaschinen können ein breites Spektrum an Verrichtungen ausführen.

-   Es kann eine Vielzahl unterschiedlicher Teile im System gefertigt werden.

-   Die ersetzenden Maschinen ermöglichen eine Wahlfreiheit bezüglich der Bearbeitungspfade eines Werkstücks.

-   Die räumliche Nähe der unterschiedlichen Bearbeitungsmaschinen erlaubt die Nutzung variabler Arbeitsgangreihenfolgen der Werkstücke.

Aus den obigen Ausführungen ergibt sich insgesamt eine zunehmende Planungskomplexität beim Betrieb eines FFS[86]. Gleichzeitig wird durch einen strukturierteren und

---

85   vgl. Zäpfel (1982), S.40-42 u. S.277-287; Hoitsch (1985), S.282-294; Zäpfel (1989a), S.194-195
86   vgl. Stecke, Solberg (1981a), S.7-8; Stecke (1983), S.274; Schneeweiß (1987), S.232; Zäpfel (1989a), S.189; Schmidt (1989), S.12-13

transparenteren Produktionsablauf die Planungskomplexität reduziert[87], was auf folgendes zurückzuführen ist:

- Eine überwiegende Komplettbearbeitung von Werkstücken an örtlich zusammengefaßten Betriebsmitteln führt zu einem abgeschlossenen Fertigungssegment.

- Die universell ausgelegten Werkzeugmaschinen eines FFS verkleinern den Maschinenpark.

- Die Reduzierung der auszuführenden Arbeitsgänge an einem Werkstück vermindern die Fertigungsstufen des Produktionssystems.

- Die EDV-technischen Verknüpfungen der automatisierten Fertigungseinrichtungen ermöglichen eine verbesserte Bereitstellung von Betriebsdaten.

Es zeigt sich, daß die Komplexitätszunahme überwiegend die Maschinenbelegungs- und Ablaufplanung eines FFS betrifft, während die Komplexitätsabnahme vorrangig die übergeordneten Planungsmodule beeinflußt. Dies begünstigt ein dezentral organisiertes PPS-System, indem das FFS als eine der dezentralen Planungsstellen operiert. In einem dezentralen PPS-System erfolgt bis zu einer bestimmten Planungsstufe eine zentral ausgerichtete Planung des gesamten Produktionsbereichs. Aus dieser Planung werden definierte Vorgaben für die dezentralen Planungsstellen abgeleitet. Diese Stellen sind dann im Rahmen der Vorgaben autonom für die Planung und Steuerung ihres Bereiches verantwortlich[88].

Es ergibt sich die Frage, welche Aufgaben der operativen Produktionsplanung und -steuerung den zentralen und welche Aufgaben den dezentralen Stellen zu übertragen sind. Der zentralen Produktionsplanungsstelle können eindeutig die Aufgaben der Produktionsprogrammplanung und der Materialbedarfsbestimmung zugeordnet werden. Im Gegensatz hierzu ist die Frage nach einer Zuordnung der Losgrößenplanung nicht eindeutig zu beantworten.

Zäpfel[89] und Hintz[90] schlagen eine dezentral organisierte Festlegung von Fertigungslosen vor[91]. Zäpfel beschreibt dazu die folgenden spezifischen, losgrößenabhängigen Kosten eines FFS: Lagerhaltungskosten, Kapazitätsanpassungskosten, Transportkosten, Werkzeugwechselkosten, Einrichte- sowie Aufspann- und Abspannkosten für Werkstücke[92]. Im Gegensatz zur klassischen Losgrößenplanung bestimmt Zäpfel keinen mit der Auflegung eines Loses direkt verbundenen Rüstkostensatz, sondern betrachtet die notwendigen Kapazitätsanpassungskosten durch die Wahl verkleinerter Auflagegrößen. Diese Anpassungskosten stellt er den Lagerhaltungskosten gegenüber. Der Ansatz entspricht dem Vorgehen bei der mittelfristigen Produktionsprogrammplanung[93] und ist generell zu befürworten. Durch dieses Vorgehen umgeht Zäpfel den Nachteil der klassischen Losgrößen-

---

87   vgl. Hintz (1987), S.3; Helberg (1987), S.175; Zäpfel (1989a), S.200
88   vgl. Scheer (1987), S.36; Scheer (1988), S.218; Strack (1988), S.26; Zäpfel (1989a), S.197-198
89   vgl. Zäpfel (1989b), S.247
90   vgl. Hintz (1987), S.130; Hintz wählt als Zielkriterium, im Gegensatz zu Zäpfel, nicht die Minimierung von entscheidungsrelevanten Kosten, sondern die Einhaltung der Fälligkeitstermine.
91   Obwohl in einem FFS keine losweise Bearbeitung der Werkstücke erfolgt, kann es sinnvoll sein Auftragslose festzulegen, die gemeinsam in einer Zeitperiode gefertigt werden.
92   vgl. Zäpfel (1989b), S.248-249; Nur die Werkzeugwechselkosten, Einrichte- sowie Aufspann- und Abspannkosten sind speziell zu bestimmende Kostenarten, die durch den Betrieb eines FFS bedingt sind. Alle anderen Kostenarten sind auch in klassischen Produktionssystemen zu finden.
93   vgl. Schneeweiß (1987), S.122ff

planung, Rüstkostensätze festzulegen, die bei nicht ausgelasteten Kapazitäten proportionalisierte Fixkosten darstellen. Zu beachten gilt, daß dies kein spezielles FFS-Problem ist, sondern eine generelle, für den gesamten Produktionsbereich zu lösende Problemstellung. Die simultane Berücksichtigung von Kapazitätsgrenzen im Rahmen der Losgrößenplanung führt grundsätzlich zu besseren Ergebnissen. Es bleibt jedoch offen, ob es sinnvoll ist, die Losgrößenplanung eines FFS einer dezentralen Stelle zu übertragen und durch den Verzicht auf eine integrierte Betrachtung aller vor-, parallel- und nachgelagerten Produktions- bzw. Montagestellen die Erzeugung von suboptimalen Lösungen lediglich zu verlagern. Dieses Vorgehen scheint nur dann sinnvoll, wenn das FFS die zentrale Kapazitätseinheit des Produktionssystems darstellt. Weiterhin bleibt zu bedenken, daß ein derartiger Ansatz nur schwer in bestehende PPS-Systeme integrierbar ist.

Wird davon ausgegangen, daß neben dem FFS noch weitere, vor allem parallele Produktionsstellen existieren[94], so ist die Durchlaufterminierung und der Kapazitätsabgleich in aggregierter Form zentral vorzunehmen. In dieser Planungsstufe ist beispielweise zu entscheiden, welche Aufträge dem FFS und welche Aufträge der konventionellen Werkstatt zuzuordnen sind[95]. Als Ergebnis dieser Stufe ergeben sich terminierte Aufträge mit frühestem Anfangs- und spätestem Endzeitpunkt. Diese Aufträge sind dann einem bestimmten Fertigungssegment des Produktionsbereichs definitiv zugeordnet.

Damit sind die Anforderungen an das Planungssystem eines FFS gesetzt und eine Schnittstelle zwischen zentraler und dezentraler Planung bestimmt. Die Aufgaben der Maschinenbelegungsplanung bzw. Ablaufplanung und die Aufgaben der Produktionssteuerung werden dem dezentralen Planungs- und Steuerungssystem zugeordnet[96]. Diese Art der Aufgabenteilung wird dadurch unterstützt, daß die automatisierten Haupt- und Hilfsprozesse eines FFS eine integrierende Ablaufplanung erfordern. Weiterhin ist eine detaillierte Bereitstellungsplanung für alle am Fertigungsprozeß beteiligten Ressourcen inclusive der benötigten Steuerdaten (zum Beispiel NC-Programme) notwendig, um eventuelle Produktionsunterbrechungen zu vermeiden. Mangelnde Planung kann nicht, wie in der traditionellen Werkstattfertigung üblich, über die Improvisation des Werkstattpersonals abgefangen werden. Aufgrund der begrenzten Lagerkapazitäten in einem FFS ist es zudem nicht mehr möglich, einen ungenügenden Kapazitätsabgleich durch die Nutzung von Bestandseffekten auszugleichen[97]. Insgesamt zeigt dies den Bedarf nach einem systemspezifischen Planungs- und Steuerungsmodul, welches dem FFS in Form eines Leitstands[98] direkt zugeordnet werden kann. Ziel ist es, das zentrale PPS-System von spezifischen Koordinations- und Optimierungsaufgaben sowie von einer detaillierten Grunddatenverwaltung zu entlasten. Beide Aufgaben können in einem dezentralen System effizienter und effektiver erfüllt werden. Dem Leitstand werden vom zentralen PPS-System freigegebene Betriebsaufträge zugewiesen. Für eine termingerechte Fertigstellung dieser Aufträge ist die dezentralisierte Planungsstelle eigenverantwortlich zuständig. Eine Rückmeldung zum zentralen PPS-System wird notwendig, wenn die Aufträge fertiggestellt sind oder wenn die vorgege-

---

94   Es kann sich hierbei um Restbestände der herkömmlichen Werkstattfertigung, aber auch um weitere FFS handeln.

95   Zu dieser Problemstellung vgl. Avonts, Gelders, Wassenhove (1988).

96   vgl. Helberg (1987) S. 179-191; Walker (1988), S.447;

97   vgl. Nieß (1980), S.18; Helberg (1987) S. 176

98   Zum Leitstandkonzept vgl. Mussbach-Winter (1985); Grund, Wanger (1986); Geitner (1988); Strack (1987); Walker (1988); Ziegler (1989).

benen Termine nicht eingehalten werden können[99]. Ein derartiges, hierarchisch struktu-
riertes und dezentral organisiertes PPS-System ist in Abbildung 6 dargestellt.

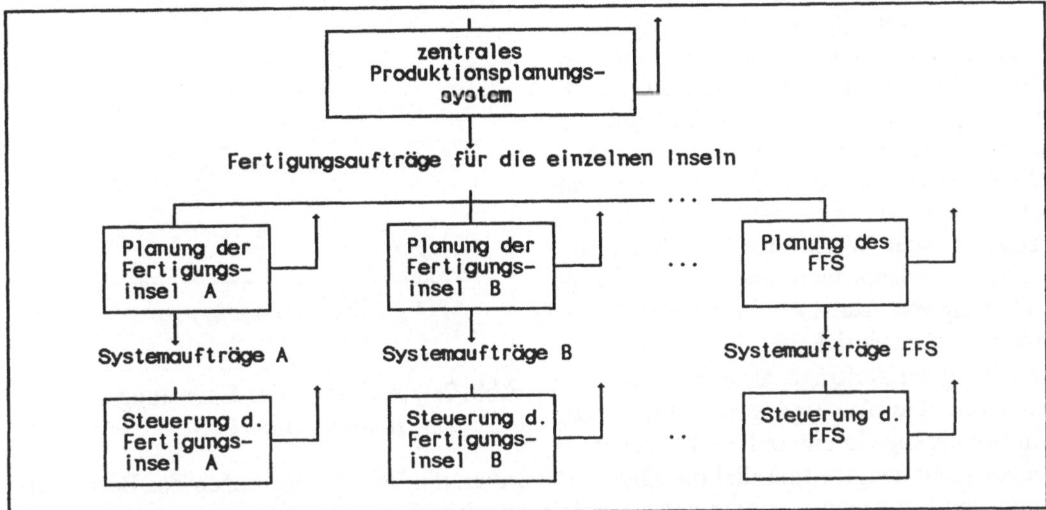

Abb. 6:   Hierarchisches Produktionsplanungs- und -steuerungssystem

Bei den in Abbildung 6 aufgezeigten Fertigungsinseln kann es sich um eine klassische
Werkstatt, eine nach gruppentechnologischen Prinzipien organisierte Fertigungszelle[100]
oder um ein FFS handeln[101].

Nachdem dargelegt wurde, daß für ein FFS ein systemspezifisches und kurzfristiges
Planungs- und Steuerungssystem erforderlich ist und dessen Abgrenzung zu einem zentralen Planungssystem vollzogen wurde, sind im folgenden Kapitel die Aufgaben eines derartigen Systems genauer zu spezifizieren.

3.3 Aufgaben der Planung und Steuerung von flexiblen Fertigungs-systemen

Ausgangspunkt für ein Planungs- und Steuerungssystem eines FFS sind die vom zentralen
Planungssystem vorgegebenen und terminierten Fertigungsaufträge. Diese Aufträge umfas-
sen die Werkstückbezeichnung, die Losgröße, den frühesten Bereitstellungszeitpunkt für
das Rohmaterial und den spätesten Endtermin für die Fertigstellung (Fälligkeitstermin)
des Auftrags. Im Rahmen des Planungssystems wird die Einlastung dieser Aufträge in das
FFS festgelegt. Hierbei anfallende Aufgaben lassen sich, wie in Abbildung 7 dargestellt,
strukturieren.

---

99   vgl. Scheer (1984), S. 236
100   Zur Gruppentechnologie vgl. Ballakur (1985), Mönig (1985).
101   In der Literatur wurden unterschiedliche Konzeptionen von hierarchisch strukturierten PPS-Systemen für
      flexible automatisierte Fertigungssysteme vorgeschlagen (vgl. Warnecke, Kölle (1979), S.637; Suri, Whitney
      (1984), S.67-68; Kusiak (1985d), S.1062; Jones, McLean (1986); Kusiak (1986), S.339; Looveren, Gelders,
      Wassenhove (1986), S.6; Morton, Smunt (1986), S.155-162; Villa, Rossetto (1986); Frenzel, Schmidt (1987);
      Luca (1988); Sharit, Eberts, Salvendy (1988)).

In der ersten Stufe des Planungsprozesses ist eine Verfügbarkeitsprüfung über Rohteile, notwendige Werkzeuge, Maschinen, NC-Programme usw. durchzuführen. Aus dieser Prüfung ergibt sich der aktuelle, einplanbare Auftragsbestand, der i.a. nicht gleichzeitig im System gefertigt werden kann. Zurückzuführen ist dies auf mangelnde Maschinenkapazitäten und die Tatsache, daß den Maschinen und Paletten jeweils auftragsspezifische Werkzeuge bzw. Spannvorrichtungen zuzuordnen sind. Die wahlfreie Einlastung von Aufträgen in das FFS würde sowohl zu Schwierigkeiten bei der Termineinhaltung der Aufträge, als auch zu unnötig gehäuften Umrüstvorgängen führen. Die Umrüstvorgänge in einem FFS können zwar

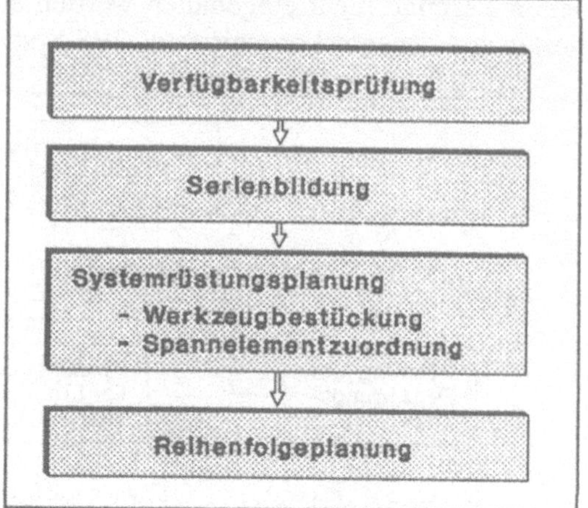

Abb. 7:   Aufgaben der Einlastungsplanung eines FFS

überwiegend hauptzeitparallel durchgeführt werden, die Belastungsgrenzen des Bereitstellungs- und Werkzeugversorgungssystems sind jedoch zu berücksichtigen.

Aufgrund des oben dargestellten Sachverhaltes ist in einer vorausschauenden Planung darüber zu entscheiden, wann und mit welchen anderen Aufträgen ein Fertigungsauftrag in das System eingelastet wird. Gleichzeitig ist die Bestückung der lokalen Werkzeugmagazine mit Werkzeugen und die Zuordnung der Spannmittel zu den Paletten festzulegen. Die Problemstellung der Auftragseinlastung[102] ist i.a. derart komplex, daß sie für relevante Problemgrößen nicht mehr lösbar ist. In der Literatur wird daher eine Aufteilung des Planungsproblems in eine Phase der Serienbildung und in eine Phase der Systemrüstung vorgenommen[103]. Die Serienbildung[104] bezeichnet die Zusammenfassung von unterschiedlichen Aufträgen (Scheinserie) für eine gemeinsame Fertigung im FFS.

Im Rahmen der Systemrüstungssplanung ist für die in einer Serie zusammengefaßten Aufträge festzulegen, an welchen der ersetzenden Maschinen die notwendigen Werkzeuge bereitzustellen sind. Hierdurch wird erreicht, daß die erforderlichen Arbeitsgänge ausgeführt werden können (Werkzeugbestückung). In dieser Planungsstufe ist weiterhin darüber zu befinden, inwieweit mehrere ersetzende Maschinen mit den gleichen Werkzeugsätzen

---

102   Schmidt bezeichnet diese Planungsphase als Systeminitialisierung (vgl. Schmidt (1989), S.13-14).

103   vgl. Suri, Whitney (1984), S.64-65; Whitney, Gaul (1985), S.302; Kusiak (1986), S.339-340; Looveren, Gelders, Wassenhove (1986), S.9-12; Bastos (1988), S. 232-233

104   Die Serienbildung ist nicht mit dem langfristigen Planungsproblem der Teilebestimmung zu verwechseln, die in einem FFS gefertigt werden soll (vgl. Whitney, Suri (1985)).

eines Arbeitsgangs zu bestücken sind. Diese Mehrfachbelegung gewährleistet auch während des Fertigungsprozesses eine Fertigungsmittelredundanz[105].

Die Komplexität der Einlastungsplanung eines FFS wird an dieser Stelle deutlich. Im Gegensatz zur Werkstattfertigung besteht in einem FFS mit ersetzenden Maschinen keine vorgegebene Zuordnung zwischen Arbeitsgang und Werkzeugmaschine. Diese Zuordnung ist erst über die Bereitstellung der notwendigen Werkzeuge herzustellen, die wiederum diversen Restriktionen unterworfen ist. Gleichzeitig ist auf eine feine Kapazitätsabstimmung zu achten, da innerhalb des FFS nur eine begrenzte Pufferungsmöglichkeit besteht. Zur Vermeidung von Maschinenleerzeiten besteht keine Möglichkeit auf Werkstückbestände zurückzugreifen.

Die Zuordnung der Spannelemente zu den Paletten ist ein weiterer Bestandteil der Systemrüstungsplanung. Auch diese Zuordnung ist von der Serienbildung und der Werkzeugbestückung abhängig. Durch sie wird die Anzahl der gemeinsam im System zirkulierenden, gleichen Werkstücke festgelegt.

Im Anschluß an die Serienbildung und die Systemrüstung ist für die ausgewählten Aufträge die Reihenfolge ihrer Werkstückeinlastung festzulegen. Hierbei ist es nicht ausreichend, die in einer Serie zusammengefaßten Aufträge in eine Einlastreihenfolge zu bringen. Jedes einzelne Werkstück eines Auftrags ist separat zu berücksichtigen. Eine losweise Fertigung würde die Gefahr einer ungleichmäßigen Kapazitätsauslastung bergen, da die zuvor bestimmten Auftrags-Verhältnisse nicht eingehalten werden können.

An die Planungsphase schließt sich die Steuerungsphase des Systembetriebs an (s. Abb. 8)[106].

---

105 Stecke löst dieses Problem im direkten Anschluß an die Serienbildung. Innerhalb einer Maschinengruppierung ordnet sie die ersetzenden Maschinen eines Systems unterschiedlichen Maschinengruppen zu. Alle Maschinen einer Gruppe werden identisch gerüstet. Damit sind alle Maschinen einer Gruppe auch während des Fertigungsprozesses gegenseitig ersetzbar (vgl. Stecke, Solberg (1981a) S.35-36; Stecke, Morin (1985); Stecke, Solberg (1985); Stecke (1986)). Durch diese Strategie werden viele Werkzeugsätze mehrfach benötigt, so daß sie nur für große Losgrößen sinnvoll ist. Bei kleinen Losgrößen besteht zudem die Gefahr einer ungünstigen Maschinenauslastung.

106 vgl. Stecke (1985), S.9-11

In der Steuerungsphase ist unter Berücksichtigung des aktuellen Systemzustands über die Einsteuerung der einzelnen Werkstücke zu entscheiden. Hierbei kann auf die in der letzten Stufe der Einlastungsplanung ermittelte Reihenfolge zurückgegriffen werden. Wird eine derartige Reihenfolge nicht bestimmt oder ist aufgrund des aktuellen Systemzustands davon abzuweichen, so ist während der Einsteuerung über diese Reihenfolge zu befinden.

Für die im System zirkulierenden Werkstücke ist im Rahmen der zur Verfügung stehenden Frei-

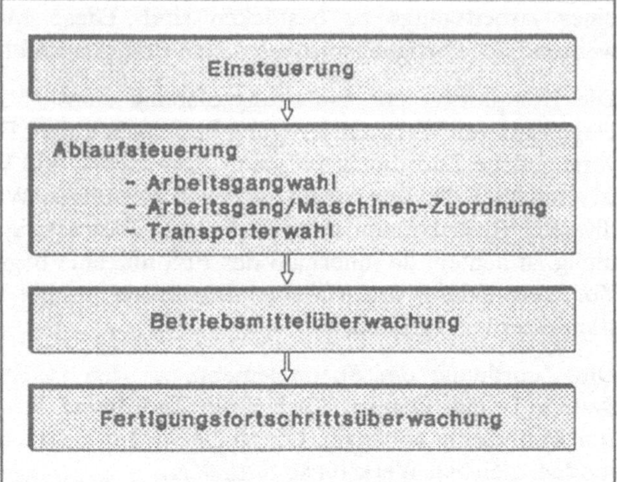

Abb. 8:   Aufgaben der Steuerung eines FFS

heitsgrade zu entscheiden, welcher zur Bearbeitung anstehende Arbeitsgang eines Werkstücks als nächster an welcher Maschine ausgeführt werden soll (Ablaufsteuerung). Gleichzeitig ist bei einem erforderlichen Transport das ausführende Beförderungsmittel zu wählen.

Neben den Entscheidungen, die während des Systembetriebs zu treffen sind, sind in der Steuerungsphase die Betriebsmittel (Maschinen, Werkzeuge, Transporter) und der Fertigungsfortgang der Werkstücke und der Aufträge zu überwachen. Dies ist notwendig, um bei auftretenden Störungen im Rahmen der zur Verfügung stehenden Handlungsspielräume Anpassungsmaßnahmen vornehmen zu können.

Zur Lösung dieser Planungs- und Steuerungsaufgaben werden in der Literatur unterschiedliche Ansätze vorgeschlagen[107]. Die Lösungsansätze zur Reihenfolgeplanung und Systemsteuerung werden an dieser Stelle zusammenfassend erläutert. Diejenigen Ansätze, die sich dem Grundproblem der Einlastungsplanung widmen, werden in Kapitel 5 behandelt.

Die Reihenfolgeplanung ist die letzte Stufe der Einlastungsplanung. Lösungsansätze zu dieser Stufe betrachten ein leeres FFS und versuchen unter Berücksichtigung von Vorrangsbeziehungen einen definierten Ablaufplan aufzustellen[108]. Grundsätzlich wird davon ausgegangen, daß innerhalb der vorhergehenden Planungsstufen eine feste Zuordnung der Arbeitsgänge zu den Maschinen erfolgte. Im Unterschied zum klassischen Maschinenbelegungsproblem sind bei einem FFS beschränkte Pufferplätze zu berücksichtigen. Zur Lösung von flow-shop-Problemen (flexible Fertigungslinien, FFL[109]) hat Hitz ein Branch-

---

107 Einen umfangreichen Überblick geben: Buzacott, Yao (1986); Looveren, Gelders, Wassenhove (1986); Kusiak (1986); Zijm (1988); Schmidt (1989).

108 Diese Problemstellung entspricht der klassischen Maschinenbelegungsplanung mit statischem Auftragszugang bzw. -bestand (vgl. Conway, Maxwell, Miller (1967); Baker (1974); Brucker (1981); French (1982); Zäpfel (1982), 253-277).

109 Zum Begriff flexible Fertigungslinien vgl. Kap. 2.2.

and-Bound-Verfahren[110]) vorgeschlagen, das unter dem Zielkriterium der Minimierung von Leerzeiten an der Engpaßmaschine periodische Einlastpläne bestimmt[111]). Erschler et al. haben diesen Ansatz aufgegriffen und im Rahmen eines heuristischen Verfahrens zur Lösung von job-shop-Problemen (FFS) weiterentwickelt[112]).

In der Steuerungsphase werden anstehende Entscheidungen i.a. durch den Einsatz von Prioritätsregeln getroffen. Für jeden zur Disposition stehenden Auftrag wird ein Prioritätswert bestimmt. Dieser wird zur Lösung des Auswahlproblems herangezogen. In Abhängigkeit von den in einen Prioritätswert einfließenden Informationen lassen sich lokale und globale sowie statische und dynamische Prioritätsregeln unterscheiden. Lokale Regeln verarbeiten ausschließlich Informationen über die gerade zu belegende Ressource, während in die globalen Regeln relevante Informationen über das gesamte System einfließen. Statische Regeln beziehen die Informationen ein, die unabhängig vom Systemzustand sind, während dynamische Regeln aktuell verfügbare Informationen verarbeiten. Dynamische Regeln lassen sich weiter danach unterscheiden, ob sie zukünftige Entwicklungen mit einbeziehen oder ob sie ihre Einstellparameter aufgrund von Vergangenheitswerten dynamisch verändern[113]).

Wissensbasierte Systeme sind die logische Weiterentwicklung der zuletzt benannten Prioritätsregel[114]). In diesen Systemen werden systemspezifische Kenntnisse, die aufgrund von Vergangenheitserfahrungen gewonnen wurden, in Form von deklarativen Fakten und prozeduralem heuristischem Wissen (Regeln) in einer Wissensbasis gespeichert. In Entscheidungssituationen besteht die Möglichkeit, aktuelle Systemzustände mit Hilfe der Fakten und Regeln zu erklären und Handlungsanweisungen abzuleiten. Einige der Systeme verfügen zusätzlich über eine Wissenserwerbskomponente, so daß sich die Wissensbasis im Zuge einer Anwendung erweitert[115]).

Für die Steuerungsphase eines FFS schlagen z.B. Ben-Arieh[116]) sowie Subramanyam und Askin[117]) wissensbasierte Systeme vor. Diese Systeme entscheiden im wesentlichen über die Anwendung einer zur Auswahl stehenden Prioritätsregel. Das System von Ben-Arieh versucht dabei, die Anwendung einer Lösungsvariante mit Hilfe der Simulation vorausschauend zu bewerten.

---

110   Zu Branch-and-Bound-Verfahren vgl. Domschke, Drexl (1985), S.16-23.
111   vgl. Hitz (1979); Hitz (1980)
112   vgl. Erschler, Lévêque, Roubellat (1984); Erschler, Roubellat, Thuriot (1985)
113   vgl. Hax, Candea (1984), S. 314-321; Haupt (1989); Schmidt (1989), S. 74-75;
114   vgl. Schnupp, Leibrandt (1985)
115   Zur Anwendung von wissensbasierten Systemen in der Produktionsplanung und -steuerung vgl. Tou (1985); Morton, Smunt (1986); Krallmann (1986); Mertens, Hildebrand, Kotschenreuther (1989); Zelewski (1990).
116   vgl. Ben-Arieh, (1986)
117   vgl. Subramanyam, Askin (1986)

3.4 Bedeutung der Einlastungsplanung für einen effizienten und effektiven Betrieb von flexiblen Fertigungssystemen

Die Analyse der Aufgaben der Einlastungsplanung hat gezeigt, daß in dieser Phase die ursprünglich bestehenden Freiheitsgrade des FFS sukzessive eingeschränkt werden. Die Einlastungsplanung hat somit für einen effizienten und effektiven Betrieb eines FFS (Vermeidung von ablaufbedingten Leerzeiten, geringer Rüstaufwand, Einhaltung von Fälligkeitsterminen) eine wesentliche Bedeutung. Nof et al. zeigen die Bedeutung der Serienbildung anhand einer Simulationsstudie, in der sie die erreichbare Produktionsrate (Anzahl fertiggestellter Werkstücke pro Zeiteinheit) in Abhängigkeit von der im System gleichzeitig gefertigten Werkstücktypen bestimmen[118] (s. Abb. 9).

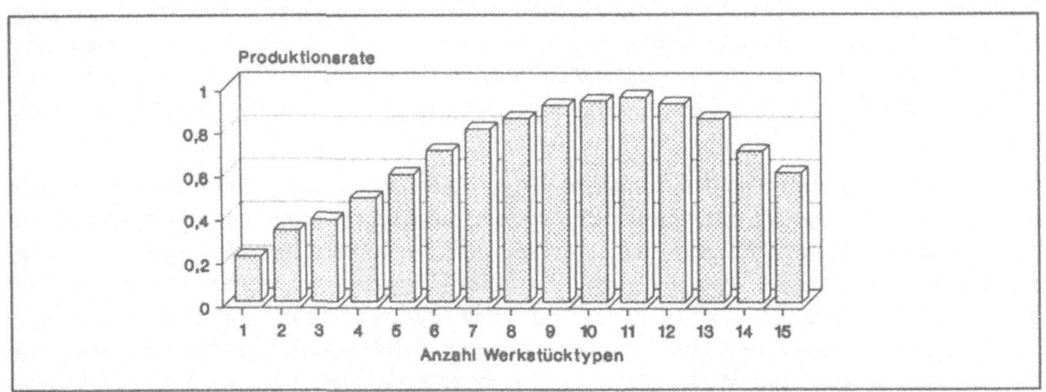

Abb. 9:   Produktionsrate in Abhängigkeit von den gleichzeitig gefertigten Werkstücktypen

Die Ursache für den in Abbildung 9 dargestellten Zusammenhang zwischen der Produktionsrate und der Anzahl der gleichzeitig gefertigten Werkstücktypen ist auf zwei gegenläufige Entwicklungen zurückzuführen. Zum einen kann sich bei mehreren Werkstücktypen der unterschiedliche Werkzeugmaschinenbedarf besser ausgleichen und somit über eine gleichmäßigere Maschinenauslastung zu einer insgesamt höheren Produktionsrate führen. Auf der anderen Seite steigen durch eine zunehmende Typenvielfalt die Anforderungen an das Werkzeugversorgungssystem und die Systemsteuerung. Dadurch wird eine Minderung der Produktionsleistung verursacht.

Auch die Werkzeugbelegung beeinflußt die Produktionsrate eines Systems. Im Falle einer Mehrfachbelegung von mehreren Werkzeugmaschinen mit identischen Werkzeugsätzen wird einerseits die Anzahl möglicher Werkstücktypen im System eingeschränkt und somit eventuell die Produktionsrate verringert. Andererseits wird durch die bereitgestellte Durchlauffreizügigkeit für einen Werkstücktyp ein Kapazitätsabgleich der ersetzenden Maschinen verbessert[119]. Neben diesen Effekten ist der veränderte Werkzeugbedarf und Rüstaufwand zu berücksichtigen.

---

118   vgl. Nof, Barash, Solberg (1979), S.482-483; Buzacott, Shanthikumar (1980), S.344
119   vgl. Buzacott, Shanthikumar (1980), S.344

Die Zuordnung der verfügbaren Spannelemente zu den Paletten bestimmt das Verhältnis der gleichzeitig im System zirkulierenden Werkstücktypen. Auch in diesem Fall ergibt sich, wie in Abbildung 10 dargestellt, ein optimales Verhältnis[120].

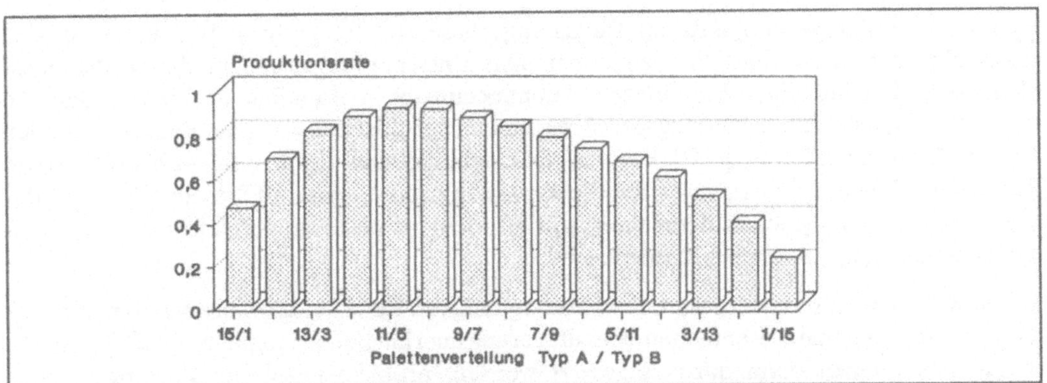

Abb. 10: Produktionsrate in Abhängigkeit von der quantitativen Verteilung zweier Werkstücktypen.

Insgesamt verdeutlichen diese Zusammenhänge die Relevanz der Einlastungsplanung für einen effizienten und effektiven Betrieb eines FFS. Im Rahmen der Steuerungsphase bestehen kaum Möglichkeiten, eine ungenügende Planung zu kompensieren. Die Systemsteuerung hat vorrangig auf die Einhaltung der zuvor bestimmten Produktionsverhältnisse zu achten und auf Produktionsstörungen zu reagieren. Dies konnte in verschiedenen Simulationsstudien gezeigt werden[121].

Weiterhin haben Co et al. im Rahmen einer Simulationsstudie gezeigt, daß in FFS der Einsatz von Prioritätsregeln nur noch bedingt geeignet ist[122]. Die Wirksamkeit dieser Regeln wird dadurch eingeschränkt, daß aufgrund der begrenzten Palettenzahl im System an den jeweiligen Dispositionspunkten nur kurze Warteschlangen verursacht werden und dadurch die Alternativenmenge klein ist.

---

120   vgl. Nof, Barash, Solberg (1979), S.483-484
121   vgl. Nof, Barash, Solberg (1979), S.485-487, Stecke, Solberg (1981b), S.486-487
122   vgl. Co, Jaw, Chen (1988)

4. Einlastungsplanung von flexiblen Fertigungssystemen als Entscheidungsproblem

Es konnte gezeigt werden, daß der Einlastungsphase eine wesentliche Bedeutung für den erfolgreichen Betrieb eines FFS zukommt. Das Entscheidungsproblem dieser Planungsphase bedarf daher einer besonderen Aufmerksamkeit. Wesentlich ist hierbei, daß die Formulierung eines Entscheidungsproblems an den spezifischen Ausgestaltungsmerkmalen eines FFS zu orientieren ist[123]. Eine allgemeingültige und gleichzeitig wohlstrukturierte Problemformulierung[124] kann es für die Einlastungsphase eines FFS nicht geben. In der Literatur wird dies vielfach übersehen, so daß nicht unmittelbar vergleichbare Entscheidungsmodelle gegenübergestellt werden[125].

In Kapitel 4.1 wird das Herausarbeiten von definierten Entscheidungsproblemtypen durch die Formulierung von wesentlichen Klassifizierungsmerkmalen ermöglicht. Diese Entscheidungstypen können dann dazu eingesetzt werden, problemspezifische Planungsmodelle und Lösungsverfahren zu entwickeln. Zur Aufstellung eines Planungsmodells ist neben einem klar definierten Entscheidungsfeld auch die Formulierung einer eindimensionalen Zielfunktion von wesentlicher Bedeutung. In Kap. 4.2 werden potentielle Zielkriterien der Einlastungsplanung analysiert und ein relevantes Zielkriterium ausgewählt.

4.1 Typologisierung von Einlastungsproblemen

4.1.1 Merkmale der Einlastungsprobleme

Die folgenden Merkmale lassen sich zur Typologisierung von Einlastungsproblemen heranziehen: Die Anzahl der konkurrierenden Aufträge im System, der Einlastungsprozeß in das System, die Maschinenzusammensetzung des Systems, der Wiederholungsgrad der Fertigung (Losgröße) und der Auftragsankunftsprozeß. Die ersten drei Merkmale werden überwiegend durch die technische und organisatorische Ausgestaltung des FFS bestimmt, während die beiden letztgenannten Merkmale durch die Umgebung des Systems beeinflußt werden.

4.1.1.1 Konkurrierende Aufträge im System

Ein wesentliches Kriterium für die Unterscheidung von Einlastungsproblemtypen ist die Anzahl konkurrierender, gleichzeitig im System befindlicher Aufträge. Diese Zahl kann begrenzt oder unbegrenzt sein.

Ist die Anzahl der konkurrierenden, gleichzeitig im System befindlichen Aufträge unbegrenzt, dann entfällt die Notwendigkeit einer Serienbildung und Systemrüstungsplanung. Voraussetzung dazu ist, daß das FFS über ein zentrales Werkzeugversorgungssystem verfügt. Dieses muß in der Lage sein, die Werkzeugbereitstellung für eine beliebige Auftragsfolge zu sichern. Weiterhin ist über das Bereitstellungssystem zu gewährleisten, daß auf die Paletten eine wahlfreie Folge von Werkstücken montiert werden kann.

---

123 Dies gilt entsprechend für die Gestaltung eines PPS-Systems (vgl. Zäpfel (1989a), S.207).
124 Zu dem Begiff wohlstrukturiertes Entscheidungsproblem vgl. Witte (1979), S.72-75; Adam (1983a), S.13.
125 vgl. Stecke, Kim (1988) und Kap. 5.2.1.1.

Der Werkzeugwechselaufwand eines neuen Auftrags ist i.a. derart aufwendig, daß zunächst das Fertigungslos eines angearbeiteten Auftrags komplett abgearbeitet wird, bevor die hierzu eingesetzten Werkzeuge gegen Werkzeuge eines neuen Auftrags ausgetauscht werden. Dieser Sachverhalt wird durch den notwendigen werkstückabhängigen Wechsel von Spannvorrichtungen unterstützt und führt zu einer begrenzten Zahl an konkurrierenden Aufträgen im System.

Neben den oben genannten Faktoren kann eine vorausschauende Serien- und Systemrüstungsplanung auch durch begrenzte Maschinenkapazitäten und durch die unterschiedliche Effizienz der ersetzenden Maschinen erforderlich werden.

4.1.1.2 Einlastungsprozeß

Ist die Anzahl der konkurrierenden Aufträge im System unbegrenzt, so besteht grundsätzlich die Möglichkeit, die Aufträge in beliebiger Reihenfolge in das System einzulasten. Ist die Zahl der Aufträge begrenzt, dann ist in Abhängigkeit vom Einlastungsprozeß entweder eine statisch feste (serienweiser Einlastungsprozeß) oder eine kontinuierlich veränderbare Serie (kontinuierlicher Einlastungsprozeß) zu bilden.

Statisch feste Serien werden komplett abgearbeitet, bevor eine neue Serie in das System eingelastet wird (s. Abb. 11). Dadurch werden gleichzeitig Periodenbeginn und Periodenlänge einer Serie festgelegt. Die serienweise Fertigung ist i.a. technisch bedingt, wenn beispielsweise alle Werkzeugmagazine simultan zu bestücken sind.

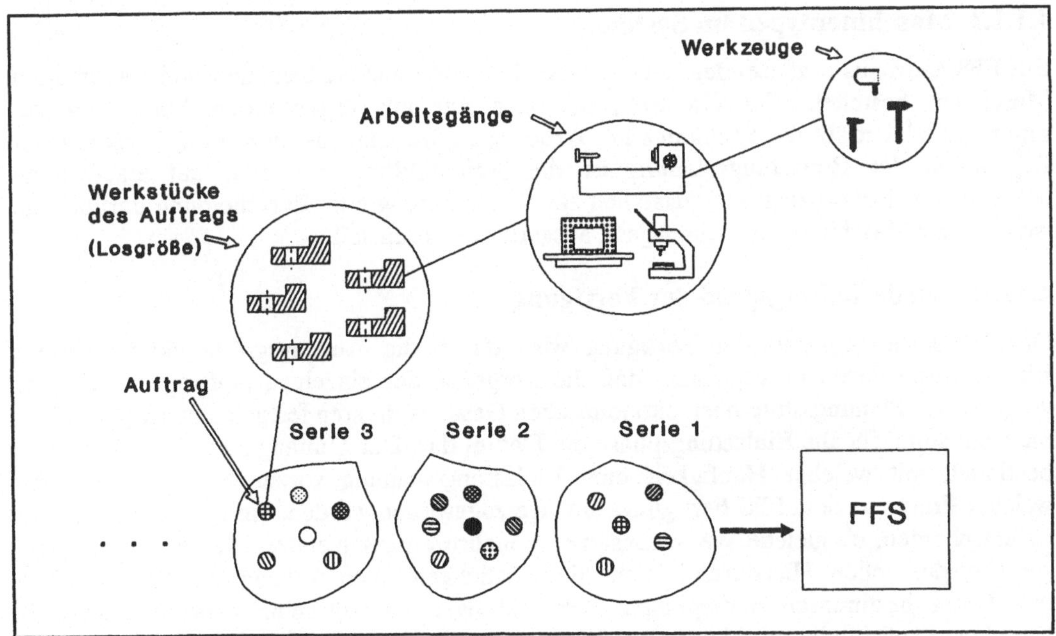

Abb. 11: Serienweiser Einlastungsprozeß

In kontinuierlich veränderbaren Serien wird die aktuell eingelastete Serie fortlaufend verändert. Eine Serienveränderung erfolgt üblicherweise mit der Fertigstellung eines Auftrags. Durch diese Vorgehensweise wird ein kontinuierlicher Umrüstprozeß induziert und auf eine Festlegung von definierten Planungsperioden verzichtet (s. Abb. 12).

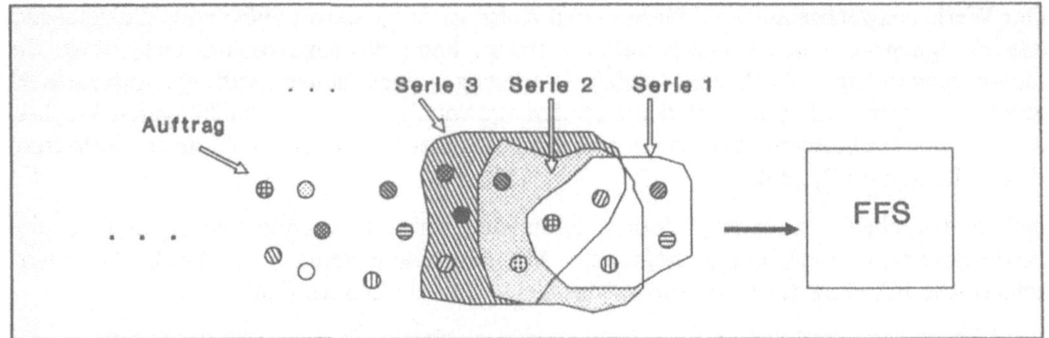

Abb. 12: Kontinuierlicher Einlastungsprozeß

Stecke und Kim vergleichen diese beiden Einlaststrategien und kommen zu dem Ergebnis, daß die Zykluszeit durch einen kontinuierlichen Einlastungsprozeß verkürzt wird[126]. Dies ist unmittelbar einsichtig, da die Maschinenleerzeiten durch die überschneidende Abfertigung der Serien reduziert werden. Grundsätzlich besteht zwischen beiden Möglichkeiten keine Wahlfreiheit, da sie durch organisatorische und/oder technische Bedingungen vorgegeben werden. Ein Vergleich beider Strategien ist daher nur dann sinnvoll, wenn andere Effekte (Planungsaufwand, Anzahl notwendiger Werkzeugwechsel, Werkzeugbedarf etc.) ebenfalls untersucht werden. Stecke und Kim haben einen derartigen Vergleich nicht unternommen[127].

4.1.1.3 Maschinentypen im System

Ein FFS kann aus ergänzenden, aus ersetzenden sowie aus ergänzenden und ersetzenden Maschinen bestehen. Für ein FFS, das sich nur aus ergänzenden Maschinen zusammensetzt, entfällt das Problem einer Arbeitsgang/Maschinen-Zuordnung. Wesentlicher Bestandteil der Einlastungsplanung ist die Serienbildung. Ein FFS mit ersetzenden Maschinen erfordert dagegen zusätzlich zur Serienbildung eine Entscheidung darüber, an welcher der Maschinen ein Arbeitsgang ausgeführt werden soll.

4.1.1.4 Wiederholungsgrad der Fertigung

Der Wiederholungsgrad der Fertigung wird durch die Auftragsgröße charakterisiert. Bisher wurde davon ausgegangen, daß die Losgröße der einzelnen Aufträge durch eine vorgelagerte Planungsstufe nach ökonomischen Gesichtspunkten festgelegt wird (Kap. 3.2). Sie stellt somit für die Einlastungsphase ein Datum dar. Der Umfang eines Auftrags (Los) bestimmt, mit welcher Häufigkeit eine Einlastungsplanung vorzunehmen ist und mit welcher Frequenz dem FFS Fertigungsaufträge zugewiesen werden. Sind die Lose groß, ist zu entscheiden, ob gleiche Werkzeugsätze an mehreren ersetzenden Maschinen bereitgestellt werden sollen. Hierdurch besteht die Möglichkeit einen Auftrag parallel abzuarbeiten. Unter bestimmten Bedingungen kann es sogar sinnvoll sein, mehrere ersetzende Maschinen vollständig mit identischen Werkzeugen zu bestücken[128]. Der Wiederholungs-

---

126   vgl. Stecke, Kim (1986a), S.39-47

127   Stecke und Kim begnügen sich mit einem theoretischen Vergleich zwischen kontinuierlichem und serienweisem Einlastungsprozeß, der zum Teil widersprüchlich ist (vgl. Stecke, Kim (1988), S.8-9).

128   vgl. Stecke, Solberg (1981a) S.35-36; Stecke, Morin (1985); Stecke, Solberg (1985); Stecke (1986) und Kap. 3.3

grad der Fertigung beeinflußt somit das Entscheidungsproblem dahingehend, ob eine einfache oder eine mehrfache Werkzeugsatzbelegung an den ersetzenden Maschinen vorzunehmen ist. Dadurch betrifft es im wesentlichen den Problembereich der Systemrüstungsplanung.

4.1.1.5 Auftragsankunftsprozeß

Der Ankunftsprozeß der Aufträge ist entweder statisch oder dynamisch[129]. Ist der Ankunftsprozeß statisch, so steht zu Beginn einer Planungsperiode ein definierter Auftragsbestand zur Verfügung, der innerhalb der Periode abzuarbeiten ist. Dabei wird i.a. von einem leeren System ausgegangen. Diese Situation ist beispielsweise dann gegeben, wenn dem dezentralen Planungssystem zu Beginn der Planungsperiode (z.B. einmal pro Woche) ein Auftragsprogramm übermittelt wird. Das Planungssystem nimmt daraufhin eine eigenverantwortliche Einplanung der Aufträge vor und meldet die erledigten Aufträge am Ende der Periode zurück.

Die Annahme eines dynamischen Auftragsankunftsprozesses trägt dem Sachverhalt Rechnung, daß in einer Periode üblicherweise mit einer Veränderung des Auftragsbestands zu rechnen ist. Dabei wird unterstellt, daß sich der zur Disposition stehende Auftragsbestand kontinuierlich verändert und diese Änderungen innerhalb der aktuellen Planungsperiode zu berücksichtigen sind. Änderungen können durch das Hinzukommen neuer Aufträge (z.B. Zusatzaufträge, Eilaufträge) oder durch das Zurückziehen bestehender Aufträge verursacht werden.

4.1.2 Problemtypen der Einlastungsplanung

Zusammenfassend ergeben sich die in Abbildung 13 dargestellten Merkmale und Merkmalsausprägungen von Einlastungsproblemen. Sie können zur Klassifizierung von Problemtypen herangezogen werden.

Systembezug	Merkmal	Ausprägung			Planungsbezug
FFS	Anzahl konkurrierender Aufträge im System	begrenzt	unbegrenzt		serien-bezogen
	Einlastungsprozeß	serienweise	kontinuierlich		
	Art der Maschinen im System	ergänzend	ersetzend	ergänzend und ersetzend	system-rüstungs-bezogen
FFS-Umgebung	Wiederholungsgrad der Fertigung	klein	groß		
	Auftragsankunftsprozeß	statisch	dynamisch		serien-bezogen

Abb. 13: Merkmale von Einlastungsproblemen

---

129 vgl. Seelbach (1975), S.16

Die Merkmale der Einlastungsprobleme lassen sich in zwei Gruppen untergliedern. Die eine Merkmalsgruppe bestimmt im wesentlichen die Art und Weise der Serienbildung, während die andere Gruppe der Merkmale die Systemrüstung festlegt. Durch die Merkmale der Serienbildung lassen sich die sechs in Abb. 14 dargestellten Problemtypen unterscheiden.

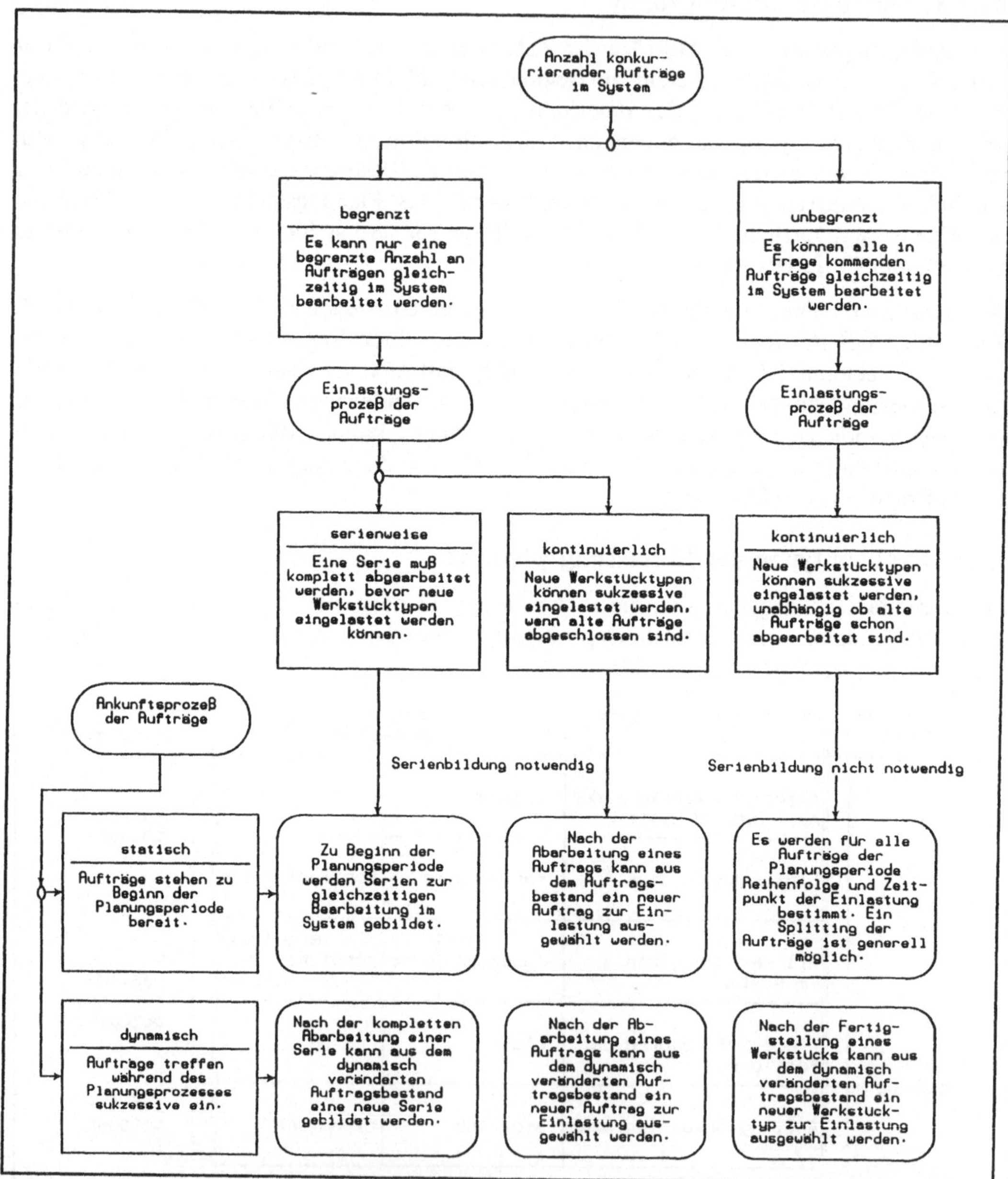

Abb. 14:   Problemtypen der Einlastungsplanung

Werden die Merkmale Art der Maschinen im System und Wiederholungsgrad der Fertigung in die Betrachtung aufgenommen, so entsteht in jeder Problemtypvariante eine

Unterscheidung bezüglich der Systemrüstungsstrategie. Die Art der Maschinen des FFS (ergänzende bzw. ersetzende Maschinen) bestimmt für jeden Problemtyp, ob über den Ausführungsort eines Arbeitsgangs zu entscheiden ist oder nicht. Ist diese Zuordnungsentscheidung zu treffen, dann bestimmt der Wiederholungsgrad, inwieweit eine einfache oder eine mehrfache Bereitstellung von Werkzeugsätzen notwendig wird.

In Abhängigkeit vom Umsystem sowie von der technischen und organisatorischen Ausgestaltung des FFS ergeben sich damit grundsätzlich verschiedene Planungsprobleme, die jeweils ein spezifisches Lösungskonzept erfordern.

4.2 Ziele der Einlastungsplanung

Wird die Einlastungsplanung als Entscheidungsproblem betrachtet, so erfordert sie zur Auswahl einer Handlungsalternative eine eindimensionale Zielfunktion[130]. Die Aktivitäten der Praxis und damit auch die der kurzfristigen Produktionsplanung werden von vielfältigen Zielvorstellungen beherrscht.[131] Es gilt daher, potentielle Zielkriterien der Einlastungsplanung aufzuzeigen und ein relevantes Zielkriterium auszuwählen.

4.2.1 Anforderungen an die Zielkriterien der Einlastungsplanung

An die Ziele der Einlastungsplanung sind aus entscheidungslogischer Sicht zwei Anforderungen zu stellen[132]: Die Ziele müssen operational sein, d.h. es muß eine eindeutige Meßvorschrift existieren und das angestrebte Zielniveau muß realisierbar sein[133]. Außerdem müssen die Ziele zur Erfüllung des übergeordneten Unternehmensziels beitragen[134]. Mögliche Unternehmensziele können in monetäre (z.B. Gewinnstreben, Rentabilität oder Liquiditätssicherung) und in nichtmonetäre Ziele (z.B. Macht- und Prestigestreben oder Sozialverantwortlichkeit) unterschieden werden[135]. Das monetäre Ziel des Gewinnstrebens wird im Rahmen dieser Arbeit als das relevante Oberziel betrachtet.

4.2.2 Zielbeziehungen

Soll ein Ziel bestimmt werden, so ist die Kenntnis möglicher Zielbeziehungen von Bedeutung. In diesem Zusammenhang sind vor allem zwei Beziehungstypen von Interesse: Die Beziehungen zwischen den Zielen und die Beziehungen zu übergeordneten Unternehmenszielen.

a)   Beziehungen zwischen den Zielen

Das Austauschverhältnis der Zielerfüllung spiegelt die Beziehung zwischen den Zielen wider. Es gibt an, wie sich die Veränderung der Zielerfüllung des einen Ziels auf die Zielerfüllung des anderen Ziels auswirkt. Die Zielbeziehungen lassen sich als komplementär, konkurrierend oder indifferent beschreiben[136].

---

130   vgl. Adam (1983a), S.11
131   vgl. Heinen (1971), S.29
132   vgl. Küpper (1981), S.33
133   vgl. Adam (1983a), S.20
134   vgl. Küpper (1981), S.33
135   vgl. Bamberg, Coenenberg (1977), S.26
136   vgl. Heinen (1971), S.94-95

Eine Zielbeziehung ist komplementär, wenn aus der Erfüllung des einen Ziels die Erfüllung eines anderen Ziels resultiert. Beispielsweise führt unter bestimmten Bedingungen die Reduzierung der Durchlaufzeit zu einer Reduzierung der Wartezeit. Komplementäre Zielbeziehungen lassen sich in eine symmetrische und eine asymmetrische Komplementarität unterscheiden. Die symmetrische Komplementarität zeichnet sich durch die wechselseitige Abhängigkeit der Realisierung beider Ziele aus. Bei asymmetrischer Komplementarität liegt zwischen den Zielen eine Mittel-Zweck-Beziehung vor. Die erhöhte Zielerfüllung des einen Ziels fördert das andere Ziel. Im umgekehrten Fall ist dies nicht zwangsläufig gegeben[137].

Eine Zielbeziehung ist konkurrierend, wenn durch die Erfüllung des einen Ziels die Erfüllung eines anderen Ziels eingeschränkt wird. Beispielsweise kann die Verbesserung der Termineinhaltung zu einer Verschlechterung der Durchlaufzeit führen.

Eine Zielbeziehung ist indifferent, wenn die Erfüllung des einen Ziels von der Erfüllung des anderen Ziels unabhängig ist.

Heinen definiert für den folgenden Fall eine Zielbeziehungsfunktion: die Ziele sind quantifizierbar, die Handlungsalternativen sind unendlich und die Variationen des Zielerfüllungsgrads sind infinitesimal[138]. Für jeden Punkt dieser Funktion läßt sich ein Grenzaustauschverhältnis der Zielerreichung bzw. eine Zielelastizität $\eta_{Z(1),Z(2)}$ angeben. Die Elastizität beschreibt die infinitesimale Änderung des Erfüllungsgrads von Ziel Z_1 bei infinitesimaler Änderung des Erfüllungsgrads von Ziel Z_2. Die Beziehung zwischen zwei Zielen kann dann anhand der Zielelastizitäten abgegrenzt werden (s. Abb. 15).

Beziehung	Zielelastizität
Komplementarität:	$0 < \eta_{Z(1),Z(2)} < \infty$
Konkurrenz:	$-\infty < \eta_{Z(1),Z(2)} < 0$
Indifferenz:	$\eta_{Z(1),Z(2)} = 0;\ \eta_{Z(1),Z(2)} = \pm\infty$

Abb. 15: Abgrenzung der Zielbeziehungen[139]

Wenn innerhalb einer Zielbeziehungsfunktion die Bereiche mit komplementärer, indifferenter und konkurrenter Beziehung einander abwechseln, so handelt es sich um eine partielle Zielbeziehung.

In Entscheidungssituationen bestehen in der Regel auch für einzelne Bereiche keine eindeutigen Zielbeziehungen. Komplementarität, Konkurrenz und Indifferenz wechseln von Alternative zu Alternative. Dies führt zu einer streuenden Zielbeziehungsfunktion, und die Zielelastizität liefert kein eindeutiges Beziehungsbild. Heinen schlägt für diesen Fall die Ermittlung einer Regressionsgleichung vor, die die Zielbeziehung für überschaubare Bereiche darlegt[140].

---

137   vgl. Heinen (1971), S.103; Bamberg, Coenenberg (1977), S.44
138   vgl. Heinen (1971), S.97
139   Heinen (1971), S.99
140   vgl. Heinen (1971), S.101

b)   Beziehungen zu übergeordneten Zielen

Die Analyse der Beziehung zwischen Ober- und Unterzielen liefert Erkenntnisse darüber, inwieweit die Zielkriterien zum Erreichen von übergeordneten Unternehmenszielen dienen. Die Analyse ist notwendig, da festgelegte Unternehmensziele häufig keine Praktikabilität für untergeordnete Entscheidungsträger besitzen. Es werden daher Zielkriterien bestimmt, die vom Entscheidungsproblem abhängig sind und die in einer Mittel-Zweck-Beziehung zum jeweiligen übergeordneten Unternehmensziel stehen[141]. Für die Analyse dieser Zielbeziehungen ist es wesentlich, ein wohldefiniertes Entscheidungsfeld vorzugeben, da bei veränderten Bedingungen auch andersartige Beziehungen vorliegen können[142].

4.2.3 Lösungsmöglichkeiten von Mehrzielentscheidungen

Indifferente und symmetrisch komplementäre Zielbeziehungen sind bei Mehrzielentscheidungen problemlos zu lösen. Asymmetrische Komplementarität verlangt, daß die Entscheidungen an den jeweiligen Unterzielen auszurichten sind. Besteht eine Zielkonkurrenz, so sind zu einer eindeutigen Entscheidungsfindung Entscheidungsregeln notwendig. Zur Lösung der Zielkonflikte stehen drei grundsätzliche Möglichkeiten zur Verfügung[143]: Die Zielkriterien werden in einer Gesamtzielfunktion zusammengeführt, teilweise in Nebenbedingungen überführt oder durch definierte Zielvorgaben ersetzt.

a)   Bildung einer Gesamtzielfunktion[144]

aa)   Zielgewichtung:

Eine Möglichkeit zur Lösung von Zielkonflikten ist die Zielgewichtung. Die Zielkriterien sind dabei in eine übergeordnete substitutionale Gesamtzielfunktion zu überführen. Eine Gewichtung kann durch konstante oder variable Gewichte erfolgen. Sonderfälle der Zielgewichtung sind die **Zieldominanz** und das **Zielschisma**[145]. Die Zieldominanz verfolgt nur ein Zielkriterium. Dabei wird ein Ziel mit dem Gewicht 1,0 versehen, alle anderen Ziele erhalten die Gewichtung 0,0. Das Zielschisma berücksichtigt im Gegensatz zur Zieldominanz alle Ziele. Dies geschieht jedoch nicht gleichzeitig, sondern in Abhängigkeit von der Situation.

ab)   Lexikographische Ordnung:

Die Entscheidungsregel der lexikographischen Ordnung setzt eine Rangordnung aller Ziele voraus. Führt die Verwendung des ersten Vorrangziels zu keiner eindeutigen Lösung, so wird für die Lösungen, die die gleiche maximale Zielerfüllung für das erste Vorrangziel aufweisen, das zweite Vorrangziel angewendet; usw..

---

141   In der entscheidungstheoretischen Literatur wird die Verwendung von untergeordneten Zielsetzungen als Suboptimierung bezeichnet (Heinen (1971), S.105).

142   vgl. Küpper (1981), S.43

143   vgl. Pfohl, Braun (1981), S.210; Pfohl und Braun beschreiben zusätzlich die Möglichkeit, Zielkriterien vollständig durch geeignete Nebenbedingungen abzulösen. Dieses Vorgehen eliminiert die Zielfunktion, deren Vorhandensein eine notwendige Voraussetzung für ein Entscheidungsmodell ist (vgl. Pfohl, Braun (1981), S.217).

144   vgl. Heinen (1971), S.141-142; Bamberg, Coenenberg (1977), S.47-49; Pfohl, Braun (1981), S.210-217

145   vgl. Heinen (1971), S.142

ac)   Maximierung des minimalen Zielerreichungsgrads:

Die Maximierung des minimalen Zielerreichungsgrads wählt die Lösung, die in bezug auf
den ungünstigsten Zielerreichungsgrad unter allen Lösungen ein Maximum aufweist.

b)   Teilweise Überführung der Zielkriterien in Nebenbedingungen

Zielkriterien lassen sich aus der Zielkonfliktbetrachtung ausschließen, wenn sie in Nebenbedingungen überführt werden. Anhand der Nebenbedingungen wird gewährleistet, daß
die Zielkriterien einen Mindest- oder Höchstwert erreichen[146]. Problematisch sind jene
Fälle, in denen die Nebenbedingungen so formuliert sind, daß sie zu keiner zulässigen
Lösung führen.

c)   Zielkriterien werden durch Zielvorgaben ersetzt

Im Goal-Programming-Ansatz werden für alle Zielkriterien bestimmte Zielvorgaben gegeben und die Abweichungen von diesen Zielvorgaben minimiert[147].

4.2.4 Potentielle Zielkriterien der Einlastungsplanung

Bedingt durch die Verwandtschaft der Einlastungsplanung mit der Produktionsablauf-
planung (s. Kap. 3.), können für die Einlastungsplanung dieselben Zielkriterien wie für die
Ablaufplanung herangezogen werden. Die in der Literatur angeführten Zielkriterien der
Ablaufplanung lassen sich im wesentlichen den beiden Gruppen technizitäre Ziele und
Erfolgsziele zuordnen[148].

4.2.4.1 Technizitäre Zielkriterien

Technizitäre Zeitgrößen sind die in der Literatur am häufigsten angewendeten Zielkriterien der Ablaufplanung. Erklärt wird dies zum einen durch die Schwierigkeit, die
Erfolgswirkungen der Ablaufplanung zu bestimmen[149] und zum anderen durch die Tatsache, daß durch das vorgegebene Produktionsprogramm erhebliche Teile der Erfolgs-
größen festgelegt und damit unveränderlich sind[150]. Wesentliche Ursache für die Wahl
technizitärer Ziele ist aber die Auffassung, daß durch die Zeitziele das Ziel der Kosten-
minimierung zumindest approximiert wird[151]. Im folgenden werden die am häufigsten
angeführten technizitären Zielkriterien erläutert. Sie lassen sich in auftrags- bzw. arbeitsträgerorientierte Zielkriterien unterscheiden[152].

4.2.4.1.1 Auftragsorientierte Zielkriterien

Auftragsorientierte Zielkriterien der Ablaufplanung untergliedern sich in durchlaufzeitbezogene und terminbezogene Ziele.

---

146   vgl. Pfohl, Braun (1981), S.217-220

147   vgl. Bamberg, Coenenberg (1977), S.50-51; Pfohl, Braun (1981), S.220-221

148   Küpper führt zusätzlich qualitäts- und sozialbezogene Ziele an. Diese werden hier nicht betrachtet, da sie
        der Gruppe der nichtmonetären Ziele angehören (vgl. Küpper (1981), S.34).

149   vgl. Seelbach (1975), S.34u.37; Küpper (1981), S.38; Adam (1983b) S.710; Biendl (1984), S.35-38 und die
        dort angegebene Literatur

150   vgl. Siegel (1974), S.27; Zäpfel (1982), S.248

151   vgl. Krycha (1969), S. 59-61; Rinnooy Kan (1976), S.27, Paulik (1984), S.89

152   vgl. Küpper (1981), S.33; Liedl (1984), S.18

a) Durchlaufzeitbezogene Ziele der Ablaufplanung

Die Durchlaufzeit gibt die Zeitspanne an, in der ein Objekt (Auftrag oder eine Menge an Aufträgen) das Arbeitssystem[153]) durchläuft[154]). Die Durchlaufzeit ergibt sich aus der Differenz zwischen der Systemeintritts- und der Systemaustrittszeit des betrachteten Objektes. Die Wahl der Systemgrenzen beeinflußt daher die Höhe der Durchlaufzeit[155]). Schließt man den Warteraum vor der ersten Bearbeitung in das Produktionssystem ein[156]), so ergeben sich gegenüber dessen Ausschluß entsprechend höhere Durchlaufzeiten. In diesem Zusammenhang soll zur Bestimmung der Durchlaufzeit die Wartezeit vor der ersten Bearbeitung mit einbezogen werden. Ein Auftrag gilt daher ab dem Zeitpunkt als in das System eingetreten, zu dem seine generelle Disponierbarkeit gegeben ist. Wird der Eintrittszeitpunkt eines Auftrags r in das System mit b_r und dessen Austrittszeitpunkt aus dem System mit f_r bezeichnet, dann ergibt sich die Durchlaufzeit des Auftrags r, D_r wie folgt:

$$D_r = f_r - b_r \tag{1}$$

Die Durchlaufzeit eines Auftrags oder Werkstücks durch ein System setzt sich aus den Durchlaufzeiten der einzelnen Arbeitsvorgänge zusammen. Die Durchlaufzeit eines Arbeitsvorgangs wird als Durchlaufelement bezeichnet (s. Abb. 16). Das Durchlaufelement wird durch die Durchführungszeit an einem Arbeitsträger und den Zwischenzeiten beim Übergang von einem zum anderen Arbeitsträger bestimmt. Die Durchführungszeit ergibt sich aus der Bearbeitungszeit und der auftrags- bzw. teilespezifischen (reihenfolgeabhängigen und -unabhängigen) Rüstzeit. Die Transportzeit und die Wartezeit vor und nach der Bearbeitung werden in der Zwischenzeit zusammengefaßt[157]).

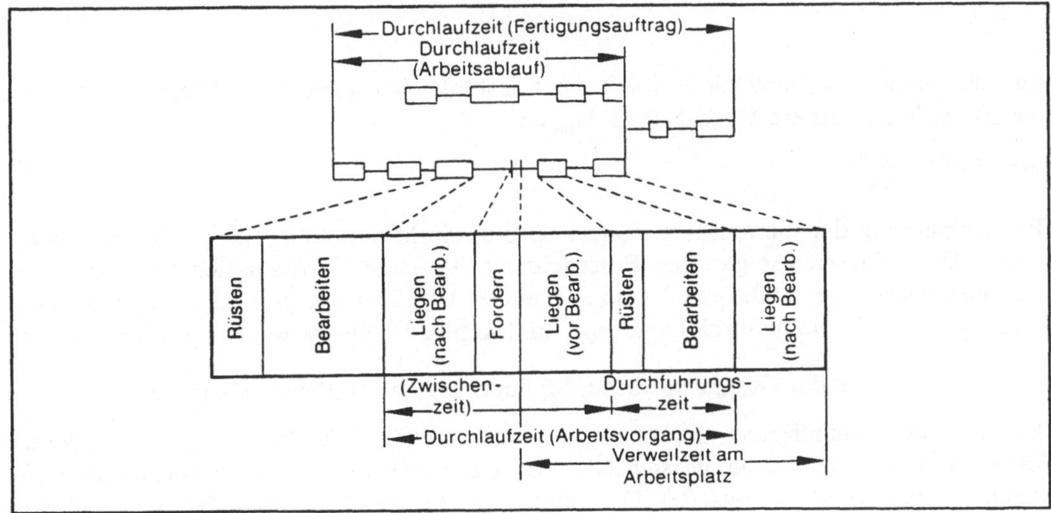

Abb. 16: Durchlaufelement (Durchlaufzeit je Arbeitsvorgang)[158])

---

153 In diesem Zusammenhang ist mit dem Arbeitssystem das FFS gemeint.
154 vgl. Heinemeyer (1979), S.422
155 vgl. Adam (1987), S.18
156 Unter Warteraum vor der ersten Bearbeitung wird in diesem Zusammenhang der Warteraum verstanden, in dem die generell verfügbaren Aufträge auf ihre Einlastung warten.
157 vgl. Heinemeyer (1979), Sp.422
158 Heinemeyer (1979), Sp.422

Folgende durchlaufzeitbezogene Ziele werden genannt:

aa)   Minimierung der maximalen Durchlaufzeit aller Aufträge R bzw. Minimierung der Zykluszeit[159]

Die Zykluszeit Y ist das Zeitintervall, in dem die Herstellung aller Aufträge erfolgt.

$$Y = max[D_1, \ldots, D_R] \tag{2}$$

Es wird dabei von einem vorgegebenen Auftragsbestand ausgegangen (statisch-deterministisches Problem), d.h. alle Aufträge besitzen den gleichen Systemeintrittstermin:

$$b_r = b \qquad\qquad \forall\ r \in R \tag{3}$$

Die maximale Durchlaufzeit aller Aufträge entspricht somit der Zykluszeit. Das Kriterium zielt auf eine frühestmögliche Fertigstellung des gesamten Auftragsbestands. Da es ausschließlich die Durchlaufzeit des zuletzt fertiggestellten Auftrags berücksichtigt, wird das Zielkriterium nur unter besonderen Bedingungen als angemessen angesehen[160]. Dies ist beispielsweise dann gegeben, wenn ein Auftragsprogramm innerhalb einer definierten Planungsperiode zu realisieren ist[161]. Ungeachtet der vorliegenden Einwände ist die Minimierung der Zykluszeit eines der am häufigsten angewandten Zielkriterien der Ablaufplanung[162].

ab)   Minimierung der Gesamtdurchlaufzeit; Minimierung der mittleren Durchlaufzeit[163]

Die Gesamtdurchlaufzeit D ist die Summe der Durchlaufzeiten aller Aufträge R:

$$D = \sum_{r \in R} D_r \tag{4}$$

Wird die Gesamtdurchlaufzeit D durch die Anzahl der betrachteten Aufträge R dividiert, so ergibt sich die mittlere Durchlaufzeit D_{mitt}:

$$D_{mitt} = 1/R \cdot \sum_{r \in R} D_r \tag{5}$$

Die Minimierung der Gesamtdurchlaufzeit D und die Minimierung der mittleren Durchlaufzeit D_{mitt} führen zur gleichen Entscheidung, da beide Kriterien sich nur durch die konstante Anzahl an Aufträgen R unterscheiden. Die Ziele sorgen für einen schnellen Auftragsdurchfluß, um dadurch Lagerungs- und Kapitalbindungskosten zu minimieren[164].

ac)   Minimierung der Gesamtwartezeit; Minimierung der mittleren Wartezeit[165]

Die Ziele der Minimierung der Gesamtwartezeit und der Minimierung der mittleren Wartezeit sind identisch, da sie sich ebenfalls nur durch die konstante Anzahl an Aufträgen R unterscheiden. Aus der Definition der Durchlaufzeit wird deutlich, daß die Minimierung der Wartezeit bei konstanten Bearbeitungszeiten und reihenfolgeunab-

---

159   vgl. Seelbach (1975), S.36-37; Küpper (1981), S.37; Zäpfel (1982), S.249; Biendl (1984), S.43-44

160   vgl. Günther (1971), S.86-93, Siegel (1974), S.29, Biendl (1984), S.44

161   vgl. Seelbach (1975), S.37; Zäpfel (1982), S.250

162   vgl. Biendl (1984), S.43 und die dort angegebene Literatur.

163   vgl. Seelbach (1975), S.32-33; Küpper (1981), S.36; Zäpfel (1982), S.249; Biendl (1984), S.39-40

164   vgl. Seelbach (1975), S.33; Biendl (1984), S.41-42

165   vgl. Seelbach (1975), S.32-33; Küpper (1981), S.36; Zäpfel (1982), S.249; Biendl (1984), S.40-41

hängigen Rüstzeiten mit der Minimierung der Durchlaufzeit übereinstimmt[166]. Mit diesen Kriterien wird daher auch die Minimierung der ablaufbedingten Lagerungs- und Kapitalbindungskosten angestrebt.

b) Terminbezogene Ziele der Ablaufplanung

Ist für einen Auftag r ein Fälligkeitstermin d_r vorgegeben, dann können folgende Terminabweichungen auftreten:

$f_r - d_r > 0$: Terminüberschreitung

$f_r - d_r = 0$: termingerechte Fertigstellung

$f_r - d_r < 0$: Terminunterschreitung

Es lassen sich somit Zielkriterien konstruieren, die sich auf Terminüberschreitungen (tardiness), Terminabweichungen (lateness) oder Terminunterschreitungen (earliness) beziehen[167]. Letztere werden nachfolgend nicht berücksichtigt, da sie kaum begründet werden können[168].

Die Nichteinhaltung vorgegebener Fälligkeitstermine kann unterschiedliche Folgen haben. Diese sind Konventionalstrafen, Goodwill-Verluste bei Kunden, Behinderung der nachfolgenden Produktion oder Fehlmengen in nachfolgenden Lagern.

Als terminbezogene Zielkriterien werden genannt:

ba) Minimierung der Gesamtterminabweichung; Minimierung der mittleren Terminabweichung

Die Gesamtterminabweichung V^α ist die Summe der absoluten Terminabweichungen aller Aufträge R

$$V^\alpha = \sum_{r \in R} |f_r - d_r| \tag{6}$$

Dividiert man die Gesamtterminabweichung V^α durch die konstante Anzahl an Aufträgen R, so ergibt sich die mittlere Terminabweichung V^α_{mitt}.

$$V^\alpha_{mitt} = 1/R \cdot \sum_{r \in R} |f_r - d_r| \tag{7}$$

Diese identischen Ziele der Terminabweichung streben eine möglichst genaue Einhaltung der Fertigstellungstermine an. Terminunterschreitungen und Terminüberschreitungen sollen vermieden werden[169].

---

166 vgl. Seelbach (1975), S.32
167 vgl. Conway, Maxwell, Miller (1967) S.11-13
168 vgl. Paulik (1984) S.101
169 Zur Formulierung des Ziels der minimalen Terminabweichung werden in der Literatur die Terminunterschreitungen nicht absolut betrachtet, sondern werden als negative Werte in der Zielfunktion berücksichtigt. Damit wird nicht eine möglichst genaue Termineinhaltung angestrebt, sondern eine möglichst frühe Fertigstellung der Aufträge erzielt. Das Zielkriterium ist folglich mit der Minimierung der Durchlaufzeit identisch (vgl. Conway, Maxwell, Miller (1967) S.12-13; Seelbach (1975), S.33; Küpper (1982), S.37; Biendl (1984), S.45).

bb)   Minimierung der Anzahl der Terminabweichungen[170]

Die Minimierung der Anzahl der Terminabweichungen V^a_a minimiert nicht die absolute Höhe der Terminabweichungen, sondern versucht möglichst viele Aufträge exakt zum Fälligkeitstermin fertigzustellen.

$$V^a_a = \sum_{r \in R} I_r \tag{8}$$

$$I_r = \begin{cases} 1, & \text{wenn } f_r \neq d_r \\ 0, & \text{sonst} \end{cases} \qquad \forall\ r \in R \tag{9}$$

bc)   Minimierung der Gesamtterminüberschreitung; Minimierung der mittleren Terminüberschreitung[171]

Das Kriterium der Minimierung der Terminüberschreitungen betrachtet die Aufträge, deren Fertigstellungstermin f_r größer ist als deren Fälligkeitstermin d_r. In diesem Fall liegt eine Auftragsverspätung vor. Es lassen sich die identischen Ziele der Minimierung der gesamten bzw. der mittleren Terminüberschreitung[172] unterscheiden.

$$V^u = \sum_{r \in R} \max[0,\ f_r - d_r] \tag{10}$$

$$V^u_{mitt} = 1/R \cdot \sum_{r \in R} \max[0,\ f_r - d_r] \tag{11}$$

bd)   Minimierung der maximalen Terminüberschreitung[173]

Das Ziel der Minimierung der maximalen Terminüberschreitung strebt an, die maximale Verspätung möglichst klein zu halten.

$$V^u_{max} = \max_{r \in R} [\ \max[0,\ f_r - d_r]\ ] \tag{12}$$

4.2.4.1.2 Arbeitsträgerorientierte Zielkriterien

Arbeitsträgerorientierte Zielkriterien streben eine möglichst hohe Nutzung der Produktiveinheiten an. Unter kurzfristigen Gesichtspunkten können dadurch zusätzliche Aufträge gefertigt werden, während es unter langfristigen Gesichtspunkten möglich ist, Kapazitäten abzubauen. Arbeitsträgerorientierte Zielkriterien verwenden zur Zielwertbestimmung die einzelnen Belegungszeiten einer Maschine. Die gesamte Belegungszeit einer Maschine setzt sich aus der Bearbeitungszeit, der Rüstzeit und der ablaufbedingten Stillstandszeit zusammen. Die Stillstandszeit beinhaltet die Blockier-[174] und Leerzeit der Maschine. Als arbeitsträgerorientierte Ziele werden genannt[175]:

---

170   vgl. Siegel (1974), S.43

171   vgl. Seelbach (1975), S.37; Küpper (1981), S.37; Zäpfel (1982), S.251; Biendl (1984), S.46

172   Biendl führt noch die Minimierung der mittleren bedingten Terminüberschreitung an (vgl. Biendl (1984), S.46).

173   vgl. Hoss (1965), S.42

174   Blockierzeiten entstehen, wenn ein Auftrag für eine unbelegte Maschine bereitsteht, aber am Zugang zur Maschine behindert wird.

175   Grundsätzlich besteht auch bei diesen Zielkriterien die Möglichkeit, zwischen mittleren und gesamten Werten zu unterscheiden.

a)   Maximierung der Kapazitätsauslastung[176]

Die Kapazitätsauslastung U beschreibt das Verhältnis zwischen der Bearbeitungs- und der Belegungszeit einer Maschine[177]:

$$U = \frac{\sum\limits_{m \in M} \sum\limits_{r \in R} p_{rm}}{\sum\limits_{m \in M} \sum\limits_{r \in R} p_{rm} + h_{rm} + l_{rm}} \tag{13}$$

        └ Stillstandszeit der Maschine m unmittelbar vor Auftrag r

      └ Reihenfolgeabhängige Rüstzeit des Auftrags r an der Maschine m

    └ Bearbeitungszeit des Auftrags r an Maschine m incl. der reihenfolgeunabhängigen Rüstzeit

b)   Minimierung der Stillstandszeiten

Die Stillstandszeit einer Maschine ist die Zeit, in der diese nicht produktiv tätig ist. Die Minimierung der Stillstandszeiten ist bei konstanten Bearbeitungszeiten und reihenfolgeunabhängigen Rüstzeiten mit der Maximierung der Kapazitätsauslastung identisch.

$$LZ = \sum\limits_{m \in M} \sum\limits_{r \in R} l_{rm} \tag{14}$$

c)   Minimierung der Rüstzeit[178]

Sind die Rüstzeiten oder die Rüstkosten reihenfolgeabhängig, dann wird die Minimierung der Rüstzeit als ein eigenständiges Zielkriterium formuliert. Das ist nur sinnvoll, wenn dadurch entscheidungsrelevante Kosten betroffen sind. Ist dies nicht der Fall, dann werden reihenfolgeabhängige und reihenfolgeunabhängige Rüstzeiten in anderen Zeitzielen implizit berücksichtigt[179].

4.2.4.1.3 Beziehungen zwischen den technizitären Zielen

Ein Entscheidungsmodell verlangt eine eindimensionale Zielvorschrift. Die große Zahl der potentiellen Zielkriterien führt daher zu dem Problem sich entweder für ein Zielkriterium zu entscheiden oder aber eventuell bestehende Zielkonflikte zu lösen. Zur Bewältigung dieser Aufgabe sind die Beziehungen zwischen den Zeitzielen zu analysieren.

Die Analyse der Zielbeziehungen der Ablaufplanung führte in der Literatur zu einer breiten Diskussion[180]. Ausgelöst wurde diese Diskussion durch Gutenberg, der auf die Zielkonkurrenz zwischen der Maximierung der Kapazitätsauslastung und der Minimierung der Durchlaufzeit hinwies und als das "Dilemma der Ablaufplanung"[181] bezeichnete. Dieses "klassische Dilemma" wurde von Mensch unter Einbeziehung der Rüstzeiten zu einem

---

176   vgl. Zäpfel (1982), S.249

177   Einige Autoren beziehen die Rüstzeit in die produktive Zeit einer Maschine mit ein. Hierdurch ist eine Erhöhung der Kapazitätsauslastung allein durch eine Erhöhung der Rüstzeit möglich (vgl. Küpper (1981), S.39-40; Liedl (1984), S.44-47).

178   vgl. Siegel (1974), S.46; Seelbach (1975), S.36; Zäpfel (1982), S.251

179   vgl. Günther (1971), S.76; Günther (1972), S.300

180   vgl. Liedl (1984), S.21 und die dort angegebene Literatur.

181   vgl. Gutenberg (1951), S.159

"Trilemma"[182] und von Schweitzer unter Einbeziehung weiterer Zielkriterien zu einem "Polylemma"[183] erweitert. Einige Autoren bestreiten demgegenüber sowohl die Existenz des "klassischen Dilemmas der Ablaufplanung", als auch die der Erweiterungen[184]. Diese Uneinigkeit bezüglich der Beziehungen zwischen den technizitären Zielkriterien der Ablaufplanung ist auf drei wesentliche Ursachen zurückführen:

a)   Das Entscheidungsfeld wird unterschiedlich definiert

Inwieweit bestimmte Zielkriterien zueinander in Konkurrenz stehen, wird wesentlich durch die gewählte Problemformulierung beeinflußt. Agyris bestreitet die Existenz des "klassischen Dilemmas". In seiner Beweisführung geht er davon aus, daß alle Aufträge denselben Fertigstellungstermin besitzen und alle Maschinen bis zur Fertigstellung des letzten Auftrags belegt bleiben[185]. Unter diesen Voraussetzungen besteht zwischen den Zielen der Maximierung der Kapazitätsauslastung und der Minimierung der Durchlaufzeit keine Konkurrenz. Die Minimierung der Durchlaufzeit wird durch die Minimierung der maximalen Durchlaufzeit erreicht. Gleichzeitig wird die Kapazitätsauslastung maximiert, da alle Maschinen bis zur Beendigung des letzten Auftrags belegt bleiben[186].

b)   Die Beziehungen zwischen den Zielen werden unterschiedlich festgelegt

Das unterschiedliche Verständnis darüber, wann ein Zielkonflikt besteht, ist ein weiterer Grund der divergenten Auffassungen über die Zielbeziehungen der Ablaufplanung. Günther bestreitet die Existenz des "klassischen Dilemmas", da die beiden Ziele nicht vollkommen gegensätzlich sind, sondern sich unter bestimmten Bedingungen positiv beeinflussen[187]. Das zeigt z.B. die KOZ-Regel[188], die sowohl für das Kriterium der Durchlaufzeit, als auch für das Kriterium der Kapazitätsauslastung positive Ergebnisse liefert[189].

c)   Die Mittel-Zweck-Beziehung wird unterschiedlich begründet

Die Existenz des "klassischen Dilemmas" wird auch dadurch bestritten, daß bei Unterbeschäftigung die Maximierung der Kapazitätsauslastung kein sinnvolles Zielkriterium darstellt[190] und "bei Überbeschäftigung ... die Brachzeiten von selbst zum Minimum streben (Bestandseffekt)"[191].

Neben dem Streit um das "klassische Dilemma" wird auch über die Relevanz anderer Zielkriterien diskutiert. Die Minimierung der Terminüberschreitung wird als Zielkriterium abgelehnt, da Termine Fixpunkte und damit Nebenbedingungen sind[192]. Inwieweit die Termineinhaltung ein relevantes Zielkriterium ist, ist von verschiedenen Rahmenbedingun-

---

182   vgl. Mensch (1972), S. 82
183   vgl. Schweitzer (1967), S.293
184   vgl. Günther (1971) S.86 -98; Riedesser (1971) S.667; Günther (1972), S.297-300; Agyris (1977), S.66
185   vgl. Agyris (1977), S.66-69
186   vgl. Günther (1971), S.90-91; Muscati (1967), S.301
187   vgl. Günther (1972), S.299
188   Die KOZ-Regel ist eine Prioritätsregel zur Ablaufplanung, nach der der Auftrag mit der kürzesten Operationszeit für die nächste Bearbeitung ausgewählt wird.
189   vgl. Hoss (1965), S.168
190   vgl. Mensch (1968) S.97, Günther (1971), S.105
191   Günther (1971) S.105; Riedesser (1971), S.667
192   Pfaffenberger (1963), S.179-184, Günther (1971), S.105

gen abhängig. Wird die Termineinhaltung als Nebenbedingung formuliert, kann eine zulässige Lösung nicht garantiert werden. Dies ist durch die Formulierung eines terminbezogenen Zielkriteriums vermeidbar[193]. Demgegenüber kann das Zielkriterium der Termineinhaltung in einem Verkäufermarkt irrelevant sein.

Eine weitere Diskussion über die Beziehungen zwischen den technizitären Zielkriterien
soll unterbleiben. Es wird folgend immer dann von einer Zielkonkurrenz gesprochen, wenn
bei dem Anstreben zweier Zielkriterien nicht die selbe optimale Lösungen erzielt werden
kann[194]. Dies ist jeweils anhand der gegebenen Rahmenbedingungen zu überprüfen.

Zur Bestimmung der für ein Entscheidungsproblem relevanten Zielkriterien sind folgende
Forderungen zu erfüllen: Es ist von einem wohl definierten Entscheidungsfeld auszugehen.
Für dieses Entscheidungsfeld sind die Beziehungen zwischen den Zielen und die Beziehungen zum Oberziel der Unternehmung zu analysieren. Diese Analyse sollte zunächst
begriffslogisch erfolgen. Scheitert eine begriffslogische Analyse, so ist eine empirische
Analyse der Zielbeziehungen vorzunehmen[195]. Dies kann mit Hilfe der Zielbeziehungsfunktion (s. Kap. 4.2.2) geschehen.

Eine Möglichkeit zur Lösung der Zielkonflikte (s. Kap. 4.2.3) besteht darin, durch Gewichtung der einzelnen Zielkriterien eine Gesamtzielfunktion zu erhalten. Die Gewichtungen können dabei dimensionslose Zahlen zwischen 0 und 1 sein und sich für alle
Gewichte zu 1 summieren. Sie bezeichnen damit den relativen Anteil der einzelnen Zielkriterien an der gesamten Zielfunktion. Dieser Ansatz wird vorzugsweise in der angloamerikanischen Literatur verfolgt[196].

Um zu einer Gesamtzielfunktion zu gelangen, kann die Gewichtung der einzelnen Zielkriterien auch durch deren ökonomische Bewertung erfolgen. Dabei werden die einzelnen
Zeitgrößen mit ihrer Kostenverursachung bewertet. Unter der Annahme von unbeeinflußbaren Erlösen wird dadurch dem übergeordneten Ziel des Gewinnstrebens zumindest ansatzweise Rechnung getragen. Dies wird von Mensch, Günther, Seelbach und
Agyris vorgeschlagen[197].

4.2.4.2 Erfolgsziele

Den Einsatz technizitärer Ziele und deren Bewertung mit Kosten lehnen viele Autoren ab,
da das Bereichsziel nicht aus dem Oberziel der Unternehmung abgeleitet wurde[198].
Kosten und Erlöse sind dann heranzuziehen, wenn sie durch die Ablaufplanung beeinflußt
werden. Ziel ist es dementsprechend, die ablaufabhängige Differenz zwischen Erlösen und
Kosten im Sinne einer Suboptimierung[199] des Formalziels der Unternehmung zu maximieren.

---

193   vgl. Ellinger, (1981), S.312, Birgelen (1981), S.83

194   vgl. Zäpfel (1982), S.253

195   vgl. Küpper (1981), S.44

196   vgl. French (1982), S.13; O'Grady, Menno (1984)

197   vgl. Mensch (1968), S.48 ff; Günther (1971), S.106; Seelbach (1975), S.39, Agyris (1977), S.93

198   vgl. Conradi (1973), S. 97; Siegel (1974), S.54; Rehwinkel (1978), S.46; Paulik (1984), S.88-89; Knoop (1986),
       S.47

199   vgl. Heinen (1971), S.105

Primäre Erfolgskomponente der Ablaufplanung sind die Kosten. Die wesentlichen Kostenarten sind Zwischenlagerungskosten, Stillstandskosten, Rüstkosten, und Terminabweichungskosten[200]. Als weitere Kostenarten werden genannt: Transportkosten, Anpassungskosten, Beschaffungskosten, Absatzkosten und Kosten des Planungsprozesses[201]. Insbesondere die Stillstandskosten sind hier nicht am pagatorischen, sondern am wertmäßigen Kostenbegriff orientiert[202].

Ertragswirkungen der Ablaufplanung werden selten betrachtet[203], da angenommen wird, daß die Erlöse durch das gegebene Produktionsprogramm unbeeinflußbar sind[204]. Rehwinkel zeigt, daß Ertragswirkungen der Ablaufplanung auch bei vorgegebenen Produktionsprogrammen durch Erlösschmälerungen (z.B. Schadensersatzzahlungen) und Erlössteigerungen (z.B. Qualitätsprämien) möglich sind[205].

Neben den unmittelbaren Auswirkungen auf die Erlöse sind auch die mittelbaren Effekte auf zukünftige Erträge zu berücksichtigen. Letztere entstehen aus Goodwill-Verlusten durch nichteingehaltene Termine oder durch die Auswirkungen der aktuellen Ablaufplanung auf die zukünftige Programmplanung[206].

4.2.5 Entwicklung einer Zielfunktion für die Einlastungsplanung

Die Analyse der potentiellen Zielkriterien der Einlastungsplanung hat gezeigt, daß nur eine auf Kosten und Erlösen basierende Zielfunktion die Forderungen aus Abschnitt 4.2.1 erfüllen kann. Nach Riebel müssen diese Erfolgskomponenten entscheidungsrelevant sein (entscheidungsorientierter Kosten- und Leistungsbegriff). Das bedeutet, daß sie nur die durch die Entscheidung zusätzlich ausgelösten Auszahlungen und Einzahlungen beinhalten dürfen[207]. Den in der Ablaufplanung häufig herangezogenen Ansatz von Opportunitätskosten und Opportunitätserlösen[208] lehnt Riebel ab, da in diesem Fall den Kosten und Erlösen keine Auszahlungen bzw. Einzahlungen gegenüberstehen[209]. Riebel fordert daher die Einführung einer "speziellen Kategorie von Kalkulationswerten: verdrängte alternative Deckungsbeiträge und verdrängte alternative Ersparnisse"[210].

Diesen Ausführungen wird hier nicht gefolgt. Primäres Ziel ist es nicht, die relevanten Auszahlungen bzw. Einzahlungen der Einlastungsplanungsentscheidung zu bestimmen, sondern bezüglich des übergeordneten Unternehmensziels eine optimale Entscheidung zu treffen. Wesentlich für die Formulierung einer Zielfunktion ist daher deren Komplementarität zum übergeordneten Unternehmensziel. Zur Realisierung einer sukzessiven bzw. dezentralen Planungsphilosophie sind grundsätzlich Lenkungspreise und damit Opportu-

---

200   vgl. Siegel (1974), S.55; Rehwinkel (1978), S.43-45; Paulik (1984), S.92
201   vgl. Rehwinkel (1978), S.45 und die dort angegebene Literatur.
202   Zum pagatorischen und wertmäßigen Kostenbegriff vgl. Schweitzer, Küpper, Hettich (1983), S.35-36.
203   Rehwinkel unternimmt eine systematische Analyse der Ertragswirkungen der Ablaufplanung (vgl. Rehwinkel (1978), S.293 ff).
204   vgl. Siegel (1974), S.27; Paulik (1984), S.102
205   vgl. Rehwinkel (1978), S.306,307; vgl. auch Liedl (1984), S.90
206   vgl. Liedl (1984), S.42-53 u. S.92-94
207   vgl. Riebel (1982), S.427
208   Zu den Begriffen Opportunitätskosten und Opportunitätserlöse vgl. Riebel (1982) S.383-384; Schweitzer, Küpper, Hettich (1983), S.35.
209   vgl. Riebel (1982), S.411-413.
210   Riebel (1982), S.427

nitätskosten erforderlich. Durch sie werden die Auswirkungen einer Entscheidung auf andere Teilentscheidungen berücksichtigt[211]. An dieser Stelle wird daher auf den wertorientierten Kostenbegriff zurückgegriffen. Ist in der vorgelagerten Planungsstufe das Produktionsprogramm durch ein Entscheidungsmodell bestimmt worden, dann können die dort ermittelten Opportunitätskosten einer Kapazitätseinheit des FFS Anwendung finden. Dabei ist zu berücksichtigen, daß es sich um Grenzkosten handelt, die strenggenommen nur für die nächste nutzbare Kapazitätseinheit Gültigkeit haben.

Bei der Formulierung der Zielfunktion ist weiterhin zu bedenken, daß sich die Kosten und Erlöse nicht nur aus dem Produkt von Wert- und Mengenkomponente zusammensetzen, sondern auch mengenunabhängige Auszahlungen bzw. Einzahlungen enthalten[212]. Insbesondere die Terminüberschreitungskosten lassen sich nicht als eine lineare Funktion der Terminüberschreitungszeit darstellen.

Grundsätzlich wollen wir in der weiteren Betrachtung die direkten Erlöswirkungen der Einlastungsplanung ausschließen und die indirekten Erlöswirkungen mittels Opportunitätskosten erfassen. Als Zielkriterium der Einlastungsplanung ergibt sich dadurch die Minimierung der ablaufbedingten Kosten[213].

Im folgenden wird das Entscheidungsumfeld der Einlastungsplanung bezüglich der Zielfunktion weiter spezifiziert. Anschließend werden die im vorhergehenden Kapitel angeführten Kostengrößen auf ihre Entscheidungsrelevanz untersucht (Kap. 4.2.5.2). In Kap. 4.2.5.3 wird die unter den hier definierten Bedingungen zu verfolgende Zielfunktion formuliert.

4.2.5.1 Entscheidungsumfeld

Zur Formulierung einer Zielfunktion bedarf es der weiterführenden Analyse des in Kapitel 3.1 und 3.2 festgelegten Entscheidungsfelds der Produktionsplanung eines FFS. Dem Entscheidungsumfeld kommt in diesem Zusammenhang eine besondere Bedeutung zu[214].

Ist der Auftragsankunftsprozeß statisch, so erweist es sich als kritisch, daß mit der Vorgabe des Auftragsprogramms dessen zeitliche Durchführbarkeit noch nicht gewährleistet ist. Ob das Programm innerhalb der vorgesehenen Planungsperiode bewältigt werden kann, ist i.a. erst nach der Durchführung der Einlastungsplanung, bzw. nach der Abarbeitung des Auftragsprogramms feststellbar. Wird im Rahmen der Einlastungsplanung deutlich, daß das Auftragsprogramm innerhalb der Planungsperiode nicht realisierbar ist, so bestehen zur Lösung des Problems die folgenden Möglichkeiten: Mit der Hoffnung auf unausgelastete Kapazitäten in der nächsten Periode, kann der Planungshorizont ausgedehnt oder einzelne Aufträge in die nächste Periode verschoben werden. Ist dies nicht durchführbar, dann ist auf die Fertigung einzelner Aufträge gänzlich zu verzichten[215]. Wird auf die Fertigung einzelner Aufträge ganz verzichtet, so erfordert

---

211 vgl. Schweitzer, Küpper, Hettich (1983), S.386 u. S.418

212 Zur Kritik der Interpretation der Kosten als Produkt aus mengenmäßiger und wertmäßiger Komponente vgl. Riebel (1982), S.413–418.

213 vgl. Zäpfel (1989b), S.247

214 vgl. Küpper (1981) S.43–44

215 Grundsätzlich besteht auch die Möglichkeit, durch einen neuen Planungslauf des vorgelagerten Planungssystems ein realisierbares Produktionsprogramm zu erhalten. Das erfordert ein iteratives Vorgehen zwischen beiden Planungsstufen.

dies die Kenntnis der Deckungsbeiträge und Ausfallkosten der Aufträge. Die Lösung dieses Auswahlproblems kann jedoch nicht die Aufgabe der Einlastungsplanung sein, da vielfältige Interdependenzen zu anderen Produktionsstufen zu beachten wären. Praktikabel erscheinen daher nur die Alternativen, in denen entweder der Planungshorizont ausgedehnt oder einzelne Aufträge in die nächste Periode verschoben werden. In diesen Fällen sind dem vorgelagerten Planungssystem entweder die wahrscheinliche Verlängerung der Planungsperiode oder die für diese Periode abgelehnten Aufträge zu übermitteln.

Zur Bewältigung des anstehenden Entscheidungsproblems benötigt das Einlastungsplanungssystem Angaben über die kostenmäßigen Konsequenzen einer Überschreitung des Planungshorizonts. Die nutzbaren Stillstandszeiten des FFS könnten mit diesen Kosten bewertet werden, um zusammen mit anderen Kostenarten (z.B. Zwischenlagerungskosten und Terminüberschreitungskosten) zu einem Gesamtkostenminimum zu gelangen.

Der Bereitstellungszeitpunkt der Einsatzfaktoren ist eine weitere Kosteneinflußgröße, die von der Einlastungsplanung beeinflußt werden könnte. In Kap. 3.2 wurde angenommen, daß die Losgrößenplanung und die Grobterminierung dem zentralen Planungssystem zuzurechnen sind. Für die Einlastungsplanung kann daher davon ausgegangen werden, daß entweder zu Beginn der Planungsperiode alle Einsatzfaktoren bereitstehen oder daß deren Bereitstellungstermin durch das übergeordnete Planungssystem vorgegeben wird.

4.2.5.2 Kostenanalyse

Im Rahmen der Kostenanalyse werden die zuvor benannten Zwischenlagerungskosten, Stillstandskosten, Rüstkosten, Terminabweichungskosten und sonstigen Kosten auf ihre Beeinflußbarkeit durch die Einlastungsplanung untersucht.

4.2.5.2.1 Zwischenlagerungskosten

Eine Zwischenlagerung findet bei einem FFS entweder vor, in oder nach dem System statt. Die entstehenden Zwischenlagerungskosten werden in Lagerungseinzel- und Lagerungsgemeinkosten unterschieden[216].

Die Einzelkosten sind im wesentlichen die Kapitalbindungkosten. Als weitere Lagerungseinzelkosten werden genannt: Steuern, Versicherungsbeiträge sowie Kosten für Pflege, Beschädigung, Veralterung und Verlust. Letztere sind den Aufträgen direkt zurechenbar. Außer den Kapitalbindungkosten sind die Lagerungseinzelkosten im Zeithorizont der Einlastungsplanung entweder vernachlässigbar gering oder nicht relevant[217].

Die Kapitalbindungskosten der Aufträge sind durch die Einlastungsplanung nur beeinflußbar, wenn Höhe und/oder Zeitpunkt einzelner Einzahlungen bzw. Auszahlungen von ihr abhängen[218]. Die Auszahlungszeitpunkte und Auszahlungshöhen für Repetier- und Potentialfaktoren sind innerhalb der Einlastungsplanung nicht beeinflußbar, da sie durch das übergeordnete Planungssystem bestimmt werden.

Einzahlungszeitpunkte und -höhen sind dann beeinflußbar, wenn sie von den Fertigstellungsterminen der Aufträge abhängen. Es kann angenommen werden, daß die Ein-

---

216   vgl. Schneeweiß (1981), S.69; Zäpfel (1982), S.188-190; Hoitsch, (1985); S.189-190
217   vgl. Grochla (1978), S.76; Schneeweiß (1981), S.69; Liedl (1984), S.63; Arnolds, Heege Tussing (1986), S.50
218   vgl. Rehwinkel (1978), S.116; Paulik (1984), S.95-99; Liedl (1984), S.66

zahlungszeitpunkte und -höhen für verfrühte Aufträge unverändert bleiben[219] und für verspätete Aufträge eine Veränderung möglich ist. Daher werden die Kapitalbindungskosten durch einen Auftragsterminverzug betroffen.

Die Lagerungsgemeinkosten sind Personalkosten und Unterhaltungskosten (Mieten, Abschreibungen, Steuern und Versicherungen) des Lagers[220]. Diese Lagerungskosten sind einem Auftrag nicht direkt zuzuordnen. Sie werden im Rahmen der Einlastungsplanung als fix betrachtet und sind damit nicht entscheidungsrelevant.

Die Kapitalbindungskosten der Terminüberschreitung sind demnach für das vorliegende Entscheidungsproblem die relevanten Zwischenlagerungskosten. Die Zwischenlagerungskosten K_1 ergeben sich als eine Funktion g_1 in Abhängigkeit von den Terminüberschreitungen der Aufträge R:

$$K_1 = g_1(\max[0, f_r-d_r], r \in R) \tag{15}$$

Die Funktion g_1 gibt dabei den funktionalen Zusammenhang zwischen entstehenden Kapitalbindungskosten und den Terminüberschreitungen der Aufträge R an. Die Funktion beinhaltet anzusetzende Zinssätze und die veränderten Einzahlungshöhen und -zeitpunkte in Abhängigkeit von der Terminüberschreitung.

4.2.5.2.2 Stillstandskosten

Stillstandskosten sind die Kosten, die durch mangelnde Kapazitätsauslastung des flexiblen Fertigungssystems entstehen. Sie werden in Unterhaltskosten während des Maschinenstillstands, in Leerkosten und in Opportunitätskosten unterschieden[221]. Die Unterhaltskosten während des Maschinenstillstands sind Kosten für Pflege und Wartung der Maschinen. Leerkosten sind anteilige Fixkosten der nicht genutzten Maschinenkapazität. Der Ansatz von Opportunitätskosten berücksichtigt, daß durch eine Vermeidung von Stillstandszeiten weitere Aufträge mit positivem Deckungsbeitrag ausgeführt werden könnten.

Unterhaltskosten während des Maschinenstillstands können nur dann herangezogen werden, wenn sie ausschließlich bei einem Maschinenstillstand anfallen. Es ist zu vermuten, daß diese Kosten vernachlässigbar gering sind.

Der Ansatz von Leerkosten ist problematisch, da eine Verringerung der Leerkosten nicht unbedingt zu einer Zunahme an Deckungsbeiträgen führt[222]. Weiterhin enthalten Leerkosten anteilige Fixkosten. Für das Entscheidungsproblem stellen sie somit keine relevanten Kosten dar[223].

Die Bewertung des Maschinenstillstands mit Opportunitätskosten setzt voraus, daß durch reihenfolgeabhängige Leerzeiten Deckungsbeiträge entfallen. Dies ist nur dann der Fall, wenn in der Planungsperiode von einem variablen Auftragsprogramm ausgegangen wird. Ist dieses Programm gegeben, dann steht die Kapazitätsausnutzung von vorneherein

---

219 Veränderte Einzahlungen können auch bei Unterschreitung des Fälligkeitstermins auftreten. So beschreibt Paulik den Fall von Erfüllungsprämien bei vorzeitiger Lieferung (Paulik (1984), S.103).

220 vgl. Grochla (1978), S.76; Schneeweiß (1981), S.69; Arnolds, Heege Tussing (1986), S.51;

221 vgl. Günther (1971), S.103; Siegel (1974), S.33+42; Rehwinkel (1978), S.91; Paulik (1984), S.92-94

222 vgl. Rehwinkel (1978), S.92, Paulik (1984), S. 92-93

223 vgl. Rehwinkel (1978) S.92-93; Riebel (1982), S.279

fest[224]. Der Ansatz von Opportunitätskosten ist daher nur dann sinnvoll, wenn gegenwärtig oder zukünftig mehr Aufträge vorliegen als gefertigt werden können[225]. Dabei sind nur die Leerzeiten mit Opportunitätskosten zu bewerten, die zur Fertigung dieser Aufträge hilfreich sind.

Die Bewertung der Stillstandszeiten mit Opportunitätskosten erweist sich als schwierig, da Engpässe und verdrängte Aufträge erst mit der Bestimmung des optimalen Einlastungsplans bekannt sind. Nur eine simultane Produktionsprogramm- und Einlastungsplanung kann eine richtige Bewertung ermöglichen. Sind diese Voraussetzungen erfüllt, erübrigt sich jedoch der Wertmaßstab[226]. Der Ansatz von Opportunitätskosten ist daher bei sukzessiven bzw. dezentralen Planungsverfahren grundsätzlich erforderlich. Eine ablaufbedingte Über- oder Unterschreitung des Planungshorizonts kann ansonsten nicht bewertet werden. Die Stillstandskosten K_2 ergeben sich somit als eine Funktion g_2 aus Opportunitätskosten $k_2(.)$ und nutzbaren Stillstandszeiten Δt. Die Opportunitätskosten $k_2(.)$ sind wiederum von der Existenz nicht durchführbarer Aufträge R_0 mit positivem Deckungsbeitrag abhängig.

$$K_2 = g_2(k_2(r \in R_0), \, \Delta t) \tag{16}$$

Die Stillstandskosten K_2 entfallen, wenn das Produktionsprogramm im Kostenminimum realisierbar ist. Auch unter dieser Prämisse ist zu berücksichtigen, daß im Regelfall nicht von einem vollkommen unveränderlichen Periodenprogramm ausgegangen werden kann. Wird das Programm vorzeitig fertiggestellt, so ist mit der Fertigung weiterer, sonst nicht abwickelbarer Aufträge zu rechnen. Es wird daher von der Annahme ausgegangen, daß das FFS einen Engpaß im Produktionsbereich darstellt. Unter diesen Voraussetzungen sind die nutzbaren Stillstandszeiten immer mit Opportunitätskosten zu bewerten.

4.2.5.2.3 Rüstkosten

Rüstkosten sind die Kosten, die durch den Auftragswechsel an und in einem flexiblen Fertigungssystem entstehen. Sie können in reihenfolgeunabhängige und reihenfolgeabhängige Kosten unterschieden werden. Sind die Auftragsgrößen vorgegeben, dann sind für die Einlastungsplanung nur die reihenfolgeabhängigen Rüstkosten relevant[227].

Rüstkosten lassen sich desweiteren in direkte und indirekte Rüstkosten unterscheiden[228]. Indirekte Rüstkosten sind bewertete Rüstleerzeiten. Diese Zeiten werden in anderen Kosteneinflußgrößen der Einlastungsplanung (wie z.B. Wartezeiten, Durchlaufzeiten und Terminüberschreitungen) erfaßt. Rüstleerzeiten können auftreten, wenn ein Bearbeitungsvorgang aufgrund eines fehlenden Werkzeugs warten muß. Die reihenfolgeabhängigen indirekten Rüstkosten bedürfen daher keiner separaten Erfassung.

---

224   vgl. Siegel (1974), S.34

225   vgl. Rehwinkel (1978), S.94, Liedl (1984), S.48

226   vgl. Adam (1969), S. 135 Fußnote 9; Rehwinkel (1978), S.94-95; Kilger (1981) S.102-103 u. S.190; Riebel (1982), S.383; Schweitzer, Küpper, Hettich (1983), S.383; Liedl (1984), S.51; Paulik (1984) S.94

227   Unter der Prämisse veränderlicher Auftragsgrößen und der damit verbundenen Beeinflußbarkeit von Bereitstellungsmengen und -zeiten, sind reihenfolgeunabhängige direkte Rüstkosten miteinzubeziehen. In diesem Fall wäre eine simultane Losgrößen- und Einlastungsplanung vorzunehmen.

228   vgl. Siegel (1974), S.48; Zäpfel (1982), S.187; Hoitsch (1985), S.187-188

Die in der Werkstattfertigung üblichen Rüstleerzeiten aufgrund von Spann- und Einrichtevorgängen an den Bearbeitungsmaschinen treten in einem FFS nicht auf. Diese Arbeiten werden hauptzeitparallel an speziellen Spannstationen durchgeführt.

Direkte Rüstkosten werden durch einen Faktoreinsatz beim Rüsten verursacht. Sind diese Kosten ablaufbedingt, so sind diese Kosten innerhalb der Einlastungsplanung als entscheidungsrelevant anzusehen. Ablaufbedingte direkte Rüstkosten in einem FFS entstehen beispielsweise dadurch, daß für einen Ablaufplan an zwei Maschinen gleiche Werkzeuge vorgesehen sind, während für einen alternativen Ablaufplan die Werkzeugbevorratung jeweils an einer Maschine ausreicht. Die Kosten, die durch die zusätzliche Werkzeugbereitstellung verursacht werden, stellen die ablaufbedingten direkten Rüstkosten dar, während die entstehenden Rüstleerzeiten in anderen Kostenarten erfaßt werden.[229] Die ablaufbedingten direkten Rüstkosten K_3 können von unterschiedlichen Einflußgrößen abhängig sein, wie z.B. den notwendigen Werkzeugbereitstellungskosten oder den Palettenumrüstkosten[230]. Sie werden daher nicht weiter spezifiziert.

$$K_3 = g_3(.) \tag{17}$$

4.2.5.2.4 Terminabweichungskosten

Die Terminabweichungskosten treten auf, wenn von dem vorgegebenen Fertigstellungstermin eines Auftrags abgewichen wird. Terminabweichungskosten lassen sich in Terminüberschreitungskosten und Terminunterschreitungskosten unterscheiden. Wesentlich sind die Terminüberschreitungskosten. Vereinzelt werden in der Literatur auch die Terminunterschreitungskosten als bedeutsam erachtet[231]. Sie ergeben sich vor allem aus den zusätzlichen Lagerungskosten. Diese Kosten werden aber in den Zwischenlagerungskosten erfaßt, da die Lagerungskosten dort bis zur Übergabe eines Auftrags an den nächsten Verfügungsbereich berücksichtigt werden.

Zur Analyse der kostenmäßigen Konsequenzen von Terminabweichungen ist eine Unterscheidung in extern und intern vorgegebene Termine sinnvoll[232]. Externe Fertigstellungstermine sind mit einem Kunden direkt vereinbarte Liefertermine. Eventuelle Kostenwirkungen sind von der Art der Lieferterminvereinbarung abhängig[233]:

a)   Eine Terminüberschreitung wird in keinem Fall zugelassen.

b)   Bei Terminüberschreitung ist eine Konventionalstrafe vereinbart.

c)   Terminabweichungen sind innerhalb eines Zeitintervalls zugelassen.

d)   Eine marktübliche Lieferzeit findet stillschweigend Anwendung.

Wird eine Terminüberschreitung in keinem Fall zugelassen, so kommt es zu direkten Kostenwirkungen. Diese entstehen entweder durch entgangene Deckungsbeiträge oder durch Aufwendungen für eventuell nicht absetzbare Vorprodukte. Ist für einen solchen

---

229   Diesen Einfluß auf die Rüstkosten übersieht Knoop und behauptet daher, daß Rüstkosten in einem FFS nicht auftreten (vgl. Knoop (1986), S.49).

230   vgl. Zäpfel (1989b), S.249

231   vgl. Siegel (1974), S. 45; Rehwinkel (1978), S. 312-313; Zäpfel (1982) S.191; Paulik (1984), S.101; Hoitsch (1985), S.190;

232   vgl. Paulik (1984), S.102

233   vgl. Zäpfel (1982), S.190; Hoitsch (1985), S.190

Auftrag rechtzeitig bekannt, daß der Termin nicht eingehalten werden kann, so besteht die Möglichkeit, ihn vorzeitig aus dem Auftragsprogramm zu entnehmen.

Ist für den Fall einer Terminüberschreitung eine Konventionalstrafe vereinbart, so entstehen Verzugskosten.

Sind Terminabweichungen innerhalb eines Zeitintervalls zugelassen und findet eine marktübliche Lieferzeit stillschweigend Anwendung, so sind keine direkten Kostenwirkungen zu erwarten. Eventuell werden Preisnachlässe erforderlich.

Grundsätzlich ist bei Terminüberschreitungen der Goodwill-Verlust zu beachten. Der Goodwill-Verlust kann durch nachlassende Aufträge zu einer Verminderung zukünftiger Deckungsbeiträge führen. Die Abschätzung kosten- und erlösmäßiger Konsequenzen von Goodwill-Verlusten stellen sich als äußerst schwierig dar[234].

Interne Fälligkeitstermine werden durch ein übergeordnetes Planungssystem vorgegeben. Zum einen haben diese Termine eine Synchronisationsaufgabe. Es kann beispielsweise gewünscht sein, verschiedene Aufträge zum gleichen Zeitpunkt in der Montage bereitzustellen. Zum anderen kann die Verfügbarkeit in einem Zwischen- oder Endlager zu einem festen Termin gefordert sein, um dadurch Fehlmengen zu vermeiden. Die kostenmäßige Auswirkung einer Terminüberschreitung ist in diesen Fällen davon abhängig, ob eine Überschreitung des Fälligkeitstermins Anpassungskosten[235] oder Fehlmengenkosten[236] in nachgelagerten Produktionsstufen verursacht. Ist eine Überschreitung interner Fälligkeitstermine durch Pufferzeiten und/oder -bestände abgesichert, dann fallen innerhalb dieser Grenzen und bezüglich des vorliegenden Entscheidungsproblems keine Terminüberschreitungskosten an.

Die Terminüberschreitungskosten K_4 sind damit von jedem einzelnen Auftrag r und dessen Terminüberschreitungsdauer abhängig.

$$K_4 = g_4(\max[0, f_r - d_r], r \in R) \tag{18}$$

4.2.5.2.5 Sonstige Kosten

Weitere Kostenarten der Einlastungsplanung sind Transportkosten, Anpassungskosten, Beschaffungskosten, Absatzkosten und Kosten des Planungsprozesses.

Die innerhalb eines FFS anfallenden **Transportkosten** können im Rahmen der Einlastungsplanung als fix betrachtet werden[237]. Indirekte Transportkosten, die durch Transportwarte- oder Transportleerzeiten bedingt sind, werden in anderen Kosteneinflußgrößen erfaßt.

Anpassungskosten sind Kosten, die aufgrund von zeitlicher, intensitätsmäßiger oder quantitativer Anpassung entstehen[238].

---

234   vgl. Zäpfel (1982), S.190; Paulik (1984), S.106; Liedl (1984), S.93-94

235   Zum Begriff Anpassungskosten vgl. Zäpfel (1982), S.191.

236   Zum Begriff Fehlmengenkosten vgl. Schneeweiß (1982), S.69; Tempelmeier (1983), S.118; Pfohl (1985), S.102.

237   Im Gegensatz hierzu führt Knoop gerade die Transportkosten als eine in einem FFS beeinflußbare Kostengröße an (vgl. Knoop (1986), S.50).

238   vgl. Schweitzer, Küpper, Hettich (1983), S.249; Zäpfel (1982), S.191; Hoitsch (1985), S.191

Die zeitliche Anpassung (wie z.B. die Einführung einer zusätzlichen Schicht) und die quantitative Anpassung (wie z.B. die Inbetriebnahme von Reservekapazitäten) liegen nicht im Entscheidungsfeld der Einlastungsplanung.

Eine intensitätsmäßige Anpassung liegt dann vor, wenn die Produktionsgeschwindigkeit an den einzelnen Maschinen des FFS veränderbar ist. Die Einlastungsplanung besitzt jedoch keine Einflußmöglichkeit auf die Produktionsgeschwindigkeit, da NC-Programme vorab unter Verwendung technisch optimaler Operationszeiten von der Arbeitsplanung erstellt werden.

Eine indirekte Einflußnahme auf die Produktionsgeschwindigkeit ist gegeben, wenn für einen Arbeitsgang die Wahlfreiheit zwischen zwei unterschiedlich schnellen Maschinen besteht. Unter der Voraussetzung, daß diese Wahlfreiheit keine direkten Kostenänderungen hervorruft, werden die Anpassungsleerzeiten in anderen Kosteneinflußgrößen erfaßt.

Beschaffungs- und neben den Terminabweichungskosten weitere **Absatzkosten** werden in der Einlastungsplanung als nicht beeinflußbar betrachtet[239].

Erfolgt die Bereitstellung der Einsatzfaktoren nicht, wie in diesem Zusammenhang angenommen, zu einem definierten und vorgegebenen Termin, dann sind die Auswirkungen auf die **Beschaffungskosten** zu berücksichtigen. Die Beschaffungskosten K_5 sind sodann von dem aus der Einlastungsplanung resultierenden Bereitstellungstermin bzw. Auftragsstarttermin s_r abhängig.

$$K_5 = g_5(s_r, \; r \in R) \tag{19}$$

Variable Bereitstellungstermine würden zusätzlich durch veränderbare Auszahlungshöhen und -zeitpunkte der Einsatzfaktoren die Lagerungskosten K_1 beeinflussen, die sich unter diesen Bedingungen zu K_1' verändern.

$$K_1' = g_1'(s_r, \; \max[0, \; f_r-d_r], \; r \in R) \tag{20}$$

Die **Kosten des Planungsprozesses** werden in diesem Zusammenhang als fix betrachtet. Andernfalls wäre das Einlastungsplanungsverfahren solange fortzuführen, bis der Erwartungswert einer Kostenverbesserung von den Kosten der weiteren Planung überkompensiert würde[240].

---

239 Muscati (vgl. Muscati (1970), S.32-35), Rehwinkel (vgl. Rehwinkel (1978), S.124ff) und Paulik (vgl. Paulik (1984), S.112ff) untersuchen den Einfluß der Ablaufplanung auf die Beschaffungskosten und Muscati (vgl. Muscati (1970), S.36-38) und Rehwinkel (vgl. Rehwinkel (1978), S.289ff) beschreiben neben den Terminabweichungskosten weitere von der Ablaufplanung beeinflußbare Absatzkosten.

240 vgl. Siegel (1974), S.57; Rehwinkel (1978), S.45 und die dort angegebene Literatur

4.2.5.3 Zielkriterium

Aus den angeführten Kostengrößen läßt sich für das gegebene Entscheidungsfeld eine Gesamtkostenfunktion formulieren. Die Gesamtkostenfunktion K_g ergibt sich aus den folgenden Kostengrößen:

a)   Lagerungskosten in Form von Kapitalbindungskosten bei Terminüberschreitung

$$K_1 = g_1(\max[0,\ f_r{-}d_r],\ r\epsilon R) \tag{21}$$

b)   Stillstandskosten der nutzbaren Stillstandszeiten

$$K_2 = g_2(k_2(r\epsilon R_0),\ \Delta t) \tag{22}$$

c)   Direkte ablaufbedingten Rüstkosten

$$K_3 = g_3(.) \tag{23}$$

d)   Terminüberschreitungskosten

$$K_4 = g_4(\max\ [0,\ f_r{-}d_r],\ r\epsilon R) \tag{24}$$

$$K_g = K_1 + K_2 + K_3 + K_4 \tag{25}$$

Die angeführten allgemeinen Kostenfunktionen K_1-K_4 wären an dieser Stelle genauer zu spezifizieren. Dieses Vorgehen würde aber über den Rahmen der vorliegenden Arbeit hinausgehen. Dabei ist auch zu berücksichtigen, daß die Kostenfunktionen vom Einzelfall abhängig sind und daher anwendungsbezogen zu ermitteln wären[241]. Eine allgemeingültige Formulierung scheint aus diesen Gründen nicht zweckmäßig. Sinnvoller ist die Entwicklung von Lösungsverfahren, die für beliebige Zielfunktionen anwendbar sind und dadurch individuell formulierte Kostenfunktionen einbeziehen können. Diesem Vorgehen wird hier gefolgt.

Eine Alternative zu einer exakten Spezifizierung der Kostenfunktionen bietet der Ansatz eines mittleren Wertansatzes je Kosteneinflußgrößeneinheit. Diese Vorgehensweise wird aus den oben genannten Einwänden (s. Kap. 4.2.4.2) als bedenklich betrachtet und nicht verfolgt.

Die Kostenanalyse (Kap. 4.2.5.2) kristallisierte drei wesentliche Kosteneinflußgrößen heraus:

a)   Die nutzbaren Stillstandszeiten des FFS,

a)   die Terminüberschreitungen der Aufträge und

c)   der direkte ablaufbedingte Faktorverbrauch beim Rüsten.

Im weiteren Verlauf der Arbeit werden die beiden Kosteneinflußgrößen nutzbare Stillstandszeiten des FFS und Terminüberschreitungen der Aufträge zur Formulierung einer technizitären Zielfunktion eingesetzt. Der direkte ablaufbedingte Faktorverbrauch beim Rüsten wird nicht in die Zielfunktion aufgenommen, sondern separat gemessen und als Vergleichsmaßstab für die unterschiedlichen Einlastungsplanungsverfahren herangezogen.

---

241   vgl. Liedl (1984), S.26

Die nutzbaren Stillstandszeiten des FFS werden bei einem vorgegebenen Auftragssprogramm und einem statischen Auftragsankunftsprozeß minimiert, wenn die Zykluszeit Y des gesamten Auftragsprogramms minimiert wird.

$$Z_1 = Y = \max_{r \in R} D_r \qquad (26)$$

Die Terminüberschreitung V^u_r eines Auftrags ist gleich der Differenz zwischen dem Endtermin f_r und dem vorgegebenen Fälligkeitstermin d_r eines Auftrags, wobei negative Werte zu Null gesetzt werden.

$$V^u_r = \max[0, f_r - d_r] \qquad \forall \ r \in R \qquad (27)$$

Unter der Voraussetzung einer gegenseitigen Unabhängigkeit der einzelnen Aufträge läßt sich als Zielkriterium Z_2 die Minimierung der Summe der gewichteten Terminüberschreitung angeben.

$$Z_2 = \sum_{r \in R} \alpha_r \cdot V^u_r \qquad (28)$$

Der Gewichtungsfaktor α_r ($\alpha_r = 0..1$) trägt den unterschiedlichen Auswirkungen einer Terminüberschreitung der Aufträge Rechnung. Dadurch werden mögliche Zielkonflikte der Termineinhaltung einzelner Aufträge durch die Zielgewichtung (s. Kap. 4.2.3) gelöst.

Der Zielkonflikt zwischen Zykluszeit und Termineinhaltung läßt sich bei einer vorgegebenen Planungsperiode mit Hilfe des Zielschisma (s. Kap. 4.2.3) lösen. Ist die Planungsperiode überschritten, so wird die Minimierung der Zykluszeit angestrebt. Ist hingegen das Auftragsprogramm innerhalb der Planungsperiode zu bewältigen, so wird als Zielkriterium die Minimierung der Terminüberschreitungen verfolgt.

In der vorliegenden Untersuchung wird das übergeordnete Planungssystem aus den Betrachtungen ausgeschlossen. Dadurch fehlt die Vorgabe einer fixierten Planungsperiode. Zur Lösung des Zielkonflikts zwischen den beiden konkurrierenden Zielkriterien wird daher die Zielgewichtung gewählt:

$$Z = h_1 \cdot Z_1 + h_2 \cdot Z_2 \qquad (29)$$

h_1 und h_2 ($0 \leq h_1 \leq 1$, $0 \leq h_2 \leq 1$, $h_1 + h_2 = 1$) sind die Gewichtungen der technizitären Zielkriterien.

5. Modell- und Lösungsansätze zur Einlastungsplanung von flexiblen Fertigungssystemen in der Literatur

5.1 Typologisierung der Einlastungsplanungsmodelle

In Kap. 4.1 wurden unterschiedliche Typen von Einlastungsproblemen dargestellt. Im folgenden werden die in der Literatur vorgeschlagenen Modelle und Lösungsverfahren analysiert und diesen Problemtypen zugeordnet.

Grundsätzlich setzt die Analyse eine begrenzte Anzahl konkurrierender Aufträge im System voraus. Es wird angenommen, daß zumindest beschränkte Fertigungskapazitäten zu berücksichtigen sind. Die Serienbildung ist daher Grundlage aller Modelle.

In Bezug auf das Klassifizierungsmerkmal Auftragsankunftsprozeß werden Modelle betrachtet, die nur die nächste einzulastende Serie bestimmen (dynamischer Auftragsankunftsprozeß) oder die alle vorhandenen Aufträge in Serien aufteilen (statischer Auftragsankunftsprozeß). Während der dynamische Auftragsankunftsprozeß die Problemstellung ähnlich einem Knapsack-Problem behandelt, kann der statische Auftragsankunftsprozeß mit einem kapazitierten Cluster-Problem verglichen werden[242]. Grundsätzlich können die kapazitierten Cluster-Probleme auch mit Hilfe des Knapsack-Problems angegangen werden. Hierzu wird für die Aufträge, die noch keiner Serie zugeordnet sind, das Knapsack-Problem solange gelöst, bis alle Aufträge in einer Serie verplant sind. Entsprechend läßt sich das kapazitierte Cluster-Problem auch für die Knapsack-Problemstellung anwenden. In diesem Fall wäre, wie in einer revidierenden Planung[243], das kapazitierte Cluster-Problem zu jedem Entscheidungspunkt erneut zu lösen. Die gegenseitige Anwendbarkeit der Modellformulierungen gibt jedoch keine Auskunft über die erzielbare Lösungsgüte des jeweiligen Ansatzes.

Analog dem Klassifizierungsmerkmal Art des Einlastungsprozesses lassen sich Modelle unterscheiden, die entweder nach jeder Auftragsfertigstellung (kontinuierlicher Einlastungsprozeß) oder nach dem Serienabschluß (serienweiser Einlastungsprozeß) eine neue Serienbildung vornehmen. Ist der Einlastungsprozeß kontinuierlich, so wird i.a. nur die nächste Serie (Knapsack-Problem) bestimmt. Im Fall einer serienweisen Einlastung werden demgegenüber beide Modellierungsvarianten (Knapsack-Problem bzw. kapazitiertes Cluster-Problem) gleichermaßen vorgeschlagen.

Für die Formulierung der Problemstellung ist von wesentlichem Interesse, ob die Werkzeugmagazine als begrenzt oder unbegrenzt betrachtet werden. Sind die Werkzeugmagazine begrenzt, so können die Modelle zusätzlich danach unterschieden werden, ob die gemeinsame Nutzung der Werkzeuge durch die einer Maschine zugeordneten Arbeitsgänge berücksichtigt wird oder nicht.

Die Existenz von ersetzenden Bearbeitungseinrichtungen verursacht die Wahlfreiheit einer Werkstückbearbeitung. Zur Formulierung dieser Bearbeitungswahlfreiheit bestehen zwei

---

242 Die Begriffe des Knapsack-Problems und des kapazitierten Cluster-Problems werden in diesem Zusammenhang nur zur Klassifizierung der Problemstellungen eingesetzt. Das bedeutet nicht, daß die hier behandelten Problemstellungen mit den Formulierungen der beiden Probleme identisch sind.

243 Zum Begriff der revidierenden Planung vgl. Schneeweiß (1981), S.83ff.

grundsätzliche Möglichkeiten. Entweder können alternative Prozeßpläne[244] y_{rn}, $n \in N_r$ für jedes Werkstück r gebildet werden oder es können für jeden auszuführenden Arbeitsgang k eines Werkstücks r, $k \in K_r$ alternative Maschinen M_k, $M_k \in \{1,2,..,M\}$ benannt werden. In der ersten Variante ist zwischen unterschiedlichen Prozeßplänen zu wählen, in der zweiten Variante ist eine Arbeitsgang/Maschinen-Zuordnung festzulegen.

Die Betrachtung der Bearbeitungswahlfreiheit als Arbeitsgang/Maschinen-Zuordnung hat vor allem dann Vorteile, wenn sich die Bearbeitungsmaschinen bezüglich der Ausführbarkeit von Arbeitsgängen in exhaustive und disjunkte Gruppen von ersetzenden Maschinen aufteilen lassen. Dies sei an folgendem Beispiel erläutert: Wir betrachten drei Maschinengruppen M_1, M_2, M_3 mit je drei identischen Maschinen. Die Fertigstellung eines Werkstücks r verlangt die Bearbeitung an einer Maschine jeder Maschinengruppe. Wird jeder mögliche Bearbeitungsweg zur Bildung von Prozeßplänen genutzt, dann ergeben sich $N = 27$ unterschiedliche Prozeßpläne. Zur Festlegung eines solchen Plans wären in einem mathematischen Modell 27 Binärvariablen y_{rn} sowie die folgende Nebenbedingung notwendig:

$$\sum_{n=1}^{N} y_{rn} = 1 \tag{30}$$

Wird die Bearbeitung des Werkstücks in drei Arbeitsgänge aufgespalten (einen Arbeitsgang für jede Bearbeitung an einer Maschinengruppe), dann läßt sich dasselbe Entscheidungsproblem durch neun Binärvariable x_{rkm}, $k = 1,2,3$, $m = 1,2,3$ und die drei folgenden Nebenbedingungen formulieren:

$$\sum_{m=1}^{M_k} x_{rkm} = 1 \qquad\qquad k=1,2,3 \tag{31}$$

Neben einer Reduzierung der Binärvariablen ergibt sich durch diese Formulierungsweise der Vorteil, daß das Entscheidungsproblem wesentlich besser zu dekomponieren ist. Die Formulierung von Prozeßplänen ist immer dann erforderlich, wenn zwei oder mehrere alternative Bearbeitungswege möglich sind, von denen mindestens ein Weg mehrere Maschinen beansprucht (Abb. 17).

---

244 Ein Prozeßplan enthält die Menge von Arbeitsgang/Maschinen-Zuordnungen, die zur Herstellung eines Werkstücks r notwendig sind.

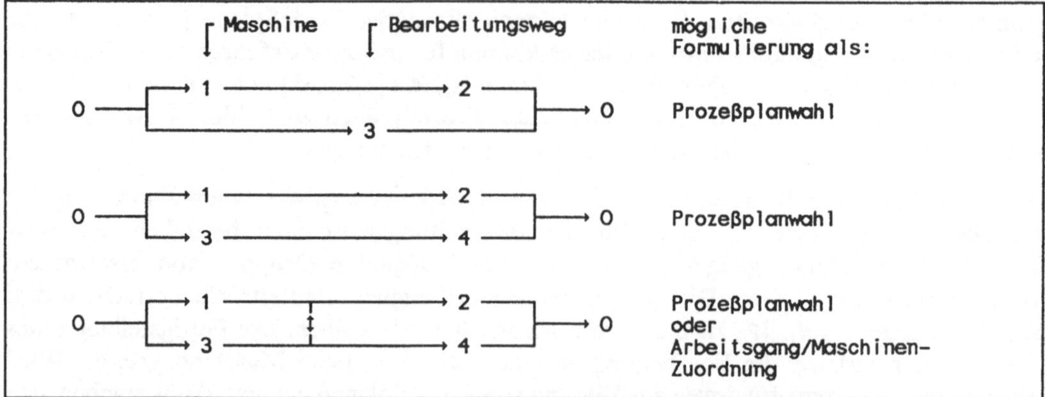

Abb. 17: Möglichkeiten der Formulierung von Bearbeitungswahlfreiheiten

Eine Problemformulierung als Arbeitsgang/Maschinen-Zuordnung ist generell in das Prozeßplanwahlproblem überführbar. Umgekehrt ist dies nur eingeschränkt möglich.

Die Formulierung der Bearbeitungswahlfreiheit kann weiterhin danach unterschieden werden, ob eine einfache oder eine mehrfache Werkzeugbelegung vorgesehen ist.

Neben diesen überwiegend problemtypspezifischen Modellmerkmalen lassen sich die in der Literatur vorgeschlagenen Modelle zusätzlich nach der Art ihres Lösungsansatzes differenzieren. So erfolgt aufgrund der Komplexität der Einlastungsplanung häufig keine simultane, sondern eine sukzessive Behandlung der Teilprobleme Serienbildung und Systemrüstung. In einer sukzessiven Planung werden die ersetzenden Maschinen zu einer Maschinengruppe aggregiert. Dadurch entfällt das Problem der Prozeßplanwahl bzw. einer Arbeitsgang/Maschinen-Zuordnung, und die Serienbildung kann ohne eine Beachtung dieser Problemstellung gelöst werden. Die Prozeßplanwahl bzw. die Arbeitsgang/Maschinen-Zuordnung der Werkstücke, die innerhalb einer Zeitperiode gemeinsam gefertigt werden, wird bei einem sukzessiven Vorgehen in einer unabhängigen Planungsstufe gelöst. Diese Planungsstufe kann grundsätzlich vor oder nach einer Serienbildung erfolgen[245]. Im folgenden wird davon ausgegangen, daß die Serienbildung die Aufträge festlegt, für die im Rahmen der Systemrüstungsplanung eine Werkzeugbestückung vorgenommen wird. Existieren in dem betrachteten FFS nur ergänzende Maschinen, dann entfällt die Prozeßplanwahl bzw. die Arbeitsgang/Maschinen-Zuordnung gänzlich.

Zusammenfassend ergeben sich die in Abbildung 18 dargestellten Merkmale und Merkmalsausprägungen der Einlastungsplanungsmodelle.

---

245   Stecke löst erst die Systemrüstungsplanung und dann die Serienbildung (vgl. Stecke (1986)).

Merkmale	Ausprägungen		
Serienbildung	vollständig	nur die nächste Serie	
Einlastungsprozeß	serienweise	kontinuierlich	
Werkzeugmagazine	unbegrenzt	begrenzt ohne Berücksichtig. gemeinsamer Werkzeugnutzung	begrenzt mit Berücksichtig. gemeinsamer Werkzeugnutzung
Formulierung der Bearbeitungswahl- freiheit	Prozeßplanwahl	Arbeitsgang/Maschinen- Zuordnung	
Werkzeugbelegung	einfach	mehrfach	
Lösungsansatz	sukzessive	simultan	

Abb. 18: Merkmale der Einlastungsplanungsmodelle

In der Modellanalyse werden zunächst die sukzessiven und anschließend die simultanen Planungsansätze behandelt, da diese Gliederung für das Problemverständnis günstig erscheint. Die Planungsansätze als solche werden nach den zuvor besprochenen Merkmalen unterschieden.

An dieser Stelle werden nur die als bedeutsam erachteten Modelle und Lösungsverfahren beschrieben. Die kritischen Würdigungen der einzelnen Ansätze, insbesondere die Aussagen zur Effizienz der Lösungsverfahren, beruhen auf den Angaben der Autoren oder auf Plausibilitätsüberlegungen des Verfassers. Lediglich einige wenige Lösungsverfahren wurden zu Vergleichszwecken mit den im Kapitel 6 entwickelten Verfahren implementiert. Für diese Verfahren konnten numerische Tests erfolgen.

5.2 Modelle und Lösungsansätze zu einer sukzessiven Planung von Serienbildung und Sytemrüstung

5.2.1 Serienbildung

Die Serienbildung ist die erste Planungsstufe eines sukzessiven Ansatzes. In dieser Stufe werden ausschließlich ergänzende Maschinen oder Maschinengruppen von ersetzenden Maschinen berücksichtigt. Für die ersetzenden Maschinen wird angenommen, daß die Werkzeugbelegung vorgegeben, identisch, gemeinsam betrachtbar oder vernachlässigbar ist. Das Entscheidungsproblem geht somit den Fragen nach, welche Werkstücke, in welchen Mengen, wann gemeinsam gefertigt werden sollen.

Die Problemstellung der Serienbildung kann durch folgende Basis-Prämissen beschrieben werden:

a)   Es liegen $r = 1,2,..,R$ Aufträge vor.

b)   Jeder Auftrag beinhaltet n_r Werkstücke eines Typs.

c)   Das FFS besteht aus $m = 1,2,..,M$ ergänzenden Maschinen[246].

d)   Jedes Werkstück wird an mehreren Maschinen bearbeitet. Eine Maschine kann gleichzeitig nur ein Werkstück bearbeiten.

e)   Jedes Werkstück erfordert an den Maschinen eine Bearbeitungszeit von p_{rm} Zeiteinheiten.

f)   Zur Bearbeitung eines Auftrags an einer Maschine m ist eine bestimmte Werkzeugmenge I_{rm} aus der Gesamtwerkzeugmenge $I = \{1,..,I\}$ bereitzustellen.

g)   Jede Maschine verfügt über eine Werkzeugmagazinkapazität von w_m Werkzeugaufnahmeplätzen.

Die Modelle werden zunächst nach dem Merkmal der Serienbildung unterschieden. Die in Abbildung 19 dargestellte Nomenklatur findet in allen Modellen Anwendung.

```
I,J,..  :   Mengen
I,J,..  :   Mächtigkeit der Mengen; I=|I|, J=|J|,...

Daten:

I       :   Menge der Werkzeuge i
I_rm    :   Werkzeugmenge, die von Werkstück r an der Maschine m benötigt wird
M       :   Menge der Maschinen m
n_r     :   Anzahl herzustellender Werkstücke für Auftrag r
p_rm    :   Bearbeitungszeit des Werkstücks r an der Maschine m
R       :   Menge der Aufträge bzw. Werkstücke r
w_m     :   Werkzeugmagazinkapazität der Maschine m
```

Abb. 19: Daten der Serienbildung

---

[246] Es kann sich hierbei auch um eine Gruppe von ersetzenden Maschinen handeln, die im Rahmen der Modellformulierung als eine Maschine betrachtet wird.

5.2.1.1 Auswahl der nächsten Serie (Knapsack-Problem)

Modelle, die Einlastungsprobleme ähnlich einem Knapsack-Problem behandeln, bestimmen eine optimale Werkstückzusammensetzung der als nächstes zu fertigenden Serie. Wie gut die restlichen Aufträge in anschließende Serien zusammenfaßbar sind, bleibt unberücksichtigt.

Stecke und Kim[247] bestimmen neben der Zuordnung von Aufträgen zur nächsten Serie auch deren Produktionsverhältnis zueinander. Neben den oben genannten Prämissen a) - g) betrachten sie somit auch die Prämisse k).

k)   In einem FFS können sich gleichzeitig maximal sp_r Werkstücke eines Typs r befinden.

In dem Ansatz von Stecke und Kim sind die Maschinen vorab zu identisch gerüsteten Maschinengruppen zusammengefaßt worden. Dadurch kann jede Maschine einer Gruppe jedes zugeordnete Teil bearbeiten. Stecke et al. haben gezeigt, daß die optimale Verteilung der Arbeitslast auf die Maschinengruppen vom Verhältnis der Gruppengrößen im System abhängig ist. Die optimale Arbeitslastverteilung bestimmen Stecke et al. mit Hilfe eines Warteschlangenmodells[248] und leiten aus diesem die vorzugebenden Maschinenkapazitäten ab.

Das Ziel von Stecke und Kim ist die Ermittlung der Werkstücke und deren Produktionsverhältnisse, die gleichzeitig im System gefertigt werden sollen, um eine gleichmäßige Maschinenauslastung zu erreichen. Die optimalen Produktionsverhältnisse sind nach Stecke und Kim solange zu fertigen, bis die Produktionsanforderung eines Werkstücks erreicht ist. Danach wird ein neuer Planungslauf mit aktualisierten Daten durchgeführt. Vor jeder erneuten Serienbestimmung werden daher die folgenden Auftragsmengen angepaßt: Die Menge R_0 enthält die noch keiner Serie zugeordneten Aufträge r. Die Menge R_1 beinhaltet die Aufträge der aktuellen Serie, deren Produktionsanforderungen noch nicht erreicht wurden. Die Menge R_2 enthält alle Aufträge, deren Produktionsanforderungen vollständig erfüllt sind. Die Mengen R_0, R_1, R_2 vereinigen sich zu R:

$$R_0 \cup R_1 \cup R_2 = R$$

Die Schnittmenge der Mengen R_0, R_1, R_2 ist die leere Menge:

$$R_0 \cap R_1 \cap R_2 = \emptyset$$

Das Modell von Stecke und Kim ist danach folgendermaßen zu formulieren[249]:

---

247   vgl. Stecke, Kim (1986a); Stecke, Kim (1986b); Stecke (1987); Stecke, Kim (1987a); Stecke, Kim (1987b); Stecke, Kim (1988)
248   vgl. Stecke, Morin (1985); Stecke, Solberg (1985)
249   vgl. Stecke, Kim (1988), S.11-12

Modell: ST_KI

Daten:

g_m : Kapazitätsgrenze der Maschine m
h^+_m : Gewichtungsfaktor der Kapazitätsüberschreitung an der Maschine m
h^-_m : Gewichtungsfaktor der Kapazitätsunterschreitung an der Maschine m
R_0 : Menge der Aufträge r, die zuzuordnen sind
R_1 : Menge der Aufträge r, deren Produktionsanforderung noch nicht erfüllt ist
R_2 : Menge der Aufträge r, deren Produktionsanforderung erfüllt ist
s_{im} : Anzahl Werkzeugplätze, die Werkzeug i an der Maschine m beansprucht

$$s_{rim} = \begin{cases} 1, & \text{wenn Werkstück r an Maschine m Werkzeug i benötigt} \\ 0, & \text{sonst} \end{cases}$$

sp_r : Anzahl der Spannelemente bzw. Spannvorrichtungen, die für den Werkstücktyp r zur Verfügung stehen

Variable:

d^+_m : Überschreitung der Kapazitätsvorgabe an der Maschine m
d^-_m : Unterschreitung der Kapazitätsvorgabe an der Maschine m
x_r : Zahl der gleichzeitig im System zirkulierenden Werkstücke des Typs r

$$y_{im} = \begin{cases} 1, & \text{wenn Werkzeug i der Maschine m zugeordnet wird} \\ 0, & \text{sonst} \end{cases}$$

Zielfunktion:

$$\min \sum_{m \in M} h^+_m \cdot d^+_m + h^-_m \cdot d^-_m \tag{32}$$

u.B.d.R.

Kapazitätsvorgabe an den Maschinen M:

$$[\sum_{r \in R} p_{rm} \cdot x_r] - d^+_m + d^-_m = g_m \qquad \forall\ m \in M \tag{33}$$

Beschränkung der verfügbaren Spannelemente für die Werkstücktypen R:

$$x_r \le sp_r \qquad \forall\ r \in R \tag{34}$$

Werkzeugmagazinbeschränkung an den Maschinen M:

$$\sum_{i \in I} s_{im} \cdot y_{im} \le w_m \qquad \forall\ m \in M \tag{35}$$

Wenn Auftrag r der Maschine m zugeordnet wird, dann sind auch die notwendigen Werkzeuge an der Maschine m bereitzustellen (E ist eine große Zahl):

$$s_{rim} \cdot x_r \le E \cdot y_{im} \qquad r \in R,\ m \in M,\ i \in I \tag{36}$$

Ganzzahligkeitsbedingungen:

$$x_r \ge 0 \quad \text{ganzzahlig,} \qquad \forall\ r \in R_0 \tag{37}$$

$$x_r \ge 1 \quad \text{ganzzahlig,} \qquad \forall\ r \in R_1 \tag{38}$$

$$x_r = 0 \qquad \forall\ r \in R_2 \tag{39}$$

Nichtnegativitätsbedingungen:

$$d^+_m,\ d^-_m \ge 0 \qquad \forall\ m \in M \tag{40}$$

Die oben beschriebene Vorgehensweise entspricht einem kontinuierlichen Einlastungsprozeß. In einem serienweisen Einlastungsprozeß wären die Ungleichungen (37) durch die Gleichungen (41) zu ersetzten.

$$x_r = 0 \qquad\qquad \forall\ r \in R_0 \qquad\qquad (41)$$

Die Ungleichungen (37) sind unter der Bedingung eines serienweisen Einlastungsprozesses nur zu Beginn der Serienplanung und im Falle der kompletten Fertigstellung einer Serie gültig. Die Gleichungen (41) sind für diese Fälle ungültig.

Stecke und Kim lösen das Modell mit einem Standard-Programm zur gemischt-ganzzahligen linearen Optimierung. Zur Rechenzeitverkürzung schlagen sie die Relaxierung der Ganzzahligkeitsbedingungen vor. Die kontinuierlichen Lösungen runden sie anschließend zu ganzzahligen Werten[250].

Untersuchungen von Stecke und Kim zeigen, daß die Lösungsergebnisse wesentlich durch die Vorgaben der absoluten Arbeitsbelastung an den einzelnen Maschinen beeinflußt werden. Diese Vorgaben sind frei wählbar, da die vorgelagerte Planungsstufe lediglich eine relative Arbeitslastverteilung zwischen den Maschinengruppen vorgibt[251]. Die Problematik der Modellformulierung ST_KI zeigt insbesondere die Einbeziehung der Gleichungen (33) und der Ungleichungen (35)[252]. Sie können zu einer unausgeglichenen Maschinenbelastung führen, obwohl diese ursprünglich vermieden werden sollte. In dem in Abbildung 20 dargestellten Beispiel wird diese Problematik deutlich.

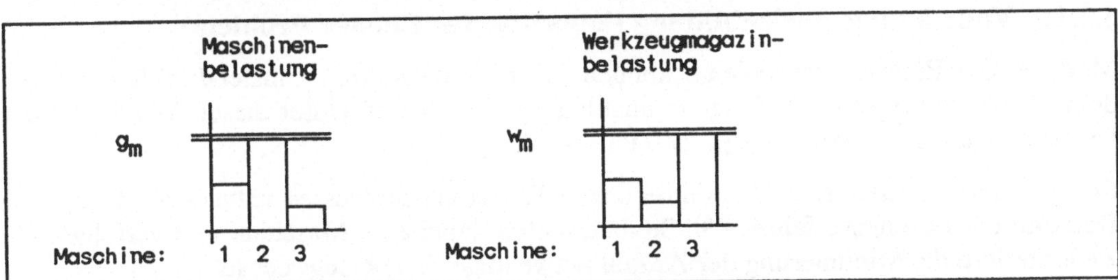

Abb. 20: Beispiel Maschinenbelastung versus Werkzeugmagazinbelastung

An Maschine 3 ist die Werkzeugmagazinkapazität erreicht, während die bereitstehende Maschinenkapazität noch relativ hoch ist. Im Gegensatz dazu verfügt Maschine 2 über eine ausreichende Werkzeugmagazinkapazität, wodurch die vorgegebene Arbeitsbelastung erfüllt werden kann. Unter den betrachteten Bedingungen führt somit die Erfüllung der Kapazitätsvorgabe an Maschine 2 gerade nicht zu einer ausgeglichenen Maschinenbelastung, obwohl eine Lösung mit einer ausgeglichenen Maschinenbelastung existieren kann.

In dem obigen Beispiel wurde eine relativ hohe Kapazitätsgrenze an den einzelnen Maschinen vorgegeben. Erfolgt demgegenüber eine zu geringe Vorgabe an Maschinen-

---

250 vgl. Stecke (1987), S.12; Stecke, Kim (1988), S.19
251 vgl. Stecke, Kim (1986b), S.15; Stecke (1987), S.13; Über die Wahl der Gewichte h^+_m, h^-_m besteht ebenfalls eine Einflußmöglichkeit auf die Lösungsergebnisse.
252 In einer ursprünglichen Modellformulierung waren diese Ungleichungen nicht enthalten (vgl. Stecke, Kim (1986b)).

kapazität, dann kann es aufgrund der Ganzzahligkeitsbedingungen zu Schwiergkeiten beim Kapazitätsabgleich kommen[253].

Dies verdeutlicht, daß den Vorgaben der absoluten Arbeitsbelastungen an den einzelnen Maschinen eine entscheidende Bedeutung zukommt. Eine sinnvolle Lösung des Problems ist nur dann möglich, wenn die Vorgaben der Arbeitsbelastungen und die Werkstückzuordnungen gleichzeitig vorgenommen werden. Das Modell ist daher nur dann anwendbar, wenn die Spannelementerestriktionen (34) und/oder die Ganzzahligkeitsbedingungen aufgehoben werden[254]. Werden die Ganzzahligkeitsbedingungen aufgehoben, dann ist zu bedenken, daß die resultierenden Produktionsverhältnisse der Werkstücke wahrscheinlich nicht mehr praktikabel sind.

Eine andere Bedingung ist gegeben, wenn die Gleichungen (33) zu Beschränkungen der Produktionsmengen umformuliert werden und die Arbeitslastvorgaben aus einer festgelegten Planungsperiode (z.B. eine Schicht) resultieren. Die Entscheidungsvariablen sind in diesem Fall die Mengenanteile eines Werkstücks, die unter der Maßgabe einer möglichst hohen Maschinenauslastung innerhalb der nächsten Periode zu fertigen sind.

Um eine möglichst gleichzeitige Fertigstellung aller Werkstücke zu erreichen, schlagen Stecke und Kim eine Modifikation ihres Modells vor. Die Ergebnisse dieses Modells sind ebenso wie das ursprüngliche Modell von den gewählten Vorgaben (in diesem Fall von den Terminvorgaben) abhängig[255].

5.2.1.2 Vollständige Serienbildung (kapazitiertes Cluster-Problem)

Modelle, die Einlastungsprobleme ähnlich einem kapazitierten Cluster-Problem behandeln, spalten vorliegende Aufträge in unabhängige Serien auf. Unter dieser Annahme wird i.a. ein serienweiser Einlastungsprozeß unterstellt.

Für die Bedingungen eines kontinuierlichen Einlastungsprozesses entwickeln Tang und Denardo ein Lösungsverfahren[256]. Sie betrachten dabei eine Maschine und verfolgen als Zielkriterium die Minimierung der Anzahl notwendiger Werkzeugwechsel.

Einige der nachfolgend beschriebenen Ansätze bestimmen die einzelnen Serien sukzessive. Das bedeutet, daß sie mehrere aufeinanderfolgende Knapsack-Probleme für jeweils die Aufträge lösen, die noch keiner Serie zugeordnet sind. Die Verfahren werden in diesem Zusammenhang dennoch behandelt, da die Autoren diese Vorgehensweise zur Lösung des kapazitierten Cluster-Problems vorschlagen.

5.2.1.2.1 Minimierung der Serienzahl

Die folgenden Modelle und Lösungsverfahren betrachten als Zielkriterium die Minimierung der Serienzahl. Dies wird durch die Annahmen begründet, daß ein optimaler Kapazitätsabgleich in einem nachfolgenden Planungsverfahren möglich ist und daß zwischen den Serien reihenfolgeunabhängige Rüstzeiten entstehen. Unter diesen Vor-

---

253 vgl. Ergebnisse von Stecke (1987), S.14

254 Stecke und Kim untersuchen die Anwendung des Modells unter Aufhebung der Spannelementerestriktionen (vgl. Stecke (1987), S.13ff; Stecke, Kim (1987a), S.1354; Stecke, Kim (1988), S.24-26).

255 vgl. Stecke (1987), S.18-20

256 vgl. Tang, Denardo (1988a)

aussetzungen ist die Minimierung der Gruppenzahl mit der Minimierung der Zykluszeit identisch. Die zuvor formulierte Basis-Prämisse e) ist unter diesen Bedingungen irrelevant.

Eine Minimierung der Serienzahl versucht Hwang[257] dadurch zu erreichen, daß er die Anzahl der Aufträge bzw. Werkstücke in einer Serie maximiert. Er formuliert das folgende Modell[258], welches er iterativ für die übrigen, noch nicht ausgewählten Aufträge löst.

Modell: HWANG

Daten:

R_0 : Menge der Aufträge r, die noch zuzuordnen sind

s_{im} : Anzahl Werkzeugplätze, die Werkzeug i an der Maschine m beansprucht

$$s_{rim} = \begin{cases} 1 & \text{, wenn Werkstück r an Maschine m Werkzeug i benötigt} \\ 0 & \text{, sonst} \end{cases}$$

Variable:

$$x_r = \begin{cases} 1 & \text{, wenn Auftrag r der aktuellen Serie zugeordnet wird} \\ 0 & \text{, sonst} \end{cases}$$

$$y_{im} = \begin{cases} 1 & \text{, wenn Werkzeug i der Maschine m zugeordnet wird} \\ 0 & \text{, sonst} \end{cases}$$

Zielfunktion:

$$\max \sum_{r \in R_0} x_r \tag{42}$$

u.B.d.R.

Werkzeugmagazinbeschränkung an den Maschinen M:

$$\sum_{i \in I} s_{im} \cdot y_{im} \leq w_m \qquad \forall\ m \in M \tag{43}$$

Wenn Auftrag r zugeordnet wird, dann sind auch die notwendigen Werkzeuge an den Maschinen M bereitzustellen:

$$s_{rim} \cdot x_r \leq y_{im} \qquad \forall\ r \in R_0,\ m \in M,\ i \in I \tag{44}$$

Binärbedingungen:

$$x_r = [0,1] \qquad \forall\ r \in R_0 \tag{45}$$

$$y_{im} = [0,1] \qquad \forall\ i \in I,\ m \in M \tag{46}$$

Die Formulierung von Hwang ist problematisch, da Werkstücke mit geringem Werkzeugbedarf bevorzugt ausgewählt werden, während Aufträge mit großem Werkzeugbedarf erst am Ende des Verfahrens zugeordnet werden. Im Falle eines dynamischen Auftragsankunftsprozesses kommen die Werkstücke mit großem Werkzeugbedarf überhaupt nicht zum Zuge.

---

257 vgl. Hwang (1986), S.306
258 Hwang betrachtet das Gesamtsystem als eine Maschine (vgl. Hwang (1986), S.306). Hier wird die Darstellung auf mehrere Maschinentypen ausgedehnt.

Stecke und Kim[259] erweitern dieses Modell, indem sie in der Zielfunktion die Zuord-nungsvariable mit der Anzahl der benötigten Werkzeugmagazinplätze an der Werkzeugengpaßmaschine gewichten. Hierdurch werden Aufträge mit großem Werkzeugmagazinplatzbedarf bevorzugt.

Zielfunktion:

$$\max \sum_{r \in R} [\sum_{i \in I} s_{rij} \cdot s_{ij}] \cdot x_r \tag{47}$$

$$j = \arg \max_{m \in M} [(\sum_{r \in R} \sum_{i \in I} s_{rim} \cdot s_{im}) / w_m] \tag{48}$$

Als Lösungsverfahren werden Standard-Programme zur binären Optimierung vorgeschlagen[260]. Sowohl die Vorgehensweise von Hwang als auch die Anpassung von Stecke und Kim gewährleisten aber nicht, daß eine minimale Zahl an (49)(50)Serien gefunden wird.

Zur exakten Bestimmung der minimalen Serienzahl entwickeln Tang und Denardo[261] ein Branch-and-Bound-Verfahren[262] (B&B-Verfahren).

```
C        :  aktuelle Serie
C_max    :  Serie, der kein weiteres Werkstück r zugeordnet werden kann
I_m      :  Werkzeugmenge, die in der aktuellen Serienplanung an der Maschine m
            vorhanden ist
I_rm     :  Werkzeugmenge, die von Werkstück r an der Maschine m benötigt wird
P_0      :  Wurzel des Lösungsbaums
P_sv     :  Knoten v der Stufe s im Lösungsbaum
R_sv     :  Menge der Aufträge bzw. Werkstücke r, die im Knoten v der Stufe s noch
            nicht fixiert sind
S        :  Menge der Stufen im Lösungsbaum
V_s      :  Menge der Knoten v auf der Stufe s des Lösungsbaums
z^o      :  obere Schranke
z^u      :  untere Schranke
z^o_sv   :  obere Schranke im Knoten v der Stufe s
z^u_sv   :  untere Schranke im Knoten v der Stufe s
```

Abb. 21: Nomenklatur zum Verfahren von Tang und Denardo

Das B&B-Verfahren wählt im Knoten P_0 aus der Gesamtmenge der Werkstücke R ein Werkstück r aus. Dieses ist bezüglich der Werkzeuge mit allen anderen Werkstücken am wenigsten kompatibel. Die Aufspaltung der Lösungsmenge erfolgt dadurch, daß für jede "maximale Serie" C_{max}, die mit dem Werkstück r gebildet werden kann, ein Knoten P_{sv} (s = 1, v = 1,.., V_s) erzeugt wird. Zum weiteren Aufbau des Lösungsbaums wird mit der an jedem Knoten P_{sv} vorhandenen Restmenge R_{sv} entsprechend verfahren. Dabei gibt die Stufe s des Lösungsbaums an, wieviele Serien eines Teilproblems bereits fixiert sind. Jeder direkte Weg von der Wurzel bis zu einem Endknoten ohne Restmenge ($R_{sv} = \phi$) beschreibt eine mögliche Partition der Werkstücke.

---

259   vgl. Stecke, Kim (1988), S.15-16
260   vgl. Hwang (1986), S.306; Stecke, Kim (1988), S.15
261   vgl. Tang, Denardo (1988b), S.780-783
262   Zum B&B-Verfahren vgl. Domschke (1985b), S.6-14.

Zur Begrenzung werden für jeden Knoten P_{sv} obere und untere Schranken Z^o_{sv}, Z^u_{sv} bestimmt. Aus den Obergrenzen Z^o_{sv} aller Endknoten ergibt sich die aktuell beste Lösung von P_0:

$$Z^o = \min_{s \in S, v \in V_s} [Z^o_{sv} + s] \qquad (51)$$

Ein Knoten ist ausgelotet, wenn alle Werkstücke einer Serie zugeordnet sind oder wenn die aktuell beste Lösung kleiner oder gleich der Untergrenze des Teilproblems P_{sv} ist $(Z^u_{sv} + s \geq Z^o)$.

Aus den noch nicht ausgeloteten Knoten wird zur weiteren Verzweigung derjenige Knoten P_{sv} ausgewählt, der das Kritrium $[Z^u_{sv} + s, Z^o_{sv} + s]$ lexikographisch minimiert (Minimal-Lower-Bound-Regel, MLB-Regel).

Die bei jeder Verzweigung zu bildenden "maximalen Serien" C_{max} sowie die Ober- und Untergrenzen für jeden Knoten werden wie folgt bestimmt, wobei jeweils die restliche Werkstückmenge R_{sv} berücksichtigt wird.

"Maximale Serien" C_{max}:

Eine "maximale Serie" C_{max} ist ein Cluster von Werkstücken, dem kein weiteres Werkstück zugeordnet werden kann, ohne daß die Werkzeugmagazinrestriktion verletzt wird. Für eine "maximale Serie" C_{max} sind daher die folgenden Bedingungen zu erfülllen:

1. Die Werkstücke einer Serie dürfen die Werkzeugmagazinkapazität nicht überschreiten:

$$\left| \bigcup_{r \in C_{max}} I_{rm} \right| \leq w_m \qquad \forall\ m \in M \qquad (52)$$

2. Jedes weitere, der Serie zugeordnete Werkstück führt zu einer Verletzung der Werkzeugmagazinrestriktion:

$$\left| \bigcup_{r \in C_{max} \cup \{o\}, o \in R_{sv} \setminus C_{max}} I_{rm} \right| > w_m \qquad \forall\ m \in M \qquad (53)$$

Untergrenze Z^u_{sv}:

Die untere Schranke Z^{u1}_{sv} eines Partionierungs-Problems wird dadurch bestimmt, daß für jedes Werkstück r festgestellt wird, inwieweit es mit jedem anderen Werkstück o gemeinsam in einer Serie gefertigt werden kann. Für ein Werkstückpaar $\{r,o\}$ ist das gegeben, wenn die Kompatibilitätsbedingung

$$\left| I_{rm} \cup I_{om} \right| \leq w_m \qquad \forall\ m \in M \qquad (54)$$

erfüllt ist.

Für jedes Werkstück läßt sich hierdurch eine Menge an kompatiblen Werkstücken angeben. Das Werkstück mit den wenigsten kompatiblen Teilen wird mit seinen kompatiblen Werkstücken der ersten Serie zugeordnet. Für die verbleibenden Werkstücke wird entsprechend vorgegangen, bis alle Teile einer Serie zugeordnet sind. Hieraus ergibt sich die untere Schranke Z^{u1}_{sv}.

Ist es möglich, daß jedes Werkstück mit jedem anderen Teil zu einer Serie zugeordnet werden kann, so ergibt sich die Untergrenze $Z^{u1}_{sv} = 1$. Da diese Situation i.a. immer gegeben ist, liefert dieses Verfahren eine relativ schlechte untere Schranke. Tang und Denardo bestimmen daher eine weitere untere Schranke Z^{u2}_{sv} wie folgt:

$$Z^{u2}_{sv} = \max_{m \in M} [\; |\; \bigcup_{r \in R_{sv}} I_{rm}\; |\; /\; w_m\;] \tag{55}$$

Die in jedem Knoten zu berechnende Untergrenze Z^{u}_{sv} ergibt sich dann zu:

$$Z^{u}_{sv} = \max[Z^{u1}_{sv},\; Z^{u2}_{sv}] \tag{56}$$

Obergrenze Z^{o}_{sv}:

Zur Bestimmung einer oberen Grenze Z^{o}_{sv} in einem Knoten verwenden sie eine first-fit-decreasing-Heuristik[263] (FFD-Heuristik). Die Werkstücke werden nach einem bestimmten Kriterium in absteigender Folge sortiert und solange einer Serie zugeordnet, bis kein Werkstück mehr zugeordnet werden kann ohne die Werkzeugmagazinkapazität zu überschreiten. Danach wird ein neue Serie eröffnet und das Verfahren solange fortgeführt, bis alle Werkstücke einer Serie zugeordnet sind. Als Sortierkriterium verwenden Tang und Denardo $[\; a_{r1},\; -a_{r2}\;]$ lexikographisch, wobei a_{r1} und a_{r2} sich wie folgt ergeben:

$$a_{r1} = \sum_{m \in M} |\; I_m \cap I_{rm}\; |\; /\; w_m \qquad\qquad r \in R_{sv} \tag{57}$$

$$a_{r2} = \sum_{m \in M} |\; I_m \cup I_{rm}\; |\; /\; w_m \qquad\qquad r \in R_{sv} \tag{58}$$

I_m beinhaltet die Werkzeugmenge, die von den Werkstücken der aktuellen Serie C an der Maschine m benötigt wird. Damit bezeichnet a_{r1} eine relative Werkzeugmenge, die bei Zuordnung des Werkstücks r zu der Serie C bereits vorhanden ist. a_{r2} bezeichnet die resultierende relative Gesamtwerkzeugmenge. Das Sortierkriterium versucht die Werkstücke dann einer Serie zuzuordnen, wenn mit den Werkstücken, die der Serie schon zugeordnet sind, viele gemeinsame Werkzeuge bestehen. Ist dieses Kriterium bei mehreren Werkstücken erfüllt, dann wird das Werkstück gewählt, das die wenigsten zusätzlichen Werkzeuge einbringt. Nach jeder Zuordnung wird das Sortierkriterium neu bestimmt.

Die Anwendung des exakten B&B-Verfahrens ist auf kleine Problemgrößen beschränkt. Insbesondere die Anzahl der Knoten wächst bei größeren Problemen überproportional. Tang und Denardo schlagen vor, die Anwendung auf maximal 30 Aufträge zu begrenzen. Für größere Probleme eignen sich daher nur Heuristiken. Eine heuristische Lösung der Problemstellung wäre die Anwendung der FFD-Heuristik zur Bestimmung einer Obergrenze im B&B-Verfahren. Weitere Heuristiken werden im Kap. 6.5.1 vorgestellt und entwickelt. Rajagopalan beschreibt drei Heuristiken zur Lösung der Problemstellung, die eher eine zufällige als eine gezielte Zuordnung der Aufträge zu den Serien vornehmen[264].

---

263   vgl. Syslo, Deo, Kowalik (1983), S.526
264   vgl. Rajagopalan (1985), S.20-22

5.2.1.2.2 Minimierung der Zykluszeit

Um die Zykluszeit zu minimieren schlägt Rajagopalan drei ähnliche Heuristiken vor, deren Vorgehensweisen einer FFD-Heuristik entsprechen[265]. Sie beruhen auf der Annahme, daß eine minimale Zykluszeit dann erreicht wird, wenn die Engpaßmaschine jeder einzelnen Serie der Gesamtengpaßmaschine entspricht. Die Gesamtengpaßmaschine berechnet sich aus den Arbeitszeitanforderungen sämtlicher Aufträge an den einzelnen Maschinen. Das folgende Beispiel (Abb. 22) verdeutlicht die Wirkungsweise dieses Prinzips. Es werden zwei Serienkonstellationen miteinander verglichen, welche an den drei Maschinen jeweils die gleichen Gesamtbearbeitungszeiten beanspruchen. Diese sind jedoch unter den Serien unterschiedlich verteilt.

Maschine:	Konstellation 1			Konstellation 2		
	M_1	M_2	M_3	M_1	M_2	M_3
Serie 1						
Belegungszeit:	10	20	10	10	30	10
Serie 2						
Belegungszeit:	10	20	10	10	20	
Serie 3						
Belegungszeit:	10	20	10	10	10	20
Mindestzykluszeit:	60			70		

Abb. 22: Beispiel zur Vorgehensweise von Rajagopalan

Die theoretische Mindestzykluszeit berechnet sich aus der Addition der Arbeitszeiten der Engpaßmaschine in den einzelnen Serien. Das Beispiel macht deutlich, daß in der dritten Serie der Konstellation 2 die Engpaßmaschine M_3 nicht der Gesamtengpaßmaschine M_2 entspricht. Die Zykluszeit wird dadurch gegenüber dem minimal möglichen Wert genau um die Differenz zwischen der Arbeitszeit an der Engpaßmaschine M_3 und der Arbeitszeit an der Maschine M_2 verlängert.

Um den gewünschten Effekt zu erzielen, gehen die Heuristiken wie folgt vor: Zunächst werden die Arbeitszeitanforderungen aller Aufträge an den einzelnen Maschinen bestimmt und das Belastungsverhältnis jeder Maschine zur Gesamtengpaßmaschine berechnet. Anschließend werden die Aufträge einer Serie derart ausgewählt, daß die aktuelle Maschinenbelastung den global ermittelten Verhältnissen entspricht.

Rajagopalan vergleicht in einer quantitativen Untersuchung die von ihm entwickelten Heuristiken miteinander. Die Heuristik, die bezüglich des Zielkriteriums die günstigsten Ergebnisse liefert, basiert danach am weitestgehenden auf der ursprünglichen Konzeptionsidee der Verfahren. Auf diese Heuristik wird in einem später durchzuführenden Verfahrensvergleich zurückgegriffen (s. Kap. 7).

---

265 vgl. Rajagopalan (1985), S.22-23

5.2.2 Systemrüstung

In den zuvor besprochenen Planungsproblemen wurden ausschließlich ergänzende Maschinen bzw. Maschinengruppen berücksichtigt. Dadurch war für jedes Werkstück festgelegt, an welcher Maschine eine Bearbeitung zu erfolgen hat. In der zweiten Planungsstufe ist für die in einer Serie zusammengefaßten Aufträge die optimale Zuordnung der Arbeitsgänge zu den ersetzenden Maschinen zu finden (Systemrüstungsplanung). Damit wird festgelegt, an welchen Bearbeitungsstationen die Werkzeuge oder die sonstigen werkstückabhängigen Hilfsmittel bereitzustellen sind. Durch eine geschlossene Betrachtung der gesamten Serie sind hier nicht die Aufträge bzw. Werkstücke als solche, sondern die auszuführenden Arbeitsgänge von Interesse. Daher können alle Arbeitsgänge K_r, die für die Bearbeitung der Werkstücke eines Auftrags r notwendig sind, zu einer Gesamtarbeitsgangmenge K zusammengefaßt werden:

$$K = \bigcup_{r \in C_1} K_r \tag{59}$$

Da alle anstehenden Arbeitsgänge mindestens einer Maschine zuzuordnen sind, besteht aufgrund der eingeschränkten Maschinen- und Werkzeugmagazinkapazitäten grundsätzlich die Gefahr, daß keine zulässige Lösung existiert.

Für die Modellformulierung wird i.a. angenommen, daß jeder Arbeitsgang an jeder der betrachteten Maschinen ausführbar ist. Sollte eine der Arbeitsgang/Maschinen-Zuordnungen nicht zulässig sein, dann kann das durch eine unendliche Ausführungszeit des Arbeitsgangs an dieser Maschine berücksichtigt werden.

Das vorliegende Planungsproblem ist verwandt mit der Ablaufplanung von parallelen Maschinen bei beschränkten, nicht erneuerbaren und unabhängigen Ressourcen[266]. Lassen sich die ersetzenden Maschinen des FFS bezüglich der Arbeitsgänge in exhaustive und disjunkte Gruppen unterteilen, dann kann das gesamte Planungsproblem nach dem Dekompositionsprinzip[267] in unabhängige Probleme aufgeteilt werden. Die Optimalität für das Gesamtproblem geht dabei nicht verloren.

Die in der Literatur beschriebenen Modelle zur Systemrüstung werden im folgenden in Modelle ohne Werkzeugrestriktionen, in Modelle mit vereinfachten Werkzeugrestriktionen und in Modelle mit Werkzeugrestriktionen unter Berücksichtigung gemeinsamer Werkzeugnutzungen unterschieden. Innerhalb dieser Klassifizierung wird zwischen der einfachen und mehrfachen Werkzeugbelegung differenziert. Allgemein läßt sich die Problemstellung der Systemrüstungsplanung mit den folgenden Basis-Prämissen beschreiben:

Generelle Prämissen:

a)   Es liegen k = 1,2,..,K Arbeitsganglose vor.

b)   Jedes Arbeitsganglos beinhaltet n_k Arbeitsgänge eines Typs k.

c)   Jeder Arbeitsgang kann auf einer der m = 1,2,..,M Maschinen des FFS ausgeführt werden.

---

266   vgl. Blazewiczi et al. (1986), S.89
267   Zum Dekompositionsprinzip vgl. Hagelschuer (1971), S.1ff.

d)   Ein Arbeitsgang kann gleichzeitig nur von einer Maschine ausgeführt werden. Eine Maschine kann gleichzeitig nur einen Arbeitsgang ausführen. Die Ausführung eines Arbeitsgangs darf nicht unterbrochen werden.

e)   Jeder Arbeitsgang erfordert eine maschinenabhängige Bearbeitungszeit von p_{km} Zeiteinheiten.

Prämisse für Modelle mit einfacher Werkzeugbelegung:

f)   Jeder Arbeitsgangtyp wird nur einer Maschine zugeordnet.

Prämissen für Modelle mit Werkzeugrestriktionen:

g)   Zur Ausführung eines Arbeitsgangs ist eine bestimmte Werkzeugmenge I_{km} an der Maschine m bereitzustellen.

h)   Jede Maschine verfügt über eine Werkzeugmagazinkapazität von w_m Werkzeugen.

```
I,J,..   :   Mengen
I,J,..   :   Mächtigkeit der Mengen; I=|I|, J=|J|,..

Daten:

I        :   Menge der Werkzeuge i
I_km     :   Werkzeugmenge die von Arbeitsgang k an der Maschine m benötigt wird
K        :   Menge der Arbeitsgänge k
M        :   Menge der Maschinen m
p_km     :   Bearbeitungszeit des Arbeitsgangs k an Maschine m
w_m      :   Werkzeugmagazinkapazität der Maschine m
```

Abb. 23: Daten der Systemrüstung

5.2.2.1 Modelle ohne Werkzeugrestriktionen

In den Grundmodellen der Systemrüstungsplanung werden die Restriktionen einer Werkzeugbereitstellung vollständig vernachlässigt.

5.2.2.1.1 Modelle mit einfacher Werkzeugbelegung

Kusiak formuliert das Problem der Arbeitsgang/Maschinen-Zuordnung als ein verallgemeinertes Zuordnungsproblem[268]. Er nimmt an, daß durch die Zuordnung eines Arbeitsgangs zu einer Maschine vorgegebene Kosten c_{km} entstehen. Ziel dieser Modellformulierung ist es, unter Einhaltung der Kapazitätsbeschränkungen der einzelnen Maschinen, eine kostenminimale Zuordnung der Arbeitsgänge zu den Maschinen zu finden.

---

268   vgl. Kusiak (1985a), S.126

Modell: KUS_I

Daten:

c_{km} : Kosten des Arbeitsgangs k an der Maschine m
g_m : Kapazitätsgrenze der Maschine m (Zeiteinheiten)

Variable:

$$v_{km} = \begin{cases} 1 & \text{, wenn Arbeitsgang k der Maschine m zugeordnet wird} \\ 0 & \text{, sonst} \end{cases}$$

Zielfunktion:

$$\min \sum_{k \in K} \sum_{m \in M} c_{km} \cdot v_{km} \tag{60}$$

u.B.d.R.

Kapazitätsbeschränkung der Maschinen M:

$$\sum_{k \in K} v_{km} \cdot p_{km} \leq g_m \qquad \forall\ m \in M \tag{61}$$

Jeder Arbeitsgang ist genau einer Maschine zuzuordnen:

$$\sum_{m \in M} v_{km} = 1 \qquad \forall\ k \in K \tag{62}$$

Binärvariable:

$$v_{km} = \{0,1\} \qquad \forall\ m \in M,\ k \in K \tag{63}$$

Zur Lösung des verallgemeinerten Zuordnungsproblems existieren eine Reihe von exakten und heuristischen Algorithmen[269].

Durch die Formulierung der Systemrüstung als ein verallgemeinertes Zuordnungsproblem werden einige Einschränkungen vorgenommen: Die Kosten der Zuordnung eines Arbeitsgangs zu einer Maschine sind zu ermitteln. Die Bestimmung variabler Maschinennutzungskosten[270] ist aber äußerst problematisch. Weiterhin ist die Vorgabe einer zeitlichen Kapazitätsschranke für jede Maschine notwenig. Dies setzt eine feste Planungsperiode voraus.

Afentakis umgeht diese Schwierigkeiten dadurch, daß er für ein ähnliches Modell die Minimierung der maximalen Kapazitätsbelastung als Zielfunktion wählt[271]:

$$\min \left[\max_{m \in M} g_m \right] \tag{64}$$

Zusätzlich betrachtet er den Fall, in dem das Materialhandhabungssystem nicht jede Maschine von jeder anderen erreichen kann und zwischen den Arbeitsgängen Reihenfolgebeziehungen bestehen[272]. Die folgenden Nebenbedingungen berücksichtigen dies:

---

269   vgl. Ross, Soland (1975) S.91ff; Martello, Toth (1981), S.589ff; Neebe, Rao (1983), S.1107ff, Fisher, Jaikumar, Wassenhove (1986) S.1095ff
270   Zum Problem der Maschinennutzungskosten bzw. Stillstandskosten s. Kap. 4.2.5.2.2.
271   vgl. Afentakis (1986), S. 514
272   Afentakis betrachtet konvergierende Erzeugnisstrukturen (vgl. Afentakis (1986), S. 511.

$$\boxed{\begin{array}{ll} K(k) & : \quad \text{Menge der Vorgängerarbeitsgänge von Arbeitsgang } k \\ M(m) & : \quad \text{Menge der Maschinen, von denen Maschine } m \text{ direkt erreichbar ist} \end{array}}$$

Abb. 24: Daten der Erweiterung von Afentakis

$$v_{km} \leq \sum_{j \in M(m)} v_{nj} \qquad\qquad n \in K(k) \qquad\qquad (65)$$

Zur Lösung des Problems bildet Afentakis einen ungerichteten Graphen, in dem jeder Knoten eine mögliche Zuordnung von einem Arbeitsgang zu einer Maschine darstellt. Zwischen zwei Knoten besteht eine Verbindung, wenn die gleichzeitige Realisierung beider Zuordnungen (Knoten) nicht möglich ist. Durch die Bildung einer maximalen unabhängigen Menge von Knoten in diesem Graphen ergibt sich eine zulässige Zuordnung von Arbeitsgängen zu Maschinen. Eine maximale unabhängige Menge von Knoten beschreibt die maximale Zahl an in einem Graphen befindlichen Knoten, die nicht miteinander verbunden sind[273]. Um das Zielkriterium zu erfüllen schlägt Afentakis vor, die Zielerfüllung jeder maximalen unabhängigen Menge an Knoten zu bestimmen und die beste Lösung auszuwählen.

Bei den obigen Modellen besteht grundsätzlich das Problem, daß zusätzliche Restriktionen (wie z.B. Werkzeugmagazinkapazitäten) keine Berücksichtigung finden. Weiterhin wird die gemeinsame Nutzung von Werkzeugen durch die einer Maschine zugeordneten Arbeitsgänge vernachlässigt.

5.2.2.1.2 Modelle mit mehrfacher Werkzeugbelegung

Werden alle Arbeitsgänge eines Loses einer Maschine zugeordnet, dann kann das gesamte Arbeitsganglos als ein Arbeitsgang betrachtet und wie oben dargestellt formuliert werden. Häufig ist es jedoch sinnvoll, diese Arbeitsganglose zu splitten, um hierdurch eine Bearbeitung an mehreren Maschinen zu ermöglichen. In diesem Fall sind die Entscheidungsvariablen nicht binär, sondern kontinuierlich oder ganzzahlig. Die einfachsten Modelle der Systemrüstung mit einer mehrfachen Werkzeugbelegung basieren auf dem verallgemeinerten Transportproblem[274]:

---

273 Zur Bestimmung einer maximalen unabhängigen Menge an Knoten in einem Graphen s. Syslo, Deo, Kowalik (1983), S.399-404.

274 vgl. Kusiak (1985a), S.126

Modell: KUS_II

Daten:

c_{km} :   Kosten des Arbeitsgangs k an der Maschine m
g_m :   Kapazitätsgrenze der Maschine m
n_k :   Losgröße des Arbeitsgangs k

Variable:

v_{km} :   Anzahl der Arbeitsgänge k, die der Maschine m zugeordnet werden

---

Zielfunktion:

$$\min \sum_{k \in K} \sum_{m \in M} c_{km} \cdot v_{km} \tag{66}$$

u.B.d.R.

Kapazitätsbeschränkung der Maschinen M:

$$\sum_{k \in K} \sum_{m \in M} p_{km} \cdot v_{km} \leq g_m \qquad \forall \; m \in M \tag{67}$$

Erfüllung der Produktionsanforderungen:

$$\sum_{m \in M} v_{km} = n_k \qquad \forall \; k \in K \tag{68}$$

Nichtnegativitätsbedingungen:

$$v_{km} \geq 0 \qquad \forall \; k \in K, \; m \in M \tag{69}$$

DeLuca formuliert ein entsprechendes Modell, jedoch mit der Zielfunktion[275]:

$$\min \left[\max_{m \in M} g_m \right] \tag{70}$$

Die Lösung der Modelle kann durch die verallgemeinerte Stepping-Stone-Methode[276] oder durch die Anwendung von Standard-Programmen zur Lösung linearer Programme erfolgen.

Für diese Art der Modellformulierung gelten die gleichen Einschränkungen, die auch für die Problemformulierung als verallgemeinertes Zuordnungsproblem (s. Kap. 5.2.2.1.1) gültig sind. Die Festlegung der Zielfunktionskoeffizienten und die Vernachlässigung der Werkzeugmagazinrestriktionen sind als problematisch zu betrachten. Weiterhin werden kontinuierliche Entscheidungvariablen dem diskreten Planungsproblem nicht gerecht.

5.2.2.2 Modelle mit vereinfachten Werkzeugrestriktionen

Die folgenden Modelle berücksichtigen eine begrenzte Werkzeugmagazinkapazität. Die gemeinsame Nutzung von Werkzeugen durch verschiedene, einer Maschine zugeordnete Arbeitsgänge bleibt weiterhin vernachlässigt. Auch die hier genannten Modelle können in Modelle mit einfacher und mehrfacher Werkzeugbelegung unterschieden werden.

---

275   vgl. DeLuca (1984), S.324
276   vgl. Eisemann (1964), S.154-176; zur Stepping-Stone-Methode vgl. Domschke (1985a), S.100-102

5.2.2.2.1 Modelle mit einfacher Werkzeugbelegung

Kusiak formuliert ein Modell, in dem sowohl die knappen Werkzeugmagazine, als auch ein gesamter Wechsel der einzelnen Werkzeugmagazine berücksichtigt werden[277]. Kusiak betrachtet damit eine Situation, in der jede Maschine eine begrenzte Zahl von Hintergrundmagazinen besitzt, die bei Bedarf während des Fertigungsprozesses gegen das aktuelle Magazin ausgetauscht werden können. Die Anzahl der Magazinwechsel wird in der Zielfunktion durch eine Umrüstzeit berücksichtigt. Als Gesamtzielfunktion formuliert er die Minimierung der Summe an Bearbeitungs- und Umrüstzeiten.

Modell: KUS_III

Daten:

h_m　　:　Rüstzeit zum Wechseln der Werkzeugmagazine
s_k　　:　Anzahl Werkzeugplätze, die Arbeitsgang k beansprucht
Z_m　　:　Anzahl der Hintergrundmagazine der Maschine m

Variable:

v_{km}　　:　Anzahl der Arbeitsgänge k, die der Maschine m zugeordnet werden
z_m　　:　Anzahl der benötigten Werkzeugmagazine an Maschine m

Zielfunktion:

$$\min \sum_{k \in K} \sum_{m \in M} p_{km} \cdot v_{km} + \sum_{m \in M} h_m \cdot z_m \tag{71}$$

u.B.d.R.

Werkzeugmagazinbeschränkung der Maschinen M

$$\sum_{k \in K} s_k \cdot v_{km} \le w_m \cdot z_m \qquad \forall\, m \in M \tag{72}$$

Anzahl der verfügbaren Werkzeugmagazine an den Maschinen M

$$z_m \le Z_m \quad \text{ganzzahlig,} \qquad \forall\, m \in M \tag{73}$$

(74), (75), (76)[278]

Kusiak schlägt zur Lösung des Modells die Anwendung von Standard-Programmen zur Lösung von linearen Modellen vor. Die nichtganzzahligen Variablen werden anschließend auf- beziehungsweise abgerundet[279].

5.2.2.2.2 Modelle mit mehrfacher Werkzeugbelegung

Kusiak erweitert das Grundmodell KUS_II um die folgenden Restriktionen[280]:

277　vgl. Kusiak (1985b), S.231
278　Kusiak beschränkt die Zuweisung eines Arbeitsgangs nicht nur auf eine Maschine. Da er deren Wirkungen auf die Maschinenbelastung vernachlässigt, unterbleibt eine Darstellung (vgl. Kusiak (1985b), S.231).
279　vgl. Kusiak (1985b), S.231-232
280　vgl. Kusiak (1985a), S.128

Daten:

h_m : Rüstzeit an der Maschine m
l_k : Anzahl der Maschinen, die Operation k bearbeiten können
s_{km} : Anzahl Werkzeugplätze, die Arbeitsgang k an der Maschine m beansprucht
WS_{km} : Kapazitätsbeschränkung der Operationen k an der Maschine m aufgrund begrenzter Standzeiten der Werkzeuge

Variable:

v_{km} : Anzahl der Arbeitsgänge k, die der Maschine m zugeordnet werden

y_{km} = $\begin{cases} 1 & \text{, wenn Arbeitsgangtyp k der Maschine m zugeordnet wird} \\ 0 & \text{, sonst} \end{cases}$

Abb. 25: Daten und Variable Modell **KUS_IV**

Werkzeugmagazinbeschränkung der Maschinen M:

$$\sum_{k\in K} s_{km} \cdot y_{km} \leq w_m \qquad\qquad \forall\ m\in M \qquad\qquad (77)$$

Bearbeitungszeitbeschränkungen der Arbeitsgänge K an den Maschinen M durch begrenzte Werkzeugstandzeiten:

$$p_{km} \cdot v_{km} \leq WS_{km} \cdot y_{km} \qquad\qquad \forall\ k\in K,\ m\in M \qquad\qquad (78)$$

Zuordnungsbeschränkungen der Arbeitsgänge K:

$$\sum_{m\in M} v_{km} \leq l_k \qquad\qquad \forall\ m\in M \qquad\qquad (79)$$

Ganzzahligkeitsbedingung:

$$v_{km} \geq 0 \quad\text{ganzzahlig,} \qquad\qquad \forall\ k\in K,\ m\in M \qquad\qquad (80)$$

Binärbedingungen:

$$y_{km} = \{0,1\} \qquad\qquad \forall\ k\in K,\ m\in M \qquad\qquad (81)$$

In diesem Modell begrenzen die Ungleichungen (79) die Anzahl der Maschinen, denen ein Arbeitsgangtyp zugeordnet werden kann. Dies kann dadurch bedingt sein, daß die Anzahl der verfügbaren Werkzeugsätze beschränkt ist. Nicht nachvollziehbar ist die Beschränkung der Bearbeitungszeit eines Arbeitsgangtyps an einer Maschine (Ungleichungen (78)). Kusiak führt diese Nebenbedingungen ein, um begrenzte Werkzeugstandzeiten zu berücksichtigen. Es ist nicht einsichtig, warum weitere Arbeitsgänge eines Typs auf einer anderen Maschine bearbeitet werden müssen, wenn die Werkzeugstandzeit erreicht ist. Die Standzeiten beziehen sich üblicherweise auf einzelne Werkzeuge und nicht auf einen ganzen Werkzeugsatz. Wollte man die begrenzte Standzeit der Werkzeuge in einem Modell berücksichtigen, so wäre für jedes Werkzeug eine eigene Restriktion zu formulieren. Weiterhin werden durch diese Art der Modellformulierung die Werkzeugähnlichkeiten zwischen den Arbeitsgängen vernachlässigt.

Kusiak schlägt zur Lösung des gesamten Modells den Einsatz von Standard-Verfahren zur gemischt-ganzzahligen Optimierung oder die Anwendung von Subgradienten-Verfahren vor, ohne selber eines der Verfahren anzuwenden[281].

---

281   vgl. Kusiak (1985a), S.128-130

5.2.2.3 Modelle mit Werkzeugrestriktionen unter Berücksichtigung gemeinsamer Werkzeugnutzungen

Durch die Einführung einer weiteren Gruppe von Binärvariablen wird die Abbildung der gemeinsamen Werkzeugnutzung von Arbeitsgängen möglich.

Sarin und Chen formulieren ein Modell, in dem neben der Maschinenkapazität auch die Werkzeugmagazine, die Standzeit der Werkzeuge und die Systemkapazität als Restriktionen betrachtet werden. Als Zielfunktion wählen sie die Minimierung der Zuordnungskosten, die sich aus der arbeitsgangbedingten Werkzeug- und Maschinennutzung ergeben. Diese Kosten könnnen nur bedingt als entscheidungsrelevant betrachtet werden[282].

Die zur Verfügung stehenden Maschinenkapazitäten gewichten Sarin und Chen mit Effizienzfaktoren, um ablaufbedingte Maschinenleerzeiten, Blockierungszeiten und Maschinenausfälle zu berücksichtigen. Bedenklich ist, daß diese Faktoren aus Erfahrungswerten abgeschätzt werden. Ablaufbedingte Maschinenleerzeiten und Blockierungszeiten sind von der Lösung des betrachteten Problems abhängig und im voraus grundsätzlich nicht abzuschätzen. Desweiteren sollte die voraussichtlich zur Verfügung stehende Bereitschaftszeit einer Maschine immer als Kapazitätsschranke dienen. Da die grundsätzliche Modellstruktur auch ohne diese Effizienzfaktoren erhalten bleibt, werden sie im folgenden außer acht gelassen[283].

Modell: SA_CH

<table>
<tr><td colspan="3">Daten:</td></tr>
<tr><td>c_{kim}</td><td>:</td><td>Kosten des Arbeitsgangs k mit Werkzeug i an der Maschine m</td></tr>
<tr><td>g_m</td><td>:</td><td>Kapazitätsgrenze der Maschine m</td></tr>
<tr><td>ip_i</td><td>:</td><td>Standzeitgrenze des Werkzeugs i</td></tr>
<tr><td>s_i</td><td>:</td><td>Anzahl Werkzeugplätze, die Werkzeug i beansprucht</td></tr>
<tr><td colspan="3">Variable:</td></tr>
<tr><td>v_{kim}</td><td>=</td><td>$\begin{cases} 1 & \text{, wenn Arbeitsgang k mit Werkzeug i der Maschine m zugeordnet wird} \\ 0 & \text{, sonst} \end{cases}$</td></tr>
<tr><td>y_{im}</td><td>=</td><td>$\begin{cases} 1 & \text{, wenn Werkzeug i der Maschine m zugeordnet wird} \\ 0 & \text{, sonst} \end{cases}$</td></tr>
</table>

Zielfunktion:

$$\min \sum_{k \in K} \sum_{i \in I} \sum_{m \in M} c_{kim} \cdot v_{kim} \tag{82}$$

u.B.d.R.

Kapazitätsbeschränkungen der Maschinen M:

$$\sum_{k \in K} \sum_{i \in I} p_{kim} \cdot v_{kim} \leq g_m \qquad \forall\, m \in M \tag{83}$$

---

282 Zum Problem der Maschinennutzungskosten bzw. Stillstandskosten s. Kap. 4.2.5.2.2.

283 Sarin und Chen verwenden zwei Indices für Werkstücke und Arbeitsgänge, die sich zu einem Index für alle Arbeitsgänge zusammenfassen lassen. Weiterhin beschränken sie die Zuordnungsmöglichkeiten der Arbeitsgänge. Jeder Arbeitsgang k kann nur einer bestimmten Menge an Maschinen M_k zugeordnet werden (vgl. Sarin, Chen (1987), S.1083).

Kapazitätsbeschränkung des Systems:

$$\sum_{k \in K} \sum_{i \in I} \sum_{m \in M} p_{kim} \cdot v_{kim} \leq \sum_{m \in M} g_m \tag{84}$$

Standzeitbeschränkung der Werkzeuge I:

$$\sum_{k \in K} \sum_{m \in M} p_{kim} \cdot v_{kim} \leq lp_i \qquad \forall\, i \in I \tag{85}$$

Werkzeugmagazinbeschränkung der Maschinen M

$$\sum_{i \in I} s_i \cdot y_{im} \leq w_m \qquad \forall\, m \in M \tag{86}$$

Jedes Werkzeug i ist genau einer Maschine zuzuordnen:

$$\sum_{m \in M} y_{im} = 1 \qquad \forall\, i \in I \tag{87}$$

Wenn ein Arbeitsgang k einer Maschine m zugeordnet wurde, dann ist auch das benötigte Werkzeug i zuzuordnen (E ist eine große Zahl[284]):

$$\sum_{k \in K} v_{kim} \leq E \cdot y_{im} \qquad \forall\, i \in I,\ m \in M \tag{88}$$

Jeder Arbeitsgang k ist genau einer Maschine zuzuordnen:

$$\sum_{i \in I} \sum_{m \in M} v_{kim} = 1 \qquad \forall\, k \in K \tag{89}$$

Binärbedingung:

$$v_{kim} = \{0,1\} \qquad \forall\, k \in K,\ i \in I,\ m \in M \tag{90}$$

$$y_{im} = \{0,1\} \qquad \forall\, i \in I,\ m \in M \tag{91}$$

Sarin und Chen lösen das Modell mit einem Standard-Programm zur gemischt-ganzzahligen Optimierung für ein Problem mit 16 Arbeitsgängen, 4 Maschinen und 20 Werkzeugen. Realistische Probleme sind mit Standard-Programmen in akzeptabler Zeit nicht zu lösen[285]. Sarin und Chen schlagen daher die Überführung in eine vereinfachte Modellformulierung vor, in der die gemeinsame Werkzeugnutzung der Arbeitsgänge vernachlässigt wird[286].

Die Einführung einer Kapazitätsschranke für das gesamte System (Ungleichung (84)) ist nicht nachvollziehbar. Hierdurch wird die Summe der Operationszeiten an parallel arbeitenden Maschinen beschränkt.

Sarin und Chen untersuchen an diesem Modell die Kostenwirkungen unter dem Zielkriterium einer möglichst gleichmäßigen und hohen Kapazitätsauslastung der Maschinen. Sie führen dazu Kapazitätsuntergrenzen der Maschinen ein und variieren diese parametrisch. Dieses Vorgehen ist unverständlich, da das Erreichen einer ausgeglichenen und hohen Maschinenauslastung kein Selbstzweck ist, sondern vielmehr dem Ziel der Minimie-

---

284 Nach Sarin und Chen soll die Größe E die Anzahl der Arbeitsgänge beschränken, die einem Werkzeug zugeordnet werden, (vgl. Sarin, Chen (1987), S.1083). Für diese Beschränkung lassen sich weder ökonomische noch technische Gründe finden.

285 vgl. Sarin, Chen (1987), S.1084

286 vgl. Sarin, Chen (1987), S.1089-1090

rung der Zykluszeit dienen soll. Es ist somit eine Verringerung der Kapazitätsobergrenzen und nicht eine Erhöhung der Kapazitätsuntergrenzen erforderlich.

Die Einführung einer Binärvariablen y_{im} der Werkzeugzuordnung kann unterbleiben, wenn die Auswirkungen der gemeinsamen Nutzung von Werkzeugen durch nichtlineare Nebenbedingungen abgebildet werden. Dadurch können zusätzlich Werkzeugplatzeinsparungen oder -bedarfe abgebildet werden, die sich aus einer günstigeren oder notwendigen Plazierung von Werkzeugen in einem Magazin ergeben. Diesen Ansatz verfolgt Stecke[287].

Modell: STC

Daten:

s_k : Anzahl Werkzeugplätze, die Arbeitsgang k beansprucht

Variable:

$f(\underline{v})$: Zielfunktion in Abhängigkeit von der Belegungsmatrix $\underline{v}$

g_m : Kapazitätsbedarf der Maschine m

$v_{km} = \begin{cases} 1 & \text{, wenn Arbeitsgang k der Maschine m zugeordnet wird} \\ 0 & \text{, sonst} \end{cases}$

$WC_m(\underline{v_m})$: nichtlineare Funktion der Werkzeugplatzeinsparungen in Abhängigkeit von dem Belegungsvektor $\underline{v_m}$ der Maschine m

---

Zielfunktion:

$\min$ bzw. $\max f(\underline{v})$

u.B.d.R.

Kapazitätsbeschränkung der Maschinen M:

$$\sum_{k \in K} v_{km} \cdot p_{km} \leq g_m \qquad \forall \, m \in M \qquad (92)$$

Jeder Arbeitsgang ist genau einer Maschine zuzuordnen:

$$\sum_{m \in M} v_{km} = 1 \qquad \forall \, k \in K \qquad (93)$$

Werkzeugmagazinbeschränkung der Maschinen M:

$$\sum_{k \in K} s_k \cdot v_{km} - WC_m(\underline{v_m}) \leq w_m \qquad \forall \, m \in M \qquad (94)$$

Binärbedingung:

$$v_{km} = \{0,1\} \qquad \forall \, m \in M, \, k \in K \qquad (95)$$

Die nichtlineare Funktion $WC_m(\underline{v_m})$[288] beschreibt für den Belegungsvektor $\underline{v_m}$ die Einsparungen an Werkzeugplätzen durch die gemeinsame Nutzung von Werkzeugen und deren notwendige Positionierung im Werkzeugmagazin der Maschine m.

---

287 vgl. Stecke (1983), S.276-277; Stecke berücksichtigt zusätzlich einen Koeffizienten für den Produktionsanteil einer Operation. Dieser Koeffizient kann durch p_{km} abgebildet werden, ohne die Modellstruktur zu verändern (vgl. Stecke (1983), S.279).

288 vgl. Stecke (1983), S.276; Berrada, Stecke (1986), S.1320

Die Kapazitätsschranke g_m ist bei Stecke keine Kapazitätsgrenze der Maschine m, sondern der jeweilige Kapazitätsbedarf der Arbeitsgang/Maschinen-Zuordnung und somit variabel. Den Kapazitätsbedarf verwendet Stecke zur Formulierung unterschiedlicher Zielfunktionen.

Die Wahl einer Zielfunktion ist nach Stecke situationsabhängig. Daher formuliert sie die folgenden sechs technizitären Zielkriterien[289], aus denen sich in Verbindung mit den angeführten Nebenbedingungen (92) bis (95) sechs Modelle formulieren lassen[290]:

a)   Minimierung der Abweichungen zwischen den Maschinenbelastungen

b)   Minimierung der Abweichungen zwischen den Gruppenbelastungen bei gleich großen Maschinengruppen

c)   Minimierung der Abweichungen zwischen der vorgegebenen und der realisierten Gruppenbelastung bei ungleich großen Maschinengruppen

d)   Minimierung der Transportbewegungen

e)   Maximierung der Werkzeugmagazinbelegung

f)   Maximierung der gewichteten Arbeitsgang/Maschinen-Zuordnung

Die Ziele a) und b) unterscheiden sich lediglich durch die Betrachtung von Einzelmaschinen oder gleich großen und identisch gerüsteten Maschinengruppen. Diese Modelle lassen sich daher ineinander überführen. Bestehen ungleich große Maschinengruppen, dann können bei stochastischer Betrachtung größere Gruppen eine höhere Arbeitsbelastung bewältigen. Stecke berechnet daher eine theoretisch optimale Arbeitslastverteilung zwischen den unterschiedlichen Maschinengruppen und minimiert im Zielkriterium c) die Abweichung von diesen Vorgaben[291].

Die Betrachtung von Maschinengruppen ist als bedenklich anzusehen, da es dem Konzept eines FFS widerspricht, mehrere Maschinen mit vollkommen identischen Werkzeugen auszustatten. Unter bestimmten Voraussetzungen kann es notwendig sein, die benötigten Werkzeuge eines Arbeitsgangs an mehreren Maschinen bereitzuhalten. Das bedeutet aber, daß nur für diesen und nicht für alle Arbeitsgänge, die den Maschinen zugeordnet wurden, eine Wahlfreiheit zwischen mehreren Maschinen besteht. Unter dieser Bedingung ist die von Stecke vorgeschlagene Berechnung der Arbeitslastverteilung nicht anwendbar.

Die Zielkriterien a)-c) streben durch eine möglichst ausgeglichene Maschinennutzung die Minimierung der Zykluszeit an, dies ist insofern sinnvoll, als durch eine frühzeitige Fertigstellung des Auftragsprogramms das System für neue Aufträge bereit steht.

Mit dem Zielkriterium d) versucht Stecke aufeinanderfolgende Arbeitsgänge möglichst einer Maschine zuzuordnen, um den Transportaufwand zu minimieren[292]. Dieses Zielkriterium ist i.a. nicht anwendbar. Zwei an einem Maschinentyp aufeinanderfolgende und

---

289   vgl. Stecke (1983), S.279
290   Bei Verfolgung der Zielkriterien d)-f) werden die Ungleichungen (92) nicht benötigt. In einem Modell mit dem Zielkriterium d) ist zu berücksichtigen, welche Arbeitsgänge aufeinanderfolgen. Zielkriterium e) erfordert das Einfügen einer Schlupfvariablen in die nichtlinearen Ungleichungen (94).
291   vgl. Stecke, Morin (1985); Stecke, Solberg (1985)
292   Ohne die Werkzeugmagazinrestriktionen entspricht die Problemstellung der Bestimmung des kürzesten Weges in einem Graphen (vgl. Kiran, Tansel (1986), S.328).

ohne Umspannungsvorgang durchzuführende Arbeitsgänge werden aus technischen Gründen bereits im voraus zu einem Arbeitsgang zusammengefaßt. Jede neue Positionierung eines Werkstücks in einer Werkzeugmaschine führt üblicherweise zu Abweichungen in der Maßgenauigkeit des Werkstücks. Unnötige Positionierung werden daher möglichst vermieden.

Die Ziel e) und f) streben eine möglichst hohe Redundanz der einzelnen Maschinen an, um Wartezeiten und Maschinenleerzeiten zu reduzieren und damit die Zykluszeit zu minimieren.

Problematisch an der Modellformulierung **STC** ist, daß neben den Werkzeugmagazinrestriktionen (94) fast alle Zielkriterien nichtlinear sind. Die Formulierung der nichtlinearen Nebenbedingungen (94) erfordert für jede Kombinationsmöglichkeit von Arbeitsgängen an einer Maschine die Vorgabe einer Werkzeugplatzeinsparung. Die Anzahl an Kombinationsmöglichkeiten ergibt sich aus der Summe der Binomialkoeffizienten für jede mögliche Arbeitsgangzahl[293]:

$$\sum_{k=2}^{K} \binom{K}{k}$$

Bei 20 Arbeitsgängen sind bereits über 1 Mio. unterschiedliche Werkzeugplatzeinsparungen anzugeben. Diese Formulierung ist daher nur dann anwendbar, wenn Werkzeugüberschneidungen nur bei sehr wenigen Arbeitsgängen auftreten.

Stecke schlägt zur Lösung der Modelle zwei Wege vor: Entweder die Anwendung von gemischt-ganzzahligen nichtlinearen Standard-Programmen oder die Linearisierung der nichtlinearen Terme und eine anschließende Lösung mit gemischt-ganzzahligen linearen Programmen[294]. Problematisch bei der Anwendung von Standard-Programmen ist, daß die lösbare Problemgröße stark eingeschränkt wird[295].

Berrada und Stecke[296] beschreiben einen ϵ-optimalen Algorithmus für die oben formulierten Nebenbedingungen und dem Zielkriterium der Minimierung der Kapazitätsbelastung an der Engpaßmaschine:

Modell: BE_ST

Zielfunktion:

$$\min \left[\max_{m \in M} g_m \right] \tag{96}$$

u.B.d.R.

(92), (93), (94) und (95)

---

293   vgl. Ohse (1983), S.55
294   vgl. Stecke (1983), S.281-282 und die dort angegebene Literatur.
295   vgl. Stecke, Talbot (1985), S.73
296   vgl. Berrada, Stecke (1986), S.1321-1325

Zur Lösung des Problems **BE_ST** formulieren Berrada und Stecke für vorgegebene Kapazitätsgrenzen g^i das Teilproblem P_g^i:

Teilproblem P_g^i

$$\min \; Z = \sum_{k \in K} \sum_{m \in M} p_{km} \cdot v_{km} \tag{97}$$

u.B.d.R.

(93), (94) und (95)

$$\sum_{k \in K} p_{km} \cdot v_{km} \leq g^i \qquad\qquad \forall \; m \in M \tag{98}$$

Eine zulässige Lösung für das Teilproblem P_g^i ist zugleich eine zulässige Lösung für das Problem **BE_ST**. Die Kapazitätsschranken des Teilproblems P_g^i werden derart verändert, daß das Verfahren in einer ϵ-optimalen Lösung konvergiert. Zur Lösung des Teilproblems P_g^i verwenden Berrada und Stecke ein Branch-and-Bound-Verfahren (B&B-Verfahren)[297].

Im Knoten P_v des Lösungsbaums (am Beginn des Verfahrens ist dies die Wurzel P_0) bestimmen sie eine Untergrenze, indem sie das Teilproblem P_g^i unter Vernachlässigung der Werkzeugmagazin- (94) und der Maschinenkapazitätsrestriktionen (98), (Problem P'_v) lösen. Liegt eine zulässige Lösung im Knoten P_v vor, so ist zugleich eine optimale Lösung für das Teilproblem P_g^i gefunden. Ansonsten bestimmen sie für jede Maschine, an der die Restriktionen (94) und (98) verletzt sind, die Arbeitsgänge, die mit der geringsten Zielfunktionswertverschlechterung an eine andere Maschine verlagert werden können, um die Nebenbedingungen zu erfüllen.

Zur Verzweigung im Lösungsbaum wird aus den verbleibenden Arbeitsgängen der Arbeitsgang k fixiert, dessen Verschiebung an eine andere Maschine die größte Verschlechterung des Zielfunktionswertes bewirken würde. Der Lösungsraum wird dadurch in zwei disjunkte Lösungsmengen $P_{v(1)}$ und $P_{v(2)}$ aufgespalten. In der einen Menge ist der Arbeitsgang k der Maschine m zugeordnet und in der anderen Menge ist der Arbeitsgang k der Maschine m nicht zugeordnet. Für die beiden Knoten $P_{v(1)}$ und $P_{v(2)}$ wird zur Bestimmung der Untergrenzen das relaxierte Problem $P'_{v(1)}$ bzw. $P'_{v(2)}$ gelöst. Hierbei werden die im übergeordneten Knoten bestimmten und umgelagerten Arbeitsgänge berücksichtigt.

Zur weiteren Aufspaltung des Lösungsraums wird aus den noch nicht ausgeloteten Knoten derjenige mit der kleinsten unteren Schranke ausgewählt (Minimal-Lower-Bound-Regel, MLB-Regel).

Das Verfahren ist für identische Bearbeitungszeiten ($p_{km} = p_k$) problematisch, da die Untergrenzen für alle Knoten gleich sind. Hierdurch findet keine systematische Verzweigung des Lösungsbaums statt. Die für die Lösbarkeit des Problems entscheidenden Werkzeugähnlichkeiten zwischen den Aufträgen werden bei einer Verzweigung vollkommen vernachlässigt. Die von Berrada und Stecke veröffentlichten Ergebnisse[298] und eine theoretische Analyse des B&B-Verfahrens zeigen, daß für eine schnelle Auslotung

---

297   Zum B&B-Verfahren vgl. Domschke (1985b), S.6-14.
298   vgl. Berrada, Stecke (1986), S.1329-1331

des Lösungsbaums maschinenabhängige Bearbeitungszeiten und wenige Werkzeugüberschneidungen gegeben sein müssen[299].

Häufig werden zur Lösung der Systemrüstung heuristische Verfahren[300] vorgeschlagen, da es bei exakten Verfahren und realistischen Problemgrößen zu Lösungsschwierigkeiten kommt. Die einfachsten Verfahren zur Lösung der Systemrüstung sortieren die einzuplanenden Arbeitsgänge nach einem Prioritätswert in eine Reihenfolge. Diese ordnen sie anschließend einer nach bestimmten Kriterien ausgewählten Maschine zu (list scheduling-Verfahren)[301]. Die Sortierungs- und Zuordnungskriterien werden zielfunktionsabhängig gewählt, wobei auch kombinierte Kriterien Anwendung finden[302]. Die Anwendung einfacher list scheduling-Verfahren ist problematisch. Sie führen häufig zu unbefriedigenden Lösungen und bergen die Gefahr, daß sie bei Kapazitätsengpässen keine zulässige Lösung finden.

---

299   s. auch Kapitel 6.5.3.3.3.1

300   Zu heuristischen Verfahren s. Kap. 6.3.2

301   Stecke und Talbot beschreiben vier unterschiedliche Sortier-Verfahren (vgl. Stecke, Talbot (1985), S.76-85); vgl. auch (Ammons, Lofgren, McGinnis (1985), S.325). Hintz verwendet in dem von ihm vorgeschlagenen Sortierverfahren im wesentlichen die LPT-Regel (Hintz (1987), S.147-148). Die LPT-Regel findet bei der Maschinenbelegung von identischen Maschinen Anwendung. Die Aufträge werden dabei nach fallender Bearbeitungszeit sortiert (longest processing time first) und dann der Maschine mit der geringsten Arbeitsbelastung zugeordnet. Hierdurch wird die Minimierung der Zykluszeit angestrebt (vgl. Baker (1974), S.116-118).

302   Das "Balancing-Verfahren" von Whitney und Gaul ist ein kombiniertes Verfahren in dem Werkzeugähnlichkeiten und Kapazitätsabgleichskriterien simultan berücksichtigt werden (vgl. Whitney, Gaul (1985), S.311 u. Kap. 7.1.3).

5.3 Modelle und Lösungsansätze zu einer simultanen Planung von Serienbildung und Systemrüstung

Die folgenden Ansätze versuchen, die zuvor beschriebenen Teilprobleme der Serienbildung und der Systemrüstung simultan zu lösen. Die Problemstellung kann durch die folgenden Basis-Prämissen beschrieben werden:

a)   Es liegen $r = 1,2,..,R$ Aufträge vor.

b)   Jeder Auftrag beinhaltet n_r Werkstücke eines Typs.

c)   Das FFS besteht aus $m = 1,2,..,M$ ersetzenden und ergänzenden Maschinen

d)   Zur Fertigstellung eines Werkstücks sind $k = 1,2,..,K_r$ Arbeitsgänge notwendig.

e)   Jeder Arbeitsgang k erfordert eine maschinenabhängige Bearbeitungszeit von p_{rkm} Zeiteinheiten, $m \in M_k$, $M_k \subseteq \{1,2,..,M\}$.

f)   Jeder Arbeitsgang k kann auf einer der Maschinen aus der Menge M_k des FFS ausgeführt werden.

g)   Jeder Arbeitsgang kann gleichzeitig nur von einer Maschine ausgeführt werden. Eine Maschine kann gleichzeitig nur einen Arbeitsgang ausführen. Die Ausführung eines Arbeitsgangs darf nicht unterbrochen werden.[303)]

$I,J,..$	:	Mengen
$I,J,..$	:	Mächtigkeit der Mengen; $I=\|I\|$, $J=\|J\|$,..

Daten:

g_m	:	Kapazitätsgrenze an der Maschine m
K_r	:	Menge der Arbeitsgänge, die zur Erstellung des Werkstücks r erforderlich sind
M	:	Menge der Maschinen m
M_k	:	Menge der Maschinen, die Arbeitsgang k ausführen können
n_r	:	Anzahl herzustellender Werkstücke für Auftrag r
p_{rm}	:	Bearbeitungszeit des Werkstücks r an der Maschine m
p_{rkm}	:	Bearbeitungszeit des Arbeitsgangs k des Werkstücks r an der Maschine m
R	:	Menge der Aufträge bzw. Werkstücke r

Abb. 26: Daten der simultanen Serienbildung und Systemrüstung

5.3.1 Auswahl der nächsten Serie (Knapsack-Problem)

Betrachtet man die Gesamtproblemstellung als ein Knapsack-Problem, so werden aus den für die Fertigung freigegebenen und noch nicht abgearbeiteten Aufträgen diejenigen ausgewählt, die als nächstes gemeinsam im System gefertigt werden sollen.

---

303 Da in diesen Modellansätzen die Reihenfolgebedingungen der Arbeitsgänge vernachlässigt werden, gilt diese Prämisse nicht gleichzeitig auch für Werkstücke. Hierdurch wird in der Modellformulierung unterstellt, daß ein Werkstück gleichzeitig von mehreren Maschinen bearbeitet werden kann.

5.3.1.1 Modelle ohne Berücksichtigung von Werkzeugmagazinen

Eine Gruppe der Modelle vernachlässigt die begrenzten Werkzeugmagazine. In diesen Fällen werden die einer Serie zugeordneten Aufträge bzw. Auftragsanteile durch die in der Planungsperiode zur Verfügung stehenden Maschinenkapazitäten beschränkt.

Avonts und van Wassenhove[304] formulieren zu dieser Problemstellung ein rein kontinuierliches Modell. Sie betrachten das Auswahlproblem zwischen einer kostengünstigen Fertigung in einem kapazitierten FFS und einer kostenungünstigeren Fertigung in einer unkapazitierten klassischen Werkstatt. Die Zuordnung eines Werkstücks zum FFS erbringt daher gewisse Kostenvorteile. In ihrer Zielfunktion maximieren sie die Summe an Opportunitätserlösen e_r, die sich aus der Differenz der Herstellkosten eines Werkstücks bei Werkstatt- und FFS-Fertigung ergeben. Grundsätzlich läßt sich die Modellformulierung auch zu einer Produktionsprogrammentscheidung einsetzen. Für diesen Fall wären erzielbare Deckungsbeiträge heranzuziehen. Auch das hier betrachtete Auftragsauswahlproblem läßt sich mit dem Modell abbilden. Hierzu sind für jedes Werkstück spezifische Prioritätswerte vorzugeben, die die Vorteilhaftigkeit einer Fertigung in der aktuellen Periode abbilden.

Avonts und van Wassenhove beziehen in ihre Modellformulierung die Überlegung mit ein, daß die Maschinen aufgrund von stochastischen Einflüssen nicht vollständig ausgelastet werden können. Da die Auslastungen der Maschinen erst nach einer Auftrags- und Arbeitsplanzuordnung bestimmbar sind, schlagen sie ein iteratives Vorgehen vor. Nach der Lösung des linearen Programms bestimmen sie die resultierenden Maschinenauslastungen u^i_m und setzen diese erneut in das lineare Programm ein. Die Iterationen werden solange fortgeführt, bis keine weiteren Zuordnungsveränderungen auftreten. Die realisierbaren Maschinenauslastungen schätzen sie mit einem Verfahren zur Lösung von geschlossenen Warteschlangennetzwerken ab[305].

Modell: AV_WS

<table>
<tr><td colspan="3">Daten:</td></tr>
<tr><td>e_r</td><td>:</td><td>Opportunitätserlöse für ein Werkstück des Auftrags r</td></tr>
<tr><td>Δg</td><td>:</td><td>zulässige Abweichung der Maschinenbelastungen von der mittleren Kapazitätsbelastung</td></tr>
<tr><td colspan="3">Variable:</td></tr>
<tr><td>u^i_m</td><td>:</td><td>Auslastung der Maschine m in der Iteration i</td></tr>
<tr><td>x_r</td><td>:</td><td>Produktionsmenge des Werkstücks r</td></tr>
<tr><td>x_{rkm}</td><td>:</td><td>Produktionsanteil des Arbeitsgangs k des Werkstücks r der der Maschine m zugewiesen wird.</td></tr>
</table>

Zielfunktion:

$$\max \ \sum_{r \in R} e_r \cdot x_r \qquad\qquad (99)$$

---

304   vgl. Avonts, Wassenhove (1988), S.1892-1893; vgl. auch Avonts, Gelders, Wassenhove (1988), S.249-251

305   vgl. Solberg (1977)

Kapazitätsbeschränkung der Maschinen M:

$$\sum_{r \in R} \sum_{k \in K_r} p_{rkm} \cdot x_{rkm} = u^i_m \cdot g_m \qquad\qquad \forall\ m \in M \qquad (100)$$

Die Produktionsanteile an den einzelnen Maschinen müssen der Gesamtzahl an hergestellten Werkstücken entsprechen:

$$\sum_{m \in M} x_{rkm} = x_r \qquad\qquad \forall\ r \in R,\ k \in K_r \qquad (101)$$

Mengenbeschränkung der Werkstücke R:

$$x_r \leq n_r \qquad\qquad \forall\ r \in R \qquad (102)$$

Kapazitätsabgleich zwischen den Maschinen M:

$$(1+\Delta g) \cdot \left(\sum_{r \in R} \sum_{k \in K_r} \sum_{m \in M} p_{rkm} \cdot x_{rkm} \right)/M - \sum_{r \in R} \sum_{k \in K_r} p_{rkm} \cdot x_{rkm} \geq 0 \qquad\qquad \forall\ m \in M \qquad (103)$$

Nichtnegativitätsbedingungen:

$$x_{rkm} \geq 0 \qquad\qquad \forall\ r \in R,\ k \in K_r,\ m \in M \qquad (104)$$

$$x_r \geq 0 \qquad\qquad \forall\ r \in R \qquad (105)$$

Die Ungleichungen (103) führen Avonts und van Wassenhove mit der Begründung ein, daß in der vorliegenden Systemstruktur eine ausgeglichene Kapazitätsbelastung die Produktionsrate maximiert[306]. Auch in dieser Modellformulierung (s. Modell von Sarin und Chen, Kap. 5.2.2.3) übersehen die Autoren, daß eine ausgeglichene Kapazitätsbelastung nur unter bestimmten Entscheidungsfeldannahmen sinnvoll ist. Die Begebenheit zeigt das folgende Beispiel:

$R = \{1,2\},\quad e_1=10,\ e_2=1,\quad K_1 = \{1,2\},\ K_2 = \{1,2\}\quad M = \{A,B\},\quad g_A=100,\ g_B=100,$				
		Operationszeiten p_{rkm}	
		Maschinen	
Werkstück	Operationen	A	B
1	1	–	2
	2	1	–
2	1	2	–
	2	–	1

Abb. 27: Beispiel zu dem Modell **AV_WS**

Betrachten wir unter Vernachlässigung der Restriktionen (103) ($\Delta g = \infty$) den Fall I, und unter Berücksichtigung der Restriktionen (103) ($\Delta g = 0$) den Fall II, dann ergeben sich unter der Annahme $u^i_m = 1$ die folgenden Ergebnisse:

---

306 vgl. Stecke, Morin (1985); Stecke, Solberg (1985)

Fall	Ziel-funktions-wert	Werkstück-menge 1 2		Maschinen-nutzung A B	
I ($\Delta g=\infty$)	500	50	0	50	100
II ($\Delta g=0$)	399	33	33	99	99

Abb. 28: Ergebnisse des Beispiels zu dem Modell **AV_WS**

Wie die Fälle I und II zeigen, ist eine ausgeglichene Kapazitätsauslastung nicht notwendigerweise mit einem höheren Zielfunktionswert verbunden. Es ist zu vermuten, daß die Ungleichungen (103) lediglich dazu dienen, damit das iterative Verfahren von Avonts und van Wassenhove konvergiert. Ohne die Bedingungen (103) besteht nach jeder Iteration grundsätzlich die Möglichkeit, daß eine andere als die vorhergehende Maschine zum Systemengpaß wird. Unter diesen Bedingungen besteht keine Möglichkeit, daß sich die Werkstück- und die Arbeitsplanverteilung stabilisieren. Ohne die Nebenbedingungen (103) ist ein sinnvolles Vorgehen daher nur dann gegeben, wenn die Kapazitätsgrenzen der Maschinen an die Engpaßmaschinenauslastung angepaßt werden.

Werden im Gegensatz dazu die Nebenbedingungen (103) als notwendig erachtet, dann ist ein iteratives Vorgehen zur Lösung der Problemstellung nicht erforderlich. Ist die Systembelastung ausgeglichen, so läßt sich bei vorgegebener Transporterbelastung die resultierende Maschinenauslastung direkt aus der Systempalettenzahl bestimmen[307]. In dem von Avonts und van Wassenhove betrachteten Modell könnten daher die Maschinenauslastungen vor der linearen Optimierung ermittelt werden, ohne daß die absolute Arbeitsbelastung bekannt ist. Damit wäre ein iteratives Vorgehen überflüssig.

Leung und Tanchoco[308] bestimmen in einer ähnlichen Modellformulierung die Produktionsmengen und die Arbeitsgang/Maschinen-Zuordnungen bei beschränkter Maschinenkapazität sowie weitere Ressourcenbeschränkungen. Das Zielkriterium ist die Gewinnmaximierung. Zur Bestimmung der Erlöse eines Werkstücks legen sie eine stufenförmige Preis-Absatzfunktion zugrunde. Für jede Preiskombination der Werkstücke formulieren und lösen sie ein Mehrprodukt-Netzwerkflußproblem.

Menga et al.[309] schlagen zur Lösung der Problemstellung ein zweistufiges Vorgehen vor. In der ersten Stufe werden die anstehenden Aufträge nach einem Prioritätswert solange der nächsten Serie zugeordnet, bis die abgeschätzten Maschinenauslastungen und die Warteschlangenlängen vor den Stationen einen Grenzwert übersteigen. In der zweiten Stufe erfolgt die Abschätzung der Kennwerte mit Hilfe eines Algorithmus zur Lösung von geschlossenen Warteschlangennetzwerken. Die optimale Maschinenbelegung der ersetzenden Maschinen wird dazu simultan gelöst.

Menga et al. berücksichtigen in Ihrem Ansatz die begrenzte Verfügbarkeit von unterschiedlichen Spannelementen, die innerhalb des FFS zirkulieren können. Ähnlich dem Ansatz von Stecke und Kim (Kap. 5.2.1.1) setzen sie folgende Annahme voraus:

---

307 Es müssen die klassischen Annahmen der geschlossenen Warteschlangennetzwerke gelten. Unter diesen Bedingungen zeigen Stecke und Solberg, daß zur Bestimmung der Maschinenauslastung nur normierte Arbeitsbelastungen notwendig sind (vgl. Stecke, Solberg (1985), S.886-888).

308 vgl. Leung, Tanchoco (1986), S.57-67

309 vgl. Menga, Bruno, Conterno, Dato (1984), S.241-248

h)   Im FFS können sich gleichzeitig maximal sp_r Werkstücke eines Auftrags r befinden.

Im Gegensatz zu Stecke und Kim bestimmen Menga et al. nicht die optimale Verteilung der gleichzeitig im System zirkulierenden Aufträge. Sie gehen von einer für jeden Auftrag vorgegebenen Zahl von werkstückspezifischen Paletten aus und optimieren die Verteilung der Arbeitsgänge zu den ersetzenden Maschinen des Systems.

Menga et al. betrachten den Fall eines kontinuierlichen Einlastungsprozesses. Das bedeutet, daß nach jeder Abarbeitung eines Auftrags (Entscheidungssituation bzw. -zeitpunkt i) über die Zusammensetzung der nächsten Serie entschieden wird. Zur Bildung der nächsten Serie untersuchen sie zwei verschiedene Vorgehensweisen. In einer der Alternativen werden die Aufträge nach aufsteigenden Werten der Priorität pw_{1r} sortiert.

$$pw_{1r} = \cfrac{\overset{\displaystyle\ulcorner\text{Fälligkeitstermin des Auftrags r}}{\underset{\displaystyle\ulcorner\text{Verfügbarkeitszeitpunkt des Auftrags r}}{d_r - b_r}}}{\underset{\displaystyle\llcorner\text{gesamte Bearbeitungszeit des Auftrags r}}{\sum_{m \in M} n_r \cdot p_{rm}}} \tag{106}$$

Im Prioritätswert pw_{1r} werden einerseits die für die Bearbeitung eines Loses zur Verfügung stehende Zeitspanne und andererseits die insgesamt benötigte Bearbeitungszeit gegenübergestellt. Das bedeutet, daß Aufträge mit kurzer Zeitspanne zwischen Verfügbarkeit und Fälligkeitstermin und Aufträge mit langer Bearbeitungszeit bevorzugt werden. Nach jeder Fertigstellung eines Auftrags werden neue Aufträge in dieser Reihenfolge der aktuellen Serie zugeordnet. Voraussetzung hierzu ist deren Verfügbarkeit.

In der zweiten Alternative wird in jedem Entscheidungspunkt i für alle noch in Bearbeitung befindlichen und alle noch anstehenden Aufträge der folgende Prioritätswert pw_{2r} berechnet:

$$pw_{2r} = \cfrac{\overset{\displaystyle\ulcorner\text{Fälligkeitstermin des Auftrags r}}{\underset{\displaystyle\ulcorner\text{aktuelle Zeit im Entscheidungspunkt i}}{d_r - t_i}}}{\underset{\displaystyle\llcorner\text{gesamte Bearbeitungszeit des Auftrags bzw. des restlichen Auftrags r}}{\sum_{m \in M} n_r \cdot p_{rm}}} \tag{107}$$

Beginnend mit dem Auftrag mit dem kleinsten Prioritätswert wird die nächste Serie gebildet. Hierdurch wird die Zusammensetzung der gesamten Serie an jedem Entscheidungspunkt neu bestimmt. Eventuell werden dabei sogar angearbeitete Aufträge unterbrochen.

Nach jeder Zuordnung eines Auftrags erfolgt in der zweiten Stufe die Abschätzung der Kenngrößen des FFS durch die Auswertung eines Warteschlangennetzwerkes. Zu dieser Abschätzung verwenden Menga et al. eine Anpassung der von Reiser[310] entwickelten

---

310   vgl. Reiser (1979), S.1201-1204

Mean-Value Analysis (MVA) für generell verteilte Bearbeitungszeiten (s. Kap. 6.4). Mit der vorgenommenen Anpassung des analytischen Verfahrens versuchen sie abzubilden, daß die Steuerung des FFS keine zufällige Verteilung der Werkstücke auf die ersetzenden Maschinen vornimmt, sondern daß sie die Maschine mit der kürzesten Warteschlange auswählt[311]. Die Verhältnisse mit denen bestimmte Arbeitsgänge eines Auftrags den ersetzenden Maschinen des Systems zugeordnet werden, bestimmen sie durch ein mehrmaliges Lösen eines kontinuierlichen quadratischen Programms, indem eine ausgeglichene Maschinenauslastung angestrebt wird[312]. Der Ablauf der zweiten Stufe vollzieht sich derart, daß wechselseitig das quadratische Programm und das Warteschlangenmodell gelöst werden. Die jeweiligen Ergebnisse dienen dem anderen Verfahren als Eingabegröße. Haben sich die Ergebnisse stabilisiert, stehen die notwendigen Kenngrößen für die Entscheidung in der ersten Stufe fest.

Die Vorgehensweise von Menga et al. hat den Vorzug, daß sie versucht, die dynamischen Prozesse in einem FFS abzubilden.

Problematisch bei allen in diesem Abschnitt vorgestellten Ansätzen ist, daß sie eine kontinuierliche Problemstellung unterstellen. Da diese Art der Formulierung dem eigentlich diskreten Problem nicht gerecht wird, sind dementsprechende Einwände vorzubringen. Weiterhin ist zu bemerken, daß beschränkte Werkzeuge und Werkzeugmagazine nicht berücksichtigt werden.

5.3.1.2 Modelle mit Berücksichtigung der Werkzeugrestriktionen

Eine weitere Gruppe von Modellen berücksichtigt die begrenzten Werkzeugmagazine. Zahl und Art der einer Serie zugeordneten Werkstücke werden in dieser Modellgruppe sowohl durch die in der betrachteten Planungsperiode zur Verfügung stehenden Maschinenkapazitäten, als auch durch die zur Verfügung stehenden Werkzeugmagazinkapazitäten beschränkt. Die Grundannahmen des vorhergehenden Abschnitts werden daher um die folgenden Prämissen erweitert:

i) Zur Ausführung eines Arbeitsgangs ist eine bestimmte Werkzeugmenge I_{rk} aus der Werkzeugmenge $I = \{1,..,I\}$ an einer der Maschinen M_k bereitzustellen.

j) Jede Maschine verfügt über eine Werkzeugmagazinkapazität von w_m Werkzeugaufnahmeplätzen.

```
Daten:

I      :  Menge der Werkzeuge i
I_rk   :  Werkzeugmenge die vom Arbeitsgang k des Werkstücks r benötigt wird
w_m    :  Werkzeugmagazinkapazität der Maschine m
```

Abb. 29: Daten zur Werkzeugrestriktion

Rajagopalan[313] formuliert zu dieser Problemstellung ein Modell in dem er voraussetzt, daß die Aufträge und Arbeitsgänge beliebig teilbar sind.

---

311 vgl. Menga, Bruno, Conterno, Dato (1984), S.244; Conterno, Menga, Quaglino (1986), S.961-963
312 vgl. Menga, Bruno, Conterno, Dato (1984), S.243-244
313 vgl. Rajagopalan (1985), S.13

Modell: RAJA_I

Daten:

h_r : Gewichtungsfaktor des Werkstücks r
M_j : Menge der Maschinen in der Maschinengruppe j
s_{im} : Anzahl Werkzeugplätze, die Werkzeug i an der Maschine m beansprucht

$$s_{rim} = \begin{cases} 1 & \text{, wenn Werkstück r an Maschine m Werkzeug i benötigt} \\ 0 & \text{, sonst} \end{cases}$$

Variable:

x_r : Produktionsanteil des Auftrags r
x_{rm} : Produktionsanteil des Auftrags r an der Maschine m

$$y_{im} = \begin{cases} 1 & \text{, wenn Werkzeug i der Maschine m zugeordnet wird} \\ 0 & \text{, sonst} \end{cases}$$

Zielfunktion:

$$\max \sum_{r \in R} h_r \cdot n_r \cdot x_r \tag{108}$$

u.B.d.R.

Kapazitätsbeschränkung der Maschinen M:

$$\sum_{r \in R} n_r \cdot p_{rm} \cdot x_{rm} \leq g_m \qquad \forall\ m \in M \tag{109}$$

Werkzeugmagazinbeschränkung der Maschinen M:

$$\sum_{i \in I} s_{im} \cdot y_{im} \leq w_m \qquad \forall\ m \in M \tag{110}$$

Wenn an der Maschine m die Fertigung des Werkstücks r vorgenommen wird, dann sind die dort benötigten Werkzeuge i bereitzustellen (E ist eine große Zahl):

$$\sum_{r \in R} s_{rim} \cdot x_{rm} \leq E \cdot y_{im} \qquad \forall\ i \in I,\ m \in M, \tag{111}$$

Der zu fertigende Produktionsanteil eines Auftrags r ist auf die möglichen Maschinen einer jeden Maschinentypgruppe j zu verteilen.

$$\sum_{m \in M_j} x_{rm} = x_r \qquad \forall\ r \in R,\ j \in J \tag{112}$$

Binär-, Nichtnegativitätsbedingungen:

$$y_{im} = \{0,1\} \qquad \forall\ i \in I,\ m \in M \tag{113}$$

$$0 \leq x_r \leq 1 \qquad \forall\ r \in R \tag{114}$$

$$0 \leq x_{rm} \leq 1 \qquad \forall\ r \in R,\ m \in M \tag{115}$$

Zur Lösung des Modells schlägt Rajagopalan die Anwendung von Standardmethoden vor, ohne jedoch eine davon anzuwenden[314].

---

314   vgl. Rajagopalan (1985), S.17-18

Shanker und Tzen[315] formulieren ein Modell, in dem sie davon ausgehen, daß ein Auftrag einer Serie komplett zuzuordnen ist und das die Ausführung einer Operation nur an einer Maschine erfolgen soll (einfache Werkzeugbelegung). Als Zielkriterium schlagen sie zwei Alternativen vor. In der ersten Zielfunktion wird die gewichtete Abweichung von vorgegebenen Maschinenkapazitäten minimiert. In einer zweiten Zielfunktion versuchen sie für die konkurrierenden Zielkriterien der ausgeglichenen Maschinenbelastung und der Minimierung der Terminüberschreitungen einen Zielkompromiß zu finden. Bei diesem Zielkriterium nehmen Shanker und Tzen an, daß ein Auftrag dann vorrangig einzuplanen ist, wenn die verbleibende Zeit bis zu seinem Fälligkeitstermin d_r kleiner als die zweifache Periodenkapazität ist.

Modell: SH_TZ

Daten:

d_r : Restzeit bis zum Fälligkeitstermin

g : Periodenkapazität

h_r : Gewichtungsfaktor des Werkstücks r

h^+_m : Gewichtungsfaktor der Kapazitätsüberschreitung an der Maschine m

h^-_m : Gewichtungsfaktor der Kapazitätsunterschreitung an der Maschine m

s_{rkm} : Anzahl Werkzeugplätze, die Arbeitsgang k des Werkstücks r an der Maschine m beansprucht

ϵ : positiver Parameter mit kleinem Wert

Variable:

d^+_m : Überschreitung der Kapazitätsvorgabe an der Maschine m

d^-_m : Unterschreitung der Kapazitätsvorgabe an der Maschine m

$WC_m(\underline{x}_m)$: nichtlineare Funktion der Werkzeugplatzeinsparungen in Abhängigkeit von dem Belegungsvektor $\underline{x}_m$ der Maschine m

$x_r = \begin{cases} 1 & \text{, wenn Auftrag r zugeordnet wird} \\ 0 & \text{, sonst} \end{cases}$

$x_{rkm} = \begin{cases} 1 & \text{, wenn Arbeitsgang k des Auftrags r der Maschine m zugeordnet wird} \\ 0 & \text{, sonst} \end{cases}$

Zielfunktionen:

$$\min_{m \in M} \sum h^+_m \cdot d^+_m + h^-_m \cdot d^-_m \qquad (116)$$

$$\min_{m \in M} \sum h^+_m \cdot d^+_m + h^-_m \cdot d^-_m - \sum_{r \in R} \frac{h_r \cdot x_r}{\max[\epsilon, d_r - 2g]} \qquad (117)$$

u.B.d.R.

Kapazitätsbeschränkungen der Maschinen M

$$\sum_{r \in R} \sum_{k \in K_r} p_{rkm} \cdot x_{rkm} + d^+_m - d^-_m = g \qquad \forall\ m \in M \qquad (118)$$

---

315   vgl. Shanker, Tzen (1985), S.582-584

Wenn ein Auftrag r ausgewählt wurde, dann sind alle notwendigen Operationen zuzuordnen:

$$\sum_{k \in K_r} \sum_{m \in M} x_{rkm} = x_r \cdot K_r \qquad\qquad \forall\ r \in R \qquad (119)$$

Werkzeugmagazinbeschränkung der Maschinen M:

$$\sum_{k \in K} s_{rkm} \cdot x_{rkm} - WC_m(\underline{x}_m) \leq w_m \qquad\qquad \forall\ m \in M \qquad (120)$$

Die nichtlineare Funktion $WC_m(\underline{x}_m)$[316] beschreibt für den Belegungsvektor $\underline{x}_m$ die Einsparungen an Werkzeugplätzen durch die gemeinsame Nutzung von Werkzeugen sowie deren notwendige Positionierung im Werkzeugmagazin der Maschine m (s. Kap 5.2.2.3).

Die Operationen der ausgewählten Werkstücke sind einer Maschine zuzuordnen:

$$\sum_{m \in M_{rk}} x_{rkm} \leq 1 \qquad\qquad \forall\ r \in R,\ k \in K_r \qquad (121)$$

Binärbedingungen:

$$x_r = \{0,1\} \qquad\qquad \forall\ r \in R \qquad (122)$$

$$x_{rkm} = \{0,1\} \qquad\qquad \forall\ r \in R,\ k \in K_r,\ m \in M \qquad (123)$$

$$d^+_m,\ d^-_m > 0 \qquad\qquad \forall\ m \in M \qquad (124)$$

Shanker und Srinivasulu[317] beschreiben zur exakten Lösung des Modells **SH_TZ** ein B&B-Verfahren, das nach der LIFO-Methode solange verzweigt, bis die Verletzung einer der Restriktionen eintritt. Zur weiteren Verzweigung wird anschließend zum letzten Endknoten zurückgegangen. Durch diese Vorgehensweise wird jede zulässige Lösung erzeugt.

Da die Lösung realistischer Problemgrößen durch exakte Methoden nicht möglich ist, schlagen Shanker und Tzen zwei heuristische Verfahren vor[318]. Zur Verfolgung der Zielfunktion (116) sortiert das erste heuristische Verfahren die Operationen der Aufträge an jeder Maschine im wesentlichen nach der LPT-Regel. In dieser Reihenfolge werden die Operationen der Maschine mit der größten Restkapazität zugeordnet. Mit der Operationsauswahl wird gleichzeitig der zugehörige Auftrag der Serie zugeordnet. Dieses Vorgehen erfolgt solange, bis eine der Restriktionen verletzt wird. Zur Verbesserung der gefundenen Lösung werden gewählte und nichtgewählte Aufträge miteinander vertauscht.

Die Verfolgung des Zielkriteriums (117) geschieht auf ähnliche Weise. Shanker und Tzen sortieren dazu die Aufträge in vier unterschiedliche Terminklassen. Ausgehend von der ersten Terminklasse (Aufträge deren Lieferung schon überfällig ist) wenden sie sukzessive für jede Terminklasse das obige Verfahren an.

Die von Shanker und Tzen vorgeschlagene Modellformulierung und die vorgeschlagenen Lösungsverfahren sind nur dann sinnvoll anwendbar, wenn die alternativen Arbeitsgänge identische Bearbeitungszeiten aufweisen. Ist dies nicht der Fall, so könnten sich unökonomische Maschinenbelegungen ergeben, nur um ausgeglichene Maschinenbelastungen zu

---

316   vgl. Shanker, Tzen (1985), S.583; vgl. auch Stecke (1983), S.276; Berrada, Stecke (1986), S.1320

317   vgl. Shanker, Srinivasulu (1989), S.1023-1024

318   vgl. Shanker, Tzen (1985), S.585-586; Ähnliche Verfahren mit anderen Sortier- und Auswahlregeln werden von Shanker und Srinivasulu (vgl. Shanker, Srinivasulu (1989), S.1024-1028) vorgeschlagen.

erzielen. Shanker und Srinivasulu erkennen das Problem und schlagen veränderte Suchkriterien vor[319].

Kiran und Tansel betrachten für die gleiche Problemstellung eine andere Zielfunktion. In dieser wird die Anzahl der zugeordneten Werkstücke maximiert[320]. Als weitere Nebenbedingung führen sie folgende Annahme ein:

k)   Es sind I_i Werkzeuge eines Typs vorhanden.

Modell: KI_TA

Daten:

I_i :   Anzahl vorhandener Werkzeuge des Typs i

s_i :   Anzahl Werkzeugplätze, die Werkzeug i beansprucht

$$s_{kim} = \begin{cases} 1 & \text{, wenn Arbeitsgang k an Maschine m Werkzeug i benötigt} \\ 0 & \text{, sonst} \end{cases}$$

Variable:

$$x_r = \begin{cases} 1 & \text{, wenn Auftrag r zugeordnet wird} \\ 0 & \text{, sonst} \end{cases}$$

$$x_{rkm} = \begin{cases} 1 & \text{, wenn Arbeitsgang k des Auftrags r der Maschine m zugeordnet wird} \\ 0 & \text{, sonst} \end{cases}$$

$$y_{im} = \begin{cases} 1 & \text{, wenn Werkzeug i der Maschine m zugeordnet wird} \\ 0 & \text{, sonst} \end{cases}$$

Zielfunktion:

$$\max \ \sum_{r \in R} x_r \tag{125}$$

u.B.d.R.

Kapazitätsbeschränkungen der Maschinen M:

$$\sum_{r \in R} \sum_{k \in K_r} p_{rkm} \cdot x_{rkm} \leq g_m \qquad \forall \ m \in M \tag{126}$$

Beschränkung vorhandener Werkzeuge I:

$$\sum_{m \in M} y_{im} \leq I_i \qquad \forall \ i \in I \tag{127}$$

Werkzeugmagazinbeschränkungen an den Maschinen M:

$$\sum_{i \in I} s_i \cdot y_{im} \leq w_m \qquad \forall \ m \in M \tag{128}$$

Wenn ein Auftrag r gefertigt wird, dann sind die hierzu notwendigen Operationen einer Maschine m zuzuordnen:

$$\sum_{m \in M} x_{rkm} = x_r \qquad \forall \ r \in R, \ k \in K_r \tag{129}$$

---

319   vgl. Shanker, Srinivasulu (1989), S.1028
320   vgl. Kiran, Tansel (1986), S.327; Shanker und Srinivasulu formulieren eine entsprechende Zielfunktion (vgl. Shanker, Srinivasulu (1989), S.1022)

Wenn ein Arbeitsgang k eines Werkstücks r einer Maschine m zugeordnet wurde, dann sind auch die benötigten Werkzeuge i zuzuordnen:

$$s_{rim} \cdot x_{rkm} \leq y_{im} \qquad\qquad \forall \ r\epsilon R, \ k\epsilon K_r, \ i\epsilon I, \ m\epsilon M \quad (130)$$

Binärbedingungen:

$$x_r = \{0,1\} \qquad\qquad \forall \ r\epsilon R \qquad\qquad (131)$$

$$x_{rkm} = \{0,1\} \qquad\qquad \forall \ r\epsilon R, \ k\epsilon K_r, \ m\epsilon M \qquad (132)$$

$$y_{im} = \{0,1\} \qquad\qquad \forall \ i\epsilon I, \ m\epsilon M \qquad\qquad (133)$$

Kiran und Tansel erweitern dieses Modell indem sie versuchen, die Anzahl der Maschinen- und Spannelementewechsel zu minimieren[321]. Sie erhalten dadurch ein Mehrzielentscheidungsproblem. Einen Arbeitsgang auf mehrere Maschinen aufzuteilen, ist, wie in Kapitel 5.2.2.3 erläutert, aus technologischen Gründen nicht sinnvoll[322]. Damit würde das Problem entfallen, die Anzahl der Maschinenwechsel zu minimieren.

Im Gegensatz hierzu kann es relevant sein, die Wechsel der Spannelemente einer Werkstückpalette zu minimieren. Dieses Problem ist von der obigen Modellformulierung jedoch unabhängig, so daß eine Bestimmung für jedes Werkstück separat erfolgen kann. Zur Lösung dieses Teilproblems bilden Kiran und Tansel einen Knoten für jede mögliche Spannmittelzuordnung einer Operation. Jeder Knoten wird durch einen Pfeil mit den jeweiligen Knoten der nächstfolgenden Operation verbunden. Die Pfeile bewerten sie mit 0 bzw. 1, wenn die zugehörigen Knoten identische bzw. nichtidentische Spannmittel repräsentieren. Der kürzeste Weg von irgendeinem Knoten der ersten Operation bis zu irgendeinem Knoten der letzten Operation repräsentiert die Spannmittelzuordnung mit minimaler Anzahl an Spannelementewechseln.

Zur Lösung des Gesamtmodells schlagen Kiran und Tansel dessen Dekomposition vor. In einem iterativen Verfahren versuchen sie, die einzelnen Teilmodelle einander anzupassen. Auf eine quantitative Analyse des Verfahrens verzichten sie.

O'Grady und Menon formulieren die betrachtete Problemstellung als ein gemischt-ganzzahliges lineares Programm[323]. Um die unterschiedlichen technizitären Ziele gleichzeitig berücksichtigen zu können, wählen sie den Ansatz des Goal-Programming[324]. In der Zielfunktion minimieren O'Grady und Menon die gewichteten Abweichungen von Zielvorgaben. Die Zielvorgaben leiten sie aus den verfügbaren Maschinenzeiten, Werkzeugen, Werkzeugmagazinplätzen und sonstigen Ressourcen ab. Weiterhin berücksichtigen sie in der Zielformulierung die Abweichungen von Fälligkeitsterminen und Auftragsprioritäten.

321　vgl. Kiran, Tansel (1986), S.328-329
322　s. dazu die Erläuterungen in Kap. 5.2.2.3
323　vgl. O'Grady, Menon (1984), S.189-198; O'Grady, Menon (1987), S.1053-1068; Aufgrund einer ungenauen Darstellung weicht die Beschreibung des Modells von O'Grady und Menon von der veröffentlichten Version ab. Die Grundstruktur ist jedoch erhalten geblieben.
324　s. hierzu Kap. 4.2.3

Modell: OG_MN

Daten:

B	:	Menge der zu berücksichtigenden Ressourcen b
B_b	:	Zielvorgabe des Ressourcenverbrauchs
c_{rb}	:	Verbrauch der Ressource b durch Auftrag r
c_r	:	Prioritätenwert des Auftrags r
d_r	:	Fälligkeitstermin des Auftrags r
h^+_n	:	Gewichtungfaktor der Zielüberschreitung
h^-_n	:	Gewichtungfaktor der Zielunterschreitung
I_i	:	Anzahl vorhandener Werkzeuge des Typs i
N	:	Menge der Zielvorgaben

$$s_{rim} = \begin{cases} 1 & \text{, wenn Auftrag r an Maschine m Werkzeug i benötigt} \\ 0 & \text{, sonst} \end{cases}$$

Variable:

d^+ : Überschreitung der Zielvorgabe

$d^-..$: Unterschreitung der Zielvorgabe

$$x_r = \begin{cases} 1 & \text{, wenn Auftrag r zugeordnet wird} \\ 0 & \text{, sonst} \end{cases}$$

$$x_{rm} = \begin{cases} 1 & \text{, wenn Auftrag r der Maschine m zugeordnet wird} \\ 0 & \text{, sonst} \end{cases}$$

$$y_{im} = \begin{cases} 1 & \text{, wenn Werkzeug i der Maschine m zugeordnet wird} \\ 0 & \text{, sonst} \end{cases}$$

Abb. 30: Daten und Variablen Modell OG_MN

Zielfunktion:

$$\min \sum_{n \in N} h^+_n \cdot d^+_n + h^-_n \cdot d^-_n \tag{134}$$

u.B.d.R.

Kapazitätsvorgabe an den Maschinen M:

$$\left[\sum_{r \in R} p_{rm} \cdot x_{rm} \right] - d^+_{1m} + d^-_{1m} = g_m \qquad \forall\, m \in M \tag{135}$$

Vorgabe der Anzahl vorhandener Werkzeuge I:

$$\left[\sum_{m \in M} y_{im} \right] - d^+_{2i} + d^-_{2i} = I_i \qquad \forall\, i \in I \tag{136}$$

Vorgabe der Werkzeugmagazinkapazität an den Maschinen M:

$$\left[\sum_{i \in I} y_{im} \right] - d^+_{3m} + d^-_{3m} = w_m \qquad \forall\, m \in M \tag{137}$$

Die Bevorzugung der Aufträge deren Fälligkeitstermin überschritten ist ($d_r<0$) oder in naher Zukunft liegt ($d_r \geq 0$), wird durch die Nebenbedingungen (138) und (139) erreicht. Die Gewichtung h^-_4 muß dabei einen negativen Wert aufweisen:

$$\left[\sum_{r \in R} d_r \cdot x_r \right] + d^-_4 = 0 \qquad \forall\, r \in R \,|\, d_r < 0 \tag{138}$$

$$\left[\sum_{r \in R} d_r \cdot x_r \right] - d^+_4 = 0 \qquad \forall\, r \in R \,|\, d_r \geq 0 \tag{139}$$

Die gleichzeitig gefertigten Aufträge sollen bestimmten Vorgaben B_b genügen. Diese Vorgaben können durch begrenzte Rohstoffe, begrenzte Palettenzahlen, begrenzte Budgets etc. begründet sein. Die Menge dieser Art von Zielvorgaben wird mit B bezeichnet. Der Koeffizient c_{rb} beschreibt den Ressourcenverbrauch durch Auftrag r:

$$[\sum_{r \in R} c_{rb} \cdot x_r] - d^+_{5b} + d^-_{5b} = B_b \qquad\qquad \forall\ b \in B \qquad (140)$$

Besteht für die Aufträge R eine Prioritätenliste mit den Prioritätswerten c_r, so wird dies durch die folgende Nebenbedingung berücksichtigt. Die Gewichtung h^+_6 hat in diesem Fall einen negativen Wert:

$$[\sum_{r \in R} c_r \cdot x_r] - d^+_6 = 0 \qquad\qquad (141)$$

Wenn ein Auftrag r gefertigt wird, dann ist er einer Maschine m zuzuordnen:

$$\sum_{m \in M} x_{rm} = x_r \qquad\qquad \forall\ r \in R \qquad (142)$$

Wenn ein Auftrag r einer Maschine m zugeordnet wurde, dann sind auch die benötigten Werkzeuge i zuzuordnen:

$$s_{rim} \cdot x_{rm} \le y_{im} \qquad\qquad \forall\ r \in R,\ i \in I,\ m \in M \qquad (143)$$

Binärbedingungen:

$$x_r = \{0,1\} \qquad\qquad \forall\ r \in R \qquad (144)$$

$$x_{rm} = \{0,1\} \qquad\qquad \forall\ r \in R,\ m \in M \qquad (145)$$

$$y_{im} = \{0,1\} \qquad\qquad \forall\ i \in I,\ m \in M \qquad (146)$$

Durch die Formulierung "weicher Nebenbedingungen" kann eine nicht realisierbare Lösung entstehen. So kann beispielsweise eine Überschreitung der verfügbaren Werkzeugkapazität nur durch eine Umrüstung während der Fertigung behoben werden.

Die Festlegung der Gewichte für die Unter- oder Überschreitung der Zielvorgaben ist als äußerst problematisch zu betrachten.

Zur Lösung des Modells verwenden O'Grady und Menon ein Standard-Verfahren zur Lösung von gemischt-ganzzahligen linearen Programmen.

5.3.2 Vollständige Serienbildung (kapazitiertes Cluster-Problem)

5.3.2.1 Modelle mit variabler Periodenlänge

Zur Problemstellung der vollständigen Serienbildung formuliert Rajagopalan ein Modell, in dem die Serien eine variable Periodenlänge aufweisen[325]. Dabei modelliert er die Verteilung der Arbeitsgänge auf die ersetzenden Maschinen als ein kontinuierliches Problem. Als Zielkriterium verfolgt Rajagopalan die Minimierung der Zykluszeit. Er nimmt dabei an, daß eine Serie komplett abzuarbeiten ist, bevor die Bearbeitung der nächsten Serie begonnen werden kann (serienweiser Einlastungsprozeß). Zwischen den Serien findet eine unabhängige Umrüstzeit statt.

---

325 vgl. Rajagopalan (1985), S.15

Modell: RAJA_II

Daten:

h	:	Rüstzeit zwischen zwei Serien
L	:	Menge der Serien l
M_j	:	Menge der Maschinen m in der Maschinengruppe j
s_{im}	:	Anzahl Werkzeugplätze, die Werkzeug i an der Maschine m beansprucht

$$s_{rim} = \begin{cases} 1 & \text{, wenn Werkstück r an Maschine m Werkzeug i benötigt} \\ 0 & \text{, sonst} \end{cases}$$

Variable:

g_l : Zykluszeit der Serie l

$$u_l = \begin{cases} 1 & \text{, wenn Serie l benötigt wird} \\ 0 & \text{, sonst} \end{cases}$$

$$x_{rl} = \begin{cases} 1 & \text{, wenn Auftrag r in Serie l gefertigt wird} \\ 0 & \text{, sonst} \end{cases}$$

x_{rml} = Anteil des Auftrags r, der in der Serie l der Maschine m zugeordnet wird

$$y_{iml} = \begin{cases} 1 & \text{, wenn Werkzeug i der Maschine m in der Serie l zugeordnet wird} \\ 0 & \text{, sonst} \end{cases}$$

Abb. 31:   Daten und Variablen Modell **RAJA_II**

Zielfunktion:

$$\min \sum_{l \in L} (u_l \cdot h + g_l) \tag{147}$$

u.B.d.R.

Zykluszeit der Serien L:

$$\sum_{r \in R} p_{rm} \cdot n_r \cdot x_{rml} \leq g_l \qquad \forall\ m \in M,\ l \in L \tag{148}$$

Werkzeugmagazinbeschränkung der Maschinen M:

$$\sum_{i \in I} s_{im} \cdot y_{iml} \leq w_m \qquad \forall\ m \in M,\ l \in L \tag{149}$$

Wenn an der Maschine m die Fertigung des Werkstücks r vorgenommen wird, dann sind die dort benötigten Werkzeuge i bereitzustellen (E ist eine große Zahl):

$$\sum_{r \in R} s_{rim} \cdot x_{rml} \leq E \cdot y_{iml} \qquad \forall\ i \in I,\ m \in M,\ l \in L \tag{150}$$

Wird Auftrag r in Serie l gefertigt, dann sind die an der Maschinengruppe j ausführbaren Operationen auf diese Maschinen zu verteilen:

$$\sum_{m \in M_j} x_{rml} = x_{rl} \qquad \forall\ r \in R,\ j \in J,\ l \in L \tag{151}$$

Die geforderte Produktionsmenge ist einer der Serien l zuzuordnen:

$$\sum_{l \in L} x_{rl} = 1 \qquad \forall\ r \in R \tag{152}$$

Wenn ein Auftrag r einer Serie l zugeordnet wird, dann ist für diese Serie ein Rüstvorgang notwendig:

$$x_{rl} \leq u_l \qquad\qquad \forall\ r{\in}R,\ l{\in}L \qquad (153)$$

Binär-, Nichtnegativitätsbedingungen:

$$x_{rl} = \{0,1\} \qquad\qquad \forall\ r{\in}R,\ l{\in}L \qquad (154)$$

$$y_{lml} = \{0,1\} \qquad\qquad \forall\ i{\in}I,\ m{\in}M,\ l{\in}L \qquad (155)$$

$$0 \leq x_{rml} \leq 1 \qquad\qquad \forall\ r{\in}R,\ m{\in}M,\ l{\in}L \qquad (156)$$

$$g_l \geq 0 \qquad\qquad \forall\ l{\in}L \qquad (157)$$

Rajagopalan[326] schlägt zur Lösung der Problemstellung mehrere heuristische Verfahren vor. In diesen Verfahren wird die Arbeitsgang/Maschinen-Zuordnung vollständig vernachlässigt. Aus diesem Grund wurden die Verfahren in Kapitel 5.2.1.2.2 dargestellt.

Eine ähnliche Problemstellung wie Rajagopalan betrachten Whitney und Gaul. Sie versuchen in einem heuristischen Verfahren mehrere Zielkriterien gleichzeitig zu erfüllen und eine diskrete Arbeitsgang/Maschinen-Zuordnung vorzunehemen. Whitney und Gaul[327] bestimmen für jeden Auftrag r einen dynamischen Prioritätswert[328] $ps_r = 0..1$. Die Aufräge ordnen sie nach aufsteigenden Werten solange der aktuellen Serie zu, bis aufgrund der begrenzten Werkzeugmagazine kein weiterer Auftrag zugeordnet werden kann. Anschließend wird eine neue Serie eröffnet und das Verfahren solange wiederholt, bis alle Aufträge einer Serie zugeordnet sind (Serienbildung). Nach jeder Auftragszuordnung werden mit Hilfe eines Prioritätswertes $ps_{mk} = 0..1$ die Arbeitsgänge k des ausgewählten Auftrags r den ersetzenden Maschinen m zugeordnet (Arbeitsgang/Maschinen-Zuordnung). Als Zielkriterien verfolgen Whitney und Gaul eine hohe Nutzung der knappen Kapazitäten (Werkzeugmagazine, Maschinen), eine hohe gemeinsame Nutzung von Werkzeugen durch die Arbeitsgänge der Aufträge und eine termingerechte Fertigstellung des Auftragsbestands. Den entstehenden Zielkonflikt versuchen sie mit Hilfe der Prioritätswerte ps_r und ps_{km} zu lösen. Die genaue Bestimmung der Prioritätswerte ps_r und ps_{km} wird in Abschnitt 7.1.3 erläutert.

5.3.2.2 Modelle mit vorgegebener Periodenlänge

Bastos[329] berücksichtigt neben den Prämissen a)-j) (s. Kap. 5.3, 5.3.1 und 5.3.1.2) auch die Annahme l):

l) Es besteht eine vorgegebene Planungsperiode g_l.

Zur Lösung eines Planungsproblems unter den Annahmen a) bis l) entwickelt Bastos ein Verfahren, das die Aufteilung der Produktionsanförderungen in gleichlange Arbeitsperioden ermittelt. Dabei betrachtet er die Wahlmöglichkeit, ein Werkstück nach unterschiedlichen Arbeitsplänen fertigen zu können. Wesentliches Zielkriterium ist die Minimierung

---

326   vgl. Rajagopalan (1985), S.19
327   vgl. Whitney, Gaul (1985)
328   Bei einem dynamischen Vorgehen werden die Prioritätswerte nach jeder Auftragszuordnung neu bestimmt.
      Whitney und Gaul interpretieren die Prioritätswerte als die Wahrscheinlichkeit, mit der der restliche
      Auftragsbestand nicht erfolgreich zugeordnet werden kann (Whitney, Gaul (1985), S.305).
329   vgl. Bastos (1988), S.235-236

der Zykluszeit (Anzahl der Perioden, die zur Herstellung der Aufträge benötigt werden)
unter der Berücksichtigung von Fälligkeitsterminen und Werkzeugmagazinrestriktionen.
Das Verfahren ist in drei Stufen unterteilt. In der ersten Stufe werden in einer retrograden
Rechnung die Werkstückmengen je Werkstück für jede Periode bestimmt, die spätestens
in dieser Periode produziert werden müssen, um den Fälligkeitstermin einzuhalten. In der
zweiten Stufe erfolgt in einer Vorwärtsrechnung die Bestimmung der Werkstücke, der
Werkstückmengen und der Prozeßplanverteilung für jede Periode. Hierbei verfolgt Bastos
eine mehrdimensionale Zielfunktion. In der dritten Stufe wird für die in der zweiten Stufe
zugeordneten Aufträge und Auftragsanteile die Prozeßplanverteilung mit minimaler
Zykluszeit bestimmt. Durch ein iteratives Vorgehen finden die Ergebnisse der dritten Stufe
den Eingang in die zweite Stufe des Verfahrens.

In den drei Stufen werden mit geringen Abweichungen die folgenden Nebenbedingungen
berücksichtigt, wobei sich die zugrundegelegten Daten aus den Lösungen der zuvor
betrachteten Periode oder aus dem vorhergehenden Verfahrensschritt ableiten:

Daten:

d_r : Fälligkeitstermin des Auftrags r

h_{rn} : Gewichtungsfaktor für einen Prozeßplan n des Werkstücks r

N_r : Menge der Prozeßpläne eines Werkstücks des Auftrags r

p_{rnm} : Bearbeitungszeit des Prozeßplans n des Werkstücks r an der Maschine m

q_r : geforderte Produktionsmengen des Werkstücks r

s_{rnm} : Anzahl Werkzeugplätze, die der Prozeßplan n des Werkstücks r an der
Maschine m beansprucht

Variable:

x_{rn} : Anzahl der Werkstücke r, die mit Prozeßplan n gefertigt werden

y_{rn} = $\begin{cases} 1 \text{ , wenn Prozeßplan n des Werkstücks r gewählt wird} \\ 0 \text{ , sonst} \end{cases}$

Abb. 32: Daten und Variablen des Modells **BAS**

Mindestproduktionsmenge der Werkstücke R in einer Periode:

$$\sum_{n \in N_r} x_{rn} \geq q_r \qquad\qquad \forall \, r \in R \qquad\qquad (158)$$

Mengenbeschränkung der Werkstücke R:

$$\sum_{n \in N_r} x_{rn} \leq n_r \qquad\qquad \forall \, r \in R \qquad\qquad (159)$$

Kapazitätsbeschränkungen der Maschinen M:

$$\sum_{r \in R} \sum_{n \in N_r} p_{rnm} \cdot x_{rn} \leq g_m \qquad\qquad \forall \, m \in M \qquad\qquad (160)$$

Werkzeugmagazinbeschränkungen an den Maschinen M:

$$\sum_{r \in R} \sum_{n \in N_r} s_{rnm} \cdot y_{rn} \leq w_m \qquad\qquad \forall \, m \in M \qquad\qquad (161)$$

Wenn der Prozeßplan n eines Werkstücks r mindestens einmal gewählt wurde, dann ist die Binärvariable y_{rn} auf 1 zu setzen (E ist eine große Zahl):

$$x_{rn} \leq E \cdot y_{rn} \qquad\qquad \forall\ r \in R,\ n \in N_r \qquad (162)$$

Binärbedingungen:

$$y_{rn} = \{0,1\} \qquad\qquad \forall\ r \in R,\ n \in N_r \qquad (163)$$

Nichtnegativitätsbedingungen:

$$x_{rn} \geq 0 \qquad\qquad \forall\ r \in R\ n \in N_r \qquad (164)$$

Das genaue Vorgehen des Lösungsverfahrens läßt sich wie folgt beschreiben: In der ersten Stufe wird ausgehend von der letzten Periode L versucht, die Aufträge r der aktuell betrachteten Periode zuzuordnen, deren Fälligkeitstermine d_r in diese Periode fallen. Dazu wird ausschließlich für diese Aufträge das Modell **BAS_I** gelöst.

Modell: BAS_I

Zielfunktion:

$$\max \sum_{r \in R} \sum_{n \in N_r} x_{rn} \qquad\qquad (165)$$

u.B.d.R.:

(159)-(164)

Alle aus Kapazitätsgründen abgelehnten Aufträge und Teilmengen eines Auftrags r werden in die vorhergehende Periode vorverlagert. Dort werden sie erneut zusammen mit den Aufträgen eingeplant, die ihren Fälligkeitstermin in dieser Periode haben. Das geschieht solange, bis alle Aufträge mit einem Fälligkeitstermin einer Periode zugeordnet werden konnten. Hieraus ergeben sich die Mindestproduktionsmengen (Ungleichung (158)) je Periode für die Verfahrensstufe 2. Das beschriebene Vorgehen setzt voraus, daß alle Aufträge r innerhalb ihres Fälligkeitstermines d_r gefertigt werden können. Ist das nicht möglich, dann ist es schwierig, die Aufträge ausfindig zu machen, durch deren Verschiebung in eine spätere Periode eine zulässige Lösung mit geringen Terminüberschreitungen erhalten werden kann. Liegt eine unzulässige Lösung vor, dann ist es nicht sinvoll, alle Perioden um eine Periode in die Zukunft zu verschieben. Sämtliche Aufträge würden dadurch in Terminverzug geraten.

Ausgehend von der ersten Periode wird in der zweiten Lösungsstufe das Modell **BAS_II** periodenweise gelöst. Die Modellparameter resultieren dabei zum einen aus der ersten Planungsstufe und zum anderen aus der zuvor behandelten Periode.

Modell: BAS_II

Zielfunktion:

$$\max \sum_{r \in R} \sum_{n \in N_r} h_{rn} \cdot x_{rn} \qquad\qquad (166)$$

u.B.d.R.:

(158)-(164)

In der Zielfunktion des Modells **BAS_II** wird die Summe der gewichteten Prozeßpläne maximiert. Bastos schlägt eine hohe Gewichtung[330] der Prozeßpläne vor, wenn für dieses Werkstück viele Paletten zur Verfügung stehen, wenn wenig alternative Prozeßpläne existieren, wenn die relative Bearbeitungszeit für diesen Prozeßplan groß ist oder wenn die relative Anzahl zusätzlicher Werkzeuge des Prozeßplans gering ist.

Die Parameter der Werkzeugmagazinrestriktionen (Ungleichungen (161)) werden ebenfalls dynamisch aus der vorhergehenden Planungsstufe angepaßt. Die Magazinkapazität gibt an, wieviele Werkzeuge noch aufgenommen werden können. Der Werkzeugbedarf eines Arbeitsgangs bezeichnet den Zusatzbedarf an Werkzeugen an dieser Maschine. Dadurch wird zwar die Werkzeugähnlichkeit der Arbeitsgänge mit vorhandenen Werkzeugen berücksichtigt, aber die Ähnlichkeit zwischen Arbeitsgängen, die im Verlauf der Modellanwendung zugeordnet werden, bleibt unberücksichtigt.

Eine weiteres Problem besteht darin, daß innerhalb einer Periode keine Umrüstung der Werkzeugmagazine vorgesehen ist. Durch vorzeitiges Greifen der Werkzeugmagazinrestriktion kann es zu einer mangelnden Nutzung der Periodenkapazität kommen. Unter diesen Bedingungen ist eine Minimierung der Zykluszeit in der dritten Verfahrensstufe wenig sinnvoll. Das Verfahren ist daher nur dann angebracht, wenn die Werkzeugmagazinrestriktion die Anzahl der unterschiedlichen Aufträge begrenzt, die genügend großen Losgrößen der zugeteilten Aufträge aber eine Nutzung der Periodenkapazität gewährleisten.

5.4 Zusammenfassende Darstellung der Modelle

In den Tabellen 1 und 2 sind die vorgestellten Modelle der Serienbildung und Systemrüstung zusammengefaßt dargestellt.

---

330   Zur Bestimmung der Gewichte vgl. Bastos (1988), S.235.

Autoren \ Merkmal	Serienbildung	Einlastungsprozeß	Werkzeugmagazine	Formulierung der Bearb.-wahlfreiheit	Werkzeug-belegung	Zielkriterium
Serienbildung						
Stecke, Kim (1988)	nächste Serie	serienweise und kontinuierlich	begrenzt mit gem. Werkzeugnutzung			Min. der gew. Abweichungen von vorgegeb. Maschinenkap.
Tang, Denardo (1988a)	vollständig	kontinuierlich	begrenzt mit gem. Werkzeugnutzung			Minimierung der Werkzeugwechsel
Hwang (1986) Tang, Denardo (1988b)	vollständig	serienweise	begrenzt mit gem. Werkzeugnutzung			Minimierung der Serienzahl
Rajagopalan (1985)	vollständig	serienweise	begrenzt mit gem. Werkzeugnutzung			Minimierung der Zykluszeit
Systemrüstung						
Kusiak (1985a) I			unbegrenzt	Arb./Ma.-Zuordnung	einfach	Minimierung der Maschinen-belegungskosten
DeLuca (1984) Afentakis (1985a)			unbegrenzt	Arb./Ma.-Zuordnung	einfach	Minimierung der Zykluszeit
Kusiak (1985a) II			unbegrenzt	Arb./Ma.-Zuordnung	mehrfach	Minimierung der Maschinen-belegungskosten
Kusiak (1985a) III			begrenzt ohne gem. Werkzeugnutzung	Arb./Ma.-Zuordnung	einfach	Minimierung der Maschinen-belegungs- und Rüstzeiten
Kusiak (1985a) IV			begrenzt ohne gem. Werkzeugnutzung	Arb./Ma.-Zuordnung	mehrfach	Minimierung der Maschinen-belegungskosten
Sarin, Chen (1987)			begrenzt mit gem. Werkzeugnutzung	Arb./Ma.-Zuordnung	einfach	Minimierung der Maschinen-belegungskosten
Stecke (1983) Berrada, Stecke (1986)			begrenzt mit gem. Werkzeugnutzung	Arb./Ma.-Zuordnung	einfach	Minimierung der Zykluszeit und weitere Zielkriterien

Tab. 1: Modelle zur sukzessiven Planung von Serienbildung und Systemrüstung

Autoren \ Merkmal	Serienbildung	Einlastungsprozeß	Werkzeugmagazine	Formulierung der Bearb.-wahlfreiheit	Werkzeug-belegung	Zielkriterium
Serienbildung und Systemrüstung						
Avonts, Wassenhove (1988) Leung, Tanchoco (1986)	nächste Serie	serienweise	unbegrenzt	Arb./Ma.-Zuordnung	mehrfach	Min. von Opportunitätserlösen Gewinnmaximierung
Menga et al. (1984)	nächste Serie	kontinuierlich	unbegrenzt	Arb./Ma.-Zuordnung	mehrfach	Zielkompromiß aus ausgegl. Ma.-bel. und Termineinhalt.
Rajagopalan (1985) I	nächste Serie	serienweise	begrenzt mit gem. Werkzeugnutzung	Arb./Ma.-Zuordnung	mehrfach	Maximierung der gewichteten Produktionsmenge
Shanker, Tzen (1985) Shanker, Srinivasulu (1989)	nächste Serie	serienweise	begrenzt mit gem. Werkzeugnutzung	Arb./Ma.-Zuordnung	einfach	Min. der gew. Abweichungen von vorgegeb. Maschinenkap. Zielkompromiß aus ausgegl. Ma.-bel. und Termineinhal.
Kiran, Tansel (1986)	nächste Serie	serienweise	begrenzt mit gem. Werkzeugnutzung	Arb./Ma.-Zuordnung	einfach	Maximierung der Produktionsmenge
O'Grady, Menon (1984) O'Grady, Menon (1987)	nächste Serie	serienweise	begrenzt mit gem. Werkzeugnutzung	Arb./Ma.-Zuordnung	einfach	Min. der gew. Abweichungen von div. Zielvorgaben
Rajagopalan (1985) II	vollständig	serienweise	begrenzt mit gem. Werkzeugnutzung	Arb./Ma.-Zuordnung	mehrfach	Minimierung der Zykluszeit
Whitney, Gaul (1985)	vollständig	serienweise	begrenzt mit gem. Werkzeugnutzung	Arb./Ma.-Zuordnung	mehrfach	Minimierung der Zykluszeit und Auftragsverspätungszeit
Bastos (1988)	vollständig	serienweise	begrenzt mit gem. Werkzeugnutzung	Prozeßplanwahl	mehrfach	Minimierung der Zykluszeit

Tab. 2: Modelle zur simultanen Planung von Serienbildung und Systemrüstung

6. Formulierung und Lösung eines Modells zur Einlastungsplanung

Die Analyse der Einlastungsplanungsmodelle in der Literatur konnte im wesentlichen zwei Probleme aufzeigen. Zum einen wird der Termineinhaltung der Aufträge zu wenig Beachtung geschenkt. Zum anderen werden zur Lösung der Problemstellungen unzureichende Lösungsverfahren angeboten.

Die Termineinhaltung der Aufträge wird in den Ansätzen von Menga et al., Shanker und Tzen, Whitney und Gaul, Hintz sowie Bastos berücksichtigt[331]. Problematisch bei diesen Ansätzen ist, daß der Fertigstellungstermin eines Auftrags aufgrund der Vernachlässigung der ablaufbedingten Maschinenleerzeiten nur unzulänglich abgeschätzt wird[332]. Eine genaue Ermittlung des Fertigstellungstermins eines Auftrags ist wesentlich, da hierdurch festgestellt wird, inwieweit ein Auftrag seinen Fälligkeitstermin einhalten kann oder in welchem Umfang dieser überschritten wird. Wird in einem Planungsmodell diese Abschätzung unzureichend vorgenommen, dann werden suboptimale Einlastungen induziert. Die in der Literatur vorgeschlagenen Modelle beinhalten daher bezüglich des Fertigstellungstermins der Aufträge einen Wirkungsdefekt[333].

Die möglichst exakte Abschätzung der Zykluszeit eines vorliegenden Auftragsbestands oder der Durchlaufzeit eines Auftrags ist weiterhin für das vorgelagerte Planungssystem von Bedeutung. Durch diese Abschätzung kann vermieden werden, daß geplante und später realisierte Termine voneinander abweichen[334]. Aufgrund dieser Sachverhalte ist es ein wesentliches Anliegen der Arbeit, eine möglichst genaue Abschätzung der Auftragszykluszeit zu erreichen, um diese in das Planungsmodell und den Lösungsalgorithmus einzubeziehen.

Die in der Literatur angebotenen Lösungsverfahren von Einlastungsplanungsmodellen sind zwiespältig. Einerseits werden spezielle exakte Verfahren entwickelt oder die Anwendung von Standardprogrammen zur Lösung von gemischt-ganzzahligen Programmen vorgeschlagen. Die Problematik dieser Verfahren besteht darin, daß ihre Anwendbarkeit auf kleine Problemstellungen beschränkt bleibt. Auf der anderen Seite werden aufgrund der Lösungsdefekte[335] der komplexen Modellformulierungen einfache Sortier- oder Prioritätsverfahren (list scheduling-Verfahren) vorgeschlagen. Diese Verfahren können zwar größere Problemstellungen bewältigen, führen aber häufig zu unbefriedigenden Lösungen. Ein weiteres Anliegen dieser Arbeit ist es daher, ein Lösungsverfahren zu entwickeln, das in akzeptabler Rechenzeit zu relativ guten Lösungen gelangt.

Ein weiterer wesentlicher, sich aus der Literaturanalyse ergebender Kritikpunkt ist, daß die Strukturierung der Planungsproblematik bezüglich einer technischen und/oder organisatorischen Ausgestaltung der Systeme vollkommen vernachlässigt wird. Die vorgestellten

---

331 vgl. Menga, Bruno, Conterno, Dato (1984); Shanker, Tzen (1985); Whitney, Gaul (1985); Hintz (1987), S.130ff, Bastos (1988)

332 Menga et al. berücksichtigen in ihrem Ansatz zwar ablaufbedingte Leerzeiten, jedoch werden diese nicht zur Abschätzung einer möglichen Auftragsterminüberschreitung eingesetzt (vgl. Menga, Bruno, Conterno, Dato (1984)).

333 vgl. Witte (1979), S.80–82; Adam (1983a), S.14–15

334 vgl. Kistner, Switalski (1988)

335 vgl. Witte (1979), S.76–78; Adam (1983a), S.14

Modelle und Lösungsverfahren werden häufig als generell und allgemeingültig dargestellt. Die Anwendbarkeit der Modelle und Lösungsverfahren setzt jedoch i.a. eine bestimmte Problemstruktur voraus. Eine allgemeingültige Abhandlung der Einlastungsplanung scheint nicht möglich.

In Kapitel 4.1 wurde versucht, die Grundstruktur des Aufgabenbereichs der Einlastungsplanung in Abhängigkeit von technischen und organisatorischen Gegebenheiten aufzuzeigen. Welche dieser technischen und organisatorischen Gestaltungsmerkmale eines FFS am erfolgversprechendsten sind, kann nur im produktionswirtschaftlichen Gesamtzusammenhang beantwortet werden und setzt die Kenntnis der Wirkung bestimmter Ausgestaltungsmerkmale auf ein gewähltes Zielkriterium voraus.

Das Ziel dieser Arbeit ist es daher, ein Planungsmodell und ein Lösungsverfahren für einen definierten Typ eines FFS zu entwickeln, um die unter diesen Bedingungen erzielbaren Lösungen aufzuzeigen. Liegen entsprechende Planungskonzeptionen und Lösungsverfahren für alle FFS-Typen vor, dann können unter Berücksichtigung weiterer Einflußgrößen die spezifisch günstigsten Ausgestaltungsmerkmale ermittelt werden. Eine derartige Analyse bleibt weiteren Forschungsarbeiten offen. Im Rahmen dieser Arbeit wird für eine vorgegebene Planungssituation die Problematik der Termineinhaltung und des Lösungsverfahrens bearbeitet.

6.1 Festlegung einer Systemkonstellation

Da nicht alle möglichen Merkmalskonstellationen eines FFS untersucht werden können, wird eine als wesentlich erachtete Systemwelt festgelegt. Als Unterscheidungsmerkmale von FFS wurden in Kapitel 4.1 der Auftragsankunftsprozeß, der Wiederholungsgrad, die Begrenzung der konkurrierenden Aufträge im System, der Einlastungsprozeß und die Art der Maschinen im System definiert.

6.1.1 Auftragsankunftsprozeß und Wiederholungsgrad

Für den Auftragsankunftsprozeß an einem FFS ist i.a. davon auszugehen, daß vor dem System eine Menge an Aufträgen zur Einlastung bereitsteht. Das bedeutet, daß zu jedem Planungszeitpunkt von einem definierten und einzuplanenden Auftragsbestand ausgegangen werden kann. Im Falle eines dynamischen Eintreffens der Aufträge besteht demnach eine quasi statische Situation. Der Unterschied zu einer rein statischen Situation besteht darin, daß die aktuelle Belegung des FFS in den Planungsprozeß einbezogen werden muß. Es kann daher zu Beginn einer Planungssituation von einer Menge R an Aufträgen bzw. Werkstücken r ausgegangen werden, die zur Einlastung bereitstehen.

$$R = \{ 1, \ldots, r, \ldots, R \}, \quad R = |R|$$

Für den Wiederholungsgrad konnte in empirischen Untersuchungen gezeigt werden, daß der Einsatz von FFS vorwiegend im Bereich der Klein- und Mittelserienfertigung zu finden ist[336]. In den untersuchten Anwendungsfällen wiesen etwa die Hälfte der Aufträge eine Losgröße auf, die kleiner als 50 war, während die "Losgröße 1" nur zu einem geringen Anteil angewendet wurde. Im folgenden wird daher angenommen, die Aufträge seien

---

336   vgl. Mertins (1985a), S.43-44; Förster (1988), S.31-32

durch einen bestimmten Werkstücktyp r, eine erforderliche Menge n_r und einen gewünschten Fertigstellungstermin (Fälligkeitstermin) d_r determiniert.

$$r(n_r, d_r) \in R$$

Unter der Voraussetzung eines definierten Auftragsbestands und der Verfolgung der in Kapitel 4.2.5.3 formulierten Zielfunktion, sowohl die Zykluszeit als auch die Verspätungszeit zu minimieren, läßt sich das nachfolgende Minimierungsmodell formulieren.

Modell: ALG

Daten:

d_r : Fälligkeitstermin des Auftrags r
h_1 : Gewichtung der Zykluszeit des gesamten Auftragsbestands R
h_2 : Gewichtung der Terminüberschreitungen des gesamten Auftragsbestands R
n_r : Größe des Auftrags r
R : Menge der vorliegenden Aufträge
α_r : Gewichtung der Terminüberschreitung eines Auftrags r

Variable:

b_r : Startzeitpunkt eines Auftrags r
f_r : Fertigstellungszeitpunkt eines Auftrags r
$X_r(t,\Gamma)$: Ausbringungsmenge von Werkstücken r pro Zeiteinheit in Abhängigkeit von der Zeit t unter den Fertigungsbedingungen Γ
$Z_1(R)$: Zykluszeit der Auftragsmenge R
Z_{2r} : gewichtete Verspätungszeit des Auftrags r

Zielfunktion:

$$\min \quad h_1 \cdot Z_1(R) + h_2 \cdot \sum_{r \in R} Z_{2r} \tag{167}$$

u.B.d.R.

$$Z_1(R) \geq f_r \qquad \qquad \forall\, r \in R \tag{168}$$

$$Z_{2r} = \begin{cases} 0 & , \quad d_r \geq f_r \\ \alpha_r \cdot (f_r - d_r), & d_r < f_r \end{cases} \qquad \forall\, r \in R \tag{169}$$

$$\int_{b_r}^{f_r} X_r(t,\Gamma) \cdot dt \geq n_r \qquad \qquad \forall\, r \in R \tag{170}$$

$$f_r \geq b_r \qquad \qquad \forall\, r \in R \tag{171}$$

$$f_r, b_r \geq 0 \qquad \qquad \forall\, r \in R \tag{172}$$

Die Ungleichungen (168) bestimmen die resultierende Zykluszeit des Auftragsbestands aus dem Fertigstellungszeitpunkt des zuletzt fertiggestellten Auftrags. In den Gleichungen (169) wird bei Überschreitung des Fälligkeitstermins die Zielfunktionsvariable Z_{2r} gesetzt. Die Nebenbedingungen (170) gewährleisten, daß die geforderte Produktionsmenge erfüllt wird. Die Bedingungen (171) und (172) sorgen dafür, daß der Starttermin eines Auftrags nicht vor dessen Fertigstellungstermin liegt und daß keine negativen Termine auftreten. Die Fertigungsbedingung Γ, unter denen ein Auftrag r gefertigt wird, sind z.B. davon abhängig, welche anderen Aufträge parallel bearbeitet werden oder wie das FFS aktuell gerüstet ist.

Diese allgemeine Formulierung der Problemstellung erfüllt noch nicht die Forderung nach einem wohlstrukturierten[337] Entscheidungsmodell. Zum einen kann jeder Auftrag zu einem beliebigen Zeitpunkt begonnen, unterbrochen oder beendet werden. Zum anderen ist die Ausbringungsmenge von Werkstücken pro Zeiteinheit von zahlreichen, ebenfalls variablen Einflußgrößen abhängig, welche noch näher zu spezifizieren sind. Aus den genannten Gründen ist eine weitere Konkretisierung der Modellformulierung (Fertigungsbedingung Γ) vorzunehmen.

6.1.2 Begrenzung der konkurrierenden Aufträge im System, Einlastungsprozeß und Art der Maschinen im System

Es ist i.a. davon auszugehen, daß die Anzahl der konkurrierenden, gleichzeitig im System befindlichen Aufträge begrenzt ist. Ursache dafür sind die begrenzten Werkzeugmagazine, Werkzeuge, Spannelemente oder Maschinenkapazitäten. Diese grundsätzliche Annahme wird im folgenden unterstellt.

Neben der Begrenzung von gleichzeitig im System befindlichen Aufträgen kann es sinnvoll sein, anstehende Aufträge aus technischen, planungstechnischen oder wirtschaftlichen Gründen serienweise abzufertigen. Das bedeutet, die Aufträge in Serien aufzuteilen und unabhängig voneinander zu fertigen (serienweiser Einlastungsprozeß).

a) Technische Gründe

Technische Gründe für die Bildung von Serien liegen dann vor, wenn alle Werkzeugmagazine zum gleichen Zeitpunkt gewechselt werden müssen. Unter dieser Voraussetzung ist es erforderlich einzelne Serien zu bilden, die komplett abgearbeitet werden müssen, bevor nach einer Umrüstungsphase eine neue Serie in das System eingelastet werden kann.

Werden in dem FFS Spannwürfel eingesetzt, dann kann eine Serie bezüglich der dann geltenden speziellen Restriktionen begrenzt werden.

b) Planungstechnische Gründe

Auch aus planungstechnischen Gründen kann die Bildung abgeschlossener Serien erforderlich werden. Werden nach der Abarbeitung von Aufträgen kontinuierlich neue Aufträge in das System geschleust, dann sind zu jedem Entscheidungspunkt die Werkzeuge zu ermitteln, die gegen die jetzt erforderlichen Werkzeuge ausgewechselt werden können. Das bedeutet, daß das Problem entsteht festlegen zu müssen, welche der Werkzeuge zukünftig nicht mehr benötigt werden.

Desweiteren ist bei kontinuierlicher Einlastung der Fertigstellungszeitpunkt eines Auftrags wesentlich schwieriger zu bestimmen, als bei serienweiser Fertigung. Im kontinuierlichen Fall besteht die Problematik, daß die angearbeiteten mit den neu zugeordneten Aufträgen um die begrenzten Fertigungskapazitäten konkurrieren. Die Fertigstellung eines begon-

---

337 vgl. Witte (1979), S.72-75; Adam (1983a), S.13

nenen Auftrags kann dadurch immer weiter in die Zukunft verschoben werden. Ein serienweiser Einlastungsprozeß umgeht dieses Problem durch einen definierten Fertigstellungstermin für alle Aufträge. Um zwischen den aus planungstechnischen Gründen gebildeten Serien unnötige Maschinenleerzeiten zu vermeiden, kann, sobald der Arbeitsvorrat einer Maschine erschöpft ist, mit der Fertigung der neuen Serie begonnen werden. Das bedeutet, daß eine überlappende Fertigung zweier aufeinanderfolgender Serien stattfindet. In einer Konkurrenzsituation zwischen Aufträgen der neuen und der alten Serie ist dann in der Steuerungsphase den Aufträgen der alten Serie eine höhere Priorität einzuräumen.

Weitere Gründe für die Bildung definierter Serien bestehen darin, daß bestimmte Produktionsperioden einzuhalten sind und daß zu Beginn jeder Periode eine Umrüstung des Systems stattfinden soll. Dies kann beispielsweise zu Beginn einer bedienungsarmen (Spätschicht) oder einer bedienungslosen (Nachtschicht) Periode der Fall sein, aber auch dann, wenn zu Beginn einer konventionellen Periode (Frühschicht) eine Serie aufgelegt werden soll, die viele Bedienungseingriffe erfordert (neue Werkstücke, Prototypen, Spezialteile, etc.)[338].

Existieren Rüstteams, die das FFS mit Werkzeugen bestücken, dann kann es zu deren Einsatzplanung sinnvoll sein, die Zeitpunkte zu definieren, an denen die Umrüstung eines Systems auf eine neue Serie erforderlich wird.

c)   Wirtschaftliche Gründe

Eine serienweise Abarbeitung der Aufträge kann relevant werden, obgleich ein zentrales Werkzeugversorgungssystem existiert. Eine serienweise Fertigung vermeidet, daß ein zentrales Werkzeugversorgungssystem in der Lage sein muß, jeder Maschine jedes Werkzeug zu jeder Zeit bereitzustellen. Ferner kann vermieden werden, daß es durch das mehrmalige hin- und hertransportieren der Werkzeuge zwischen den Maschinen zu einer Überlastung des zentralen Werkzeugversorgungssystems kommt[339].

In Anbetracht dieser Überlegungen scheint die Bildung von Serien in der Einlastungsphase auch dann sinnvoll, wenn es aus technischen Gründen nicht unbedingt erforderlich wäre; zumal in der Einsteuerungsphase grundsätzlich die Möglichkeit besteht, für einen kontinuierlichen Übergang zwischen den Serien zu sorgen.

Vor diesem Hintergrund wird im Rahmen dieser Arbeit der serienweise Einlastungsprozeß zum Gegenstand der Untersuchung gewählt. Es wird außerdem angenommen, daß alle Aufträge einer Serie komplett abzuarbeiten sind, bevor nach einem Umrüstungsvorgang eine neue Serie eingelastet wird. Welche der Einlastungsstrategien letztlich unter Einbeziehung aller technischen, planungstechnischen und wirtschaftlichen Einflüsse überlegen ist, kann nur im Einzelfall entschieden werden. Stecke und Kim haben in einer Untersuchung zwar die Vorzüge der auftragsweisen gegenüber der serienweisen Fertigung aufgezeigt[340], die hier angesprochenen Einflüsse jedoch vollständig vernachlässigt.

Nachdem eine serienweise Einlastungsstrategie festgelegt wurde, stellt sich für den Fall eines dynamischen Auftragsankunftsprozesses die Frage, inwieweit aus dem Auftragsbestand nur die nächste Serie bestimmt werden soll (Knapsack-Problem) oder ob der

---

338   vgl. Förster (1988), S.98-100
339   vgl. Hausknecht (1988), S.35
340   vgl. Stecke, Kim (1988), S.26

überlegen ist, kann nur im Einzelfall entschieden werden. Stecke und Kim haben in einer Untersuchung zwar die Vorzüge der auftragsweisen gegenüber der serienweisen Fertigung aufgezeigt[340], die hier angesprochenen Einflüsse jedoch vollständig vernachlässigt.

Nachdem eine serienweise Einlastungsstrategie festgelegt wurde, stellt sich für den Fall eines dynamischen Auftragsankunftsprozesses die Frage, inwieweit aus dem Auftragsbestand nur die nächste Serie bestimmt werden soll (Knapsack-Problem) oder ob der gesamte Auftragsbestand in exhaustive und disjunkte Serien zu unterteilen ist (kapazitiertes Cluster-Problem). Die Bildung mehrerer Serien scheint sinnvoller, da die Auswirkung der in der aktuellen Periode nicht berücksichtigten Aufträge auf spätere Perioden in die Planung einbezogen wird. Offen bleibt allerdings, inwieweit entweder der gesamte Auftragsbestand oder nur ein Teil der bereitgestellten Aufträge zu berücksichtigen ist. Im weiteren Verlauf der Arbeit wird davon ausgegangen, daß zu jedem Planungszeitpunkt der gesamte Auftragsbestand in Serien aufzuteilen ist.

Eine Serie C_1 ist eine nichtleere Teilmenge aus der Auftragsmenge R[341]. Jeder Auftrag r, $r \in R$ besteht wiederum aus mehreren Werkstücken eines Typs, n_r.

$$C_1 \subseteq R = \{1,\ldots,r,\ldots,R\}$$

Alle Aufträge R werden einer der L Serien zugeordnet.

$$C_1 \cup C_2 \cup \ldots \cup C_L = R = \{1,\ldots,r,\ldots,R\}$$

$$C_1 \cap C_j = \emptyset \qquad 1,j=1,\ldots,L; \; 1 \neq j$$

Es wird weiterhin angenommen, daß zwischen den Serien eine konstante Rüstzeit h anfällt, die im Falle eines hauptzeitparallelen Rüstprozesses zu Null werden kann. Die Anzahl der Aufträge, die einer Serie maximal zuordenbar sind, werden durch die Werkzeugmagazinkapazitäten begrenzt.

Werden die zu fertigenden Werkstücke eines Auftrags durch die auszuführenden Arbeitsgänge spezifiziert, und werden die für die einzelnen Arbeitsgänge notwendigen Werkzeuge angegeben, dann läßt sich das im folgenden Abschnitt angeführte wohlstrukturierte Modell formulieren. In diesem Modell soll von dem allgemeinen Fall ausgegangen werden, daß sich das FFS sowohl aus ergänzenden als auch aus ersetzenden Maschinen zusammensetzt. Den Zusammenhang zwischen Auftragsbestand, Serie, Auftrag, Werkstück, Arbeitsgang und Werkzeug zeigt die folgende Abbildung.

---

340 vgl. Stecke, Kim (1988), S.26
341 Die Definition ist an die Clusteranalyse angelehnt. (vgl. Späth (1975), S.33u.35)

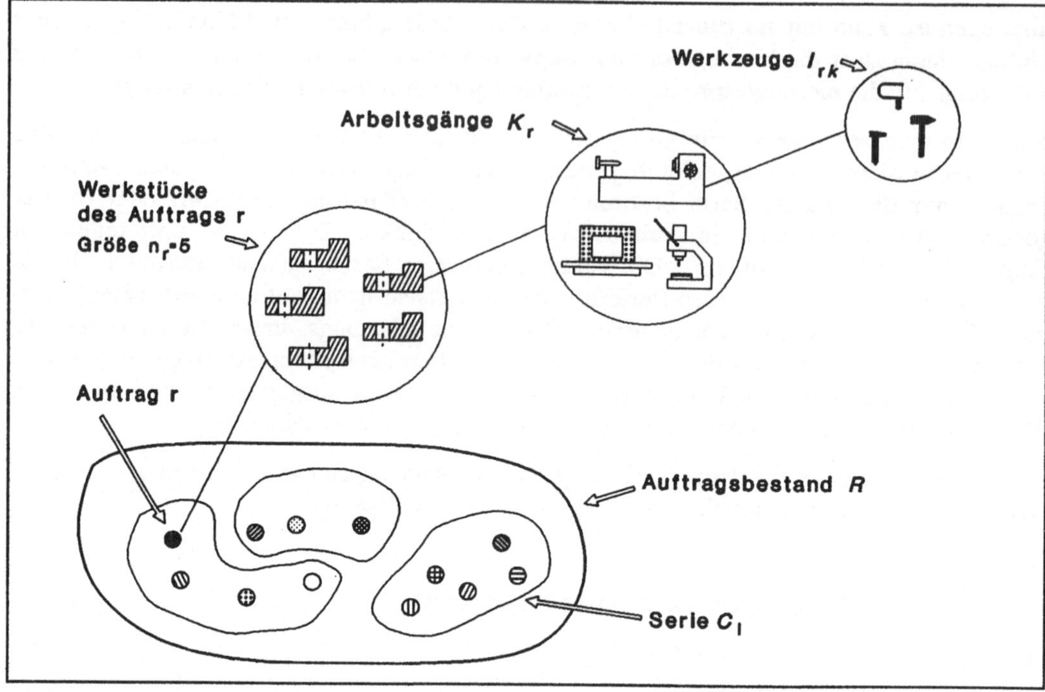

Abb. 33:   Auftragsbestand, Serie, Auftrag, Werkstück, Arbeitsgang und Werkzeug

6.2   Modellformulierung

Zur Formulierung von Zielvorschrift und Nebenbedingungen des Optimierungsmodells werden die folgenden Annahmen getroffen, wobei wir das Problem der Bearbeitungswahlfreiheit eines Werkstücks als Arbeitsgang/Maschinen-Zuordnung modellieren:

Prämissen:

a)   Aufträge:

      aa)   Es liegen $r = 1,2,..,R$ Aufträge vor.

      ab)   Jeder Auftrag beinhaltet n_r Werkstücke eines Typs.

      ac)   Während der Fertigung im FFS ist keine geschlossene Produktweitergabe der Werkstücke eines Auftrags notwendig.

      ad)   Für jeden Auftrag ist ein Fälligkeitstermin d_r vorgegeben[342].

      ae)   Zur Fertigstellung eines Werkstücks sind $k = 1,2,..,K_r$ Arbeitsgänge notwendig.

---

342   Bezüglich der an das FFS anschließenden Fertigungsstufe wird eine geschlossene Produktweitergabe der Werkstücke eines Auftrags unterstellt.

b)   Maschinen:

    ba)   Das FFS besteht aus $m = 1,2,..,M$ ersetzenden und ergänzenden Bearbeitungsmaschinen.

    bb)   Jeder Arbeitsgang k kann auf einer der Maschinen aus der Menge M_k des FFS ausgeführt werden.

    ba)   Jeder Arbeitsgang k erfordert eine maschinenabhängige Bearbeitungszeit von p_{rkm} Zeiteinheiten, $m \in M_k$, $M_k \subseteq \{1,2,..,M\}$.

    bd)   Jeder Arbeitsgang kann gleichzeitig nur von einer Maschine ausgeführt werden. Eine Maschine kann gleichzeitig nur einen Arbeitsgang ausführen. Die Ausführung eines Arbeitsgangs darf nicht unterbrochen werden.[343]

c)   Werkzeuge:

    ca)   Zur Ausführung eines Arbeitsgangs ist eine bestimmte Werkzeugmenge I_{rk} aus der Werkzeugmenge $I = \{1,..,I\}$ an einer der Maschinen M_k bereitzustellen.

    cb)   Ein Werkzeug benötigt s_i Werkzeugaufnahmeplätze in einem Werkzeugmagazin.

    cc)   Jede Maschine verfügt über eine Werkzeugmagazinkapazität von w_m Werkzeugaufnahmeplätzen.

    cd)   Ein Werkzeug kann gleichzeitig nur ein Werkstück bearbeiten. Ein Werkstück kann gleichzeitig von mehreren Werkzeugen bearbeitet werden.[344]

    ce)   Zum Werkzeugwechsel wird die Rüstzeit h benötigt, die von der Anzahl der zu wechselnden Werkzeuge unabhängig ist.

d)   Paletten:

    da)   Der Arbeitsgang k eines Werkstücks erfordert den Palettentyp o aus der Gesamtpalettentypmenge $O = \{1,..,O\}$.

    db)   Die Zahl der Paletten eines Typs ist auf $N_{o(max)}$ Paletten begrenzt.

    dc)   Die Zahl der Paletten im FFS ist auf N_{max} Paletten beschränkt.

    dd)   Jedes Werkstück kann gleichzeitig nur auf einer Palette aufgespannt sein. Auf jeder Palette können gleichzeitig mehrere Werkstücke aufgespannt werden[345].

Aus diesen Prämissen und der in Kap. 4.5.3. entwickelten Zielfunktion läßt sich folgendes Entscheidungsmodell formulieren:

---

343 Da in diesen Modellansätzen die Reihenfolgebedingungen der Arbeitsgänge vernachlässigt werden, gilt diese Prämisse nicht gleichzeitig auch für Werkstücke. Hierdurch wird in der Modellformulierung unterstellt, daß ein Werkstück gleichzeitig von mehreren Maschinen bearbeitet werden kann.

344 Die Verwendung von mehrspindligen Bohrköpfen ermöglicht den parallelen Eingriff von mehreren Werkzeugen an einem Werkstück.

345 Bei einem Spannwürfel werden mehrere Werkstücke auf eine Palette aufgespannt.

Modell: ENL

Daten:

d_r	:	Fälligkeitstermin des Auftrags r
h	:	Rüstzeit zwischen zwei Serien
h_1	:	Gewichtung der Zykluszeit des gesamten Auftragsbestands R, $Z_1(R)$
h_2	:	Gewichtung der Verspätungszeiten des gesamten Auftragsbestands R, Z_2
I	:	Menge der Werkzeuge i
I_{rk}	:	Werkzeugmenge, die vom Arbeitsgang k des Werkstücks r benötigt wird
I_i	:	Anzahl der zur Verfügung stehenden Werkzeuge des Typs i
ip_i	:	Standzeitgrenze des Werkzeugs i
M	:	Menge der Maschinen m
N_{max}	:	Anzahl der zur Verfügung stehenden Systempaletten
$N_{o(max)}$	:	Anzahl der zur Verfügung stehenden Spannelemente bzw. Paletten des Typs o
n_r	:	Anzahl herzustellender Werkstücke für Auftrag r
p_{km}	:	Ausführungszeit des Arbeitsgangs k an der Maschine m
p_{kmi}	:	Eingriffszeit des Werkzeugs i bei Ausführung des Arbeitsgangs k an der Maschine m
R	:	Menge der Aufträge r
s_i	:	Anzahl der Werkzeugplätze, die Werkzeug i beansprucht
s_{ki}	$=$	$\begin{cases} 1 \text{ , wenn Arbeitsgang } k \text{ Werkzeug } i \text{ benötigt} \\ 0 \text{ , sonst} \end{cases}$
w_m	:	Werkzeugmagazinkapazität der Maschine m
α_r	:	Gewichtungsfaktor der Terminüberschreitung des Auftrags r; $\alpha_r \geq 0$

Variable:

C_l	:	Menge der Aufträge r in Serie l
$f(C_l)$	:	Fertigstellungszeitpunkt des letzten Auftrags der Serie l
L	:	Anzahl der Serien C_l
o_{iml}	:	Anzahl benötigter Werkzeuge des Typs i an der Maschine m in Serie l
$P_l(.)$	:	Verteilung der Palettentypen im System in Serie l
v_{kml}	$=$	$\begin{cases} 1 \text{ , wenn Arbeitsgang } k \text{ der Maschine } m \text{ in Serie } l \text{ zugeordnet wird} \\ 0 \text{ , sonst} \end{cases}$
x_{rl}	$=$	$\begin{cases} 1 \text{ , wenn Auftrag } r \text{ in Serie } l \text{ gefertigt wird} \\ 0 \text{ , sonst} \end{cases}$
y_{iml}	$=$	$\begin{cases} 1 \text{ , wenn Werkzeug } i \text{ der Maschine } m \text{ in Serie } l \text{ zugeordnet wird} \\ 0 \text{ , sonst} \end{cases}$
$Z_1(C_l)$	:	Zykluszeit der Serie l
Z_{2r}	:	Verspätungszeit des Auftrags r

Zielfunktion:

$$\min \quad h_1 \cdot \sum_{l \in L} [\, Z_1(C_l) + h\,] \;+\; h_2 \cdot \sum_{r \in R} Z_{2r} \tag{173}$$

u.B.d.R.

Die Zykluszeit zur Fertigung der Aufträge C_l ist abhängig von der Bearbeitungszeit p_{km}, der Losgröße n_r, der Arbeitsgangzuordnung zu den Maschinen ($v_{kml} \,|\, v_{kml} = 1$) sowie der Palettenverteilung im System $P_l(.)$. Eine mögliche Palettenverteilung wird von den zur Verfügung stehenden Spannelementen bzw. Palettentypen $N_{o(max)}$ und der Anzahl Systempaletten N_{max} begrenzt:

$$Z_1(C_l) \geq f(p_{km},\, n_r,\, v_{kml} \,|\, v_{kml} = 1,\, P_l(.),\, \forall\ r \in R,\ k \in K_r,\ m \in M) \qquad \forall\ l \in L \tag{174}$$

Jeder Auftrag r ist genau einer Serie zuzuordnen:

$$\sum_{l \in L} x_{rl} = 1 \qquad\qquad \forall\ r \in R \qquad\qquad (175)$$

Wenn Auftrag r einer Serie l zugewiesen wird, dann sind auch die erforderlichen Arbeitsgänge k den Maschinen m, $m \in M_k$ zuzuordnen, wobei jeder Arbeitsgang k genau einer Maschine zugeordnet wird:

$$\sum_{m \in M_k} v_{kml} = x_{rl} \qquad\qquad \forall\ r \in R,\ k \in K_r,\ l \in L \qquad (176)$$

Wenn Arbeitsgang k der Maschine m, $m \in M_k$ zugewiesen wird, dann sind auch die benötigten Werkzeuge an der Maschine m bereitzustellen (E ist eine große Zahl).

$$\sum_{r \in R} \sum_{k \in K_r} s_{ki} \cdot v_{kml} \leq E \cdot y_{iml} \qquad\qquad \forall\ i \in I,\ m \in M,\ l \in L \qquad (177)$$

Werkzeugmagazinbeschränkungen der Maschinen M:

$$\sum_{i \in I} s_i \cdot y_{iml} \leq w_m \qquad\qquad \forall\ m \in M,\ l \in L \qquad (178)$$

Fertigstellungstermin der Serie l:

$$f(c_l) = z_1(c_l) \qquad\qquad\qquad\qquad (179)$$

$$f(c_l) = f(c_{l-1}) + z_1(c_l) + h \qquad\qquad l=2,\ldots,L \qquad (180)$$

Gewichtete Terminüberschreitung der Aufträge R:

$$z_{2r} = \begin{Bmatrix} 0 & ,\ d_r \geq f(c_l) \\ \alpha_r \cdot (f(c_l) - d_r), & d_r < f(c_l) \end{Bmatrix} \qquad\qquad \forall\ r \in C_l,\ l \in L \qquad (181)$$

Binär- und Nichtnegativitätsbedingungen:

$$x_{rl} = \{0,1\} \qquad\qquad \forall\ r \in R,\ l \in L \qquad (182)$$

$$v_{kml} = \{0,1\} \qquad\qquad \forall\ k \in K,\ m \in M,\ l \in L \qquad (183)$$

$$y_{iml} = \{0,1\} \qquad\qquad \forall\ i \in I,\ m \in M,\ l \in L \qquad (184)$$

$$z_1(c_l) \geq 0 \qquad\qquad \forall\ l \in L \qquad (185)$$

$$R \geq L \geq 0 \qquad\qquad\qquad (186)^{346}$$

In der vorgestellten Modellformulierung **ENL** wird unterstellt, daß jeder Arbeitsgang genau einer Maschine zuzuordnen ist. Soll aus Flexibilitäts- oder Kapazitätsgründen die Möglichkeit bestehen, einen Arbeitsgang an mehreren Maschinen auszuführen (mehrfache Werkzeugbelegung), so sind die Gleichungen (176) durch die Ungleichungen (187) zu ersetzen.

$$1 \leq \sum_{m \in M_k} v_{kml} \leq n_r \cdot x_{rl} \qquad\qquad \forall\ r \in R,\ k \in K_r,\ l \in L \qquad (187)$$

In der Modellformulierung **ENL** wird weiterhin unterstellt, daß die Werkzeuge in unbegrenzter Zahl vorhanden sind und daß keine Standzeitbegrenzung der Werkzeuge

---

346 Wird eine Serienzahl von L=R vorgegeben, dann kann auf eine variable Serienzahl verzichtet werden. Unter diesen Bedingungen wäre die Zielfunktion verändert zu formulieren.

besteht[347]. Sollen die Begrenzungen der Werkzeuge berücksichtigt werden, dann lassen sich die folgenden Werkzeugannahmen aufstellen:

cf)   Es sind I_i Werkzeuge eines Typs i vorhanden.

cg)   Jeder Arbeitsgang eines Werkstücks erfordert an der Maschine m eine Einsatzdauer eines Werkzeugs von p_{kmi} Zeiteinheiten.

ch)   Die Standzeitgrenze der Werkzeuge beträgt ip_i Zeiteinheiten.

Unter Beachtung dieser Annahmen wären in dem Modell **ENL** die Nebenbedingungen (178) durch die Nebenbedingungen (188) zu ersetzen und die Nebenbedingungen (189), (190) sowie (191) einzuführen.

Werkzeugmagazinbeschränkungen der Maschinen *M*:

$$\sum_{i \in I} s_i \cdot y_{iml} \cdot o_{iml} \leq w_m \qquad\qquad \forall\ m \in M,\ l \in L \qquad (188)$$

Begrenzung der vorhandenen Werkzeuge *I*:

$$\sum_{m \in M} o_{iml} \leq I_i \qquad\qquad \forall\ l \in L,\ i \in I \qquad (189)$$

Standzeitgrenze der Werkzeuge *I*:

$$v_{kml} \cdot p_{kml} \leq ip_i \cdot o_{iml} \qquad\qquad \forall\ r \in R,\ k \in K_r,\ m \in M,\ i \in I \quad (190)$$

Ganzzahligkeitsbedingungen:

$$o_{iml} \geq 0 \text{ und ganzzahlig} \qquad\qquad \forall\ i \in I,\ l \in L,\ m \in M \qquad (191)$$

Diese Modellerweiterung wird zunächst außer acht gelassen. Im weiteren Verlauf der Arbeit wird jedoch gezeigt, daß diese Werkzeugrestriktionen in dem entwickelten Lösungsverfahren grundsätzlich berücksichtigt werden können. Gänzlich unberücksichtigt bleibt aber, daß die Werkzeuge eines Typs nach dem Ablauf ihrer Standzeit zunächst aufzuarbeiten sind, bevor ein erneuter Einsatz erfolgen kann.

Darüber hinaus besteht die Möglichkeit, Bereitstellungstermine der Einsatzfaktoren zu berücksichtigen. Dies soll aus Übersichtsgründen unterbleiben.

Im weiteren Verlauf der Untersuchung werden die Gewichte der Zielfunktionskomponenten wie folgt gewählt: $h_1 = 1$, $h_2 = 1$ und $\alpha_r = 1$, $\forall\ r \in R$. Die relative Lösungsgüte des in dieser Arbeit entwickelten Planungsverfahrens zu anderen Verfahren ist von der gewählten Gewichtung unabhängig. Das zu verfolgende Zielkriterium lautet dann:

$$Z = \sum_{l \in L} [\ z_1(c_l) + h\ ] + \sum_{r \in R} z_{2r} \qquad\qquad (192)$$

6.3 Entwicklung eines Lösungsverfahrens

6.3.1 Problemkomplexität

Zur Auswahl eines geeigneten Lösungsverfahrens ist es wesentlich, die Komplexität der betrachteten Problemstellung zu analysieren.

---

347 Hiermit wird der Werkzeugverschleiß vernachlässigt.

Liegt ein NP-vollständiges (nondeterministic-polynomial-time-complete) Entscheidungsproblem vor, dann ist es unwahrscheinlich, daß zu dessen Lösung ein exakter Algorithmus mit polynomialem Zeitverhalten existiert. Alle bisher bekannten Algorithmen zur Lösung von NP-vollständigen Problemen beanspruchen eine mit der Problemgröße exponentiell wachsende Zahl an Rechenschritten. Die exakte Lösung eines NP-vollständigen Problems ist daher mit ökonomisch vertretbarem Rechenaufwand nicht möglich. NP-schwierige Probleme erweisen sich als ebenso kompliziert wie NP-vollständige Probleme[348].

Um nachweisen zu können, daß das vorliegende Optimierungsproblem ENL NP-schwierig ist, ist zu zeigen, daß das zugehörige Entscheidungsproblem ENL(L) NP-vollständig ist. Das Entscheidungsproblem ENL(L) ist genau dann NP-vollständig, wenn ENL(L)$\in$NP und wenn ein NP-vollständiges Problem P existiert, das auf das Problem ENL(L) polynomial reduzierbar ist[349]. Ein als NP-vollständiges bekanntes Problem ist das Bin-Packing-Problem[350].

Satz: Das Entscheidungsproblem ENL(L) ist NP-vollständig.

Beweis: ENL(L)$\in$NP, da ein nichtdeterministischer Algorithmus für eine beliebig vorgegebene Lösung in polynomialer Zeit feststellen kann, ob eine zulässige Lösung mit einem Zielfunktionswert kleiner oder gleich L vorliegt.

Um das Bin-Packing-Problem auf das Problem ENL(L) zu reduzieren, wird das Entscheidungsproblem ENL(L) betrachtet mit:

- Es existiert genau eine Maschine

  $M = 1,$

- kein Werkzeug wird von mehr als einem Arbeitsgang benötigt

  $I_{km} \cap I_{lm} = \{\} \quad \forall \ k,l \in K, \ m \in M; \ k \neq l,$

- alle Fälligkeitstermine liegen ausreichend weit in der Zukunft

  $d_r = \infty \quad \forall \ r \in R$

Unter diesen Bedingungen läßt sich das folgende Bin-Packing-Problem (BPP) formulieren.

Modell: BPP

```
C₁    :   Menge der Aufträge in Serie l
Iᵣ    :   Anzahl Werkzeuge, die von Auftrag r benötigt wird
w     :   Werkzeugmagazinkapazität der Maschine
```

Zielfunktion:

$$\min \ L \tag{193}$$

---

348 Zu den Begriffen NP-vollständig und NP-schwierig vgl. Garey, Johnson (1979), S.13ff; Horowitz, Sahni (1981), S.611ff; Brucker (1981), S.25ff.

349 vgl. Garey, Johnson (1979), S.45, Brucker (1981), S.53

350 vgl. Garey, Johnson (1979), S.226

u.B.d.R.:

$$C_1 \cup C_2 \cup \ldots \cup C_l \cup \ldots \cup C_L = R \tag{194}$$

$$\sum_{r \in C_l} l_r \leq w \qquad\qquad l=1\ldots L \tag{195}$$

Das Entscheidungsproblem **ENL(L)** ist genau dann lösbar, wenn das Problem **BPP(L)** lösbar ist. **q.e.d.**[351]

Das Optimierungsproblem **ENL** stellt sich somit als NP-schwierig dar.

Betrachtet man obige Problemstellung unter Aufhebung der Bedingung, daß jedes Werkzeug nur von einem Arbeitsgang benötigt wird, so läßt sich das Problem in das Set-Partitioning-Problem bzw. Set-Covering-Problem überführen[352]. Neben der Tatsache, daß beide Probleme NP-vollständig sind[353], besteht in diesem Fall zusätzlich die Schwierigkeit alle möglichen Teilmengen bestimmen zu müssen, die sich aus der Auftragsmenge R bilden lassen. Die Anzahl der möglichen Teilmengen TM läßt sich wie folgt angeben[354]:

$$TM = \sum_{r \in R} \begin{bmatrix} R \\ r \end{bmatrix} = 2^R - 1 \tag{196}$$

Für 10 Aufträge wären 1.023 und für 20 Aufträge bereits 1.048.575 Teilmengen zu bilden.

Aufgrund der Komplexität der formulierten Problemstellung (Lösungsdefekt) sind für realistische Problemgrößen nur heuristische Methoden anwendbar[355]. Diese werden im folgenden diskutiert.

6.3.2 Heuristische Methoden

Heuristische Methoden werden eingesetzt, um den Rechenaufwand und/oder die zu verarbeitende Datenmenge komplexer Problemstellungen zu reduzieren. Generelle heuristische Methoden schlecht lösbarer Probleme[356] sind die Modelldekomposition, die Modellmanipulation und der Einsatz heuristischer Verfahren (Abb. 34).

---

351 Im weiteren Verlauf der Arbeit wird zum Beweis der NP-Vollständigkeit nur noch die Reduzierbarkeit eines als NP-vollständig bekannten Problems auf die untersuchte Problemstellung gezeigt.

352 vgl. Tang, Denardo (1988b), S.779; Hwang, Shogan (1989), S.1353

353 vgl. Garey, Johnson (1979), S.221-222

354 vgl. Ohse (1983), S.55

355 vgl. Brucker (1981), S.56

356 Zu heuristischen Methoden für schlecht-repräsentierbare bzw. schlecht-definierte Entscheidungsprobleme vgl. Kruschwitz, Fischer (1981), S.451.

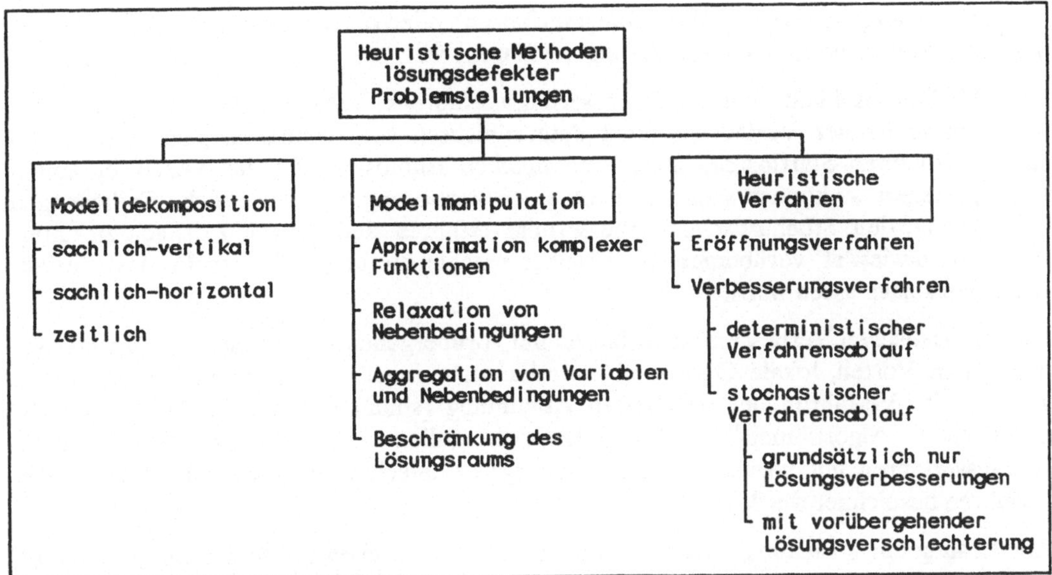

Abb. 34: Heuristische Methoden

a)   Modelldekomposition

Die Modelldekomposition[357] zerlegt die ursprüngliche Problemstellung in Teilprobleme, welche dann sukzessive gelöst werden. Unter Umständen sind in der vorgelagerten Planungsstufe Annahmen über die Ergebnisse der nachgelagerten Stufe vorzunehmen. Dadurch kann es zu suboptimalen oder unzulässigen Lösungen kommen. Die Zerlegung der Problemstellung kann sachlich-vertikal, sachlich-horizontal oder zeitlich erfolgen[358]. Klassisches Beispiel einer sachlich-vertikalen Problemzerlegung ist die Trennung der Losgrößen- und der Ablaufplanung innerhalb der Produktionsplanung.

b)   Modellmanipulation

Das Prinzip der Modellmanipulation verändert ein bestehendes Modell bewußt, um es anschließend leichter lösen zu können. Beispiele für dieses Prinzip sind[359]: Die Approximation komplexer Funktionen (z.B. die Überführung von einer nichlinearen in eine lineare Funktion), die Relaxation von Nebenbedingungen, die Aggregation von Variablen und Nebenbedingungen sowie die Beschränkung des Lösungsraums.

c)   Heuristische Verfahren

Im Gegensatz zu den ersten beiden Prinzipien wird in heuristischen Verfahren die ursprüngliche Modellformulierung nicht verändert. Durch eine ziel- und problemspezifische Vorgehensweise wird versucht, eine nahe dem Optimum liegende Lösung zu finden. Die Verfahren als solche lassen sich danach unterscheiden (Abb. 34), ob sie eine erste

---

357   vgl. Hagelschuer (1971)
358   vgl. Fischer (1981), S.228; Zäpfel, Gfrerer (1984), S.235; Rieper (1985), S.775
359   vgl. Silver, Vidal, Werra (1980), S.158; Zimmermann (1987), S.248

zulässige Lösung generieren (Eröffnungsverfahren) oder ob sie versuchen, eine zulässige Startlösung zu verbessern (Verbesserungsverfahren)[360].

Der Verfahrensablauf eines Verbesserungsverfahrens erfolgt deterministisch oder stochastisch. Ist der Verfahrensablauf deterministisch vorgegeben, so gelangt man von einer bestimmten Startlösung immer zur gleichen Endlösung. Ist der Verfahrensablauf zufallsgesteuert, so können ausgehend von einer Startlösung unterschiedliche Endlösungen gefunden werden. Stochastische Verbesserungsverfahren sind weiterhin danach zu unterscheiden, inwieweit vorübergehend Lösungsverschlechterungen innerhalb des Verfahrensablaufs zugelassen werden[361].

Die stochastischen Verbesserungsverfahren mit vorübergehender Lösungsverschlechterung haben den Vorteil, lokale Optima überwinden zu können. Zu dieser Verfahrensgruppe gehören die Verfahren der simulierten Abkühlung (simulated annealing)[362] sowie die genetischen Algorithmen[363]. Im folgenden sollen die stochastischen Verbesserungsverfahren mit vorübergehender Lösungsverschlechterung als stochastische Suchverfahren bezeichnet werden.

Zur Lösung eines Planungsproblems können die heuristischen Methoden auch in kombinierter Form eingesetzt werden. Beispielsweise findet im Konzept der hierarchischen Produktionsplanung sowohl das Prinzip der Modelldekompositon als auch das Prinzip der Modellmanipulation (Aggregation) Anwendung[364].

Zur Lösung der vorgestellten Modellformulierung werden im folgenden alle drei heuristischen Methoden eingesetzt. Da die exakte Bestimmung der Zykluszeit einer Serie zu aufwendig ist, wird in Abschnitt 6.4 versucht, eine möglichst gute Approximation zu finden (Modellmanipulation). Weiterhin wird zur Lösungsvereinfachung die gesamte Problemstellung sachlich-vertikal und sachlich-horizontal zerlegt (Modelldekomposition). Da selbst die hieraus entstehenden Teilprobleme noch NP-schwierig sind, werden heuristische Verfahren zu deren Lösung eingesetzt.

6.3.3 Lösungsverfahren

Zur Entwicklung eines Lösungsverfahrens wird das Modell ENL zunächst in einfacher lösbare Teilprobleme dekomponiert. Darauf aufbauend wird ein Gesamtlösungsverfahren entwickelt, in das die Teilprobleme eingebunden werden.

Eine Zerlegung der Problemstellung ENL kann ausgehend von den festzulegenden Entscheidungsvariablen erfolgen. Die in der Problemformulierung zu bestimmenden Variablen sind die Serienzahl L, die Zuordnung der Aufträge zu den einzelnen Serien x_{rl}, die Zuordnung der Arbeitsgänge zu den Maschinen v_{kml} und die Verteilung der Paletten im System $P_l(.)$. Zur Ermittlung von jeder dieser Entscheidungsvariablen läßt sich ein separates Teilproblem formulieren. Ein sinnvolles Vorgehen in einem sukzessiven Lösungsan-

---

360 vgl. Streim (1975); Silver, Vidal, Werra (1980), S.158-159; Müller-Merbach (1981); Domschke (1985b), S.14-16
361 vgl. Drexl (1989), S.55
362 vgl. Laarhoven, Aarts (1987); Drexl (1988)
363 vgl. Goldberg (1989); In der allgemeinsten Formulierung enthalten die genetischen Algorithmen das simulated annealing-Verfahren als Spezialfall (vgl. Hartl, Petritsch (1989), S.6).
364 vgl. Rieper (1985), Switalski (1988)

satz wäre wie folgt: In der ersten Stufe wird die Serienzahl L bestimmt, in die die Aufträge R zu partitionieren sind. Anschließend ist die optimale disjunkte Zerlegung der R Aufträge in diese L Serien zu ermitteln. Für jede Auftragsserie erfolgt unabhängig eine Zuordnung der auszuführenden Arbeitsgänge zu den ersetzenden Maschinen. Ist die Arbeitsgang/-Maschinen-Zuordnung bekannt, dann kann im letzten Schritt eine optimale Verteilung der Paletten bzw. Spannelemente im System bestimmt werden (s. Abb. 35).

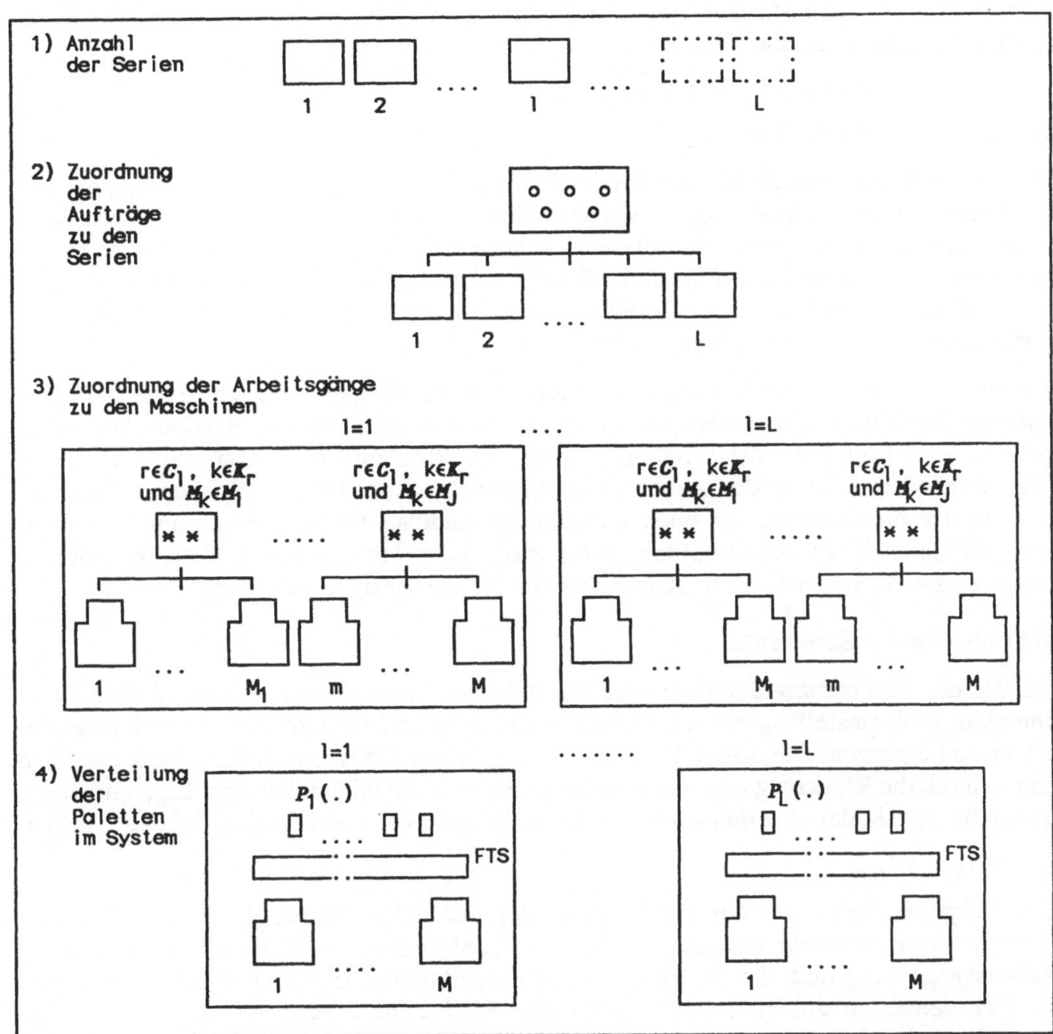

Abb. 35: Teilprobleme der Problemstellung ENL

Lassen sich die Maschinen M bezüglich der auszuführenden Arbeitsgänge K in disjunkte Maschinengruppen J unterteilen, dann kann das Zuordnungsproblem der Arbeitsgänge zu den ersetzenden Maschinen sachlich-horizontal dekomponiert werden, ohne die Optimalität für das Gesamtproblem zu verlieren. Hierzu muß folgende Situation vorliegen:

Die Vereinigungsmenge aller Maschinengruppen M_j entspricht der Maschinenmenge M:

$$\bigcup_{j \in J} M_j = M$$

Die Schnittmenge zweier Maschinengruppen M_i und M_j ist eine leere Menge:

$$M_i \cap M_j = \emptyset \quad \forall \; i, j \in J, \; i \neq j$$

Es besteht genau eine Maschinengruppe M_j, von der die Menge der möglichen Maschinen eines Arbeitsgangs M_k eine Teilmenge ist:

$$M_k \subseteq M_j \qquad \forall \; k \in K \; \text{und ein} \; j \in J \; \text{und}$$

$$M_k \cap M_i = \emptyset \qquad \forall \; k \in K, \; i \in J, \; i \neq j$$

Es ist unmittelbar einsichtig, daß durch ein sukzessives Vorgehen die Lösungsgüte eingeschränkt werden kann, da zwischen den einzelnen Teilproblemen erhebliche Interdependenzen bestehen. Aus diesem Grund ist bei der Lösung der jeweiligen Teilprobleme zu versuchen, die Interdependenzen zu nachgelagerten Planungsstufen so weit wie möglich zu berücksichtigen. Grundsätzlich ist zu gewährleisten, daß in einer nachgelagerten Stufe eine zulässige Lösung gefunden werden kann.

Wollte man eine optimale Lösung bestimmen, so müßte für jede mögliche Serienzahl eine optimale Partition bestimmt werden. Die Ermittlung einer optimalen Partition bei vorgegebener Serienzahl setzt die simultane Lösung der Probleme zwei, drei und vier voraus. Erst nach einer Lösung der Arbeitsgang/Maschinen- bzw. Paletten/Spannmittel-Zuordnung ist der Zielfunktionswert einer Partition bestimmbar. Dazu ist wiederum Voraussetzung, daß jedes Teilproblem optimal gelöst wird. Jedes Teilproblem ist aber, wie noch zu zeigen sein wird, schon für sich allein betrachtet NP-schwierig (s. Kap. 6.5).

a) Festlegung der Serienzahl:

Da sich die Bestimmung der optimalen Partition bei vorgegebener Serienzahl als äußerst komplexe Problemstellung erweist, ist es sinnvoll, die Anzahl der zu überprüfenden Serienzahlen zu begrenzen. Die optimale Serienzahl L_{opt} eines Planungsproblems kann zwischen einer, durch die Werkzeugmagazinkapazitäten begrenzten, minimalen Zahl L_{min} und einer, durch die Anzahl der einzuplanenden Aufträge R begrenzten, maximalen Zahl L_{max} liegen.

$$L_{min} \leq L_{opt} \leq L_{max} = R$$

Zur Vorgehensweise bei der Bestimmung der optimalen Serienzahl können folgende Überlegungen angestellt werden: Ist die Serienzahl gering, so ist zu vermuten, daß die Arbeitsgänge aufgrund der Werkzeugmagazinrestriktionen den Maschinen zuzuordnen sind, an denen ein großer Teil der benötigten Werkzeuge bereits vorhanden ist. Dieses Vorgehen kann sich konträr zu einem möglichen Kapazitätsabgleich zwischen den Maschinen verhalten. Weiterhin ist anzunehmen, daß in dieser Situation die Termineinhaltung der Aufträge erschwert wird. Die Vergrößerung der Serienzahl würde demnach sowohl einen Kapazitätsabgleich zwischen den Maschinen als auch eine Termineinhaltung der Aufträge günstig beeinflussen.

Diesen positiven Effekten einer vergrößerten Serienzahl würde entgegenstehen, daß mit zunehmender Serienzahl die Anzahl der notwendigen Rüstvorgänge zwischen den Serien steigt. Dadurch wird die Zykluszeit und eventuell die Termineinhaltung verschlechtert.

Auch für den Fall eines hauptzeitparallelen Umrüstungsprozesses ist zu vermuten, daß dieser Sachverhalt bestehen bleibt. Die mit zunehmender Serienzahl verbundene Abnahme an unterschiedlichen Aufträgen pro Serie führt zu einem erschwerten Kapazitätsabgleich und somit zu einer verlängerten Zykluszeit[365].

Grundsätzlich ist bei zunehmender Serienzahl mit einem vergrößerten Werkzeugbedarf zu rechnen. In dieser Situation ist eine Arbeitsgang/Maschinen-Zuordnung nicht mehr zwingend nach dem Kriterium ähnlicher Werkzeuge erforderlich. Die Berücksichtigung dieses Zielkriteriums wurde zwar innerhalb der Modellformulierung explizit ausgeschlossen, implizit könnte aber durch die Verfolgung einer möglichst kleinen Serienzahl der Bedarf an Werkzeugen positiv beeinflußt werden.

Eine optimale bzw. gute Serienzahl läßt sich daher dann erzielen, wenn diese ausgehend von einer minimal möglichen Zahl sukzessive erhöht wird. Ein Optimum ist erreicht, wenn der Zielfunktionswert durch eine Vergrößerung der Serienzahl nicht mehr verbessert werden kann. Ab dieser Zahl wird angenommen, daß mit jeder weiteren Erhöhung der Serienzahl eine Verschlechterung des Zielfunktionswertes eintritt. Grundsätzlich stellt diese Lösung nur ein Suboptimum dar. Der Suchprozeß wird an diesem Punkt abgebrochen, um den Lösungsaufwand zu begrenzen und um dem Werkzeugkriterium Rechnung zu tragen. Die hier aufgestellten Hypothesen über den Verlauf der Zielkriterien in Abhängigkeit von der Serienzahl wird an einem Beispiel verdeutlicht (s. Abb. 36). Für andere Datenkonstellationen ergaben sich ähnliche Ergebnisse.

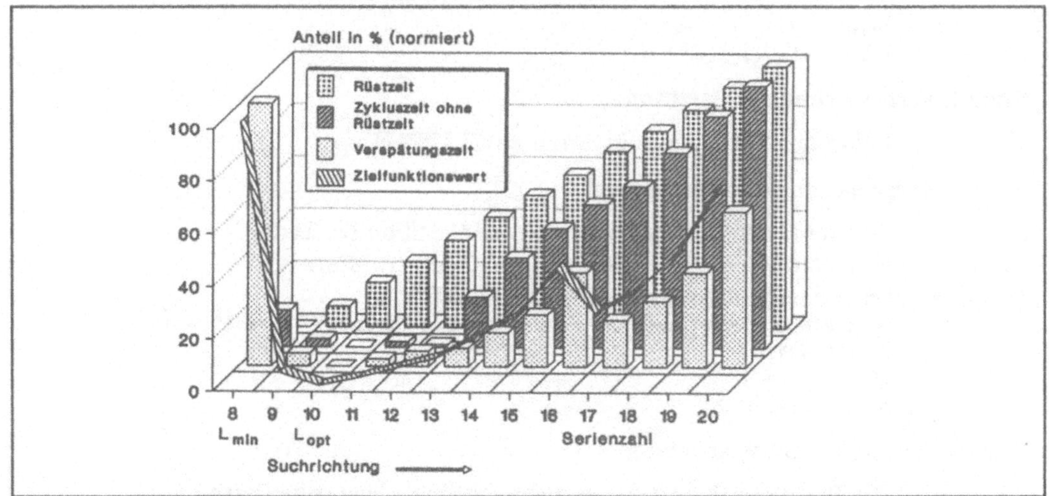

Abb. 36: Zielfunktionskriterien in Abhängigkeit von der Serienzahl

b) Zuordnung der Aufträge zu den Serien (CLUST)

Um eine optimale Partitionierung der Aufträge in eine vorgegebene Serienzahl vornehmen zu können, wird ein clusteranalytisches Suchverfahren eingesetzt. Die Aufträge einer Anfangspartition werden solange sukzessive verschoben oder ausgetauscht, bis ein Abbruchkriterium erfüllt wird. Während des Verfahrens ist darauf zu achten, daß die

---

365 s. Kap. 3.4

Zulässigkeit des nachfolgenden Planungsproblems gewährleistet werden kann. Eine genaue Darstellung der Vorgehensweise erfolgt in Kap. 6.5.2.

b) Zuordnung der Arbeitsgänge zu den ersetzenden Maschinen (SYSR)

Zur Lösung der Arbeitsgang/Maschinen-Zuordnung wird ebenfalls ein heuristisches Verfahren eingesetzt. Dieses Verfahren verwendet zur Erzeugung von Alternativen ein parametrisiertes verallgemeinertes Zuordnungsproblem (s. Kap. 6.5.3).

c) Bestimmung der Palettenverteilung

Die Bestimmung der Palettenverteilung unterbleibt in dieser Arbeit. Es soll innerhalb der quantitativen Untersuchung generell davon ausgegangen werden, daß in dem FFS Universalpaletten zirkulieren. Für Universalpaletten entfällt die Montage werkstückspezifischer Spannvorrichtungen auf die Paletten, wodurch sich das Problem erübrigt, eine optimale Verteilung der gleichzeitig im System zirkulierenden werkstückspezifischen Paletten zu bestimmen.

Die Gesamtkonzeption des vorgeschlagenen Verfahrens zur Lösung der Modellformulierung **ENL** ist in Abbildung 37 dargestellt.

Stufe 1: Bestimmung der Ausgangspartition

a) Bestimme mit dem Verfahren **CLMIN** (Kap. 6.5.1) eine Anfangspartition
$$L_{min}: \; C_l, \; l=1,\ldots,L_{min}$$

b) $k=1, \; L^k=L_{min}, \; Z(C^k)=\infty$

Stufe 2: Verbesserung der Partition

a) Führe das Verbesserungsverfahren **CLUST** (Kap. 6.5.2) durch.

Stufe 3: Vergrößerung der Klassenzahl

a) Bestimme den Zielfunktionswert der Partition C^k, $Z(C^k)$

b) wenn: $Z(C^{k-1}) \leq Z(C^k)$ oder $L^k = R-1$, gehe zu Stufe 4

c) Wähle einen Auftrag r, $r \in C^k_l \,|\, C^k_l > 1$, $l \in L^k$
Verschiebe diesen Auftrag r in eine neue Serie C^{k+1}_i, $i = L^k + 1$
$k = k + 1$
$L^k = L^{k-1} + 1$
gehe zu Stufe 2

Stufe 4: Lösung der Systemrüstung

a) Die Partition C^{k-1} ist die gesuchte optimale bzw. gute Partition

b) Bestimme für jede Serie C^{k-1}_l, $l = 1,..,L^{k-1}$ eine optimale bzw. gute Systemrüstung mit dem Verfahren **SYSR** (Kap. 6.5.3).

Stufe 5: Stopp

Abb. 37: Verfahrensablauf **ENL**

6.4 Abschätzung der Zykluszeit

Die Nebenbedingung

$$Z_1(C_1) \geq f(p_{km}, n_r, v_{kml} | v_{kml}=1, P_1(.), \forall r \in R, k \in K_r, m \in M) \qquad \forall l \in L \tag{174}$$

des Modells **ENL** legt die benötigte Zykluszeit einer Serie C_1 fest. Eine möglichst genaue Abschätzung dieser Zykluszeit ist notwendig, um die Termineinhaltung der einzelnen Aufträge und damit den Zielfunktionswert einer Einlastungsalternative bestimmen zu können. Ein Ansatz zur Lösung dieser Problemstellung wird im folgenden vorgeschlagen.

Die Zykluszeit einer Serie C_1 wird in den Modellen der Einlastungsplanung i.a. durch die Belegungszeit der Engpaßmaschine abgeschätzt:

$$Z_1(C_1) = \max_{m \in M} \left[\sum_{r \in R} \sum_{k \in K_r} n_r \cdot p_{km} \cdot v_{kml} \right] \qquad \forall l \in L \tag{197}$$

Mit dieser Vorgehensweise wird unterstellt, daß die Engpaßmaschine vom Beginn bis zum Abschluß einer Serienproduktion ununterbrochen beschäftigt ist. Ablaufbedingte Leerzeiten an der Engpaßmaschine bleiben somit unberücksichtigt. Eine gute Abschätzung der im späteren Produktionsvollzug verwirklichten Serienherstellungszeit kann anhand eines Simulationsexperiments ermittelt werden. In einem Verfahren zur Serienplanung wird eine derartige Bestimmung der Zykluszeit jedoch durch den rechenzeitlichen Aufwand verhindert.

Analytische Verfahren zur Lösung von geschlossenen Warteschlangennetzwerkmodellen (closed queueing network CQN)[366] sind in der Lage, das Rechenzeitproblem erheblich zu reduzieren. Die Anwendung derartiger Verfahren innerhalb der kurzfristigen Planung eines FFS ist zunächst kritisch zu beurteilen, da die CQN-Modelle die Anlauf- und Auslaufphase des Systembetriebs vernachlässigen. Im weiteren Verlauf der Arbeit kann jedoch gezeigt werden, daß die CQN-Modelle unter bestimmten Bedingungen dennoch zu befriedigenden Ergebnissen gelangen.

Ein weiterer Ansatz zur Lösung der Problemstellung besteht in der groben Abschätzung einer minimal und/oder maximal möglichen Zykluszeit[367]. Dieser Ansatz hat gegenüber den analytischen Verfahren zur Lösung von CQN-Modellen den Vorteil eines vernachlässigbaren Rechenaufwands.

6.4.1 Geschlossene Warteschlangennetzwerke

Ein geschlossenes Warteschlangennetzwerk besteht aus einer Menge von miteinander vernetzten Warteschlangensystemen zwischen denen eine begrenzte Zahl an Objekten zirkuliert. Ein Warteschlangensystem beinhaltet wiederum einen Warteraum sowie eine oder mehrere Bedienungseinrichtungen (Server) (s. Abb. 38).

---

366 vgl. Gordon, Newell (1967); Buzen (1973); Bruell, Balbo (1980); Reiser, Lavenberg (1980); Lazowska et al. (1984)

367 vgl. Zahorjan et al. (1982); Lazowska, et al. (1984), S.70ff; Eager, Sevcik (1986)

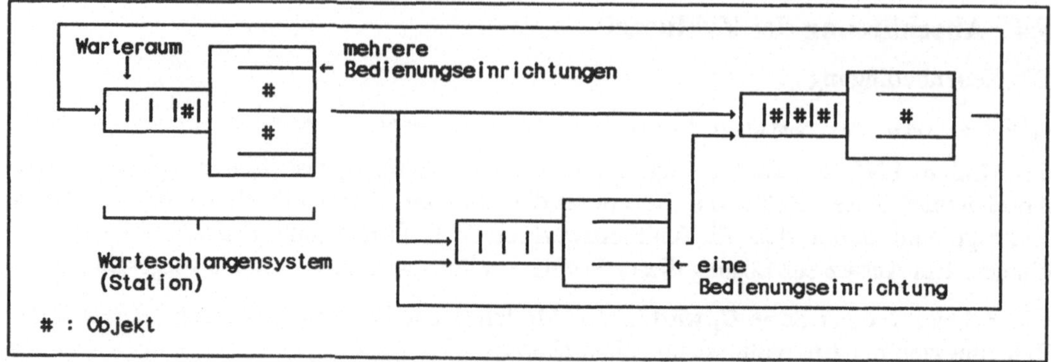

Abb. 38: Geschlossenes Warteschlangennetzwerk

Die Theorie der geschlossenen Warteschlangennetzwerke ermöglicht es unter bestimmten Modellannahmen die Kennwerte des Netzwerkes (Auslastung, Produktionsrate, Durchlaufzeit, Wartezeit etc.) analytisch zu bestimmen.

Modelliert man ein FFS als ein CQN[368], so werden Maschinen, Spannplätze, Meßeinrichtungen, Transportfahrzeuge etc. mit den zugehörigen Pufferplätzen jeweils als einzelne Warteschlangensysteme (Stationen) abgebildet. Die logische Vernetzung der Stationen erfolgt über die Arbeitspläne der zu bearbeitenden oder zu transportierenden Werkstücke. Aufgrund der definierten Anzahl zirkulierender Paletten in einem FFS ist die Bedingung eines geschlossenen Netzwerkes erfüllt. Dabei wird angenommen, daß unmittelbar nach der Abspannung eines Werkstücks ein neues auf die Palette montiert wird. Aus den Arbeitsplänen der Werkstücke werden mittlere Ausführungszeiten an den Stationen sowie Übergangswahrscheinlichkeiten zwischen den Stationen bestimmt[369]. Die Übergänge zwischen den Stationen werden als unabhängig vom aktuellen Systemzustand betrachtet.

Zur Bestimmung der Kennwerte eines CQN werden exakte und approximative Verfahren vorgeschlagen. Diese Verfahren setzen z.T. unterschiedliche Annahmen bezüglich des betrachteten Netzwerkes (Zahl der Objektklassen (Palettentypen)[370], Verteilung der Bedienungszeiten[371], Abfertigungsreihenfolge[372], begrenzter Warteraum[373], Ausfallwahrscheinlichkeiten[374] etc.) voraus.

---

368   vgl. Solberg (1977); Suri, Hildebrant (1984); Shalev-Oren, Seidmann, Schweitzer (1985); Tempelmeier (1988b)

369   Zur Aufbereitung der System- und Werkstückdaten eines FFS zu dessen Modellierung als geschlossenem Warteschlangennetzwerk vgl. Tempelmeier (1988b).

370   vgl. Tempelmeier (1988b)

371   vgl. Reiser (1979), S.1203-1204, Cavaille, Dubois (1982), S.1062; Agrawal, Buzen, Shum (1984); Bondi, Whitt (1986)

372   vgl. Bruell, Balbo (1980); S. 58; Shalev-Oren, Seidmann, Schweitzer (1985), S.126-128; Tzschach (1989), S.101

373   vgl. Yao, Buzacott (1986); Akyildiz (1988); Tempelmeier, Kuhn, Tetzlaff (1988); Tempelmeier, Kuhn, Tetzlaff (1989a); Tempelmeier, Kuhn, Tetzlaff (1989b)

374   vgl. Vinod, Altiok (1986)

6.4.1.1 Lösungsverfahren, die auf der mathematischen Faltung basieren

Auf der mathematischen Faltung (convolution) basierende analytische Verfahren zur Lösung von CQN unterstellen i.a. die folgenden Annahmen[375]:

a) Das FFS (Warteschlangennetzwerk) besteht aus $m = 1,..,M$ Stationen (incl. Transportsystem), die eine oder mehrere identische Bedienungseinrichtungen (Server) S_m, $\forall\ m\epsilon M$ aufweisen.

b) Jede Station m verfügt über einen unbegrenzten Warteraum.

c) Im FFS (Netzwerk) zirkulieren $n = 1,..,N$ Paletten eines Typs (einer Objektklasse)[376].

d) Die Abfertigungszeit an einer der Stationen m ist exponentialverteilt mit einem mittleren Wert von p_m, $\forall\ m\epsilon M$.

e) Der Übergang von Station m zu Station j erfolgt mit einer Wahrscheinlichkeit von r_{mj}, $\forall\ m\epsilon M,\ j\epsilon M$.

Daten:

M	:	Menge der Stationen m
N	:	Anzahl der im FFS zirkulierenden Paletten
p_m	:	mittlere Abfertigungszeit an der Station m; $p_m = 1/\mu_m$
μ_m	:	mittlere Abfertigungsrate an der Station m; $\mu_m = 1/p_m$
r_M	:	relative Transporthäufigkeit einer Durchschnittspalette bei einem Durchlauf durch das System (vom Aufspannen bis zum Abspannen eines Werkstücks)
r_m	:	relative Ankunftshäufigkeit einer Durchschnittspalette an der Station m bei einem Durchlauf durch das System (vom Aufspannen bis zum Abspannen eines Werkstücks)
r_{mj}	:	Übergangswahrscheinlichkeit von Station m zu Station j
S_m	:	Anzahl paralleler Server an der Station m
$S(M,N)$	:	Zustandsmenge des geschlossenen Warteschlangennetzwerkes
wr_m	:	relative Arbeitsbelastung der Station m; $wr_m = r_m \cdot p_m$

Variable:

D_m	:	mittlere Durchlaufzeit einer Palette an der Station m (Warte- und Abfertigungszeit)
$G(M,N)$	:	Normierungskonstante des geschlossenen Warteschlangennetzwerkes mit M Stationen und N Paletten
NQ_m	:	mittlere Palettenzahl an der Station m; $NQ_m = X_m \cdot D_m$
$P(\underline{n})$	:	stationäre Wahrscheinlichkeit für den Zustand $\underline{n}$
$P_m(n)$	:	stationäre Wahrscheinlichkeit, daß sich n Paletten an der Station m befinden
U_m	:	mittlere Auslastung der Station m
X_m	:	mittlere Produktionsrate der Station m

Abb. 39: Daten und Variablen geschlossener Warteschlangennetzwerke

---

375   vgl. Bruell, Balbo (1980), S.30-32

376   Mit den Faltungsverfahren können unter bestimmten Bedingungen auch Netzwerke gelöst werden, in denen mehrere Objektklassen zirkulieren.

Gordon und Newell[377] konnten für geschlossene Warteschlangennetzwerke, die den obigen Annahmen genügen, zeigen, daß sich im Systemgleichgewicht die Wahrscheinlichkeit eines Systemzustands $\underline{n}$ durch das folgende Produkt darstellen läßt (Produktform[378])):

$$P(\underline{n}) = P(n_1, n_2, \ldots, n_M) = \frac{1}{G(M,N)} \cdot \prod_{m \in M} f_m(n_m) \tag{198}$$

wobei:
- $\prod_{m \in M} f_m(n_m)$ — Funktion in Abhängigkeit von den Eigenschaften der Station m
- $\frac{1}{G(M,N)}$ — Normalisierungskonstante

Der Vektor $\underline{n} = [n_1, n_2, .., n_M]$ bezeichnet einen Systemzustand, in dem sich $n_1, n_2, \ldots, n_M$ Paletten an den Stationen $1, 2, \ldots, M$ befinden. Die Summe der Paletten an allen Stationen entspricht dabei der Gesamtpalettenzahl:

$$\sum_{m \in M} n_m = N \tag{199}$$

Die Normalisierungskonstante $G(M,N)$ gewährleistet, daß sich die Summe aller Zustandswahrscheinlichkeiten zu Eins summiert:

$$1 = \sum_{\underline{n} \in S(M,N)} P(\underline{n}) = \frac{1}{G(M,N)} \cdot \sum_{\underline{n} \in S(M,N)} \prod_{m \in M} f_m(n_m) \tag{200}$$

Die Menge $S(M,N)$ enthält alle möglichen Zustände, die in dem Netzwerk auftreten können:

$$S(M,N) = \left\{ (n_1, n_2, \ldots, n_M) \;\middle|\; \sum_{n \in M} n_m = N, \; n_m \geq 0, \; \forall \, m \in M \right\} \tag{201}$$

Die Zahl der möglichen Zustände ergibt sich zu:

$$S(M,N) = \begin{bmatrix} N+M-1 \\ N-1 \end{bmatrix} \tag{202}$$

Die Funktion $f_m(n_m)$ ist abhängig von der Anzahl an parallelen Bedienungseinrichtungen der Station m und der bestehenden Abfertigungsregel. Mögliche Abfertigungsregeln, für die die Produktform nachgewiesen wurde, sind: FCFS (first come first served), PS (processor sharing) und LCFS/PR (last come first served preemptive resume)[379]. Eine relevante Abfertigungsregel für ein FFS ist die FCFS-Regel. Für diese Abfertigungsregel ergibt sich die Funktion $f_m(n_m)$ wie folgt:

---

377   vgl. Gordon, Newell (1967)
378   Jackson zeigte die Produktformeigenschaft für offene Warteschlangennetzwerke (vgl. Jackson (1957)).
379   vgl. Bruell, Balbo (1980), S.32; Für die Abfertigungsregeln PS und LCFS/PR und für den Fall einer unbegrenzten Serveranzahl an einer Station (infinite server IS) können die Ausführungszeiten generellverteilt sein. (vgl. Bruell, Balbo (1980); S. 58; Tzschach (1989), S.101).

$$
f_m(n_m) = \begin{cases} \dfrac{r_m^{n_m}}{\prod\limits_{k=1}^{n_m} \mu_m(k)} & , \quad \text{wenn die Abfertigungsrate der Station m von der Belastung abhängig ist} \\[2em] \left(r_m \cdot p_m \right)^{n_m} & , \quad \text{wenn die Abfertigungsrate der Station m von der Belastung unabhängig ist} \end{cases}
\tag{203}
$$

Die Zugangswahrscheinlichkeit r_m resultiert aus der Lösung des linearen Gleichungssystems:

$$
r_m = \sum_{j \in M} r_j \cdot r_{jm} \qquad\qquad \forall\ m \in M
\tag{204}
$$

Da in einem FFS i.a. nach jedem Bearbeitungsvorgang ein Transportvorgang vorgenommen wird, normiert man die Zugangswahrscheinlichkeiten r_m wie folgt, wobei das Transportsystem als Station M bezeichnet wird[380]:

$$
r_M = \sum_{m=1}^{M-1} r_m = 1
\tag{205}
$$

Für die Bearbeitungsstationen eines FFS kann angenommen werden, daß die Abfertigungsrate der Station m, $\mu_m(k)$ dann von der Stationsbelastung abhängig ist, wenn mehrere parallele Server (Maschinen), $S_m > 1$ vorliegen. Sind diese Server (Maschinen) identisch, dann ergibt sich die Abfertigungsrate der Station m zu[381]:

$$
\mu_m(k) = \begin{cases} k \cdot \mu_m & , \quad \text{wenn } 0 \leq k \leq S_m \\ S_m \cdot \mu_m & , \quad \text{wenn } k > S_m \end{cases}
\tag{206}
$$

Buzen entwickelte zur Bestimmung der Nomierungskonstante G(M,N) ein effizientes Verfahren, in dessen Verlauf eine Matrix $\underline{G}$ zeilenweise rekursiv mit Elementen $g_m(n)$ aufgefüllt wird[382]. Betrachten wir die aus der Gleichung (200) abgeleitete Funktion:

$$
g_m(n) = \sum_{\underline{n} \in S(m,n)} \prod_{i=1}^{m} f_i(n_i)
\tag{207}
$$

wobei: $g_M(N) = G(M,N)$

Für $m > 1$ kann die Gleichung (207) wie folgt umformuliert werden:

$$
g_m(n) = \sum_{k=0}^{n} \left[\sum_{\substack{\underline{n} \in S(m,n) \\ n_m = k}} \prod_{i=1}^{m} f_i(n_i) \right]
\tag{208}
$$

$$
= \sum_{k=0}^{n} f_m(k) \cdot \left[\sum_{\underline{n} \in S(m-1,n-k)} \prod_{i=1}^{m-1} f_i(n_i) \right]
\tag{209}
$$

---

380 vgl. Tempelmeier (1988b), S.967
381 vgl. Bruell, Balbo (1980), S.41
382 vgl. Buzen (1973), S.528-530; Bruell, Balbo (1980), S.36-46

$$= \sum_{k=0}^{n} f_m(k) \cdot g_{m-1}(n-k) \tag{210}$$

Die Werte $g_m(n)$ lassen sich also ausgehend von $m=1$ und $n=0,1,..,N$ rekursiv bestimmen. Die Startwerte $g_1(n)$ ergeben sich wie folgt:

$$g_1(n) = \sum_{\underline{n} \in S(1,n)} \prod_{i=1}^{1} f_j(n_j) \tag{211}$$

$$= \sum_{\underline{n} \in \{n\}} f_1(n) \tag{212}$$

$$= f_1(n) \tag{213}$$

Ist die Normalisierungskonstante bekannt, so lassen sich aus ihr und der stationären Wahrscheinlichkeitsverteilung die relevanten Kenngrößen des FFS errechnen[383]:

a)　　Warteschlangenverteilung an der Station m

Die stationäre Wahrscheinlichkeit, daß sich genau n Paletten an der Station m befinden, ist gegeben durch[384]:

$$P_m(n) = \sum_{\substack{\underline{n} \in S(M,N) \\ n_m=n}} P_m(n_1,\dots,n_m{=}n,\dots,n_M) \tag{214}$$

Zusammen mit der Gleichung (200) ergibt sich:

$$P_m(n) = \frac{1}{G(M,N)} \cdot \sum_{\substack{\underline{n} \in S(M,N) \\ n_m=n}} \prod_{j \in M} f_j(n_j) \tag{215}$$

$$= \frac{f_m(n)}{G(M,N)} \cdot \sum_{\substack{\underline{n} \in S(M,N) \\ n_m=n}} \prod_{\substack{j \in M \\ j \neq m}} f_j(n_j) \tag{216}$$

Die Funktion

$$g_M^m(N-n) = \sum_{\substack{\underline{n} \in S(M,N) \\ n_m=n}} \prod_{\substack{j \in M \\ j \neq m}} f_j(n_j) \tag{217}$$

entspricht der Normalisierungskonstante für ein Netzwerk ohne die Station m und mit N-n Paletten im System.

$$P_m(n) = \frac{f_m(n)}{G(M,N)} \cdot g_M^m(N-n) \tag{218}$$

383　vgl. Bruell, Balbo (1980), S.46-55
384　vgl. Bruell, Balbo (1980), S.46-49

b) Produktionsrate einer Station m

Die Produktionsrate einer Station m ergibt sich aus den an der Station m ausgeführten Fertigungseinheiten pro Zeiteinheit. Sie läßt sich wie folgt bestimmen[385]:

$$X_m = \sum_{n=1}^{N} P_m(n) \cdot \mu_m(n) \tag{219}$$

Setzt man die Gleichung (218) in die Gleichung (219) ein, dann folgt:

$$X_m = \sum_{n=1}^{N} \frac{f_m(n)}{G(M,N)} \cdot g_M^{\,m}(N-n) \cdot \mu_m(n) \tag{220}$$

$$= \sum_{n=1}^{N} \frac{r_m}{\mu_m(n)} \cdot \frac{f_m(n-1)}{G(M,N)} \cdot g_M^{\,m}(N-n) \cdot \mu_m(n) \tag{221}$$

$$= \frac{r_m}{G(M,N)} \cdot \sum_{n=1}^{N} f_m(n-1) \cdot g_M^{\,m}(N-n) \tag{222}$$

$$= \frac{r_m}{G(M,N)} \cdot \sum_{n=1}^{N-1} f_m(n) \cdot g_M^{\,m}(N-1-n) \tag{223}$$

$$= r_m \cdot \frac{G(M,N-1)}{G(M,N)} \tag{224}$$

Die Produktionsrate der Station m resultiert demnach aus der jeweiligen Zugangswahrscheinlichkeit r_m und der Normalisierungskonstante G(M,N) bzw. G(M,N-1).

c) Auslastung der Station m

Die Auslastung der Station m mit S_m identischen Servern ergibt sich aus dem Verhältnis zwischen ihrer erzielten und ihrer potentiellen Produktionsrate[386]:

$$U_m = \frac{X_m}{\mu_m \cdot S_m} \tag{225}$$

d) Mittlere Zahl an Paletten an der Station m

Die mittlere Zahl an Paletten an einer Station m (wartende Paletten und Paletten in Bearbeitung) läßt sich aus der Wahrscheinlichkeitsverteilung der Warteschlangenlänge bestimmen[387]:

$$NQ_m = \sum_{n=1}^{N} n \cdot P_m(n) \tag{226}$$

385 vgl. Bruell, Balbo (1980), S.49-50
386 vgl. Bruell, Balbo (1980), S.51-52; Solberg (1981), S. 121
387 vgl. Bruell, Balbo (1980), S.52-53

e)   Mittlere Durchlaufzeit an der Station m

Die mittlere Durchlaufzeit resultiert direkt aus dem Little'schen Gesetz[388]:

$$D_m = \frac{NQ_m}{X_m} \tag{227}$$

Aufgrund von numerischen Problemen bei der Berechnung der Normalisierungskonstante $G(M,N)$ wurden u.a. von Reiser sowie von Stecke und Solberg verbesserte Algorithmen vorgeschlagen.

Reiser normalisiert in jeder Berechnungstufe die Normalisierungskonstante und verhindert somit die Entstehung von zu großen Werten für diese Konstante[389].

Stecke und Solberg skalieren vor einer Ausführung des Algorithmus die Arbeitsbelastung wr_m einer Station m

$$wr_m = r_m \cdot p_m \tag{228}$$

derart, daß die Summe der skalierten Arbeitsbelastungen wr'_m der Gesamtsumme an Servern im System entspricht[390]:

$$wr'_m = \frac{r_m \cdot p_m}{\sum\limits_{m \in M} r_m \cdot p_m} \cdot \sum\limits_{m \in M} S_m \tag{229}$$

$$\sum\limits_{m \in M} wr'_m = \sum\limits_{m \in M} S_m \tag{230}$$

Bisher wurde angenommen, daß alle im FFS zirkulierenden Paletten einem Typ angehören und somit jedes zu fertigende Werkstück auf jeder freiwerdenden Palette montiert werden kann. Diese Situation ist nicht immer gegeben. Beispielsweise führt die Befestigung von werkstückspezifischen Spannelementen auf den Paletten zu unterscheidbaren Palettentypen. Dadurch ergibt sich für jeden dieser Palettentypen ein zugehöriges Werkstückspektrum. Die Zugangswahrscheinlichkeiten zu einer Station m sowie die Ausführungszeiten an den Stationen *M* sind dann nicht stations- sondern palettentypabhängig. Die Modellierung dieses Sachverhaltes ist durch ein CQN-Modell möglich, das mehrere Objektklassen berücksichtigt. Eine Produktformlösung von CQN-Modellen mit mehreren Objektklassen existiert für die Abfertigungsregel FCFS nur dann, wenn stationsabhängige Ausführungszeiten vorliegen[391]. Eine derartig restriktive Annahme ist bei den heuristischen Verfahren der Mittelwertanalyse (mean value analysis MVA) nicht notwendig.

6.4.1.2 Lösungsverfahren der Mittelwertanalyse

Die Verfahren der Mittelwertanalyse (MVA) unterstellen i.a. die folgenden Annahmen:

a)   Das Warteschlangennetzwerk besteht aus $m = 1,..,M$ Stationen (incl. Transportsystem), die eine oder mehrere identische Bedienungseinrichtungen (Server) S_m, $\forall$ $m \in M$ aufweisen.

---

388   vgl. Little (1961), S.383
389   vgl. Reiser (1981), S.12-13
390   vgl. Stecke, Solberg (1981a), S.72-73
391   vgl. Bruell, Balbo (1980), S.63

b)   Jede Station m verfügt über einen unbegrenzten Warteraum.

c)   Im FFS (Netzwerk) zirkulieren $o = 1, 2, .., O$ unterschiedliche Palettentypen (mehrere Objektklassen). Von jedem Palettentyp o befinden sich N_o, $\forall\ o \in O$ Paletten im System (Netzwerk).

d)   Die Abfertigungszeit einer Palette o an der Station m ist exponentialverteilt mit einem mittleren Wert von p_{om}, $\forall\ m \in M$[392]).

e)   Der Übergang von Station m zu Station j erfolgt mit einer Wahrscheinlichkeit von r_{omj}, $\forall\ o \in O$, $m \in M$, $j \in M$.

Die von Reiser und Lavenberg entwickelte Mittelwertanalyse (MVA) arbeitet direkt mit den gewünschten Kennwerten des Warteschlangennetzwerkes und umgeht somit die Bestimmung der Normalisierungskonstante[393]). Als Nachteil ergibt sich, daß die stationäre Wahrscheinlichkeitsverteilung der Warteschlangenlängen nicht ermittelt werden kann. Die MVA basiert auf dem Verhältnis aus mittlerer Wartezeit und mittlerer Warteschlangenlänge (Little'sches Gesetz) an einer Station m. Dieses Verhältnis wird für jede Station m und für jeden Palettentyp o in dem Augenblick betrachtet, wenn eine Palette o an der Station m eintrifft. Die Ermittlung der Kennwerte erfolgt rekursiv ausgehend von einem Warteschlangennetzwerk ohne Population. Diese unter den Modellannahmen exakte Form der MVA erfordert den Faltungsverfahren entsprechend die Produktformeigenschaft[394]), so daß für den Fall der FCFS-Abfertigungsregel stationsabhängige Ausführungszeiten vorliegen müssen, $p_{om} = p_{mp}$ $\forall\ o \in O$, $m \in M$. Weiterhin führt die exakte Form der MVA insbesondere bei vielen Palettentypen und vielen Paletten je Typ zu Rechenzeit- und Speicherplatzproblemen[395]). Aufgrund dieser Einschränkungen wurden mehrere heuristische Verfahren vorgeschlagen.

Die heuristischen Varianten der MVA betrachten direkt den gesamten Populationsvektor und approximieren in einem iterativen Verfahren die mittleren Kennwerte solange, bis sich die Ergebnisse stabilisieren. Die einzelnen heuristischen Verfahrensvarianten unterscheiden sich in der Weise, in der die aktuell eintreffende Palette in die Bestimmung der mittleren Stationskennwerte einbezogen wird[396]), wie die Kennwerte einer Station mit mehreren Servern abgeschätzt werden[397]), ob neben der FCFS-Regel weitere Abfertigungsregeln einbezogen werden[398]) und inwieweit generellverteilte Ausführungszeiten Berücksichtigung finden[399]).

Für den Einsatz in einem Optimierungsverfahren sind insbesondere die heuristischen Varianten der MVA von Interesse. Sie werden im folgenden besprochen. Dabei wird auf die in Abb. 40 dargestellte Nomenklatur zurückgegriffen.

---

392   Die Bedingung palettentypabhängiger Ausführungszeiten ist nur für die heuristischen Varianten der MVA zulässig. Die exakte Form der MVA erfordert für den Fall der FCFS-Abfertigungsregel stationsabhängige Ausführungszeiten.

393   vgl. Reiser, Lavenberg (1980)

394   vgl. Reiser, Lavenberg (1980), S.314

395   Die Rechenzeit und der Speicherplatzbedarf der MVA sind proportional $N_1 \cdot N_2 \cdot N_3 \cdot \ldots \cdot N_O$ (vgl. Reiser, Lavenberg (1980), S.320).

396   vgl. Hildebrant (1980), S.706; Reiser, Lavenberg (1980), S.320

397   vgl. Suri, Hildebrant (1984), S.37-38; Shalev-Oren, Seidmann, Schweitzer (1985), S.123-126

398   vgl. Shalev-Oren, Seidmann, Schweitzer (1985), S.126-128

399   vgl. Reiser (1979), S.1203-1204, Cavaille, Dubois (1982), S.1062

Daten:

M : Menge der Stationen m

N_o : Anzahl der im FFS zirkulierenden Paletten des Typs o

O : Menge der Palettentypen o

P_{om} : mittlere Abfertigungszeit des Palettentyps o an der Station m

σ_{om} : Standardabweichung der Bearbeitungszeiten an Station m von den Werkstücken, die dem Palettentyp o zugeordnet wurden

r_{om} : relative Ankunftshäufigkeit des Palettentyps o an der Station m bei einem Durchlauf durch das System (Aufspannung bis Abspannung eines Werkstücks)

S_m : Anzahl paralleler Server an der Station m

Variable:

B_{om} : Wahrscheinlichkeit, daß bei Ankunft des Palettentyps o alle Server an der Station m belegt sind

D_{om} : mittlere Durchlaufzeit des Palettentyps o an der Station m (Warte- und Abfertigungszeit)

DT_{om} : mittlere Restbearbeitungszeit bei Ankunft des Palettentyps o bis zum Freiwerden eines Servers unter der Bedingung, daß alle Server belegt waren

NQ_{om} : mittlere Palettenzahl des Typs o an der Station m
$$NQ_{om} = X_{om} \cdot D_{om}$$

Q_{om} : mittlere Warteschlangenlänge an Paletten des Typs o an der Station m
$$Q_{om} = X_{om} \cdot W_{om}$$

U_m : mittlere Auslastung der Station m
$$U_m = \sum_{o \in O} U_{om}$$

U_{om} : mittlerer Auslastungsanteil der Station m durch den Palettentyp o
$$U_{om} = X_{om} \cdot P_{om} / S_m$$

VC_{om} : Variationskoeffizient der Bearbeitungszeiten an Station m von der Werkstückmenge, die dem Palettentyp o zugeordnet wurde

W_{om} : mittlere Wartezeit eines Palettentyps o an der Station m

WO_{om} : mittlere Restbearbeitungszeit eines gerade an Station m in Bearbeitung befindlichen Werkstücks beim Eintreffen des Palettentyps o

$W1_{om}$: mittlere Zeit, in der beim Eintreffen eines Palettentyps o die aktuelle Warteschlange an der Station m abgearbeitet wird

X_o : mittlere Produktionsrate des Palettentyps o im FFS

X_{om} : mittlere Produktionsrate des Palettentyps o an der Station m

Abb. 40: Daten und Variablen der MVA

Ausgangspunkt der MVA ist die Bestimmung der mittleren Produktionsrate des Palettentyps o im FFS (Netzwerk) anhand des Little'schen Gesetzes[400]:

$$X_o = \frac{N_o}{\underset{j \in M}{\sum} r_{oj} \cdot D_{oj}} \tag{231}$$

$\quad\quad\quad\quad$ └ mittlere Durchlaufzeit des Palettentyps o durch das FFS

---

400   Die nachfolgenden Ausführungen basieren im wesentlichen auf den Darstellungen bei Shalev-Oren et al. (vgl. Shalev-Oren, Seidmann, Schweitzer (1985)).

Aus Gleichung (231) ergibt sich die Produktionsrate des Palettentyps o an der Station m zu:

$$X_{om} \; = \; r_{om} \cdot X_o \; = \; r_{oj} \cdot \frac{N_o}{\sum\limits_{j \in M} r_{oj} \cdot D_{oj}} \tag{232}$$

Die unbekannte Durchlaufzeit des Palettentyps o an der Station m wird über die folgende Beziehung bestimmt:

$$D_{om} \; = \; P_{om} \; + \; W_{om} \tag{233}$$

              ⌐ mittlere Wartezeit des Palettentyps o an der Station m

    └ mittlere Abfertigungszeit des Palettentyps o an der Station m

Die heuristischen Verfahren der MVA approximieren die mittlere Wartezeit eines an der Station m eintreffenden Palettentyps o, W_{om} aus der benötigten Zeit, bis ein Server an der Station m verfügbar wird, $W0_{om}$ sowie der Zeit, die zur Abarbeitung der an der Station m wartenden Paletten benötigt wird, $W1_{om}$ (s. Abb. 41):

$$W_{om} \; = \; W0_{om} \; + \; W1_{om} \tag{234}$$

          ⌐ Gesamtbedienzeit der wartenden Paletten an der Station m beim Eintreffen des Palettentyps o an der Station m

    └ mittlere Restbearbeitungszeit, bis ein Server an der Station m verfügbar wird.

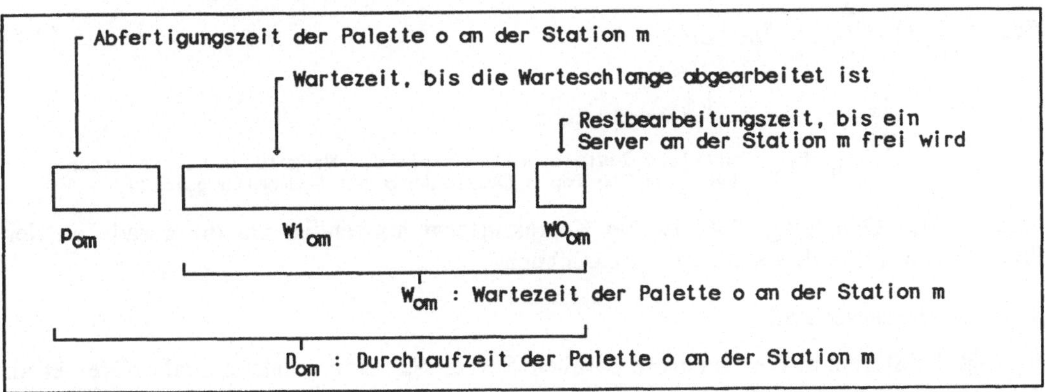

Abb. 41: Durchlaufzeit einer Palette o an der Station m

Die Bedienzeit der wartenden Paletten, $W1_{om}$ resultiert aus dem Produkt von Warteschlangenlänge (Q_{im}) und Bedienzeit (p_{im}) der jeweiligen Palettentypen i an der Station m. Hierbei wird angenommen, daß die parallelen Server S_m die Warteschlange in $1/S_m$-facher Zeit bewältigen:

$$W1_{om} = \frac{1}{S_m} \left[\underbrace{\sum_{i \in O} X_{im} \cdot W_{im} \cdot P_{im}}_{} - \underbrace{X_{om} \cdot W_{om} \cdot P_{om}/N_o}_{\text{Korrekturterm}} \right] \qquad (235)$$

Q_{im} : mittlere Warteschlangenlänge an Paletten des Typs i an der Station m

mittlere Abfertigungszeit der Warteschlange an Station m

Der Korrekturterm ist notwendig, da in der mittleren Abfertigungszeit der Warteschlange die gerade eintreffende Palette o enthalten ist. Die Varianten der MVA unterscheiden sich u.a. in diesem Korrekturterm. Hildebrant hat den oben dargestellten Korrekturterm vorgeschlagen[401].

Die Abschätzung der mittleren Restbearbeitungszeit, in der ein Server der Station m bei Ankunft einer Palette o verfügbar wird, $W0_{omp}$ ist danach zu unterscheiden, ob die Station über einen oder mehrere Server verfügt.

a) Ein-Server-Fall

$$W0_{om} = \underbrace{\sum_{i \in O} X_{im} \cdot P_{im}^2}_{} - \underbrace{X_{om} \cdot P_{om}^2/N_o}_{\text{Korrekturterm}} \qquad (236)$$

$U_{im} \cdot P_{im}$: mittlere Restbearbeitungszeit des Werkstücks auf Palettentyp i an Station m (Auslastung mal Bearbeitungszeit)

Auch in der Gleichung (236) ist ein Korrekturterm notwendig, um die gerade an der Station m eintreffende Palette herauszurechnen.

b) Mehr-Server-Fall

Verfügt die Station m über mehrere parallele Server, S_m, dann schätzen Shalev-Oren et al. die Restbearbeitungszeit bei Ankunft einer Palette o an der Station m wie folgt ab[402]:

$$W0_{om} = B_{om} \cdot DT_{om} \qquad (237)$$

mittlere Restbearbeitungszeit bis zum Freiwerden eines Servers unter der Bedingung, daß alle Server belegt waren

Wahrscheinlichkeit, daß alle Server belegt sind

---

401   vgl. Hildebrant (1980), S.706; Shalev-Oren, Seidmann, Schweitzer (1985), S.123
402   vgl. Shalev-Oren, Seidmann, Schweitzer (1985), S.124-125

Die Wahrscheinlichkeit B_{om} bestimmen Shalev-Oren et al. über ein Warteschlangenmodell vom Typ $(M/M/S_m):(GD/N-1/\infty)$[403].

Bisher wurde angenommen, daß alle Bearbeitungszeiten exponentialverteilt sind. Will man generellverteilte Bearbeitungszeiten berücksichtigen, dann ist die Abschätzung der Restbearbeitungszeit WO_{om} verändert vorzunehmen. Die übrigen Zeiten bleiben unberührt, da es sich hierbei um Mittelwerte handelt. Die zu erwartende Restbearbeitungszeit $E\{p_{om}\}$ eines Werkstücks des Typs o, das sich an einer Station m in Bearbeitung befindet, läßt sich aus der Erneuerungstheorie wie folgt ableiten[404]:

$$E\{p_{om}\} = p_{om} \cdot \frac{1 + VC_{om}^2}{2} \qquad (238)$$

VC_{om} ist der Variationskoeffizient der Bearbeitungszeiten an Station m von der Werkstückmenge, die dem Palettentyp o zugeordnet wurde:

$$VC_{om} = \frac{\sigma_{om} \; \lceil \text{Standardabweichung der Bearbeitungszeiten an Station m von den Werkstücken, die dem Palettentyp o zugeordnet wurden}}{p_{om}} \qquad (239)$$

Die mittlere Restbearbeitungszeit an einer Station m mit einem Server ergibt sich aus der Multiplikation der mittleren Auslastung mit der zu erwartenden Restbearbeitungszeit $E\{p_{om}\}$. Führt man gleichzeitig den Korrekturterm aus Gleichung (236) ein, dann folgt für die mittlere Restbearbeitungszeit bei Ankunft einer Palette des Typs o[405]:

$$WO_{om} = \sum_{i \in O} U_{im} \cdot P_{im} \cdot \frac{1 + VC_{im}^2}{2} - U_{om} \cdot P_{om} \cdot \frac{1 + VC_{om}^2}{2 \cdot N_o} \qquad (240)$$

Bei konstanten Bearbeitungszeiten ist $VC_{om} = 0$, $\forall \, o \in O$, $m \in M$, so daß für WO_{om} folgt[406]:

$$WO_{om} = \sum_{i \in O} U_{im} \cdot P_{im}/2 - U_{om} \cdot P_{om} \cdot \frac{1}{2 \cdot N_o} \qquad (241)$$

Liegen exponentialverteilte Bearbeitungszeiten vor, dann ergibt sich der Variationskoeffizient VC_{om}, $\forall \, o \in O$, $m \in M$ zu Eins und aus der Gleichung (240) resultiert zusammen mit

$$U_{im} = X_{im} \cdot P_{im} \qquad (242)$$

Gleichung (236). Für den Mehr-Server-Fall kann entsprechend vorgegangen werden.

Die Bestimmung der gesuchten Kennwerte X_{om}, Q_{om} etc. erfolgt mit dem in Abb. 42 dargestellten iterativen Verfahren[407]:

---

403   vgl. Taha (1987), S. 625-626
404   vgl. Kleinrock (1975), S.173
405   vgl. Reiser (1979), S.1204, Cavaille, Dubois (1982), S.1062
406   vgl. Reiser (1979), S.1204, Cavaille, Dubois (1982), S.1062
407   vgl. Shalev-Oren, Seidmann, Schweitzer (1985), S.129-130; Tempelmeier (1988b), S.970

Stufe 1: Initialisierung

1a) $\quad$ $k = 0$

1a) $\quad$ Setze einen Startwert für die Durchlaufzeit $D_{om}{}^k$

$$D_{om}{}^k = P_{om} \qquad \forall\ o \in O,\ m \in M$$

Stufe 2: Bestimmung der Kennwerte

2a) $\quad$ $k = k + 1$

2b) $\quad$ Bestimme die mittlere Produktionsrate $X_{om}{}^k$

$$X_{om}{}^k = \frac{r_{om} \cdot N_o}{\sum\limits_{j \in M} r_{om} \cdot D_{om}{}^{k-1}} \qquad \forall\ o \in O,\ m \in M$$

2c) $\quad$ Bestimme die mittlere Wartezeit $W_{om}{}^k$

$$W_{om}{}^k = WO_{om}{}^k + W1_{om}{}^k \qquad \forall\ o \in O,\ m \in M$$

2d) $\quad$ Bestimme die mittlere Durchlaufzeit $D_{om}{}^k$

$$D_{om}{}^k = W_{om}{}^k + P_{om} \qquad \forall\ o \in O,\ m \in M$$

2e) $\quad$ Bestimme die mittlere Palettenzahl an der Station $NQ_{om}{}^k$

$$NQ_{om}{}^k = X_{om}{}^k \cdot D_{om}{}^k \qquad \forall\ o \in O,\ m \in M$$

2f) $\quad$ Test auf Abbruch

$$\text{wenn}\ |NQ_{om}{}^k - NQ_{om}{}^{k-1}| < \delta,\quad \forall\ o \in O,\ m \in M,\ \text{dann gehe zu Stufe 3}$$
$$\text{sonst gehe zu Stufe 2a}$$

Stufe 3: Stopp

Abb. 42: Heuristisches MVA-Verfahren

6.4.1.3 Ober- und Untergrenzen der Kennwerte eines Warteschlangennetzwerkes

Neben einer direkten Bestimmung bzw. Abschätzung der Kennwerte eines CQN-Modells besteht die Möglichkeit, über einfache Beziehungen obere und untere Grenzwerte bzw. Schranken der einzelnen Kennwerte zu ermitteln. Diese Ober- und Untergrenzen lassen sich aus der Anzahl der im FFS (Netzwerk) zirkulierenden Paletten sowie aus den jeweiligen Arbeitsbelastungen der Stationen M ableiten[408]. Bei der Darstellung der Grenzen unterscheiden wir in Systeme mit einem und mehreren Palettentypen, wobei wir uns auf die Betrachtung des Kennwertes Produktionsrate beschränken. Das Transportsystem M wird dem obigen Fall entsprechend wie jede andere Bedienstation (Maschine) modelliert und innerhalb der Menge der Stationen M berücksichtigt[409].

6.4.1.3.1 Ein Palettentyp

Eine obere bzw. untere Grenze der Produktionsrate eines FFS (Netzwerkes) läßt sich aus den beiden extremen Belastungssituationen, die eine Station in einem FFS einnehmen kann (der Engpaßstation bzw. der am wenigsten belasteten Station), ableiten. Mit

---

408 vgl. Lazowska et al. (1984), S.50; Kimemia, Gershwin (1980), S.37

409 Die hier dargestellten Schranken der Kennwerte eines Warteschlangennetzwerkes sind für Systeme mit mehreren parallelen Servern an einer Station nur bedingt einsetzbar. Zur Betimmung von Schranken für diese Art von Netzwerken vgl. Eager, Sevcik (1986), S.190-192.

verändernder Palettenzahl nähert sich die Produktionsrate asymptotisch an diese beiden Schranken an. Die Methode wird daher als asymptotic bound analysis (ABA) bezeichnet[410]. Nachfolgend wird die in Abb. 43 dargestellt Nomenklatur vorausgesetzt.

D_m : mittlere Durchlaufzeit einer Palette an der Station m (Warte- und Abfertigungszeit)

$NQ_m(N-1)$: mittlere Warteschlangenlänge an der Station m incl. der Palette in Abfertigung, für ein FFS (Netzwerk) mit N-1 Paletten

p_m : mittlere Abfertigungszeit an der Station m

p_M : mittlere Transportzeit einer Palette zwischen den Stationen

r_m : relative Ankunftshäufigkeit einer Durchschnittpalette an der Station m bei einem Durchlauf durch das System (vom Aufspannen bis zum Abspannen eines Werkstücks)

wr_m : relative Arbeitsbelastung der Station m

$$wr_m = p_m \cdot r_m$$

wr_{sum} : Summe der Arbeitsbelastung an allen Stationen M (incl. Transportsystem)

$$wr_{sum} = \sum_{m \in M} wr_m$$

$$X \leq \frac{1}{wr_{max}} \tag{246}$$

Besteht die Grenzsituation, daß im FFS nur eine Palette zirkuliert, dann wird die Produktionsrate des Systems von der Summe der Arbeitsbelastungen der einzelnen Stationen bestimmt:

$$X = \frac{1}{wr_{sum}} \tag{247}$$

Wird dem System mehr als eine Palette zugeführt, dann ergeben sich zwei Grenzfälle: Die kleinste mögliche Produktionsrate wird dann erzielt, wenn alle Paletten nacheinander und geschlossen von einer Station zur nächsten gelangen. Eine untere Schranke der Produktionsrate ergibt sich somit wie folgt:

$$X \geq \frac{1}{wr_{sum}} \tag{248}$$

Die maximal mögliche Produktionsrate und damit eine obere Schranke wird dann erreicht, wenn alle Paletten parallel bedient werden:

$$X \leq \frac{N}{wr_{sum}} \tag{249}$$

Aus den Gleichungen (246), (248) und (249) folgen die ABA-Grenzen der Produktionsrate eines FFS (Netzwerkes):

$$\frac{1}{wr_{sum}} \leq X \leq \min\left[\frac{1}{wr_{max}}, \frac{N}{wr_{sum}}\right] \tag{250}$$

Exaktere Grenzen der mittleren Produktionsrate X eines Netzwerkes lassen sich durch die Balanced Job Bound (BJB)[411]-Methode abschätzen. Hierbei werden die klassischen Annahmen der geschlossenen Warteschlangennetzwerke (CQN) (exponentialverteilte Bedienzeiten, unbegrenzter Warteraum, FCFS-Abfertigungsregel etc.[412]) vorausgesetzt. Diese strengen Annahmen sind für die ABA-Methode nicht notwendig.

Zunächst betrachten wir ein System mit gleicher Arbeitsbelastung an allen Stationen, $wr = wr_m$, $\forall\ m \in M$. Unter diesen Bedingungen läßt sich die mittlere Produktionsrate eines FFS (Netzwerkes), welches die klassischen Annahmen der CQN erfüllt, mit der BJB-Methode exakt bestimmen. Die mittlere Durchlaufzeit einer Palette an der Station m, D_m (Warte- und Abfertigungszeit) ergibt sich für ein ausgeglichenes System wie folgt[413]:

$$D_m = [1 + NQ_m(N-1)] \cdot wr \qquad\qquad wr = wr_m, \ \forall\ m \in M \tag{251}$$

Setzen wir die Gleichung (251) in die Little'sche Beziehung[414]

---

411   vgl. Zahorjan et al. (1982) S.135-137
412   s. Kap. 6.4.1.1
413   vgl. Zahorjan et al. (1982), S.136
414   vgl. Little (1961), S.383

$$X = \frac{N}{\sum_{m \in M} D_m} \tag{252}$$

ein, dann folgt für die mittlere Produktionsrate eines ausgeglichenen Systems:

$$X = \frac{N}{(M+N-1) \cdot wr} \qquad wr = wr_m, \; \forall \; m \in M \tag{253}$$

Aus der mittleren Produktionsrate eines ausgeglichenen Systems lassen sich die folgenden oberen und unteren Grenzen der mittleren Produktionsrate für ein generell belastetes Netzwerk ableiten[415]:

$$\frac{N}{(M+N-1) \cdot wr_{max}} \leq X \leq \frac{N}{(M+N-1) \cdot wr_{min}} \tag{254}$$

Berücksichtigt man neben maximaler und minimaler Arbeitsbelastung auch die mittlere Arbeitsbelastung der Stationen des Netzwerkes, dann lassen sich die Grenzen weiter präzisieren[416]:

$$\frac{N}{wr_{sum} + (N-1) \cdot wr_{max}} \leq X \leq \frac{N}{wr_{sum} + (N-1) \cdot wr_{mitt}} \tag{255}$$

Aus der jeweils strengsten Grenze, die entweder aus der ABA-Methode oder aus der BJB-Methode (Gleichung (250) und (255)) resultiert, lassen sich die folgenden Grenzen der mittleren Produktionsrate eines FFS (Netzwerkes) angeben[417]:

$$\frac{N}{wr_{sum} + (N-1) \cdot wr_{max}} \leq X \leq min \left[\frac{1}{wr_{max}}, \; \frac{N}{wr_{sum} + (N-1) \cdot wr_{mitt}} \right] \tag{256}$$

6.4.1.3.2 Mehrere Palettentypen

Zirkulieren mehrere unterschiedliche Palettentypen im System, dann lassen sich die Ober- und Untergrenzen der mittleren Produktionsrate eines FFS (Netzwerkes) entsprechend der Darstellung für den Fall eines Palettentyps abschätzen.

---

415   vgl. Zahorjan et al. (1982), S.136
416   vgl. Lazowska et al. (1984), S.91
417   vgl. Lazowska et al. (1984), S.92

<pre>
N   :   Summe aller Paletten im System
             N = Σ N_o
                  o∈O
N_o   :   Anzahl der Paletten des Typs o im System
wr_om   :   relative Arbeitsbelastung des Palettentyps o an der Station m
             wr_om = p_om · r_om
wr_o(sum):   Summe der Arbeitsbelastung des Palettentyps o an allen Stationen M (incl.
             Transportsystem)
             wr_o(sum) = Σ wr_om
                        m∈M
wr_o(max):   maximale Arbeitsbelastung des Palettentyps o an den Station M (incl.
             Transportsystem)
             wr_(o)max = max wr_om
                        m∈M
wr_o(mit):   mittlere Arbeitsbelastung des Palettentyps o an den Stationen M (incl.
             Transportsystem)
             wr_o(mit) = 1/N_o · Σ wr_om
                              m∈M
X_o   :   mittlere Produktionsrate des Palettentyps o
</pre>

Abb. 44: Nomenklatur zur Bestimmung von Ober- und Untergrenzen für die Kennwerte
eines Netzwerkes mit mehreren Palettentypen

Die ABA-Methode und BJB-Methode liefert die in Gleichung (257) dargestellten Grenzen der Produktionsrate (zur Nomenklatur s. Abb. 44)[418]:

$$\frac{N_o}{(M+N-1)\cdot wr_{o(max)}} \leq X_o \leq \min\left[\frac{1}{wr_{o(max)}}, \frac{N_o}{wr_{o(sum)}+(N-1)\cdot wr_{o(mitt)}}\right] \tag{257}$$

6.4.2 Zykluszeitabschätzung anhand der mittleren Produktionsrate eines geschlossenen Warteschlangennetzwerkes

Im vorangegangenen Kapitel wurde gezeigt, wie mit Hilfe der Theorie der geschlossenen Warteschlangennetzwerke die mittlere Produktionsrate der einzelnen Stationen eines FFS bestimmt bzw. approximiert werden kann. Es ist nun zu klären, wie sich die Serienzykluszeit Z_1 unter Verwendung der mittleren Produktionsrate abschätzen läßt. Hierzu lassen sich folgende Überlegungen anstellen: Die Anzahl der fertiggestellten Werkstücke n an der Abspannstation A innerhalb einer Periode [b,f] resultiert aus dem Integral der Produktionsrate $X_A(t)$ über dem Intervall [b,f].

$$n = \int_b^f X_A(t)\cdot dt \tag{258}$$

Die zur Herstellung der Auftragsmenge n erforderliche Zykluszeit $Z_1 = f\text{-}b$ läßt sich somit bei bekannter Funktion $X_A(t)$ und vorgegebenem Starttermin b ermitteln. Zur Bestimmung der zeitabhängigen Produktionsrate $X_A(t)$ einer serienweisen Fertigung ist es hilfreich, den Funktionsverlauf in die folgenden drei Phasen zu unterteilen: In der ersten Phase (Anlaufphase) wird ein Werkstück auf eine Palette montiert, ohne daß zuvor ein bearbeitetes Werkstück demontiert wurde. Hierdurch steigt die Zahl der aktiven Paletten im

---

418   vgl. Zahorjan et al. (1982), S.134

System und die mittlere Produktionsrate $X_A(t)$ nimmt zu. Die zweite Phase ist dadurch gekennzeichnet, daß die Voraussetzungen der CQN-Modellierung erfüllt sind (nach jedem Abspannvorgang wird ein neues Werkstück auf eine Palette montiert). Die in dieser Phase vorliegende konstante Zahl an Systempaletten verursacht eine zeitunabhängige mittlere Produktionsrate $X_A(t) = X^*_A$. Die dritte Phase (Auslaufphase) beginnt, wenn das letzte Werkstück einer Serie in das FFS eingelastet wurde. Ab diesem Zeitpunkt bleibt bei jedem Abspannvorgang die jeweilige Palette unbeschäftigt. Die Zahl der aktiven Paletten wird somit reduziert, wodurch die mittlere Produktionsrate $X_A(t)$ bis zum Ende der Serienzykluszeit Z_1 auf Null sinkt. Die folgende Abbildung verdeutlicht den Sachverhalt:

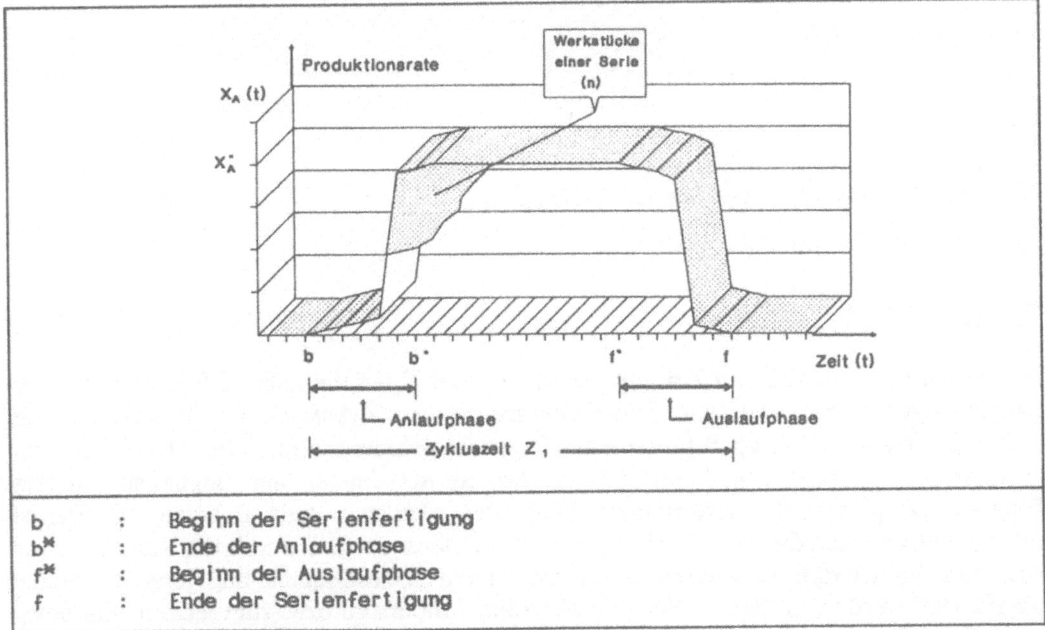

Abb. 45: Qualitative Entwicklung der mittleren Produktionsrate an der Abspannstation in Abhängigkeit von der Zeit

Die Menge der Werkstücke n (Fläche n) läßt sich durch folgende Funktion approximieren:

$$n \approx \int_{b'}^{f'} X_A^* \cdot dt \tag{259}$$

Hierbei wird angenommen, daß die Produktionsrate zum Zeitpunkt b' unendlich schnell auf X^*_A ansteigt und zum Zeitpunkt f' abrupt auf Null zurücksinkt (s. Abb. 46).

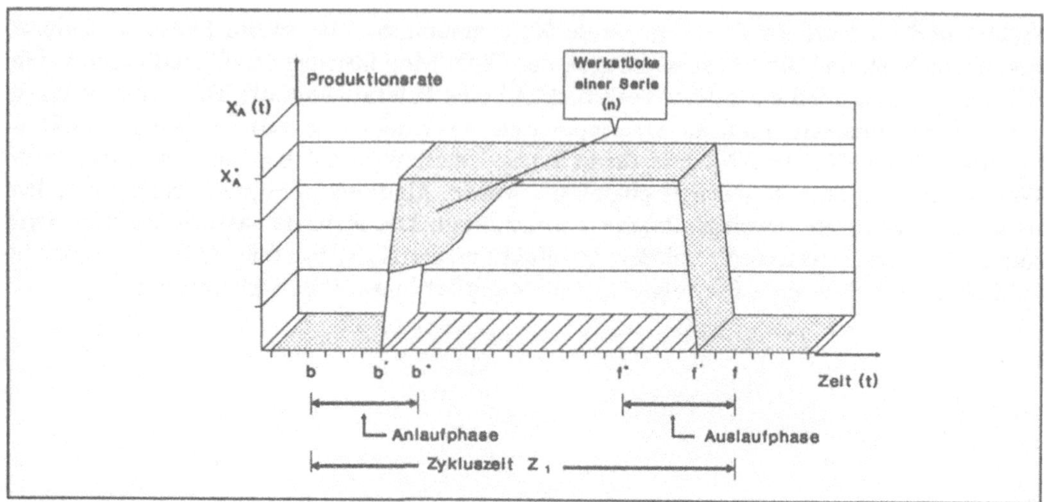

Abb. 46: Approximation der Werkstückmenge n

Die Zykluszeit Z_1 ergibt sich dann zu:

$$Z_1 = \frac{n}{X_A^*} + (b'-b) + (f-f') \tag{260}$$

Die Abschätzung der beiden Zeitintervalle [b,b'] und [f',f] kann anhand folgender Überlegungen vorgenommen werden: Die Untergrenze der Zykluszeit ergibt sich aus der Arbeitsbelastung der Engpaßstation bzw. Engpaßmaschinengruppe. Die Abweichung der realisierten Zykluszeit von dieser Untergrenze ist mit den an der Engpaßstation bzw. Engpaßmaschinengruppe auftretenden Leerzeiten identisch. Jede Leerzeit am Engpaß führt somit zu einer direkten Verlängerung der Zykluszeit. Die durch die An- bzw. Auslaufphase induzierten Leerzeiten lassen sich dadurch bestimmen, daß jene Zeitpunkte abgeschätzt werden, zu denen die Engpaßstation zum ersten bzw. zum letzten Mal belegt wird. Diese Zeitpunkte werden den Zeitpunkten b' und f' gleichgesetzt (s. Abb. 47).

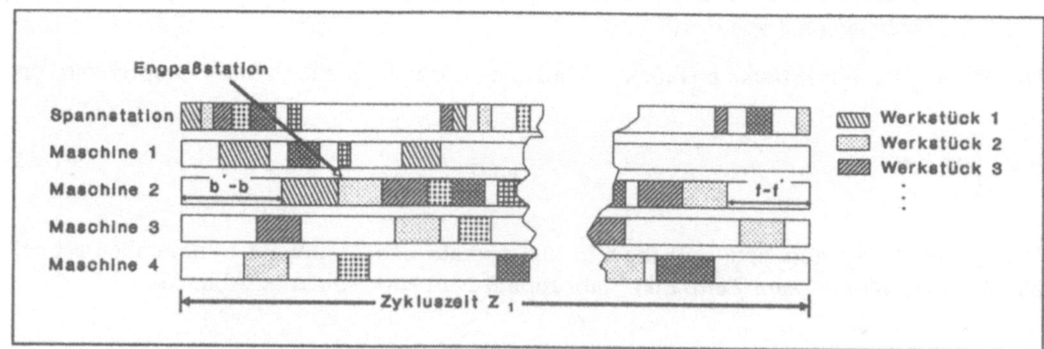

Abb. 47: Abschätzung der Zykluszeitverlängerung durch An- und Auslaufphase

Zirkulieren mehrere Palettentypen im FFS, dann läßt sich an der Abspannstation A für jeden Palettentyp o eine separate mittlere Produktionsrate X_{oA}^* ermitteln. Werden alle den Palettentypen zugeordneten Auftragsteilmengen n_o, $o \epsilon O$ zum gleichen Zeitpunkt fertiggestellt ($f_o = f_i$, $\forall\, o, i \epsilon O$, $o \neq i$), dann ist die Zykluszeit Z_{1o} mit der Serienzykluszeit Z_1

identisch. Werden dagegen die Auftragsteilmengen n_o, $o \in O$ zu unterschiedlichen Zeitpunkten fertiggestellt ($f_o \neq f_i$, $\forall$ o,i $\in O$, o$\neq$i), so werden unbenötigte Paletten stillgelegt[419]. Konkurrieren die Palettentypen um dieselben Kapazitäten, dann wird durch eine Palettenstillegung die Produktionsrate der aktiven Palettentypen erhöht. Neben der Stillegungsstrategie besteht die Möglichkeit unbenötigte Paletten derart umzurüsten, daß sie für nicht abgearbeitete Aufträge einsetzbar sind. Auch in diesem Fall verändert sich die Produktionsrate der aktiven Palettentypen. Die Stillegungsstrategie ist in der folgenden Abbildung für ein System mit zwei Palettentypen veranschaulicht:

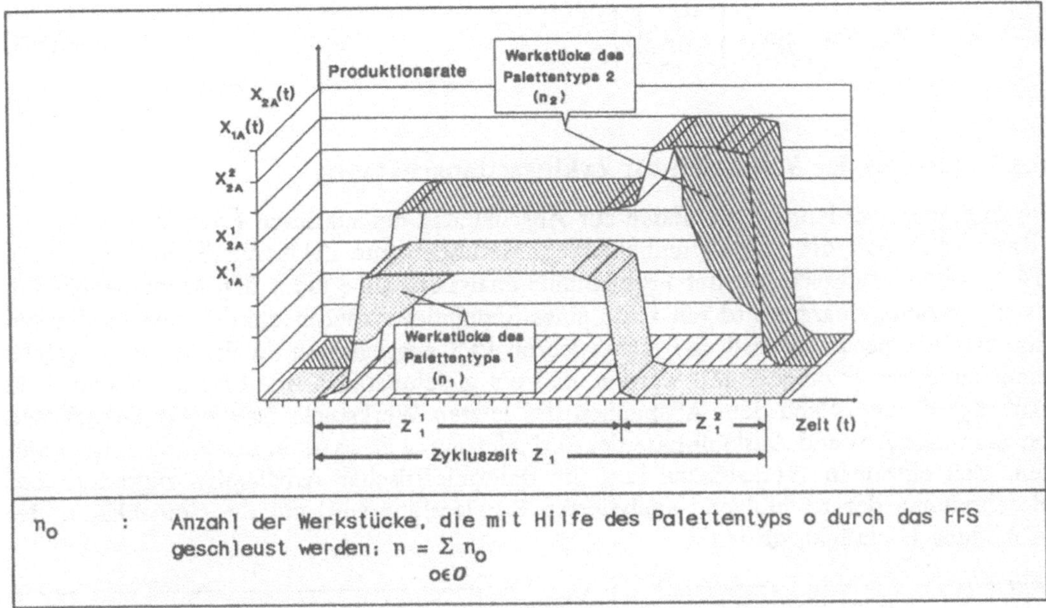

Abb. 48: Mittlere Produktionsrate zweier Palettentypen im Zeitablauf

Für die Palettentypen 1 und 2 ergibt sich nach der Anlaufphase eine mittlere Produktionsrate von $X^1{}_{1A}$ bzw. $X^1{}_{2A}$. Ist die Auftragsmenge n_1 erfüllt, wird der Palettentyp 1 stillgelegt. Hierdurch erhöht sich die Produktionsrate des zweiten Palettentyps von $X^1{}_{2A}$ auf $X^2{}_{2A}$. Die Bestimmung der Serienzykluszeit Z_1 verändert sich unter Berücksichtigung dieses Sachverhaltes wie folgt:

$$Z_1 = \sum_{i=1}^{o} Z^i{}_1 + (b'-b) + (f-f') \tag{261}$$

Die Dauer einer Teilperiode i, $Z^i{}_1$ ergibt sich aus der Zeitspanne, die in der Teilperiode i zur Abarbeitung der Restauftragsmenge eines Palettentyps o, $n^i{}_o$ notwendig wird. Hierbei ist zu beachten, daß die Produktionsrate $X^i{}_{oA}$ in jeder Teilperiode i neu zu bestimmen ist:

$$Z^i{}_1 = \min_{o \in O - P^i} \left[\frac{n^i{}_o}{X^i{}_{oA}} \right] \tag{262}$$

$\quad\quad\quad\quad\quad\uparrow$
$\quad\quad\quad$ Menge der stillgelegten Paletten in der Iterationsstufe i

---

419   vgl. Tempelmeier (1989), S.449

Die Restauftragsmenge eines Palettentyps o, $n^{i+1}{}_o$, die in der Periode $i+1$ abzuarbeiten ist, ergibt sich aus der Differenz zwischen der Auftragsmenge zu Beginn der Teilperiode i, $n^i{}_o$ und der in der Teilperiode i abgearbeiteten Auftragsmenge:

$$n^{i+1}{}_o = n^i{}_o - X^i{}_{oA} \cdot Z^i{}_1 \qquad \forall \; o \in O{-}P^i \qquad\qquad (263)$$

$$n^1{}_o = n_o \qquad\qquad\qquad\qquad \forall \; o \in O \qquad\qquad\qquad (264)$$

Die in jeder Teilperiode i stillgelegten Palettentypen o werden über die Menge P^{i+1} aus den Berechnungen für die nächste Teilperiode $i+1$ ausgeschlossen:

$$P^{i+1} = P^i \cup \left\{ \arg \min_{o \in O{-}P^i} \left[\frac{n^i{}_o}{X^i{}_{oA}} \right] \right\} \qquad\qquad (265)$$

$$P^1 = \{\} \qquad\qquad\qquad\qquad\qquad\qquad (266)$$

6.4.3 Analyse der Methoden zur Zykluszeitabschätzung

Im folgenden werden die Methoden zur Abschätzung der mittleren Produktionsrate $X^*{}_A$ (Kap. 6.4.1) und die hierauf aufbauenden Methoden zur Zykluszeitabschätzung (Kap. 6.4.2) anhand unterschiedlicher Problemfälle analysiert. Eine unter den Modellannahmen exakte Serienzykluszeit wird mit Hilfe eines Simulationsexperiments ermittelt. In diesem Simulationsexperiment wird von einem leeren FFS ausgegangen, in das die Werkstücke einer Serie derart eingesteuert werden, daß ein gleichmäßiges Abarbeiten der einzelnen Aufträge erfolgt. Nach dem Abspannen des letzten Werkstücks ist die Serienzykluszeit bekannt. Die An- und Auslaufphase der Serienfertigung ist somit in der Zykluszeit enthalten. Den einzelnen Werkstücken liegt ein deterministischer Arbeitsplan zugrunde. Zur Beschreibung der nachfolgend analysierten Problemfälle wird auf die Nomenklatur der Abbildung 49 zurückgegriffen.

```
M    :   Maschinenzahl im System, incl. Spannstation, excl. Transportsystem
N    :   Anzahl der im FFS zirkulierenden Paletten
n_r  :   Anzahl der herzustellenden Werkstücke, die in einem Auftrag r zusam-
         mengefaßt sind; Auftragsgröße
Øn_r :   mittlere Größe der Aufträge einer Serie
p_m  :   mittlere Abfertigungszeit an der Station m
R    :   Anzahl der unterschiedlichen Aufträge einer Serie
r_m  :   Zugangswahrscheinlichkeit zu der Station m
```

Abb. 49: Nomenklatur der untersuchten Problemfälle

Für einen Problemfall mit nur einem Palettentyp und variierender Palettenzahl zeigt die Abbildung 50 die Zykluszeiten, die durch Simulation (SIM) und die oben angeführten Abschätzungsmethoden ermittelt wurden.

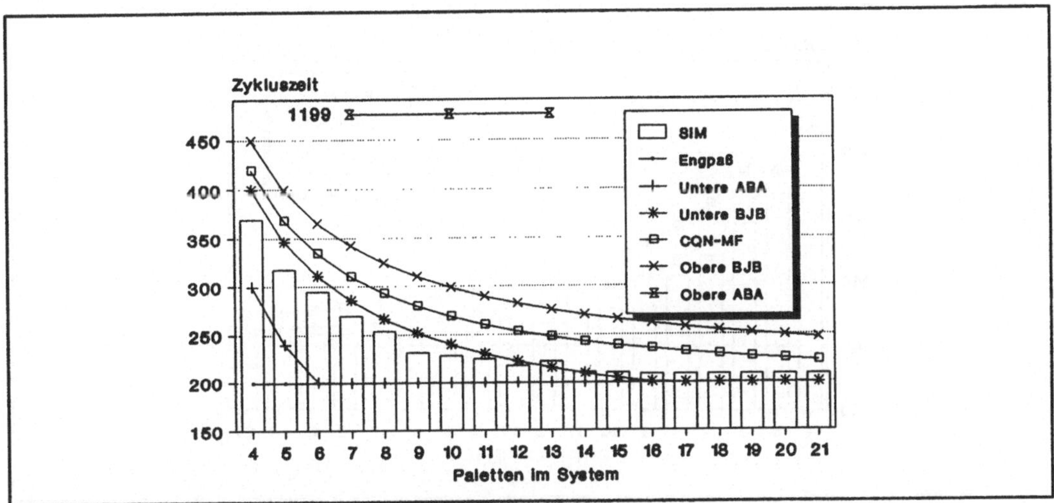

Abb. 50: Zykluszeitabschätzungen in Abhängigkeit von der Palettenzahl (FFS-Daten: M = 8; N = 4,..,20; R = 8; $\varnothing n_r = 6,5$)

Die Abschätzung der Zykluszeit mittels der Kapazitätsbelegung der Engpaßmaschine (Engpaß) führt insbesondere bei niedriger Palettenzahl zu einer erheblichen Unterschätzung der Zykluszeit. Bei hohen Palettenzahlen können aufgrund von Bestandseffekten die Leerzeiten an der Engpaßmaschine reduziert werden, so daß sich die Ergebnisse tendenziell verbessern. Die Anwendung des CQN-Lösungsverfahrens, das auf der mathematischen Faltung basiert (CQN-MF), spiegelt den von der Palettenzahl abhängigen Verlauf der Zykluszeit wider. Das Verfahren überschätzt jedoch die Serienzykluszeit. Die untere ABA-Schranke (Untere ABA) führt gegenüber der Engpaßbetrachtung (Engpaß) nur bei sehr kleinen Palettenzahlen zu günstigeren Ergebnissen. In dem oben analysierten Beispiel fallen Engpaß-Abschätzung (Engpaß) und untere ABA-Schranke (Untere ABA) ab einer Palettenzahl von sechs zusammen. Aus der oberen ABA-Schranke (Obere ABA, Zykluszeit = 1199) resultieren keine akzeptablen Abschätzungen, da hierbei angenommen wird, daß alle Werkstücke geschlossen von einer Maschine zur nächsten gelangen (s. Kap 6.4.1.3.1). Deutlich wird aber, daß die untere und die obere ABA-Schranke die Simulationsergebnisse eingrenzen. Dies ist für die BJB-Schranken (Untere BJB bzw. Obere BJB) nicht mehr gegeben. Diese Schranken setzen die Bedingungen eines klassischen CQN-Modells voraus (s. Kap 6.4.1.1). Für den untersuchten Fall ist vor allem die Bedingung einer exponentialverteilten Bearbeitungszeit verletzt. Zu erkennen ist aber, daß die BJB-Schranken die Ergebnisse des CQN-Lösungsverfahrens begrenzen. Eine relativ gute Abschätzung der Zykluszeit erzielt das Lösungsverfahren der Mittelwertanalyse, welches generellverteilte Bearbeitungszeiten berücksichtigt (MVA/G) (s. Abb. 51).

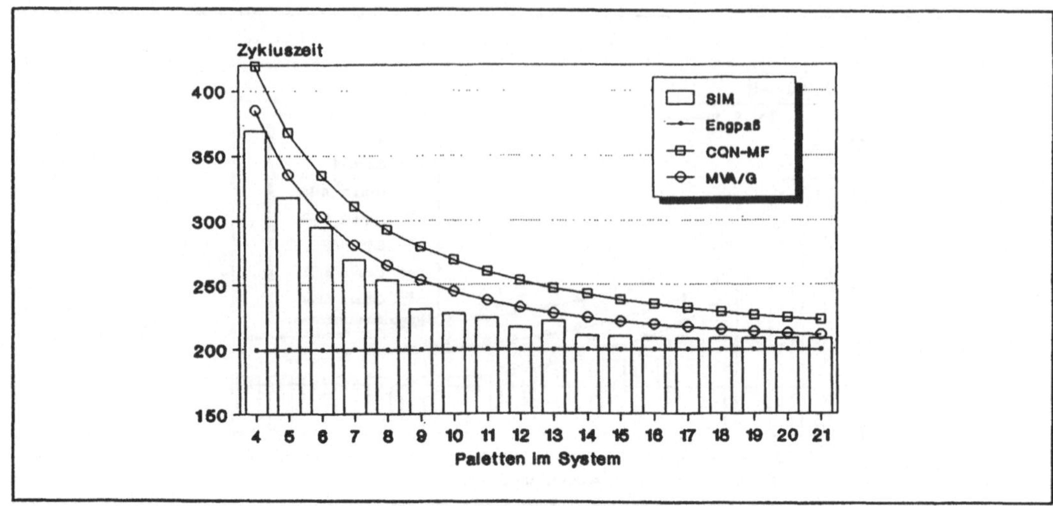

Abb. 51: Zykluszeitabschätzungen in Abhängigkeit von der Palettenzahl (FFS-Daten:
M = 8; N = 4,..,20; R = 8; $\varnothing n_r$ = 6,5)

Aus der Abbildung 51 wird deutlich, daß zur Ermittlung einer genauen Zykluszeitabschätzung die Streuung der Bearbeitungszeiten zu berücksichtigen ist. Mit zunehmender
bzw. abnehmender Streuung nehmen unter stochastischen Bedingungen die Maschinenleerzeiten zu bzw. ab. Dadurch tritt eine Verlängerung bzw. Verkürzung der Zykluszeit
ein. In der folgenden Abbildung ist dieser Sachverhalt für die Variationskoeffizienten von
VC_m = 0,0 bis VC_m = 2,0, $\forall$ m$\in$M dargelegt, wobei die An- und Auslaufphase ausgeschlossen
und stochastische Werkstückbewegungen unterstellt wurden.

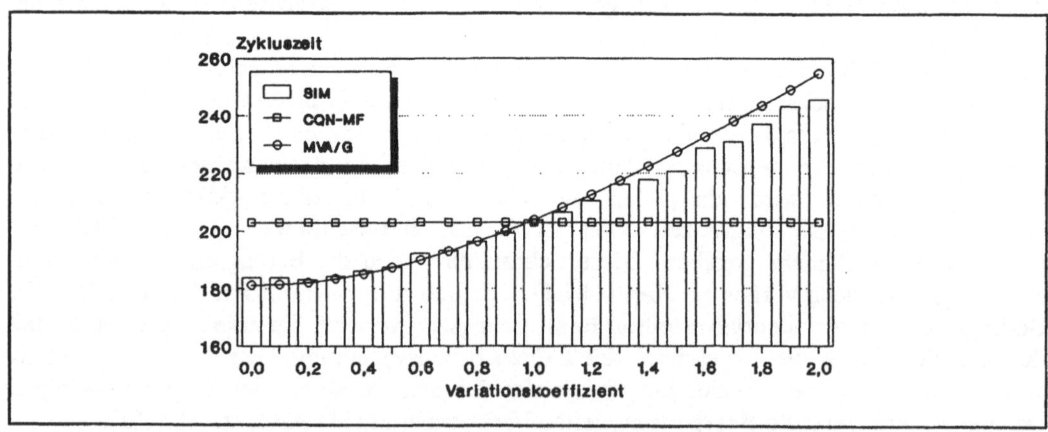

Abb. 52: Zykluszeit in Abhängigkeit von den Variationskoeffizienten der Bearbeitungszeiten (FFS-Daten: M = 8; N = 16; r_m = 0,125, $\forall$ m$\in$M, p_{1-8} = 10,..,18)

Das Verfahren MVA/G zeigt eine relativ gute Approximation der Zykluszeit. Ist der
Variationskoeffizient VC_m > 1,4, $\forall$ m$\in$M, so wird die Zykluszeit überschätzt. In der Regel
kann jedoch davon ausgegangen werden, daß in praxisrelevanten Anwendungsfällen die
Standardabweichung der Bearbeitungszeiten den Bearbeitungszeitmittelwert nicht
übersteigt. In diesem Fall gilt für den Variationskoeffizienten: VC_m≤1, $\forall$ m$\in$M. Das Ver-

fahren CQN-MF unterstellt exponentialverteilte Bearbeitungszeiten, $VC_m = 1$. Hierdurch sind die Ergebnisse vom Variationskoeffizienten unabhängig.

Ein Problempunkt der Zykluszeitabschätzung ist die Berücksichtigung der An- und Auslaufphase einer Serienfertigung. Inwieweit die An- und Auslaufphase die Qualität einer Abschätzung beeinflussen, ist von deren Anteil an der Gesamtzykluszeit abhängig. Enthält eine Serie wenige zu fertigende Werkstücke, so macht sich eine Vernachlässigung der An- und Auslaufphase besonders bemerkbar. Den Einfluß der An- und Auslaufphase auf die Zykluszeitabschätzung verdeutlicht die folgende Abbildung. Hierbei wurde die Auftragsgröße der in einer Serie zusammengefaßten Aufträge variiert.

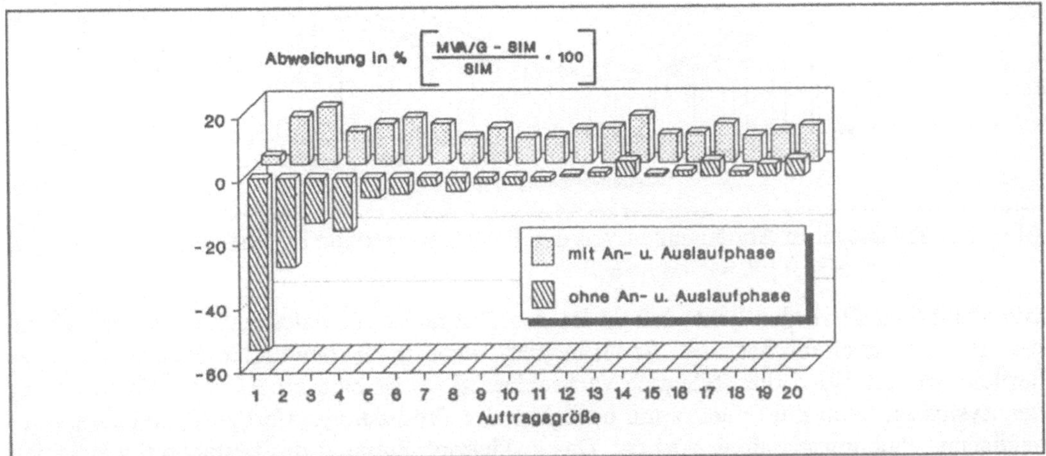

Abb. 53: Abweichung der Zykluszeitabschätzung mit dem Verfahren MVA/G in Abhängigkeit von der Auftragsgröße (FFS-Daten: $M = 8$; $N = 16$; $R = 4$; $n_r = 1,..,20$)

Die Abbildung 53 zeigt die Ergebnisse des MVA/G-Verfahrens unter Berücksichtigung bzw. unter Vernachlässigung der An- und Auslaufphase. Werden die Phasen vernachlässigt, dann führt dies bei kleinen Seriengrößen zu einer erheblichen Unterschätzung der Zykluszeit. Eine Vernachlässigung kann daher nur dann akzeptiert werden, wenn die Serie (Anzahl der Aufträge und/oder Auftragsgröße) eine ausreichende Anzahl an Werkstücken enthält. Werden An- und Auslaufphase berücksichtigt, so zeigen die Ergebnisse eine von der Auftragsgröße unabhängige Überschätzung der Zykluszeit (etwa 10%). Diese Überschätzung, die bereits in vorherig analysierten Problemfällen (s. Abb. 51) auftrat, wird dadurch hervorgerufen, daß das CQN-Modell stochastische Werkstückbewegungen unterstellt. In dem Simulationsexperiment wurden dagegen deterministische Arbeitspläne abgebildet. Diese Einschränkung der Abschätzungsmethode wird insbesondere bei den hier untersuchten Problemfällen deutlich, da jede Serie lediglich vier unterschiedliche Werkstücktypen beinhaltet. Die durch diesen Fehler verursachte pessimistische Abschätzung der Zykluszeit kann angebracht sein, wenn zum Zeitpunkt der Planung einige der einfließenden Daten[420] ungenau sind.

---

420 Zum Planungszeitpunkt sind Annahmen über die Ergebnisse der Systemrüstungsplanung vorzunehmen. Weiterhin werden eventuell auftretende Maschinenausfälle durch eine pessimistische Abschätzung der Zykluszeit berücksichtigt.

Zirkulieren mehrere unterscheidbare Palettentypen im System, dann ist die Zykluszeit einer Serie von der Verteilung der Gesamtpalettenzahl auf die jeweiligen Typen abhängig (s. Abb. 54 sowie Kap. 6.2 und 6.3.3).

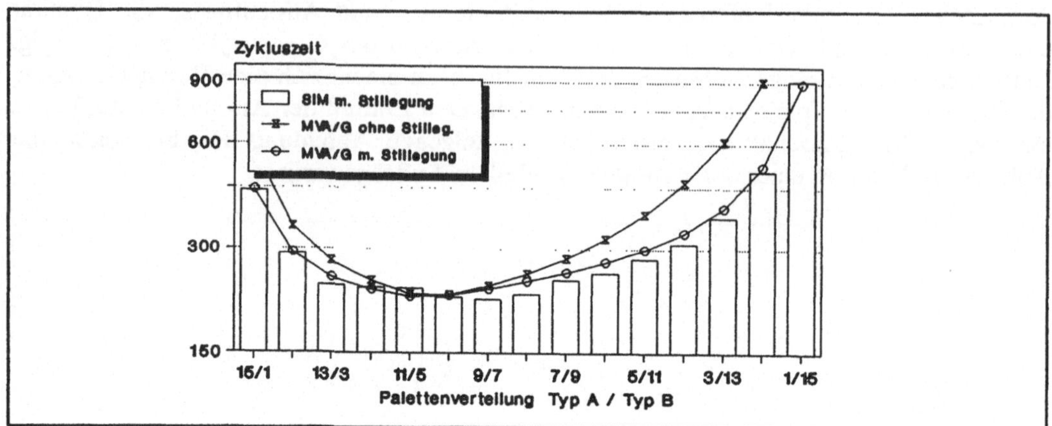

Abb. 54: Zykluszeit in Abhängigkeit von der Palettenverteilung im System (FFS-Daten: $M = 8$; $N = 16$; $R = 8$; $\varnothing n_r = 6{,}5$)

Die Abbildung 54 verdeutlicht, daß es für den Fall mehrerer Palettentypen wesentlich ist, bei der Zykluszeitabschätzung die Stillegung nicht mehr benötigter Palettentypen zu berücksichtigen. Wird die Stillegung vernachlässigt, so ist eine erhebliche Überschätzung der Zykluszeit dann die Folge, wenn bezüglich der Produktionsanforderungen eine unausgeglichene Palettenverteilung vorliegt. Das Zykluszeitminimum des betrachteten Beispiels wird erreicht, wenn die Aufträge, die den beiden Palettentypen zugeordnet wurden, zur gleichen Zeit beendet werden. In diesem Fall führen die Abschätzungen mit und ohne Stillegung zu gleichen Ergebnissen. Die Abschätzung der Stillegungsvariante des Verfahrens MVA/G eignet sich somit zum Einsatz in einem Optimierungsverfahren zur Bestimmung der optimalen Zuordung von Spannelementen zu den im System zirkulierenden Paletten (vgl. Kap 6.3.3).

6.5   Lösung der Teilprobleme

In Kapitel 6.3.3 wurden die drei Teilprobleme **CLMIN**, **CLUST** und **SYSR** benannt, deren Lösung im folgenden aufzuzeigen ist. Hierbei wird nach einem einheitlichen Muster vorgegangen. Zunächst werden die jeweiligen Modelle formuliert und deren Komplexität aufgezeigt. Anschließend werden Lösungsverfahren vorgeschlagen und versucht die erzielbare Lösungsqualität sowie den notwendigen Lösungsaufwand der einzelnen Verfahren darzustellen. Zu Vergleichszwecken wird, wenn möglich, ein exaktes Verfahren herangezogen. Die Analyse der Gesamtverfahrenskonzeption erfolgt gemeinsam mit zwei in der Literatur vorgeschlagenen Verfahren in Kapitel 7. Dabei werden in einer Verfahrensvariante die beiden Teilprobleme **CLUST** und **SYSR** simultan gelöst.

6.5.1   Untergrenze der Serienzahl

Ausgangspunkt der vorgeschlagenen Lösungskonzeption ENL ist eine zulässige Lösung mit minimaler Serienzahl. In diesem Kapitel werden daher verschiedene Lösungsmöglichkeiten für diese Problemstellung miteinander verglichen und ein geeignetes Verfahren zur Bestimmung einer derartigen Startlösung ausgewählt.

Die Problemstellung ist mit dem Bin-Packing-Problem[421] verwandt. Dieses betrachtet Produkte, die in ein Minimum an notwendigen Paketen (bins) zu packen sind. In diesem Zusammenhang stellen die anstehenden Aufträge die Produkte und die Serien die Pakete dar. Die knappen Werkzeugmagazine entsprechen den Kapazitätsgrenzen der Pakete.

Die Komplexität der Problemstellung wird wesentlich von der Tatsache beeinflußt, ob das FFS nur aus ergänzenden oder aus ergänzenden und ersetzenden Maschinen besteht. Diese beiden Fälle werden daher im folgenden zunächst getrennt betrachtet. Mit Hilfe der gewonnen Erkenntnisse aus der Ergebnisanalyse wird dann für beide Fälle ein einheitliches Lösungsverfahren festgelegt. In der Modellformulierung ENL wurde angenommen, daß sich der Werkzeugbedarf eines Auftrags unabhängig von dessen Losgröße ergibt. Die Begriffe Auftrag und Werkstück können daher gleichgesetzt werden.

6.5.1.1   Ergänzende Maschinen

6.5.1.1.1   Modellformulierung

Besteht das FFS nur aus ergänzenden Maschinen $M_k = 1$, $\forall\ k \epsilon K$, dann kann für die Problemstellung das folgende Modell formuliert werden, wobei die Serienzahl L ausreichend groß zu wählen ist (eventuell $L = R$).

---

421   vgl. Garey, Johnson (1981)

Modell: CLMIN_1

Daten:

c_l : Menge der Aufträge r in Serie l

d_r : Fälligkeitstermin des Auftrags r

I : Menge der Werkzeuge i

I_m : Werkzeugmenge, die in der aktuellen Serienplanung der Maschine m zugeordnet ist

I_{km} : Werkzeugmenge, die von Arbeitsgang k an der Maschine m benötigt wird

L : Menge der Serien l

M : Menge der Maschinen m

R : Menge der Aufträge r

s_i : Anzahl der Werkzeugplätze, die Werkzeug i beansprucht

s_{rim} = $\begin{cases} 1 & \text{, wenn Werkstück r an Maschine m Werkzeug i benötigt} \\ 0 & \text{, sonst} \end{cases}$

w_m : Werkzeugmagazinkapazität der Maschine m

Variable:

u_l = $\begin{cases} 1 & \text{, wenn Serie l benötigt wird} \\ 0 & \text{, sonst} \end{cases}$

x_{rl} = $\begin{cases} 1 & \text{, wenn Auftrag r in Serien l gefertigt wird} \\ 0 & \text{, sonst} \end{cases}$

y_{iml} = $\begin{cases} 1 & \text{, wenn Werkzeug i der Maschine m in Serie l zugeordnet wird} \\ 0 & \text{, sonst} \end{cases}$

Zielfunktion:

$$\min \; Z(x_{rl}, y_{iml}, u_l) = \sum_{l \in L} u_l \tag{267}$$

u.B.d.R.

Jeder Auftrag r ist genau einer Serie zuzuordnen:

$$\sum_{l \in L} x_{rl} = 1 \qquad\qquad \forall \; r \in R, \tag{268}$$

Wenn Auftrag r der Serie l zugewiesen wird, dann sind auch die benötigten Werkzeuge an der Maschine m bereitzustellen:

$$\sum_{r \in R} s_{rim} \cdot x_{rl} \leq R \cdot y_{iml} \qquad\qquad \forall \; i \in I,\; m \in M,\; l \in L \tag{269}$$

Werkzeugmagazinbeschränkungen der Maschinen M:

$$\sum_{i \in I} s_i \cdot y_{iml} \leq w_m \cdot u_l \qquad\qquad \forall \; m \in M,\; l \in L \tag{270}$$

Werden in der Serie l einer der Maschinen Werkzeuge zugeordnet, dann wird die Binärvariable u_l zu Eins gesetzt.

Binärbedingungen:

$$x_{rl} = \{0,1\} \qquad\qquad \forall \; r \in R,\; l \in L \tag{271}$$

$$y_{iml} = \{0,1\} \qquad\qquad \forall \; i \in I,\; m \in M,\; l \in L \tag{272}$$

$$u_l = \{0,1\} \qquad\qquad \forall \; l \in L \tag{273}$$

Die Problemstellung **CLMIN_1** ist wie das Problem **ENL** ebenfalls NP-schwierig, da sich das als NP-vollständig bekannte Bin-Packing-Problem **BPP**(S) auf das Entscheidungsproblem **CLMIN_1**(Z) reduzieren läßt. Die Beweisführung entspricht derjenigen aus Kapitel 6.3.1.

Satz: Das Bin-Packing-Problem **BPP**(S) ist reduzierbar auf das Entscheidungsproblem **CLMIN_1**(Z).

Beweis: Wir betrachten ein **CLMIN_1**(Z) Entscheidungsproblem mit:

$$M = 1, \qquad d_r = \infty \qquad \forall\ r \in R$$

$$I_{km} \cap I_{lm} = \{\} \qquad \forall\ k, l \in K,\ m \in M,\ k \neq l$$

und setzen $S = Z$. In diesem Fall ist das Entscheidungsproblem **CLMIN_1**(Z) genau dann lösbar, wenn das Bin-Packing-Problem **BPP**(S) lösbar ist. **q.e.d.**

6.5.1.1.2 Lösungsverfahren

Wie in Kapitel 5.2.1.2.1 dargestellt, haben Tang und Denardo für die betrachtete Problemformulierung ein exaktes B&B-Verfahren entwickelt. Da dieses Verfahren für realistische Problemstellungen eine unverhältnismäßig hohe Lösungszeit benötigt[422], werden im folgenden heuristische Lösungsverfahren vorgeschlagen. Im Anschluß daran werden die Lösungsgüte und die Laufzeit der Heuristiken mit dem B&B-Verfahren von Tang und Denardo verglichen. Alle zur Lösung der Problemstellung **CLMIN_1** vorgeschlagenen Heuristiken verwenden das folgende Schema: Die Aufträge werden nach einer bestimmten Reihenfolge solange einer Serie zugeordnet, bis keine zulässige Zuordnung mehr möglich ist. Ist die Bildung einer Serie abgeschlossen, dann wird eine neue Serie eröffnet[423]. Das Kriterium zur Bestimmung der Reihenfolge wird nach jeder erfolgreichen Zuordnung neu berechnet. Dieses Verfahren wird solange fortgesetzt, bis alle Aufträge einer Serie zugeordnet sind[424] (s. Abb. 55).

---

422 vgl. Tang, Denardo (1988b), S.780-783
423 Das Vorgehen entspricht einer FFD-Heuristik (vgl. Syslo, Deo, Kowalik (1983), S.526).
424 Es wird allgemein angenommen, daß jedes Werkzeug genau einen Platz im Werkzeugmagazin beansprucht $s_j = 1$. Die vorgeschlagenen Heuristiken sind generell auch anwendbar, wenn diese Bedingung nicht gilt.

Stufe 0: Initialisierung

$$l=0; \quad R_0=\{r, r=1..R\}; \quad R_1=\{\}; \quad C_l=\{\}, \quad l=1,...,L$$

Stufe 1: Neue Serie

1a) $l=l+1; \quad R_0=R_0 \cup R_1; \quad R_1=\{\}$

1b)   Wähle nach dem Kriterium A_l aus den zur Verfügung stehenden Aufträgen R_0 ein Auftrag r für die Serie l aus

$$r = f(A_l)$$
$$C_l=C_l \cup \{r\}, \quad R_0=R_0 \setminus \{r\}$$

Stufe 2: Zuordnen von Aufträgen zu Serien

2a)   wenn $R_0=\{\}$, $R_1=\{\}$, gehe zu Stufe 3
      wenn $R_0=\{\}$, $R_1 \neq \{\}$, gehe zu Stufe 1a

2b)   Sortiere die Aufträge R_0 nach dem Kriterium B_l in eine Reihenfolge R_s

$$R_s = f(B_l) = \{r^1,...,r^i,...,r^{RO}, \ r \in R_0\}$$

2c)   Versuche nach dieser Reihenfolge solange einen Auftrag r^i zuzuordnen, bis dies gelingt.

2ca) $i=0$
2cb)   wenn $i=R_0$, gehe zu 1a
2cc) $i=i+1$
      wenn $C_l \cup \{r^i\}$ zulässig, dann $C_l=C_l \cup \{r^i\}$; $R_0=R_0 \setminus \{r^i\}$; gehe zu Stufe 2a
                sonst $R_1=R_1 \cup \{r^i\}$; $R_0=R_0 \setminus \{r^i\}$; gehe zu Stufe 2cb

Stufe 3: Stopp

Ende des Verfahrens, die Anzahl der notwendigen Serien ist l.
$L=l$

Abb. 55: Heuristischer Verfahrensablauf zur Minimierung der Serienzahl CLMIN_1

Innerhalb des Verfahrens **CLMIN_1** kommen zwei unterschiedliche Sortierkriterien zum Einsatz. Das Kriterium A_l wählt den ersten Auftrag einer Serie aus, während das Kriterium B_l die darauffolgenden Aufträge festlegt. Durch die Formulierung von unterschiedlichen Sortierkriterien A_l und B_l werden gleichzeitig verschiedene heuristische Lösungsverfahren gebildet:

Kriterium A_1:

Mit dem Kriterium A_1 wird der erste Auftrag eines Clusters ausgewählt. Hierbei wird wie folgt vorgegangen: Aus den noch nicht zugeordneten Aufträgen wird der Auftrag ausgewählt, der an der Maschine m mit der größten relativen Werkzeugbelegung die meisten Werkzeuge benötigt.

$$m = \arg \max_{n \in M} \frac{\left| \bigcup_{r \in R_0} I_{rn} \right|}{w_n} \tag{274}$$

$$f(A_1) = r = \arg \max_{k \in R_0} I_{km} \tag{275}$$

Kriterien B_i:

Mit den Kriterien B_i werden die Aufträge für ihre Zuordnung zu einem bestehenden Cluster in eine Reihenfolge gebracht. Die Bildung dieser Reihenfolge kann nach unterschiedlichen Gesichtspunkten erfolgen, welche sich wiederum miteinander kombinieren lassen.

Das Zielkriterium einer minimalen Serienzahl wird dann erfüllt, wenn in den einzelnen Serien Aufträge zusammengefaßt sind, die sich möglichst viele Werkzeuge teilen. Die Zuordnung eines Auftrags zu einer Serie ist somit dann sinnvoll, wenn ein Auftrag möglichst viele Werkzeuge mit den einer Serie bereits zugeordneten Aufträgen gemeinsam hat. Hieraus läßt sich das Zuordnungskriterium "viele gemeinsame Werkzeuge" ableiten.

Entsprechend läßt sich ein Zuordnungskriterium begründen, in dem der Auftrag ausgewählt wird, der gegenüber den schon vorhandenen Werkzeugen möglichst wenige zusätzliche Werkzeuge benötigt (Differenzwerkzeuge).

Berücksichtigt man das Kriterium der gemeinsamen Werkzeuge, dann werden die Aufträge nach fallenden Werten zugeordnet. Im Falle des Kriteriums der Differenzwerkzeuge werden die Aufträge nach steigenden Werten zugeordnet.

In bezug auf die betrachteten Werkzeugmagazine können zur Berechnung der Kriterienwerte entweder alle im System befindlichen Werkzeugmagazine (Magazin-Summe) oder nur das Werkzeugmagazin mit der relativ geringsten Anzahl an freien Werkzeugplätzen (Engpaß-Magazin) herangezogen werden.

Die Sortierkriterien können desweiteren danach unterschieden werden, ob bei gleichen Prioritätswerten eine zufällige Auswahl getroffen wird, oder ob diese nach einem neuen Kriterium sortiert werden. Wird bei gleichen Werten eine weitere Sortierung vorgenommen, dann wird nach fallendem bzw. nach steigendem Werkzeuggesamtbedarf geordnet.

Aus diesen Varianten lassen sich die in Tab. 3 aufgezeigten Sortierkriterien bilden.

Sortierkriterium bei Gleichheit Werkzeugmenge	Fallende Zahl an gemeinsamen Werkzeugen		Steigende Zahl an Differenzwerkzeugen	
	zufällig	steigende Werkzeugzahl	zufällig	fallende Werkzeugzahl
Engpaß-Magazin	B_1	B_2	B_3	B_4
Magazin-Summe	B_5	B_6	B_7	B_8

Tab. 3:   Sortierkriterien B_{1-8} der vorgeschlagenen Heuristiken

Die Ursache für die Wahl der unterschiedlichen Sortierkriterien basiert auf den folgenden Zusammenhängen:

Die Ähnlichkeitsmaße "viele gemeinsame Werkzeuge" und "wenige Differenzwerkzeuge" sind identisch, wenn die Zahl der benötigten Werkzeuge für alle Aufträge gleich ist. Ist dies nicht gegeben, dann werden durch das Kriterium "viele gemeinsame Werkzeuge" die

Aufträge bevorzugt, bei denen der Gesamtwerkzeugbedarf relativ hoch ist. Dadurch steigt die Wahrscheinlichkeit, daß die Werkzeugliste solche Werkzeuge enthält, die bereits im System vorhanden sind. Der Nachteil ist, daß den Magazinen verhältnismäßig viele neue Werkzeuge zugeführt werden, es unter Umständen aber sinnvoll ist, das Magazin möglichst langsam zu füllen. Eben das wird durch das Kriterium "wenige Differenzwerkzeuge" erreicht. Der Nachteil dieses Kriteriums ist, daß ein Auftrag zurückgestellt wird, welcher sehr viele gemeinsame Werkzeuge besitzt, dadurch aber mehr Differenzwerkzeuge einbringt. Vor diesem Hintergrund wird in einer Verfahrensvariante bei Vorliegen identischer Kriterien-Werte nach fallendem bzw. steigendem Werkzeuggesamtbedarf sortiert.

Eine Kombination der Kriterien "viele gemeinsame Werkzeuge" und "wenige Differenzwerkzeuge" verwenden Whitney und Gaul[425] in ihrem Index pw_r, der in Kriterium B_9 berücksichtigt wird.

Werden bei der Kriterienberechnung alle zugeordneten Werkzeuge herangezogen (Magazin-Summe), dann werden die Werkzeugähnlichkeiten an allen Magazinen des Systems gleichermaßen berücksichtigt. Das hat den Nachteil, daß Magazine mit ausreichender Kapazität in die Berechnung einbezogen werden. Es ist dadurch möglich, daß ein Auftrag ausgewählt wird, obwohl er keine oder nur wenige gemeinsame Werkzeuge mit dem Magazin aufweist, dessen Werkzeugmagazin annähernd gefüllt ist. Daher kann es sinnvoll sein, die Kriterienberechnung auf das Magazin mit der größten relativen Werkzeugmagazinbelastung zu beschränken (Engpaß-Magazin).

Die Kriterien B_i, $i = 1,..,9$ sind im folgenden dargestellt. Gemeinsam mit dem Kriterium A_1 ergeben sich aus ihnen die Heuristiken $H_1,..,H_9$. Die Anzahl der gemeinsamen Werkzeuge, die Anzahl der benötigten Differenzwerkzeuge und der resultierende gesamte Werkzeugbedarf ergeben sich wie folgt:

Gemeinsamer Werkzeugbedarf des Auftrags r mit Maschine m:

$$gm_{rm} = \quad | \, I_{rm} \cap I_m \, | \tag{276}$$

Gemeinsamer Werkzeugbedarf des Auftrags r mit allen Maschinen M

$$gm_r = \sum_{m \in M} | \, I_{rm} \cap I_m \, | \tag{277}$$

Zusätzlicher Werkzeugbedarf des Auftrags r an Maschine m (Differenzwerkzeuge):

$$df_{rm} = \quad | \, I_{rm} \setminus I_m \, | \tag{278}$$

Zusätzlicher Werkzeugbedarf des Auftrags r an allen Maschinen M

$$df_r = \sum_{m \in M} | \, I_{rm} \setminus I_m \, | \tag{279}$$

Resultierender gesamter Werkzeugbedarf an Maschine m nach Zuordnung des Auftrags r:

$$bd_{rm} = \quad | \, I_{rm} \cup I_m \, | \tag{280}$$

Resultierender gesamter Werkzeugbedarf an allen Maschinen M nach Zuordnung des Auftrags r:

$$bd_r = \sum_{m \in M} | \, I_{rm} \cup I_m \, | \tag{281}$$

---

425   vgl. Whitney, Gaul (1985), S.310

Die Aufträge werden innerhalb von R_S derart sortiert, daß Auftrag k vor Auftrag r steht, $k,r \in R_0$, $k \neq r$.

B_1: Es wird nach fallender Zahl bereits vorhandener Werkzeuge an der Maschine mit der größten relativen Werkzeugbelegung sortiert.

$$m = \arg \max_{n \in M} \frac{l_n}{w_m - l_n} \tag{282}$$

$$f(B_1) = R_S = \{\ldots,k,r,\ldots \mid k,r \in R_0, \; k \neq r, \; [gm_{km} \geq gm_{rm}] \} \tag{283}$$

B_2: Es wird nach fallender Zahl bereits vorhandener Werkzeuge an der Maschine mit der größten relativen Werkzeugbelegung sortiert. Bei Gleichheit wird nach steigender Zahl insgesamt benötigter Werkzeuge sortiert.

$$m = \arg \max_{n \in M} \frac{l_n}{w_m - l_n} \tag{284}$$

$$f(B_2) = R_S = \{\ldots,k,r,\ldots \mid k,r \in R_0, \; k \neq r, \; [gm_{km} > gm_{rm}, \; bd_{km} \leq db_{rm}] \; \text{lexikographisch}\} \tag{285}$$

B_3: Es wird nach steigender Zahl zusätzlich benötigter Werkzeuge an der Maschine mit der größten relativen Werkzeugbelegung sortiert.

$$m = \arg \max_{n \in M} \frac{l_n}{w_m - l_n} \tag{286}$$

$$f(B_3) = R_S = \{\ldots,k,r,\ldots \mid k,r \in R_0, \; k \neq r, \; [df_{km} \leq df_{rm}] \} \tag{287}$$

B_4: Es wird nach steigender Zahl zusätzlich benötigter Werkzeuge an der Maschine mit der größten relativen Werkzeugbelegung sortiert. Bei Gleichheit wird nach fallender Zahl insgesamt benötigter Werkzeuge sortiert.

$$m = \arg \max_{n \in M} \frac{l_n}{w_m - l_n} \tag{288}$$

$$f(B_4) = R_S = \{\ldots,k,r,\ldots \mid k,r \in R_0, \; k \neq r, \; [df_{km} < df_{rm}, \; bd_{km} \geq db_{rm}] \; \text{lexikographisch}\} \tag{289}$$

B_5: Es wird nach fallender Zahl bereits vorhandener Werkzeuge über alle Maschinen sortiert.

$$f(B_5) = R_S = \{\ldots,k,r,\ldots \mid k,r \in R_0, \; k \neq r, \; [gm_k \geq gm_r] \} \tag{290}$$

B_6: Es wird nach fallender Zahl bereits vorhandener Werkzeuge über alle Maschinen sortiert. Bei Gleichheit wird nach steigender Zahl insgesamt benötigter Werkzeuge sortiert.

$$f(B_6) = R_S = \{\ldots,k,r,\ldots \mid k,r \in R_0, \; k \neq r, \; [gm_k > gm_r, \; bd_k \leq db_r] \; \text{lexikographisch}\} \tag{291}$$

B_7: Es wird nach steigender Zahl zusätzlich benötigter Werkzeuge über alle Maschinen sortiert.

$$f(B_7) = R_S = \{\ldots,k,r,\ldots \mid k,r \in R_0, \; k \neq r, \; [df_k \leq df_r] \} \tag{292}$$

B_8:   Es wird nach steigender Zahl zusätzlich benötigter Werkzeuge über alle Maschinen sortiert. Bei Gleichheit wird nach fallender Zahl insgesamt benötigter Werkzeuge sortiert.

$$f(B_8) = R_s = \{..,k,r,..| \ k,r\epsilon R_0, \ k\neq r, \ [df_k<df_r, \ bd_k\geq db_r] \ \text{lexikographisch} \ \}$$

(293)

B_9:   Es wird nach fallenden Werten des Indizes pw_r[426] sortiert.

$$pw_r = (gm_r+1) \ / \ (gm_r+df_r+1)$$

(294)

$$f(B_9) = R_s = \{..,k,r,..| \ k,r\epsilon R_0, \ k\neq r, \ [pw_k\geq pw_r] \ \}$$

(295)

Rajagopalan[427] schlägt zur Lösung der Problemstellung **CLMIN_1** drei Heuristiken vor. Zwei seiner Heuristiken basieren auf der FFD-Heuristik für das Bin-Packing-Problem. Diese berücksichtigen grundsätzlich keine Werkzeugähnlichkeiten und führen daher zu ungünstigen Ergebnissen. In einer dritten Heuristik versucht Rajagopalan dieses Kriterium einzubeziehen. Das Verfahren wird als Vergleichsheuristik H_{10} gewählt. Hierbei ist das Auswahlkriterium A_i mit dem Kriterium B_{10} identisch.

Das Sortierkriterium ra_r von Rajagopalan versucht die Aufträge bevorzugt zuzuordnen, die Werkzeuge an einer Maschine mit hohem Werkzeuggesamtbedarf benötigen, die auch von den Aufträgen aus der Menge R_0 benötigt werden.

H_{10}:   Es wird nach fallenden Werten des Indizes ra_r[428] sortiert.

Bestandteil des Indizes ra_r ist die relative Werkzeugmagazinbelastung der Maschine m, mt_m durch alle noch nicht zugeordneten Aufträge R_0:

$$mt_m = \frac{\overset{U}{\underset{r\epsilon R_0}{}} I_{rm}}{w_m} \qquad\qquad \forall,m\epsilon M$$

(296)

und die mittlere Verwendungshäufigkeit eines Werkzeugs i pro Auftrag r aus der Menge der noch nicht zugeordneten Aufträge R_0:

$$a_i = \frac{\underset{r\epsilon R_0}{\Sigma} \ \underset{m\epsilon M}{\Sigma} \ |\{i\}\cap I_{rm}|}{R_0} \qquad\qquad \forall,i\epsilon I$$

(297)

Der Index ra_r ergibt sich dann wie folgt:

$$ra_r = \underset{m\epsilon M}{\Sigma} \ mt_m \cdot [\underset{i\epsilon[I_{rm}\backslash I_m]}{\Sigma} a_i] \qquad\qquad \forall,r\epsilon R_0$$

(298)

Werkzeuge des Auftrags r, die der Maschine m noch nicht zugeordnet sind

$$f(A_{10}) = r = \text{arg} \ \underset{k\epsilon R_0}{\text{max}} \ ra_k$$

(299)

$$f(B_{10}) = R_s = \{..,k,r,..| \ k,r\epsilon R_0, \ k\neq r, \ [ra_k\geq ra_r] \ \}$$

(300)

---

426   vgl. Whitney, Gaul (1985), S.310
427   vgl. Heuristik HEUSHR, Rajagopalan (1985), S.22
428   vgl. Heuristik HEUSHR, Rajagopalan (1985), S.21-22

Die höhere Gewichtung der Aufträge, die gemeinsame Werkzeuge mit den noch zuzu-ordnenden Aufträgen $r \epsilon R_0$ aufweisen, scheint weniger sinnvoll, da die Gemeinsamkeit mit den im System befindlichen Werkzeugen vernachlässigt wird. Das Verfahren von Rajagopalan wird in diesem Punkt angepaßt und als Heuristik H_{11} getestet, wobei das Kriterium A_1 Anwendung findet.

H_{11}:   Es wird nach fallenden Werten des Indizes rax_r[429] sortiert.

Bestandteil des Indizes rax_r ist zum einen die relative Werkzeugmagazinbelastung der Maschine m, mt_m durch alle noch nicht zugeordneten Aufträge R_0:

$$mt_m = \frac{\left| \bigcup_{r \epsilon R_0} I_{rm} \right|}{w_m} \qquad \forall, m \epsilon M \qquad (301)$$

und zum anderen die mittlere Verwendungshäufigkeit eines Werkzeugs i pro Auftrag r aus der Menge der zugeordneten Aufträge C_1:

$$ax_i = \frac{\sum_{r \epsilon R_1} \sum_{m \epsilon M} |\{i\} \cap I_m|}{C_1} \qquad \forall, i \epsilon I \qquad (302)$$

Der Indizes rax_r ergibt sich wie folgt:

$$rax_r = \sum_{m \epsilon M} mt_m \cdot [\underbrace{\sum_{i \epsilon [I_{rm} \setminus I_m]}}_{\substack{\text{Werkzeuge des Auftrags r, die der Maschine m noch} \\ \text{nicht zugeordnet sind}}} ax_i] \qquad \forall, r \epsilon R_0 \qquad (303)$$

$$f(B_{11}) = R_S = \{..,k,r,..| \ k,r \epsilon R_0, \ k \neq r, \ [rax_k \geq rax_r] \} \qquad (304)$$

6.5.1.1.3 Ergebnisse

Die Lösungsqualität der vorgeschlagenen Heuristiken wird im folgenden mit den Ergebnissen des exakten B&B-Verfahrens von Tang und Denardo[430] verglichen. Hierzu werden verschiedene Problemfälle künstlich generiert. Die gewählte Anzahl der ergänzenden Maschinen M und die Kapazitäten der Werkzeugmagazine, w_m, $\forall$ $m \epsilon M$ ist den folgenden Ergebnistabellen zu entnehmen. Der Werkzeugbedarf eines Auftrags r an den einzelnen Maschinen wurde zwischen den in Abb. 56 dargestellten Grenzen gleichverteilt erzeugt.

Gesamtwerkzeugmenge:	$I = \{1,..,100\}$
Werkzeugbedarf eines Auftrags r an Maschine m:	$I_{rm} = 15,..,20; \ \forall \ r \epsilon R, m \epsilon M$

Abb. 56: Kennwerte eines Auftrags r

Die Ergebnisse der Verfahren liegen zwischen 3 und 25 Serien. Die geringe Sensibilität dieser Werte erschwert einen direkten Vergleich der jeweiligen Zielfunktionswerte. Die

---

429   Die Werte rax_r und ra_r entsprechen sich bis auf den Parameter ax_i bzw. a_i. Durch a_i werden die noch zuzuweisenden Werkzeuge höher gewichtet, während mit ax_i die Werkzeuge höher gewichtet werden, die bereits im Magazin vorhanden sind.

430   vgl. Tang und Denardo (1988b) S.780-783 und Kap. 5

Analyse der unterschiedlichen Heuristiken erfolgt daher derart, daß für einen Testfall die beste gefundene Lösung herausgegriffen wird. Anschließend werden alle Verfahren dahingehend untersucht, ob sie diesen Bestwert erreichen konnten. Dieses Vorgehen wird jeweils für eine Gruppe von Problemfällen durchgeführt, so daß für jede Problemgruppe und jedes Verfahren die Häufigkeit angegeben wird, mit der ein Verfahren die beste bekannte Lösung gefunden hat (Bestwerthäufigkeit). Die Ermittlung von Bestwerthäufigkeiten ist auch aus dem Grund sinnvoll, da mit dem B&B-Verfahren von Tang und Denardo nur für sehr eingeschränkte Problemfälle optimale Lösungen erzeugt werden können.

6.5.1.1.3.1 Vergleich der heuristischen Lösungsverfahren mit Optimalwerten

Für einen Vergleich der heuristischen Lösungsverfahren mit optimalen Zielfunktionswerten werden die Problemfälle aufgrund der eingeschränkten Anwendbarkeit des B&B-Verfahrens auf 20 einzuplanende Aufträge begrenzt. Analysiert wird ein Ein-Maschinen-System und ein Zwei-Maschinen-System. Für jede Systemvariante werden fünf unterschiedliche Datensätze erzeugt. Bei jedem Datensatz variieren die Werkzeugmagazinkapazitäten zwischen 20 und 31 Werkzeugaufnahmeplätzen, so daß für jede Systemvariante 60 unterscheidbare Problemfälle entstehen. Die knappen Werkzeugmagazinkapazitäten wurden gewählt, damit jeder Serie maximal zwei bis drei Aufträge zugeordnet werden können. Hierdurch wird die Anzahl der Lösungsmöglichkeiten eingeschränkt. Aufgrund von Speicherplatzproblemen, die ab einer Werkzeugmagazinkapazität von 24 auftraten, mußte das B&B-Verfahren für einige Fälle vorzeitig abgebrochen werden. In den Ergebnistabellen sind diese Lösungen separat dargestellt.

a) Ein-Maschinen-Fall

Ist nur eine Maschine im System, so entfällt für die Sortierkriterien "viele gemeinsame Werkzeuge" und "wenige Differenzwerkzeuge" eine Unterscheidung zwischen den Bezugsgrößen Engpaß-Magazin und Magazin-Summe. Die Ergebnisse der Heuristiken H_5 bis H_8 sind dadurch in der Tabelle 4 nicht angeführt.

w_m	B&B	Engpaß-Magazin				Magazin-Summe				W./G.	Raja.		Test-fälle
		gem.		Diff.		gem.		Diff.					
		H_1	H_2	H_3	H_4	H_5	H_6	H_7	H_8	H_9	H_{10}	H_{11}	
20–23	20	18	18	14	15	..	..	..	..	18	7	8	20
24–27	9	6	6	6	7	..	..	..	..	6	0	1	9
24–27	* 10	10	8	3	4	..	..	..	..	8	1	0	11
28–31	* 19	13	14	2	3	..	..	..	..	11	4	3	20
Σ	58	47	46	25	29	..	..	..	..	43	12	12	60
%	97	78	77	42	48	..	..	..	..	72	20	20	100

gem. : "viele gemeinsame Werkzeuge"; 2. Verfahren mit Sekundärkriterium
Diff. : "wenige Differenzwerkzeuge"; 2. Verfahren mit Sekundärkriterium
W./G. : Whitney und Gaul
Raja. : Rajagopalan

* : B&B-Verfahren wurde vor dem Optimalitätsnachweis abgebrochen

Tab. 4: Häufigkeit der Bestwerte (Ein-Maschinen-System; M = 1)

Die günstigsten Ergebnisse erzielen die Heuristiken, die die Aufträge nach dem Kriterium "viele gemeinsame Werkzeuge" (H_1 u. H_2) auswählen. Fast ebenso gute Ergebnisse erreicht das Sortierkriterium von Whitney und Gaul (H_9). Das Kriterium "wenige Differenzwerkzeuge" (H_3 u. H_4) liefert nur in 50% der Testfälle die niedrigste Serienzahl. Die Anwendung eines Sekundärkriteriums zeigt fast keine Wirkung auf die Lösungsqualität. Dies könnte auf die geringe Zahl an zugewiesenen Aufträgen pro Serie zurückzuführen sein. Völlig unbefriedigende Ergebnisse erzielt das Sortierkriterium von Rajagopalan (H_{10}) bzw. dessen angepaßte Variante (H_{11}).

Zur Verdeutlichung der geringen Sensibilität der Zielfunktionswerte sei die folgende Tabelle angeführt:

| w_m | B&B | Engpaß-Magazin | | | | Magazin-Summe | | | | W./G. | Raja. | | Test-fälle |
| | | gem. | | Diff. | | gem. | | Diff. | | | | | |
		H_1	H_2	H_3	H_4	H_5	H_6	H_7	H_8	H_9	H_{10}	H_{11}	
20–23	20	20	20	20	20	..	..	..	..	20	14	13	20
24–27	9	9	8	7	7	.	.	.	.	8	5	3	9
24–27	* 11	11	11	11	11	..	..	..	..	11	8	11	11
28–31	* 20	20	20	19	18	..	..	..	..	20	14	15	20
Σ	60	60	59	57	56	..	..	..	..	59	41	42	60
%	100	100	98	95	93	..	..	..	..	98	68	70	100

* : B&B-Verfahren wurde vor dem Optimalitätsnachweis abgebrochen

Tab. 5: Häufigkeit der Bestwerte und der Werte, die maximal um eine Serie abweichen (Ein-Maschinen-System; M = 1)

In der Tabelle 5 sind die Häufigkeiten aufgetragen, in denen die Verfahren den Bestwert um nicht mehr als eine Serie verfehlten. Bis auf die Verfahren von Rajagopalan (H_{10} u. H_{11}) zeigen alle anderen Verfahren in den überwiegenden Fällen Ergebnisse, die maximal um eine Serie schlechter als die Optimal- bzw. Bestwertlösung sind. Die in den einzelnen Problemfällen auftretende Serienzahl sowie die Spannen der Rechenzeit und der Anzahl berechneter Knoten des B&B-Verfahrens sind der Tabelle 6 zu entnehmen.

| w_m | B&B-Verfahren | | |
	Serienzahl	CPU-Zeit [+] [sek]	berechnete Knoten
20–23	19 – 10	2 – 50	1 – 1846
24–27	13 – 9	4 – 736	56 – 27968
24–27	10 – 8	852 – 5741	32554 – 184894 *
28–31	9 – 6	26 – 6160	256 – 200157 *

+ : PC-AT, 10 MHz, Koprozessor[431]
* : B&B-Verfahren wurde vor dem Optimalitätsnachweis abgebrochen

Tab. 6: Serienzahl und Rechenzeit des B&B-Verfahrens (Ein-Maschinen-System; M = 1)

a)   **Zwei-Maschinen-Fall**

In der folgenden Tabelle sind die Ergebnisse von 60 Problemfällen mit jeweils zwei ergänzenden Maschinen dargestellt.

---

431 Unter CPU-Zeit wird in diesem Zusammenhang die gesamte Laufzeit des Programms verstanden.

w_m	B&B	Engpaß-Magazin gem.		Diff.		Magazin-Summe gem.		Diff.		W./G.	Raja.		Test-fälle
		H_1	H_2	H_3	H_4	H_5	H_6	H_7	H_8	H_9	H_{10}	H_{11}	
20–23	20	16	16	16	15	19	18	16	13	15	10	11	20
24–27	13	7	9	8	7	11	9	2	5	6	3	2	13
24–27	* 7	4	5	2	2	6	5	0	0	1	1	2	7
28–31	* 19	12	13	7	7	16	16	4	3	11	6	6	20
Σ	59	39	43	33	31	52	48	22	21	33	20	21	60
%	98	65	72	55	52	87	80	37	35	55	33	35	100

* : B&B-Verfahren wurde vor dem Optimalitätsnachweis abgebrochen

Tab. 7:   Häufigkeit der Bestwerte (Zwei-Maschinen-System; M = 2)

Das Kriterium "viele gemeinsame Werkzeuge" unter Berücksichtigung aller Werkzeug-magazine (H_5 u. H_6) führt zu den günstigsten Ergebnissen. Dem Ein-Maschinen-Fall entsprechend verfehlen die Heuristiken auch für die hier betrachteten Problemfälle den Optimal- bzw. Bestwert meistens nur um eine Serie (s. Tab. 8).

w_m	B&B	Engpaß-Magazin gem.		Diff.		Magazin-Summe gem.		Diff.		W./G.	Raja.		Test-fälle
		H_1	H_2	H_3	H_4	H_5	H_6	H_7	H_8	H_9	H_{10}	H_{11}	
20–23	20	20	20	18	18	20	20	17	17	19	16	20	20
24–27	13	12	13	13	12	13	13	8	9	12	10	11	13
24–27	* 7	7	7	6	6	7	7	6	6	6	4	4	7
28–31	* 20	20	20	20	20	20	20	18	18	19	15	18	20
Σ	60	59	60	57	56	60	60	49	50	56	45	53	60
%	100	98	100	95	93	100	100	82	83	93	75	88	100

* : B&B-Verfahren wurde vor dem Optimalitätsnachweis abgebrochen

Tab. 8:   Häufigkeit der Bestwerte und der Werte, die maximal um eine Serie abweichen
(Zwei-Maschinen-System; M = 2)

Die Anzahl der gebildeten Serien sowie die Spanne der Rechenzeit und der Knotenzahl sind der Tabelle 9 zu entnehmen.

w_m	Serien	B&B-Verfahren CPU-Zeit [+] [sek]	Knoten
20–23	20 – 10	3 – 6	1 – 47
24–27	17 – 10	2 – 393	1 – 11035
24–27	10 – 8	643 – 3108	17377 – 60606 *
28–31	10 – 7	222 – 5087	256 – 107524 *

+ : PC-AT, 10 MHz, Koprozessor
* : B&B-Verfahren wurde vor dem Optimalitätsnachweis abgebrochen

Tab. 9:   Serienzahl und Rechenzeit des B&B-Verfahrens (Zwei-Maschinen-System;
M = 2)

6.5.1.1.3.2 Vergleich der heuristischen Lösungsverfahren ohne Optimalwerte

Die Anwendung des B&B-Verfahrens bleibt auf relativ kleine Problemfälle beschränkt. Um größere Problemstellungen zu testen, wird das B&B-Verfahren nach 50 berechneten Knoten abgebrochen. Da in jedem Knoten des B&B-Verfahrens eine obere Schranke mittels der Heuristik H_6 bestimmt wird, entspricht diese Vorgehensweise einer ebenso häufigen Anwendung der Heuristik H_6 mit unterschiedlichen Startpunkten. Jeder Problemfall beinhaltet eine Menge von 40 einzuplanenden Aufträgen.

a)   Ein-Maschinen-Fall

Für ein Ein-Maschinen-System entfallen die Heuristiken H_5 bis H_8.

| | | Engpaß-Magazin | | | | Magazin-Summe | | | | W./G. | Raja. | | Test- |
| | | gem. | | Diff. | | gem. | | Diff. | | | | | |
w_m	B&B	H_1	H_2	H_3	H_4	H_5	H_6	H_7	H_8	H_9	H_{10}	H_{11}	fälle
30–39	37	34	36	1	3	..	..	..	..	20	22	30	50
40–49	46	35	43	5	12	..	..	..	..	28	24	35	50
50–59	48	35	39	18	27	..	..	..	..	36	27	32	50
60–69	50	38	42	33	41	..	..	..	..	45	34	39	50
70–79	47	32	38	31	34	..	..	..	..	42	23	30	49
Σ	228	174	198	88	117	..	..	..	..	171	130	166	249
%	92	70	80	35	47	..	..	..	..	69	52	67	100

Tab. 10:   Häufigkeit der Bestwerte (Ein-Maschinen-System; M = 1)

Die Tabelle 10 zeigt, daß das abgebrochene B&B-Verfahren die besten Ergebnisse erzielt. Unter den Heuristiken erreichen die Verfahren die günstigsten Ergebnisse, die die Aufträge nach dem Kriterium "viele gemeinsame Werkzeuge" (H_1 u. H_2) zuordnen. Gegenüber den zuvor betrachteten Problemfällen führt die Anwendung eines Sekundärkriteriums (H_2 u. H_4) zu einer eindeutigen Verbesserung der Lösungsqualität.

b)   Mehrere ergänzende Maschinen

Werden Problemfälle mit mehreren ergänzenden Maschinen betrachtet, dann ergeben sich Ergebnisse, die dem Ein-Maschinen-Fall entsprechen (s. Tab. 11).

| | | Engpaß-Magazin | | | | Magazin-Summe | | | | W./G. | Raja. | | Test- |
| | | gem. | | Diff. | | gem. | | Diff. | | | | | |
w_m	B&B	H_1	H_2	H_3	H_4	H_5	H_6	H_7	H_8	H_9	H_{10}	H_{11}	fälle
30–39	38	20	25	14	13	28	31	9	10	19	8	6	50
40–49	48	20	20	4	8	32	35	1	10	20	6	3	50
50–59	49	32	30	19	16	38	32	18	17	31	10	15	50
60–69	48	31	35	26	33	39	35	33	32	38	19	17	50
70–79	47	31	34	31	39	34	41	34	38	42	20	23	50
Σ	230	134	144	94	109	171	174	95	107	150	63	64	250
%	92	54	58	38	44	68	70	38	43	60	25	26	100

Tab. 11:   Häufigkeit der Bestwerte (Drei-Maschinen-System; M = 3)

Das Sortierkriterium "wenige Differenzwerkzeuge" (H_3, H_4, H_7 u. H_8) und das Kriterium von Whitney und Gaul (H_9) zeigen mit erhöhter Kapazitätsgrenze eine ausgeprägte Lösungsverbesserung. Dieser Effekt wird dadurch hervorgerufen, daß bei erhöhter Kapazitätsgrenze die Zahl der gebildeten Serien abnimmt. Ist die beste Lösung eine kleine Serienzahl, dann steigt die Wahrscheinlichkeit, daß die Verfahren diese Lösung ebenfalls ermitteln. Zu bemerken ist, daß das Kriterium von Whitney und Gaul (H_9) bei weiten Kapazitätsgrenzen die günstigsten Ergebnisse erzielen konnte.

Wird als Vergleichsmaßstab nicht der erzielte Bestwert herangezogen, sondern der Wert, der maximal um eine Serie abweicht, dann ergeben sich die folgenden Ergebnisse. Tabelle 12 verdeutlicht, daß die Heuristiken auch für die hier gewählten Problemfälle den Bestwert überwiegend nur um eine Serie verfehlen.

| w_m | B&B | Engpaß-Magazin | | | | Magazin-Summe | | | | W./G. | Raja. | | Test-fälle |
| | | gem. | | Diff. | | gem. | | Diff. | | | | | |
		H_1	H_2	H_3	H_4	H_5	H_6	H_7	H_8	H_9	H_{10}	H_{11}	
30–39	50	44	39	30	28	48	50	31	32	41	29	27	50
40–49	50	49	50	45	43	50	50	40	36	49	42	42	50
50–59	50	50	50	50	49	50	50	48	47	50	48	48	50
60–69	50	50	50	50	50	50	50	50	50	50	50	50	50
70–79	50	50	50	50	50	50	50	50	50	50	50	50	50
Σ	250	243	239	235	220	219	217	248	250	219	215	240	250
%	100	97	96	90	88	88	87	99	100	88	86	96	100

Tab. 12: Häufigkeiten der Bestwerte und der Werte, die maximal um eine Serie abweichen (Drei-Maschinen-System; $M = 3$)

Die Ergebnisse aller untersuchten Probleme sind sortiert nach der Maschinenzahl in Tabelle 13 aufgeführt. Die Tabelle zeigt, daß mit zunehmender Maschinenzahl die Bestwerthäufigkeit des Kriteriums "wenige Differenzwerkzeuge" (H_3, H_4, H_7 u. H_8) zunimmt. Sie bleibt aber grundsätzlich unter den Werten, die für das Kriterium "viele gemeinsame Werkzeuge" (H_1, H_2, H_5, H_6 u. H_9) erzielt werden. Die Heuristiken, die das Kriterium "viele gemeinsame Werkzeuge" (insbesondere H_1, H_2 u.H_6) heranziehen, weisen bei mehreren Maschinen gegenüber dem Ein-Maschinen-Fall eine abrupte Lösungsverschlechterung auf. Dies kann durch die zunehmende Problemkomplexität der Mehr-Maschinen-Fälle begründet sein.

| M | B&B | Engpaß-Magazin | | | | Magazin-Summe | | | | W./G. | Raja. | | Test-fälle |
| | | gem. | | Diff. | | gem. | | Diff. | | | | | |
		H_1	H_2	H_3	H_4	H_5	H_6	H_7	H_8	H_9	H_{10}	H_{11}	
1	228	174	198	88	117	174	198	88	117	171	130	166	249
2	216	148	154	86	86	174	174	88	93	155	112	132	250
3	230	134	144	94	109	171	174	95	107	150	63	64	250
4	235	135	146	105	118	176	178	100	98	155	54	80	250
5	236	134	152	129	134	181	180	126	119	183	87	87	250
Σ	1145	725	794	502	564	876	904	497	534	814	446	529	1249
%	92	58	64	40	45	70	72	40	43	65	36	42	100

Tab. 13: Häufigkeiten der Bestwerte (Ein- und Mehr-Maschinen-Fälle)

Insgesamt verdeutlichen die Tabellen 4 bis 13, daß das Kriterium "viele gemeinsame Werkzeuge" zu günstigeren Ergebnissen führt, als das Kriterium "wenige Differenzwerkzeuge". Die Anwendung eines Sekundärkriteriums weist Vorteile auf. Werden die Werkzeuge nur an den Engpaß-Magazinen berücksichtigt, so führt dies gegenüber der Einbeziehung aller Werkzeuge (Magazin-Summe) bei dem Kriterium "viele gemeinsame Werkzeuge" zu schlechteren Ergebnissen. Umgekehrt verhält es sich bei dem Kriterium "wenige Differenzwerkzeuge". Das Sortierkriterium von Whitney und Gaul (H_9) zeigt bei kleinen Kapazitätsgrenzen weniger gute Ergebnisse, während die günstigsten Ergebnisse für größere Kapazitätsgrenzen erzielt werden. Die Heuristiken H_{10} und H_{11} führen zu den schlechtesten Ergebnissen.

Durch die Analyse der Heuristiken wird deutlich, daß bezüglich der Zielerfüllung zwischen dem Kriterium "viele gemeinsame Werkzeuge" und "wenige Differenzwerkzeuge" eine Konkurrenz besteht. Der Sortierindex von Whitney und Gaul (H_9) löst diesen Konflikt durch eine Kriteriengewichtung. In den Heuristiken H_2, H_4, H_6 und H_8 wird dagegen die lexikographische Ordnung herangezogen. Die Anwendung einer Kriteriengewichtung bedingt die Festlegung von Gewichten. Die Ergebnisse des Sortierindizes von Whitney und Gaul (H_9) zeigen jedoch, daß eine "optimale Gewichtung" von der betrachteten Problemstellung abhängig ist.

c) Engpaßsituation

In den bislang untersuchten Problemfällen wurde der Werkzeugbedarf der Aufträge derart gewählt, daß im Mittel eine gleichmäßige Belastung der jeweiligen Werkzeugmagazine erfolgte. Grundsätzlich ist aber damit zu rechnen, daß die einzelnen Werkzeugmagazine ungleichmäßig belastet werden. Dieser Sachverhalt wird in den folgenden Fällen derart berücksichtigt, daß einem Werkzeugmagazin eine verminderte Kapazität eingeräumt wird. Hierdurch wird dieses Magazin im Mittel über alle Aufträge zum Engpaß-Magazin.

| | | Engpaß-Magazin | | | | Magazin-Summe | | | | W./G. | Raja. | | Test- |
| | | gem. | | Diff. | | gem. | | Diff. | | | | | |
w_m	B&B	H_1	H_2	H_3	H_4	H_5	H_6	H_7	H_8	H_9	H_{10}	H_{11}	fälle
30–34	62	68	63	30	31	69	73	24	28	42	20	30	100
35–39	65	55	65	15	19	60	59	8	13	39	5	12	100
40–44	83	56	66	36	31	68	66	17	25	57	8	12	100
45–49	86	69	71	24	34	64	64	24	28	59	8	12	100
50–54	91	70	67	37	44	60	62	32	38	63	6	18	100
55–59	96	74	78	55	59	74	80	51	50	81	10	28	100
Σ	483	392	410	197	218	395	404	156	182	341	57	112	600
%	81	65	68	33	36	66	67	26	30	57	10	19	100

Tab. 14:   Häufigkeit der Bestwerte (zwei bis fünf ergänzende Maschinen; $M = 2,..,5$; $w_2,..,w_5 = w_1 + 5$)

Tabelle 14 zeigt, daß bei Vorliegen eines Werkzeugmagazinengpasses die Heuristiken zu besseren Ergebnissen gelangen, die ihren Prioritätswert auf der Basis des Werkzeugbedarfs an der Maschine mit dem knappsten Werkzeugmagazin bestimmen. Dies wird mit zunehmendem Engpaß deutlicher (s. Tab. 15). In diesen Fällen konnte selbst das vorzeitig abgebrochene B&B-Verfahren nicht die günstigste Lösung erzielen.

| w_m | B&B | Engpaß-Magazin | | | | Magazin-Summe | | | | W./G. | Raja. | | Test-fälle |
| | | gem. | | Diff. | | gem. | | Diff. | | | | | |
		H_1	H_2	H_3	H_4	H_5	H_6	H_7	H_8	H_9	H_{10}	H_{11}	
30–34	28	87	64	0	2	22	19	0	1	12	0	14	100
35–39	44	78	89	7	13	25	24	8	6	26	1	20	100
40–44	49	84	93	13	23	25	24	5	6	14	0	14	100
45–49	52	86	91	18	36	32	37	5	9	29	0	17	100
50–54	68	88	95	30	50	33	38	20	18	42	1	17	100
55–59	72	89	94	46	57	39	50	26	19	47	4	20	100
Σ	313	512	526	114	181	176	192	64	59	170	6	102	600
%	52	85	88	19	30	29	32	11	10	28	1	17	100

Tab. 15: Häufigkeit der Bestwerte (zwei bis fünf ergänzende Maschinen; $M = 2,..,5$; $w_2,..,w_5 = w_1 + 20$)

In relativ vielen Fällen kamen die Heuristiken ohne Engpaßberücksichtigung zu Ergebnissen, die um mehr als eine Serienzahl von dem Bestwert abweichen (s. Tab. 16).

| w_m | B&B | Engpaß-Magazin | | | | Magazin-Summe | | | | W./G. | Raja. | | Test-fälle |
| | | gem. | | Diff. | | gem. | | Diff. | | | | | |
		H_1	H_2	H_3	H_4	H_5	H_6	H_7	H_8	H_9	H_{10}	H_{11}	
30–34	93	100	98	21	24	84	83	28	31	70	20	44	100
35–39	96	100	100	56	70	88	88	51	61	89	18	38	100
40–44	100	100	100	80	89	92	93	64	75	88	40	52	100
45–49	100	100	100	93	97	96	95	79	82	96	45	63	100
50–54	100	100	100	98	100	98	98	91	92	96	66	73	100
55–59	100	100	100	98	100	99	100	99	99	99	76	89	100
Σ	589	600	598	446	480	557	557	412	440	538	265	359	600
%	98	100	100	74	80	93	93	69	73	90	44	60	100

Tab. 16: Häufigkeit der Bestwerte und der Werte, die um eine Serie abweichen (zwei bis fünf ergänzende Maschinen; $M = 2,..,5$; $w_2,..,w_5 = w_1 + 20$)

6.5.1.2 Ergänzende und ersetzende Maschinen

Die Einführung von ersetzenden Maschinen erhöht die Komplexität der Problemstellung **CLMIN**. Unter diesen Bedingungen ist nach jeder Zuordnung eines Auftrags r zu einer Serie l, die Zuordnung der Arbeitsgänge zu den ersetzenden Maschinen zu bestimmen. Erst nachdem dies geschehen ist, ist bekannt, ob die Werkzeugmagazinbegrenzung eingehalten wurde.

6.5.1.2.1 Modellformulierung

Die Modellformulierung aus Kapitel 6.5.1.1.1 verändert sich für den Fall ergänzender und ersetzender Maschinen $M_k \geq 1$, $k \in K$, wie folgt:

Modell: CLMIN_2

<table>
<tr><td colspan="3">

Daten:

I :   Menge der Werkzeuge i

L :   Menge der Serien l

M :   Menge der Maschinen m

R :   Menge der Aufträge r

s_i :   Anzahl der Werkzeugplätze, die Werkzeug i beansprucht

$$s_{kim} = \begin{cases} 1 & \text{, wenn Arbeitsgang k an Maschine m Werkzeug i benötigt} \\ 0 & \text{, sonst} \end{cases}$$

w_m :   Werkzeugmagazinkapazität der Maschine m

Variable:

$$u_l = \begin{cases} 1 & \text{, wenn Serie l benötigt wird} \\ 0 & \text{, sonst} \end{cases}$$

$$v_{kml} = \begin{cases} 1 & \text{, wenn Arbeitsgang k der Maschine m in Serie l zugeordnet wird} \\ 0 & \text{, sonst} \end{cases}$$

$$x_{rl} = \begin{cases} 1 & \text{, wenn Auftrag r in Serie l gefertigt wird} \\ 0 & \text{, sonst} \end{cases}$$

$$y_{iml} = \begin{cases} 1 & \text{, wenn Werkzeug i der Maschine m in Serie l zugeordnet wird} \\ 0 & \text{, sonst} \end{cases}$$

</td></tr>
</table>

Zielfunktion:

$$\min \; Z(x_{rl}, v_{kml}, y_{iml}, u_l) \;=\; \sum_{l \in L} u_l \tag{305}$$

u.B.d.R.

Jeder Auftrag r ist genau einer Serie zuzuordnen:

$$\sum_{l \in L} x_{rl} = 1 \qquad\qquad \forall \; r \in R, \tag{306}$$

Wenn Auftrag r einer Serie l zugewiesen wird, dann sind auch die erforderlichen Arbeitsgänge k den Maschinen m, $m \in M_k$ zuzuordnen, wobei jeder Arbeitsgang k genau einer Maschine zugeordnet wird:

$$\sum_{m \in M_k} v_{kml} = x_{rl} \qquad\qquad \forall \; r \in R, \; k \in K_r, \; l \in L \tag{307}$$

Wenn Arbeitsgang k der Maschine m, $m \in M_k$ zugewiesen wird, dann sind auch die benötigten Werkzeuge an der Maschine m bereitzustellen (E ist eine große Zahl).

$$\sum_{r \in R} \sum_{k \in K_r} s_{kmi} \cdot v_{kml} \leq E \cdot y_{iml} \qquad\qquad \forall \; i \in I, \; l \in L, \; m \in M \tag{308}$$

Werkzeugmagazinbeschränkungen der Maschinen M:

$$\sum_{i \in I} s_i \cdot y_{iml} \leq w_m \cdot u_l \qquad\qquad \forall \; m \in M, \; l \in L \tag{309}$$

Werden in der Serie l einer der Maschinen m Werkzeuge zugeordnet, dann wird die Binärvariable u_l zu Eins gesetzt:

Binärbedingungen:

$$x_{rl} = \{0,1\} \qquad\qquad \forall \; r \in R, \; l \in L \tag{310}$$

$$v_{kml} = \{0,1\} \qquad\qquad \forall\ r\in R,\ k\in K_r,\ l\in L \qquad (311)$$

$$y_{iml} = \{0,1\} \qquad\qquad \forall\ i\in I,\ m\in M,\ l\in L \qquad (312)$$

$$u_l = \{0,1\} \qquad\qquad \forall\ l\in L \qquad (313)$$

Die Problemstellung **CLMIN_2** ist NP-schwierig. Die Beweisführung entspricht derjenigen für die Problemstellung **CLMIN_1** (s. Kap. 6.5.1.1.1).

6.5.1.2.2 Lösungsverfahren

Zur Lösung der Problemstellung **CLMIN_2** ist das B&B-Verfahren von Tang und Denardo nicht anwendbar. Die Heuristiken H_1-H_{11} lassen sich aber nach wie vor zur Lösung der Problemstellung heranziehen. Hierzu werden die ersetzenden Maschinen m zu einer Maschinengruppe j ($m\in M_j$; $M_j\in M$, $M_j\cap M_k=\{\}$, $\forall$ j,k$\in$J) zusammengefaßt. Die berechneten Sortierkriterien beziehen sich unter diesen Bedingungen auf eine gesamte Maschinengruppe j. Zur Belegung der ersetzenden Maschinen einer Maschinengruppe j wird eine "best-fit"-Heuristik[432] (Verfahren **STA**) vorgeschlagen. Die Arbeitsgänge werden hierbei der Maschine zugeordnet, an der unter Berücksichtigung der begrenzten Werkzeugmagazine die wenigsten Differenzwerkzeuge benötigt werden (s. Abb. 57).

Stufe 0: Initialisierung

$$K = \{\ k\ |\ k\in K_r,\ r\in C_1,\ M_k\subseteq M_j\ \}$$

Stufe 1: Zuordnung der ersten M_j Arbeitsgänge zu den Maschinen

$$v_{kml} = 1, \qquad k=1,..,M_j,\ m=k,\ k\in K$$

Stufe 2: Zuordnung der restlichen Arbeitsgänge $k = M_j+1,..,K$ zu den Maschinen

Ordne die Arbeitsgänge in Reihenfolge der Maschine zu, an der die wenigsten Differenzwerkzeuge für eine Zuordnung benötigt werden und die Werkzeugmagazinkapazität nicht überschritten wird. Bei Gleichheit nimm die erste Maschine mit ausreichender Magazinkapazität.

2a: $k=k+1$

$$j = \arg\min_{m\in M_j} |I_{km}\backslash I_m|\ \ |\ \ |I_{km}\cup I_m|\le w_m$$

Existiert keine Maschine m, die die Bedingung $|I_{km}\cup I_m|\le w_m$ erfüllt, dann wurde keine zulässige Lösung gefunden. In diesem Fall gehe zu Stufe 3.

2c: $v_{kjl} = 1$

2d: wenn k=K, dann gehe zu Stufe 3
               ansonsten gehe zu Stufe 2a

Stufe 3: Stopp

Abb. 57: Verfahren **STA** (Arbeitsgang/Maschinen-Zuordnung)

Mit Hilfe des Verfahrens **STA** ist für jeden Auftrag r, der der aktuellen Serie l zugeordnet werden soll (Stufe 2cc des Verfahrens **CLMIN_1**) zu überprüfen, ob dessen Zuordnung zulässig ist. Dies ist jeweils für jede Maschinengruppe j, j$\in$J durchzuführen.

---

432   vgl. Syslo, Deo, Kowalik (1983), S.526

6.5.1.2.3 Ergebnisse

Aufgrund der Nichtanwendbarkeit des B&B-Verfahrens von Tang und Denardo werden die vorgeschlagenen Heuristiken untereinander verglichen. Die untersuchten Problemfälle beinhalten 40 einzuplanende Aufträge. Sie werden derart gestaltet, daß sich J ergänzende Maschinengruppen ergeben. Jeder Auftrag r erfordert die Ausführung von einem Arbeitsgang k an jeder Maschinengruppe j, $j \epsilon J$. Der Werkzeugbedarf eines Arbeitsgangs k des Auftrags r an einer der Maschinen m, $m \epsilon M_k$ wird gleichverteilt zwischen den in Abb. 58 dargestellten Grenzen erzeugt.

Gesamtwerkzeugmenge:	$I = \{1,..,200\}$
Werkzeugbedarf eines Arbeitsgangs k	
des Auftrags r an Maschine m:	$I_{rk} = 5,..,10; \ \forall \ r \epsilon R, k \epsilon K$

Abb. 58: Kennwerte der Arbeitsgänge k eines Auftrags r

Für die folgende Analyse werden zwei Problemgruppen gebildet. Die erste Gruppe umfaßt Maschinengruppen mit jeweils zwei ersetzenden Maschinen (Tab. 17), während in der zweiten Gruppe jeweils drei ersetzende Maschinen vorliegen (Tab. 18). Die zusätzliche Berücksichtigung von ersetzenden Maschinen führt zu Ergebnissen, die dem Fall ergänzender Maschinen entsprechen.

w_m	B&B	Engpaß-Magazin gem. H_1	H_2	Diff. H_3	H_4	Magazin-Summe gem. H_5	H_6	Diff. H_7	H_8	W./G. H_9	Raja. H_{10}	H_{11}	Testfälle
15–19	–	23	23	15	22	28	25	10	21	22	9	14	30
20–24	–	27	28	26	27	29	28	26	30	28	14	14	30
25–29	–	24	25	24	21	25	27	26	25	25	20	23	30
30–34	–	23	22	24	27	25	25	22	25	25	23	25	30
Σ	–	97	98	89	97	107	105	84	101	100	66	76	120
%	–	81	82	74	81	89	88	70	84	83	55	63	100

Tab. 17: Häufigkeit der Bestwerte (1-3 Maschinengruppen mit jeweils zwei ersetzenden Maschinen; $J = 1,..,3$; $M_j = 2$)

w_m	B&B	Engpaß-Magazin gem. H_1	H_2	Diff. H_3	H_4	Magazin-Summe gem. H_5	H_6	Diff. H_7	H_8	W./G. H_9	Raja. H_{10}	H_{11}	Testfälle
15–19	–	20	22	12	13	24	19	10	15	18	20	21	30
20–24	–	28	30	26	29	29	30	25	28	29	16	19	30
25–29	–	26	26	30	28	26	28	26	27	28	23	23	30
30–34	–	30	30	29	30	30	30	29	30	30	27	27	30
Σ	–	104	108	97	100	109	107	90	100	105	86	90	120
%	–	87	90	81	83	91	89	75	83	88	72	75	120

Tab. 18: Häufigkeit der Bestwerte (1-3 Maschinengruppen mit jeweils drei ersetzenden Maschinen; $J = 1,..,3$; $M_j = 3$)

Unter Abwägung aller Ergebnisse (Tabellen 4 bis 18) kann zusammenfassend festgestellt werden, daß die Heuristik H_2 die günstigsten Werte erzielt. Mit hoher Wahrscheinlichkeit verfehlt diese Heuristik das absolute Minimum an benötigten Serien höchstens um eine Serie. Eine weitere Verfeinerung dieser Heuristik scheint daher nicht notwendig, zumal zu vermuten ist, daß die gefundene Serienzahl im Verlauf des Lösungsprozesses des Verfahrens ENL (s. Kap 6.3.3) nach oben korrigiert wird. Überdies wird durch den Einsatz der vorgeschlagenen "best-fit"-Heuristik eine vernachlässigbare Rechenzeit benötigt. Insgesamt ist daher die Heuristik H_2 ein geeignetes Verfahren zur Lösung der Problemstellung CLMIN im Rahmen des Verfahrens ENL.

6.5.2 Optimierung der Serienstruktur

Die Optimierung der Serienstruktur ist das zweite Teilproblem des Lösungsverfahrens ENL. Problemstellung ist dabei, eine exhaustive und disjunkte Ausgangszerlegung der R Aufträge in L Serien zu verbessern. Eine zulässige Ausgangspartition C^k resultiert entweder aus dem Verfahren CLMIN oder, nach einer Erhöhung der Serienzahl, aus dem Verfahren ENL (s. Kap. 6.3.3).

6.5.2.1 Modellformulierung

Das betrachtete Modell CLUST entspricht der Modellformulierung ENL. Es vereinfacht sich jedoch durch eine fest vorgegebene Zahl an Serien L, L<<R. Zudem wird die Zuordnung der Arbeitsgänge zu den ersetzenden Maschinen nur soweit betrachtet, als in der nachfolgenden Planungsstufe eine zulässige Zuordnung garantiert werden kann. Dadurch wird der Kapazitätsabgleich dieser Maschinen vernachlässigt und angenommen, daß dieses Problem in der darauf folgenden Verfahrensstufe (s. Kap. 6.5.3) optimal gelöst werden kann. Das Problem kann allgemein als die Suche nach einer optimalen exhaustiven und disjunkten Partition von R Aufträgen in L Serien beschrieben werden. Dabei ist eine nichtlineare Zielfunktion zu verfolgen und die Einhaltung mehrerer Nebenbedingungen zu gewährleisten. Verwandte Problemstellungen sind das kapazitierte Cluster-Problem[433] und das verallgemeinerte Zuordnungsproblem[434].

---

433   vgl. Mulvey, Beck (1984)

434   vgl. Ross, Soland (1975); Martello, Toth (1981); Fisher, Jaikumar, Wassenhove (1986); Ein Verfahren zur Lösung eines verallgemeinerten Zuordnungsproblems mit nichtlinearen Nebenbedingungen beschreibt Mazzola (vgl. Mazzola (1986)).

Modell: CLUST

Daten:

d_r	:	Fälligkeitstermin des Auftrags r
h	:	Rüstzeit zwischen zwei Serien
I	:	Menge der Werkzeuge i
I_{rm}	:	Werkzeugmenge, die von Werkstück r an der Maschine m benötigt wird
K_r	:	Menge der Arbeitsgänge k, die zur Erstellung des Auftrags r erforderlich sind
L	:	Menge der Serien l
M	:	Menge der Maschinen m
M_k	:	Menge der Maschinen, die Arbeitsgang k ausführen können
n_r	:	Anzahl herzustellender Werkstücke für Auftrag r (Auftragsgröße)
p_{rm}	:	Bearbeitungszeit des Werkstücks r an der Maschine m
R	:	Menge der Aufträge r
s_i	:	Anzahl der Werkzeugplätze, die Werkzeug i beansprucht
s_{ki}	=	$\begin{cases} 1 & \text{, Arbeitsgang k benötigt Werkzeug i} \\ 0 & \text{, sonst} \end{cases}$
w_m	:	Werkzeugmagazinkapazität der Maschine m

Variable:

c_l	:	Menge der Aufträge r in Serie l
v_{kml}	=	$\begin{cases} 1 & \text{, wenn Arbeitsgang k der Maschine m in Serie l zugeordnet wird} \\ 0 & \text{, sonst} \end{cases}$
x_{rl}	=	$\begin{cases} 1 & \text{, wenn Auftrag r in Serie l gefertigt wird} \\ 0 & \text{, sonst} \end{cases}$
y_{iml}	=	$\begin{cases} 1 & \text{, wenn Werkzeug i der Maschine m in Serie l zugeordnet wird} \\ 0 & \text{, sonst} \end{cases}$

Zielfunktion:

$$\min \ Z = f(x_{rl}|x_{rl}=1) \tag{314}$$

u.B.d.R.:

Jeder Serie l ist mindestens ein Auftrag r zuzuordnen:

$$\sum_{r \in R} x_{rl} \geq 1 \qquad\qquad \forall \ l \in L \tag{315}$$

Jeder Auftrag r ist genau einer Serie zuzuordnen:

$$\sum_{l \in L} x_{rl} = 1 \qquad\qquad \forall \ r \in R \tag{316}$$

Wenn Auftrag r einer Serie l zugewiesen wird, dann sind auch die erforderlichen Arbeitsgänge k den Maschinen m, $m \in M_k$ zuzuordnen, wobei jeder Arbeitsgang k genau einer Maschine zugeordnet wird:

$$\sum_{m \in M_k} v_{kml} = x_{rl} \qquad\qquad \forall \ r \in R, \ k \in K_r, \ l \in L \tag{317}$$

Wenn Arbeitsgang k der Maschine m, $m \in M_k$ zugewiesen wird, dann sind auch die benötigten Werkzeuge an der Maschine m bereitzustellen (E ist eine große Zahl).

$$\sum_{r \in R} \sum_{k \in K_r} s_{ki} \cdot v_{kml} \leq E \cdot y_{iml} \qquad\qquad \forall \ i \in I, \ l \in L, \ m \in M \tag{318}$$

Werkzeugmagazinbeschränkungen der Maschinen M

$$\sum_{i \in I} s_i \cdot y_{iml} \le w_m \qquad \qquad \forall\ m \in M,\ l \in L \qquad (319)$$

Binärbedingungen:

$$x_{rl} = \{0,1\} \qquad \qquad \forall\ r \in R,\ l \in L \qquad (320)$$

$$v_{kml} = \{0,1\} \qquad \qquad \forall\ k \in K,\ m \in M,\ l \in L \qquad (321)$$

$$y_{iml} = \{0,1\} \qquad \qquad \forall\ i \in I,\ l \in L,\ m \in M \qquad (322)$$

Zusätzlich zu den aus der Formulierung des Modells **ENL** bekannten Nebenbedingungen werden die Ungleichungen (315) eingeführt. Diese gewährleisten, daß jeder Serie mindestens ein Auftrag zugeführt wird. Wesentlich ist, daß die Zielfunktion nur von der Zuordnung der R Aufträge zu den L Serien abhängig ist.

Die Problemstellung **CLUST** ist NP-schwierig, da das als NP-vollständig bekannte Knapsack-Problem[435] **KP**(S) auf das Entscheidungsproblem **CLUST**(Z) reduzierbar ist.

Satz: Das Knapsack-Poblem **KP**(S) ist reduzierbar auf das Entscheidungsproblem **CLUST**(Z).

Beweis: Wir betrachten ein **CLUST**(Z) Entscheidungsproblem mit:

$$M=1, \quad L=2, \quad h=R$$

$$n_r=1, \quad K_r=1, \quad p_{rm}=1, \quad d_r=R \qquad \qquad \forall\ r \in R,\ m=1$$

$$I_{rm} \cap I_{nm} = \{\} \qquad \qquad \forall\ r,n \in R,\ r \ne n,\ m=1$$

Unter diesen Annahmen folgt für die Zielfunktionswerte[436] Z_1 und Z_2:

$$Z_1 = 2 \cdot R \qquad (323)$$

$$Z_2 = \sum_{r \in C_1} \max[0,(f(C_1)-R)] + \sum_{r \in C_2} \max[0,(f(C_2)-R)] \qquad (324)$$

Zusammen mit den Fertigstellungsterminen der Serien C_1 und C_2:

$$f(C_1) \le R \qquad (325)$$

$$f(C_2) = 2 \cdot R \qquad (326)$$

ergibt sich für die Terminüberschreitung Z_2:

$$Z_2 = 0 + \sum_{r \in C_2} R \qquad (327)$$

Der Gesamtzielfunktionswert Z ist hierdurch ausschließlich von C_1 abhängig:

$$Z = 2 \cdot R + \sum_{r \in C_2} R = 2 \cdot R + C_2 \cdot R = 2 \cdot R + (R - C_1) \cdot R \qquad (328)$$

Unter diesen Bedingungen läßt sich das folgende Knapsack-Problem formulieren.

---

435   vgl. Garey, Johnson (1979), S.247
436   Zur Zielfunktion vergleiche Kap. 6.2.

Modell: KP

$$
\begin{array}{lll}
p_r & : & \text{Bearbeitungszeit des Auftrags } r \\
s_r & : & \text{Anzahl Werkzeugplätze, die Werkstück } r \text{ beansprucht} \\
w & : & \text{Werkzeugmagazinkapazität der Maschine} \\
x_r & = & \begin{cases} 1 \text{, wenn Auftrag } r \text{ zugeordnet wird} \\ 0 \text{, sonst} \end{cases}
\end{array}
$$

Zielfunktion:

$$\max \sum_{r \in R} p_r \cdot x_r \tag{329}$$

u.B.d.R.:

$$\sum_{r \in R} s_r \cdot x_r \leq w \tag{330}$$

$$x_{r1} = \{0,1\} \qquad\qquad\qquad \forall \; r \in R \tag{331}$$

Setzt man $S = C_1$, dann folgt, daß das Entscheidungsproblem **CLUST(Z)** genau dann lösbar ist, wenn das Problem **KP(S)** lösbar ist. **q.e.d.**

Die Komplexität der Problemstellung wird weiterhin durch die Vielzahl möglicher Lösungsalternativen deutlich. Die Anzahl der Möglichkeiten R Aufträge in L Serien zu partitionieren, läßt sich unter der Bedingung, daß jeder Serie mindestens ein Auftrag zugeordnet wird, durch die Stirling-Zahl zweiter Art angeben[437]:

$$\Omega_1 = \begin{Bmatrix} L \\ R \end{Bmatrix} = \frac{1}{L!} \cdot \sum_{i=0}^{L} (-1)^i \cdot \begin{bmatrix} L \\ i \end{bmatrix} \cdot (L-i)^R \tag{332}$$

Da die Reihenfolge einer Serienabarbeitung zu beachten ist, ergibt sich die Zahl möglicher Lösungsalternativen für eine Problemstellung **CLUST** wie folgt[438]:

$$\Omega_2 = L! \cdot \begin{Bmatrix} L \\ R \end{Bmatrix} = \sum_{i=0}^{L} (-1)^i \cdot \begin{bmatrix} L \\ i \end{bmatrix} \cdot (L-i)^R \tag{333}$$

Für ein Problem mit L = 5 Serien und R = 10 Aufträgen bzw. L = 10 Serien und R = 20 Aufträgen ergeben sich somit $5.10 \cdot 10^6$ bzw. $2.15 \cdot 10^{19}$ unterschiedliche Lösungsalternativen.

6.5.2.2 Lösungsverfahren

Zur Lösung der beschriebenen Problemstellung wird aufgrund ihrer Komplexität ein deterministisches Verbesserungsverfahren und ein stochastisches Suchverfahren vorgeschlagen. Beide Verfahren basieren auf einem clusteranalytischen Verschiebungs-[439] und Vertauschungsverfahren[440]. Das deterministische Verbesserungsverfahren ergibt sich als Spezialfall des stochastischen Suchverfahrens.

---

437   vgl. Steinhausen, Langer (1977) S.17

438   vgl. hierzu auch Kunz (1982), S.30-31

439   vgl. Bock (1974) S.220-221; Steinhausen, Langer (1977) S.118-127; Tempelmeier (1980), S.166-177

440   Vertauschungsoperationen werden unter anderem auch bei Verbesserungsverfahren zur Standortplanung und Tourenplanung eingesetzt (vgl. Domschke, Drexl (1985), S.152; Domschke (1985b), S.98-103).

6.5.2.2.1 Deterministisches Verbesserungsverfahren

Das deterministische Verbesserungsverfahren betrachtet eine Anfangspartition C^k der
Aufträge R. Jeder Auftrag r wird probeweise in jede andere Serie verschoben oder mit den
in dieser Serie befindlichen Aufträgen vertauscht. Aus den zulässigen ·Verschiebungen
oder Vertauschungen wird diejenige mit der größten Zielfunktionswertverbesserung
ausgeführt. Dieses Vorgehen erfolgt sukzessive für jeden Auftrag r, bis bei R aufeinander-
folgenden Versuchen keine Serienveränderung vorgenommen wurde. Der genaue Ablauf
des Verfahrens **CLUST_D** ist der Abbildung 59 zu entnehmen.

Stufe 0: Initialisierung

$r=0, \quad i=0, \quad l=0$

Stufe 1: Nächster Auftrag

$r=r+1$, wenn $r>R$, dann $r=1$

$j = arg \ (C_j \mid r \in C_j)$

Stufe 2: Probeweise Verschiebung

2a) $l=0, \ l_{opt}=0, \ \Delta Z_{opt}=0$

2b) $l=l+1$

       wenn $l>L$, dann gehe zu Stufe 4

       wenn $C_l=l$, dann gehe zu Stufe 3

       wenn $r \in C_l$, dann gehe zu Stufe 2b

2c)   wenn $C_l U\{r\}$ unzulässig, dann gehe zu Stufe 3

2d)   Bestimme die Veränderung des Zielfunktionswertes ΔZ_l , wenn Auftrag r der
       Serie l zugeordnet wird.

2e)   wenn $\Delta Z_l < \Delta Z_{opt}$, dann $\Delta Z_{opt}=\Delta Z_l$, $l_{opt}=l$, $k_{opt}=0$

Stufe 3: Probeweise Vertauschung

3a) $k=0$

3b) $k=k+1$

       wenn $k>C_l$, dann gehe zu Stufe 2b; $C_l=\{v_1,\ldots,v_k,\ldots,v_{C(l)}\}$

3c)   wenn $C_l \backslash \{v_k\} U\{r\}$ oder $C_j \backslash \{r\} U\{v_k\}$ unzulässig, dann gehe zu Stufe 3b

3d)   Bestimme die Veränderung des Zielfunktionswertes ΔZ_{lk} , wenn Auftrag r der
       Serie l und Auftrag v_k der Serie j zugeordnet wird.

3e)   wenn $\Delta Z_{lk} < \Delta Z_{opt}$, dann $\Delta Z_{opt}=\Delta Z_l$, $l_{opt}=l$, $k_{opt}=k$
       gehe zu Stufe 3b

Stufe 4: Durchführung der Verschiebung oder Vertauschung

4a)   wenn $l_{opt}=0$, dann gehe zu Stufe 4d

4b) $i=0$

       wenn $k_{opt}=0$, dann gehe zu Stufe 4c

       $C_{l(opt)}=C_{l(opt)} \backslash \{v_{k(opt)}\} U\{r\}$, $C_j=C_j \backslash \{r\} U\{v_{k(opt)}\}$, gehe zu Stufe 1

4c) $C_j=C_j \backslash \{r\}$, $C_{l(opt)}=C_{l(opt)} U\{r\}$, gehe zu Stufe 1

4d) $i=i+1$, wenn $i>R$, dann gehe zu Stufe 5
            sonst gehe zu Stufe 1

Stufe 5: Stopp

Abb. 59: Deterministisches Verbesserungs-Verfahren **CLUST_D**

Wird die Arbeitsgang/Maschinen-Zuordnung simultan mit der Auftragspartitionierung gelöst, dann ist bei jeder Verschiebungs- bzw. Vertauschungsoperation die Zuordnung der Arbeitsgänge zu den ersetzenden Maschinen der betreffenden Serien neu zu bestimmen.

Die Veränderung der Gesamtzykluszeit $\Delta Z_{1,ij}$ durch eine Verschiebungs- bzw. Vertauschungsoperation läßt sich ausschließlich durch die betroffenen Serien bestimmen, da die Zykluszeiten der einzelnen Serien l, $Z_1(C_l)$, $l \epsilon L$ unabhängig voneinander sind. Im Gegensatz hierzu besteht bei dem Zielkriterium der Termineinhaltung $Z_2(C_l)$ diese Unabhängigkeit nicht. Verändert sich der Fertigstellungstermin einer vorgelagerten Serie, dann verschieben sich gleichzeitig die Fertigstellungstermine aller nachgelagerten Serien. Bei der Bestimmung der Zielwertveränderung einer Verfahrensoperation, ΔZ_{ij} sind daher die Serien zu berücksichtigen, die mindestens einer der betroffenen Serien nachgelagert sind (s. Abb. 60).

Verschiebung oder Vertauschung	Zykluszeit der Serie l	Fertigstellungs-termin der Serie l	Terminüber-schreitungen in der Serie l
Serie C_1 r_1 r_2 . . r_i =>	$Z_1(C_1)$	$f(C_1)=Z_1(C_1)$	$Z_2(C_1)=$ $\sum_{r \epsilon C_1} \max[0, f(C_1)-d_r)]$
=>	h		
Serie C_2 r_{i+1} r_{i+2} . r_j =>	$Z_1(C_2)$	$f(C_2)=$ $f(C_1)+h+Z_1(C_2)$	$Z_2(C_2)=$ $\sum_{r \epsilon C_2} \max[0, f(C_2)-d_r)]$
=>	h . . .	. . .	
Serie C_L r_{l+1} r_{l+2} . r_R =>	$Z_1(C_L)$	$f(C_L)=$ $f(C_{L-1})+h+Z_1(C_L)$	$Z_2(C_L)=$ $\sum_{r \epsilon C_L} \max[0, f(C_L)-d_r)]$
Zykluszeit Z_1:	$Z_1(C) = \sum_{l \epsilon L} [Z_1(C_l)+h]-h = f(C_L)$		
Terminüber-schreitung Z_2:			$Z_2(C) = \sum_{l \epsilon L} Z_2(C_l)$

Abb. 60: Resultierende Zielfunktionswerte Z_1 und Z_2 einer Partition C

Zur Einschränkung des Suchaufwands lassen sich vielfältige, eventuell problemspezifische Verfahrensregeln formulieren. Beispielhaft seien die folgenden zwei Regeln angeführt, die aber im weiteren Verlauf der Arbeit nicht betrachtet werden:

1.   Es werden nur Aufträge von benachbarten Serien ausgetauscht, da angenommen
     wird, daß das Terminkriterium eine Vertauschung von Aufträgen in zeitlich ent-
     fernten Serien verbietet.

2.   Es werden die Aufträge r von C_{l+1} nach C_l verschoben, die ihren Fälligkeitstermin
     überschritten haben. Zum Rücktausch von C_l nach C_{l+1} werden die Aufträge k aus-
     gewählt, deren Fälligkeitstermin d_k größer ist, als das Fertigungsende von C_{l+1}, also
     wenn:

$$d_k > f(C_{l+1}) \qquad\qquad \forall\ k \in C_l \qquad\qquad (334)$$

6.5.2.2.2 Stochastisches Verbesserungsverfahren mit vorübergehender Lösungs- verschlechterung

Der Nachteil eines deterministischen Suchverfahrens besteht darin, daß in Abhängigkeit
von der gewählten Ausgangslösung häufig nur weniger gute lokale Optima gefunden
werden. Die Überwindung derartiger lokaler Optima kann durch die Anwendung eines
stochastischen Suchverfahrens erreicht werden. Diese Verfahren lassen vorübergehend
auch eine Verschlechterung des Zielfunktionswertes zu. Wie in Kap. 6.3.2 erwähnt, ist das
Verfahren der simulierten Abkühlung (simulated annealing) ein derartiges stochastisches
Suchverfahren. Es wurde mit überwiegend positiven Resultaten zur Lösung von vielfältigen
kombinatorischen Optimierungsproblemen eingesetzt[441]. Im folgenden wird zunächst das
Prinzip der simulierten Abkühlung erläutert, um daran anschließend die für die
Problemstellung CLUST gewählte Verfahrenskonstellation darzustellen.

6.5.2.2.2.1 Prinzip der simulierten Abkühlung

Das Verfahren der simulierten Abkühlung (simulated annealing) basiert auf einer von
Kirkpatrick et al. aufgestellten Analogie zwischen dem Vorgehen bei der Lösung eines
kombinatorischen Optimierungsproblems und dem Abkühlungsprozeß eines Stoffs[442].

Der Zustand eines Stoffs bzw. eines Systems läßt sich durch die in ihm gespeicherte Energie charakterisieren. Je höher der Energiegehalt eines Zustands ist, desto weniger stabil ist
er. Aufgrund dieser Tatsache versucht jedes System durch Energieabgabe in einen stabile-
ren Zustand zu gelangen. Der thermische Energiezustand eines Systems wird durch die
kinetische und potentielle Energie der in ihm enthaltenen Teilchen bestimmt. Die kinetische Energie kommt in der Teilchenbewegung zum Ausdruck, während die potentielle
Energie auf die van der Waal'schen Wechselwirkungen zwischen den Teilchen zurückzuführen ist[443].

Reduziert man bei einem Gas oder einer Flüssigkeit die Umgebungstemperatur, so können
diese Systeme durch die bestehende Teilchenbewegung in den zugehörigen niedrigen und
stabilen Energiezustand gelangen. Bei festen Stoffen ist dies nicht ohne weiteres möglich,
da sie sich gegenüber Flüssigkeiten oder Gasen dadurch unterscheiden, daß ihre Atome

---

441   vgl. Laarhoven, Aarts (1987), S.77-152 und die dort angegebene Literatur sowie Chams, Hertz, Werra
      (1987); Wilhelm, Ward (1987); Drexl (1988); Laarhoven, Aarts, Lenstra (1988); Domschke (1989); Aarts,
      Korst (1989a); Aarts, Korst (1989b)
442   vgl. Kirkpatrick, Gelatt, Vecchi (1983), S.671-673; Kirkpatrick (1984), S.975-979
443   vgl. Barrow (1983), S.176

oder Moleküle überwiegend ortsfest vorliegen[444]. So besitzen beispielsweise kristalline Stoffe eine über makroskopische Distanzen vorliegende Gitterstruktur. Wird die Umgebungstemperatur eines kristallinen Stoffs verringert, dann kann zum Erreichen eines stabilen Zustands ein Umgitterungsprozeß notwenig werden. Dieser Prozeß benötigt ein gewisses Maß an Energie, so daß seine Umgebungstemperatur über einen bestimmten Zeitraum gehalten werden muß. Geschieht dies nicht, kann der Prozeß nicht stattfinden und das System gelangt in einen metastabilen Zustand (lokales Energieminimum)[445]. Das Erreichen des niedrigsten Energiezustands eines festen Stoffs bei einer Umgebungstemperatur von 0° Kelvin (absoluter Nullpunkt) ist daher nur dann möglich, wenn der Stoff ausgehend von seiner Schmelze sehr langsam abgekühlt wird. Erfolgt dagegen eine zu schnelle Abkühlung, dann gelangt der Stoff in den oben beschriebenen metastabilen Zustand. Im Laufe des Abkühlungsprozesses kann daher das tiefste Energieniveau (stabiler Energiezustand) nicht erreicht werden (s. Abb. 61).

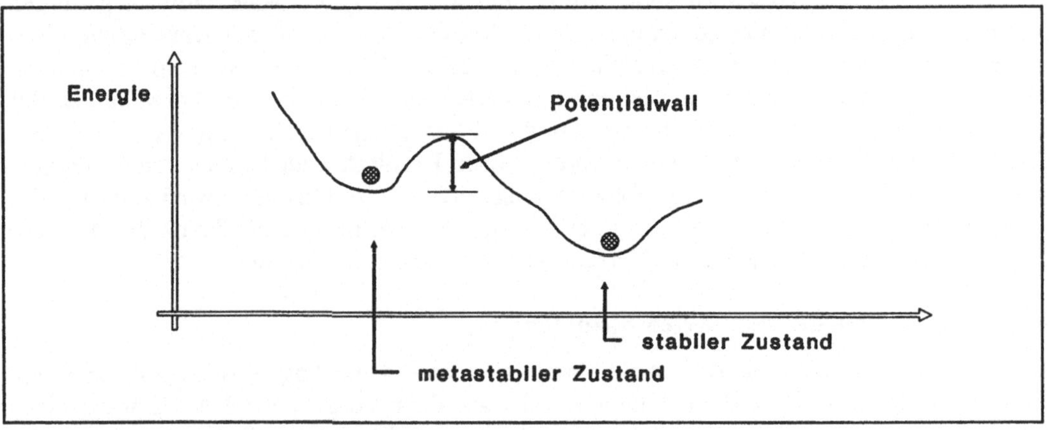

Abb. 61: Energiezustände eines Stoffs

Befindet sich ein Stoff im metastabilen Zustand, so ist ihm zum Erreichen des stabilen Zustands zunächst Energie zuzuführen (Erhöhung der Umgebungstemperatur). Dadurch wird er in die Lage versetzt, den bestehenden "Potentialwall" zu überwinden[446].

Betrachtet man die Situationen "tiefster Energiezustand" und "globales Zielfunktionsminimum" sowie "metastabiler Energiezustand" und "lokales Zielfunktionsminimum", so ist die Analogie zwischen dem physikalischen Abkühlungsprozeß eines Stoffs und der Lösung eines kombinatorischen Optimierungsproblems zu erkennen. Die schnelle Abkühlung eines Stoffs aus seiner Schmelze entspricht demnach dem Vorgehen eines reinen Verbesserungsverfahrens, da man auch hier in das lokale Minimum des Einzugsbereichs[447] gelangt. Demgegenüber entspricht eine langsame Abkühlung der Vorgehensweise, in der der

---

444   Ideale Festkörper verfügen über keine kinetische Energie, während reale Festkörper ein geringes Maß an kinetischer Energie aufweisen. Diese ist im wesentlichen auf Baufehler und Gitterschwingungen zurückzuführen (vgl. Barrow (1983), S.130).

445   vgl. Ondracek (1986), S.60-81; Hornbogen (1987) S.75-99; Unter bestimmten Bedingungen, wie z.B. bei der Stahlhärtung, kann ein metastabiler Zustand erwünscht sein.

446   vgl. Ondracek (1986), S.37-39

447   Alle Lösungen, von denen die Anwendung eines deterministischen Verbesserungsverfahrens zum gleichen lokalen bzw. globalen Optimum führen, werden als der Einzugsbereich des Optimums bezeichnet.

Einzugsbereich eines Minimums gewechselt werden kann (Umgitterungsprozeß). Dadurch wird ein tiefer liegendes lokales oder globales Minimum (Energieniveau) erreicht.

Betrachtet man weiterhin, daß nach der statistischen Mechanik die Wahrscheinlichkeit, eine bestimmte Molekülanordnung i (Molekülkonfiguration)[448] eines Systems vorzufinden, sich proportional zu dem Bolzmannfaktor

$$e^{-E_i/k_B \cdot T}$$

verhält, wobei E_i die potentielle Energie der Molekülkonfiguration i, k_B die Bolzmannkonstante und T die Temperatur des Systems bezeichnen[449], so wird deutlich, daß sich mit abnehmender Temperatur die Anzahl möglicher Systemzustände verringert und im Fall $T = 0$ in einen einzigen Endzustand übergeht[450].

Zur Bestimmung der Verteilung der Molekülkonfiguration einer im Gleichgewicht befindlichen Flüssigkeit bei konstanter Temperatur entwickelt Metropolis das folgende Verfahren[451]: Ein Molekül wird probeweise um einen zufälligen Betrag und um eine zufällige Richtung versetzt und die aus der Verschiebung resultierende Energiedifferenz ΔE bestimmt. Führt die neue Konfiguration zu einem niedrigeren Energieniveau, $\Delta E < 0$, dann wird die Molekülverschiebung durchgeführt, während im Fall einer Energiezunahme, $\Delta E \geq 0$ die Verschiebung mit einer Wahrscheinlichkeit von

$$e^{-\Delta E/k_B \cdot T}$$

vorgenommen wird. D.h., die Wahrscheinlichkeit einer Verschiebung verringert sich bei großer Energiezunahme und mit niedrigeren Temperaturen. Ausgehend von der veränderten bzw. unveränderten Konfiguration wird dieser Schritt solange mit anderen zufällig ausgewählten Molekülen wiederholt, bis ein Gleichgewichtszustand erreicht ist.

Überträgt man die beschriebenen Gegebenheiten und das Verfahren von Metropolis auf die Vorgehensweise bei der Lösung eines kombinatorischen Minimierungsproblems[452], dann verwendet man zu Beginn des Suchprozesses (hohe Temperatur) einen großen Suchraum und verkleinert diesen im Verlauf des Prozesses sukzessive (niedrige Temperatur). Dabei ist wesentlich, daß der Suchraum, neben der aktuellen Temperatur, auch von dem dort anzutreffenden Zielfunktionswert (Energieniveau E_i) abhängt. Die durch dieses Vorgehen akzeptierten Lösungen mit verschlechterten Zielfunktionswerten ermöglichen den Wechsel eines Einzugsbereichs und somit das Erreichen eines tiefer liegenden Minimums.

Der formale Ablauf eines simulated annealing-Verfahrens gestaltet sich für ein Minimierungsproblem derart, daß man, ausgehend von einer zulässigen Lösung i des Problems, eine zufällige Nachbarlösung j erzeugt und die resultierende Zielfunktionswertveränderung

---

448   Die Molekülanordnung bestimmt aufgrund der Wechselwirkung zwischen den Teilchen die innere potentielle Energie des Systems.
449   vgl. Feynman, Leighton, Sands (1987), S.560-561
450   Streng genommen gilt dies nur für Flüssigkeiten und Gase.
451   vgl. Metropolis et al. (1953) S.1088; Metropolis verwendet dieses Verfahren, um mittlere Kennwerte (z.B. thermodynamische Eigenschaften, wie Energieniveau) für eine im thermischen Gleichgewicht befindliche Flüssigkeit bei konstanter Temperatur zu bestimmen. Das beschriebene Verfahren wird daher im ursprünglichen Simulationsexperiment für alternative Moleküle solange wiederholt, bis das Scharmittel, abgesehen von statistischen Fluktuationen, konvergiert. (vgl. auch Barrow (1983), S.204)
452   Für eine Anwendung auf Maximierungsprobleme ist lediglich eine entsprechende Transformation vorzunehmen.

$\Delta Z_{ij} = Z_j \text{-} Z_i$ bestimmt. Ergibt sich ein verbesserter Zielfunktionswert, $\Delta Z_{ij} < 0$, dann wählt man die Konfiguration j als nächste Ausgangslösung. Im Gegensatz dazu wird im Falle eines gleichen oder verschlechterten Zielfunktionswertes, $\Delta Z_{ij} \geq 0$ die Lösung j mit der Wahrscheinlichkeit

$$e^{-\Delta Z_{ij}/T_k}$$

akzeptiert. Dieser Schritt wird ausgehend von der akzeptierten Lösung solange durchgeführt, bis sich ein Gleichgewichtszustand einstellt. Daraufhin reduziert man den Kontrollparameter T_k, $T_k > T_{k+1}$ (Temperatur) und wiederholt das gesamte Verfahren, bis bei kleinen Temperaturen, $\lim_{k \to \infty} T_k = 0$ ein Abbruchkriterium erfüllt wird. Die letzte "eingefrorene" Lösung ist das Ergebnis des Verfahrens (s. Abb. 62).

Stufe 1: Initialisierung

$k = 0$, $T_k = T_{Start}$, bestimme eine Ausgangslösung KONFIG(i)

Stufe 2: Erzeugung von Nachbarschaftslösungen

Erzeuge aus KONFIG(i) eine zufällige KONFIG(j)
$\Delta Z_{ij} = Z_j - Z_i$

wenn $\Delta Z_{ij} < 0$ oder $\exp(-\Delta Z_{ij}/T_k) \geq$ RANDOM[0,1],
    dann KONFIG(j) → KONFIG(i)

wenn Gleichgewichtszustand genügend gut erfüllt,
    dann gehe zu Stufe 3,
    ansonsten gehe zu Stufe 2

Sufe 3: Reduzierung des Kontrollparameters (Temperatur)

$k = k + 1$
$T_k = f(T_{k-1})$; $\lim_{k \to \infty} T_k = 0$

wenn Abbruchkriterium erfüllt,
    dann gehe zu Stufe 4
    ansonsten gehe zu Stufe 2

Sufe 4: Stopp

KONFIG(i) ist die Lösung des Verfahrens

Abb. 62: Simulated annealing-Verfahren

Diese Art der Vorgehensweise wird als homogener Algorithmus bezeichnet, da sich das Verfahren für jedes Temperaturniveau T_k als eine homogene Markov-Kette beschreiben läßt. Wird hingegen die Temperatur T_k nach jedem Verfahrensschritt verringert, dann entspricht der Übergang von einer Konfiguration zur nächsten einer inhomogenen Markov-Kette. Diese Vorgehensweise wird als inhomogener Algorithmus bezeichnet[453]. In verschiedenen Untersuchungen konnte gezeigt werden, daß sowohl der homogene als auch

---

453 vgl. Laarhoven, Aarts (1987), S.14

der inhomogene Algorithmus zum globalen Optimum konvergiert, wenn eine der folgenden Bedingungen erfüllt ist[454]:

a) Im Falle eines homogenen Algorithmus wird für jeden Wert des Kontrollparameters T_k ein Gleichgewichtszustand erreicht und $\lim_{k\to\infty}T_k=0$. Dabei ist zum Erreichen des Gleichgewichtszustands mindestens eine mit der Problemgröße exponentiell wachsende Zahl an Nachbarschaftskonfigurationen zu erzeugen.

b) Im Falle eines inhomogenen Algorithmus wird für jeden Kontrollparameter T_k eine Konfiguration j erzeugt und der Kontrollparameter T_k nähert sich dem Wert Null nicht schneller als $O([\log k]^{-1})$[455].

In einer anwendbaren Implementierung des simulated annealing-Verfahrens sind diese Bedingungen nicht zu erfüllen, da nur eine begrenzte Anzahl an Nachbarschaftskonfigurationen untersucht werden kann. D.h., obwohl der Algorithmus asymptotisch zum globalen Optimum konvergiert, kann jede praktikable Implementierung des Verfahrens nur ein Näherungsverfahren sein.

Aufgrund der eingeschränkten Durchführbarkeit des ursprünglichen Verfahrens ist für eine erfolgreiche Implementierung des Algorithmus die Aufstellung eines "Kühlplans" zur Steuerung des Verfahrensablaufs von wesentlicher Bedeutung. In einem "Kühlplan" wird neben dem Anfangs- und Endwert des Kontrollparameters, T_0 und T_{Stop} vor allem die Abkühlgeschwindigkeit festgelegt. Diese ergibt sich aus der Anzahl der zu untersuchenden Nachbarschaftskonfigurationen N_k in jeder Temperaturstufe k und der Veränderung der Temperatur ΔT_k zwischen zwei Stufen k und $k+1$ (s. Abb. 63)[456].

T_0 : Startwert des Kontrollparameters (Start-Temperatur)
T_{Stop} : Stoppwert des Kontrollparameters (Stopp-Temperatur)
N_k : Anzahl der zu untersuchenden Nachbarschaftskonfigurationen in jeder
              Temperaturstufe k
ΔT_k : Veränderung der Temperatur zwischen zwei Stufen k und $k+1$

Abb. 63: Parameter eines "Kühlplans"

Van Laarhoven und Aarts unterscheiden in ihrer Monographie "einfache" und "ausgefeilte Kühlpläne"[457]. "Einfache Kühlpläne" setzen den Startwert des Kontrollparameters T_0 derart fest, daß möglichst alle Nachbarschaftskonfigurationen akzeptiert werden. Sie beenden das Verfahren, wenn über eine bestimmte Anzahl von untersuchten Konfigurationen keine Lösungsveränderung mehr eintritt. Die Anzahl der zu untersuchenden Nachbarschaftskonfigurationen in jeder Temperaturstufe k, N_k werden in polynomialer Abhängigkeit zur Problemgröße gewählt. Die Temperatur der Stufen $k+1$ wird durch die Reduzierungsregel

$$T_{k+1} = \varphi \cdot T_k \qquad\qquad k=0,1,2,.. \qquad\qquad (335)$$

bestimmt, wobei $\varphi < 1$ ist.

---

454 vgl. Laarhoven, Aarts (1987), S.17-38 und S.55-56 und die dort angegebene Literatur.
455 Die O-Notation bezeichnet die Zeitkomplexität von Algorithmen (vgl. Horowitz, Sahni (1981) S.33-40).
456 vgl. Laarhoven, Aarts (1987), S.57
457 vgl. Laarhoven, Aarts (1987), S.59-75

Die Problematik der "einfacheren Kühlpläne" besteht darin, daß zur Festlegung der Parameter eine intensive empirische Vorstudie durchzuführen ist, um durch eine ungünstige
Parameterwahl keine schlechten Verfahrensergebnisse zu erzielen[458].

"Ausgefeiltere Kühlpläne" unterscheiden sich von "einfacheren Plänen" insbesondere
dadurch, daß die Veränderung der Temperatur zwischen zwei Stufen k und $k+1$, ΔT_k
sowie das Abruchkriterium T_{Stop} nicht mehr extern, sondern in Abhängigkeit vom Verfahrensablauf und der Problemkennwerte (Zielfunktionswerte) festgelegt werden. Neben dem
Vorteil der problemspezifischeren Steuerung des Verfahrensablaufs entfällt bei den
"ausgefeilteren Kühlplänen" eine empirische Vorstudie.

In verschiedenen Untersuchungen konnte gezeigt werden, daß die Qualität eines simulated
annealing-Verfahrens wesentlich von dem gewählten "Kühlplan" abhängt, wobei die
"ausgefeilteren Pläne" häufig zu günstigeren Ergebnissen führten[459].

Neben der Festlegung eines "Kühlplans" ist auch die Wahl einer zu untersuchenden Nachbarschaftsstruktur für den Erfolg des Verfahrens verantwortlich[460]. Unter Nachbar-
schaften sind die Konfigurationen j zu verstehen, die von einer Konfiguration i über eine
Transformation direkt erreichbar sind. Je nachdem welche Transformationsregel gewählt
wurde, erhält man eine veränderte Nachbarschaftsstruktur. Bekannte Transformations-
regeln sind beispielsweise die 2-opt, 3-opt bzw. die k-opt Regel, die zur Lösung von
Traveling-Salesman-Problemen entwickelt wurden, aber auch generell einsetzbar sind[461].

6.5.2.2.2.2 Implementierung eines Verfahrens

Zur Lösung der Problemstellung CLUST werden im folgenden die zu untersuchende
Nachbarschaftsstruktur und der Kühlplan eines simulated annealing-Verfahrens festgelegt.

6.5.2.2.2.2.1 Nachbarschaftsstruktur und Verfahrensablauf

Als Nachbarschaftsstruktur wird die gleiche Strukur gewählt, die bereits im deterministischen Verbesserungsverfahren CLUST_D eingesetzt wurde. Dadurch ist zwischen
den Verfahrensalternativen eine direkte Vergleichbarkeit gegeben. Im Verfahren
CLUST_D ist die Nachbarschaftskonfiguration j einer Konfiguration i die Konfiguration
mit der größten Abnahme des Zielfunktionswertes ΔZ_{opt}, die durch eine Verschiebung
eines Auftrags r in jede andere Serie C_l oder dessen Vertauschung mit den Aufträgen
jeder anderen Serie C_l ensteht. Hierdurch ergeben sich von jeder Konfiguration i insgesamt R unterschiedliche Nachbarschaftskonfigurationen. Der in Abbildung 62 angeführte
Wert ΔZ_{ij} entspricht demnach dem Wert ΔZ_{opt} des Verfahrens CLUST_D. Der Ablauf
des simulated annealing-Verfahrens CLUST_S ist damit im wesentlichen mit der Darstellung aus Abbildung 59 identisch. Lediglich im Schritt 4a der Stufe 4 tritt die in der Abbildung 64 angeführte Veränderung ein. In diesem Verfahrensschritt wird entschieden, ob
eine Lösung mit verschlechtertem Zielfunktionswert akzeptiert wird.

---

458   vgl. Drexl (1988) S.4-5; Faigle, Schrader (1988) S.261-263; Domschke (1989), S.23-24
459   vgl. Laarhoven, Aarts (1987), S.96-98 und die dort angegebene Literatur.
460   vgl. Laarhoven, Aarts (1987), S.93 u. 155; Faigle, Schrader (1988) S.261-263
461   vgl. Croes (1958), S.794-796; Lin (1965), S.2247-2248; Lin, Kernighan (1973), S.499-500

Stufe 4^S: Durchführung der Verschiebung oder Vertauschung

```
4Sa)        wenn ΔZopt<0 oder exp(-ΔZopt/Tk)≥RANDOM[0,1], dann gehe zu Stufe 4Sb
                                                        sonst gehe zu Stufe 4Sd

4Sb)        i=0
            wenn kopt=0, dann gehe zu Stufe 4Sc
            Cl(opt)=Cl(opt)\{vk(opt)}U{r}, Cj=Cj\{r}U{vk(opt)}, gehe zu Stufe 1
4Sc)        Cj=Cj\{r}, Cl(opt)=Cl(opt)U{r}, gehe zu Stufe 1
4Sd)        i=i+1
            wenn i>R, dann gehe zu Stufe 5
                      sonst gehe zu Stufe 1
```

Abb. 64: Stufe 4 des simulated annealing-Verfahrens CLUST_S

Neben dieser Verfahrensanpassung sind zur Steuerung des Verfahrensablaufs die Parameter des Kühlplans zu setzen und die als nächstes zu untersuchende Nachbarschaftskonfiguration zufällig auszuwählen.

6.5.2.2.2.2 Kühlplan

Zur Steuerung des Verfahrensablaufs werden zwei Alternativen gewählt: Zum einen ein "einfacher Kühlplan", dessen Parameter anhand einer intensiven Vorstudie bestimmt werden und zum anderen ein "ausgefeilterer Kühlplan", der in ähnlicher Form von Aarts und van Laarhoven bei der Lösung von Traveling-Salesman- und Graph-Partitioning-Problemen erfolgreich eingesetzt wurde[462]. Die Analyse der beiden Kühlplanvarianten erfolgt mit Hilfe des folgenden Problemfalls:

Anzahl ergänzender Maschinen:	$M = 5$
Werkzeugmagazinkapazität:	$w_m = 30$
Anzahl Aufträge:	$R = 30$
Anzahl Serien:	$L = 8$
Rüstzeit zwischen den Serien:	$h = 10$
Fälligkeitstermin eines Auftrags:	$500 \leq d_r \leq 4000$
Auftragsgröße:	$n_r = 5\text{-}15$
Anzahl Arbeitsgänge pro Werkstück:	$K_r = 6$
Ausführungszeit eines Arbeitsgangs:	$p_{rk} = 1\text{-}20$
Werkzeugbedarf eines Arbeitsgangs:	$I_{rk} = 5\text{-}10$
Anzahl eingesetzter Werkzeuge:	$I = 100$

Abb. 65: Problemfall zur Analyse der Kühlplanvarianten

Zur Veranschaulichung des Ablaufs des stochastischen Suchverfahrens CLUST_S wird der gewählte Problemfall unter Verwendung des folgenden Kühlplans gelöst: Ausgehend von der Start-Temperatur $T_0 = 1000$ wird die Temperatur T_k jeweils nach R untersuchten Nachbarschaftskonfigurationen um $\Delta T_k = 20$ solange reduziert, bis die Temperatur $T_{Stop} = 0$ erreicht wurde.

---

462 vgl. Aarts, Laarhoven (1985a), S.211-221; Aarts, Laarhoven (1985b); Aarts, Korst, Laarhoven (1988), S.190-192

Der obere Teil der Abbildung 66 zeigt die in Abhängigkeit von der Temperatur der Stufe k, T_k aufgetretenen minimalen bzw. maximalen Zielfunktionswerte. Im unteren Teil der Abbildung 66 ist die Annahmewahrscheinlichkeit von Zielfunktionswertverschlechterungen ΔZ_{ij}^+ in Abhängigkeit von der Temperatur T_k aufgetragen. Insgesamt wird deutlich, daß mit zunehmender Abkühlung eine Verkleinerung des Suchraums stattfindet. Der Wechsel eines zu einem lokalen Minimum führenden Einzugsbereichs wird hierdurch zunehmend erschwert. Bei der Temperatur $T_k=0$ kommt es schließlich zum "Festfrieren" einer Lösungsalternative, da Verschlechterungen des Zielfunktionswertes nicht mehr akzeptiert werden.

a)   "Einfacher Kühlplan"

Die Steuerungsparameter des "einfachen Kühlplans" werden wie folgt festgelegt:

aa)   Startwert des
       Kontrollparameters T_0

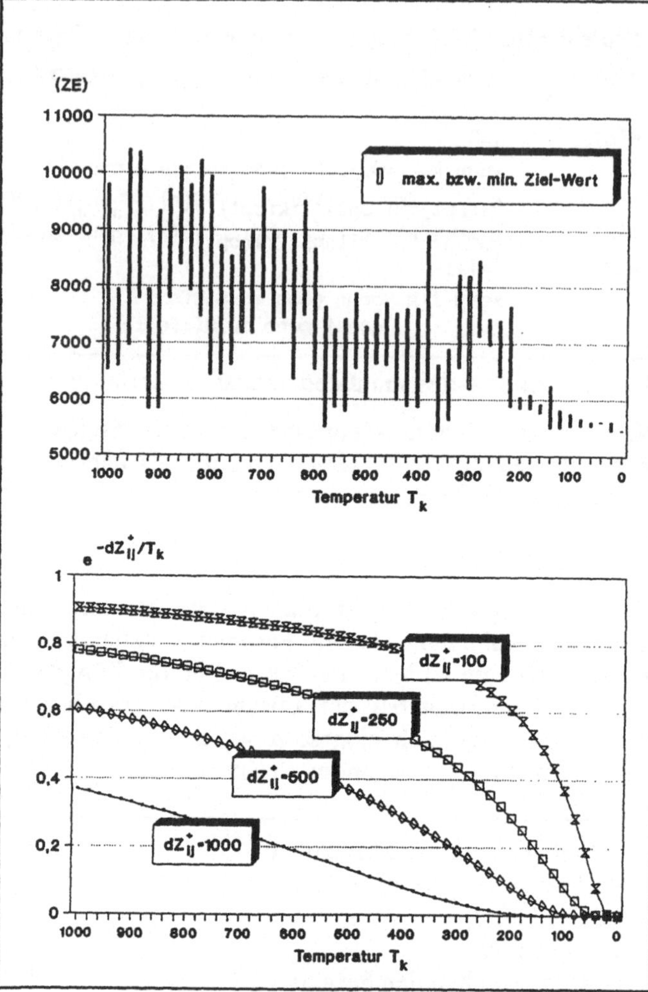

Abb. 66:   Spannweite der Zielfunktionswerte und Annahmewahrscheinlichkeit von Zielwertverschlechterungen in Abhängigkeit von der Temperatur T_k

Aarts und van Laarhoven besprechen in ihrer Monographie verschiedene Möglichkeiten, um den Startwert des Kontrollparameters (Start-Temperatur) T_0 festzulegen[463]. Ziel aller Alternativen ist es, daß zu Beginn des Verfahrens möglichst alle Konfigurationen mit gleicher Wahrscheinlichkeit auftreten. Für die vorliegende Problemstellung CLUST ist die Vorgehensweise von White geeignet. White approximiert die Start-Temperatur T_0 anhand

---

463   vgl. Laarhoven, Aarts (1987), S.59-60 u. 62-64

der Standardabweichung der Zielfunktionswerte unter der Bedingung, daß alle zulässigen Transformationen akzeptiert werden[464]:

$$T_0 = \sigma(T{=}\infty) = \sqrt{\langle Z^2(T{=}\infty)\rangle - [\langle Z(T{=}\infty)\rangle]^2} \tag{336}$$

$\langle Z(T{=}\infty)\rangle$ bezeichnet den mittleren Zielfunktionswert, $\langle Z^2(T{=}\infty)\rangle$ den mittleren quadratischen Zielfunktionswert und $\sigma(T{=}\infty)$ bezeichnet die Standardabweichung der Zielfunktionswerte bei der Temperatur $T{=}\infty$. Zur Bestimmung der Standardabweichung $\sigma(T{=}\infty)$ werden in einem Verfahrensvorlauf R zufällige Nachbarschaftskonfigurationen erzeugt. Die so erhaltenen Zielfunktionswerte werden entsprechend der Gleichung (336) zur Approximation der Start-Temperatur T_0 herangezogen[465].

ab)   Stoppwert des Kontrollparameters T_{Stop}

Das Verfahren wird abgebrochen, wenn sich der Zielfunktionswert Z nach R untersuchten Nachbarschaftskonfigurationen nicht mehr verändert.

ac)   Anzahl der zu untersuchenden Nachbarschaftskonfigurationen in jeder
       Temperaturstufe k, N_k

Die Anzahl der zu untersuchenden Nachbarschaftskonfigurationen in jeder Temperaturstufe k, N_k sollte derart festgelegt werden, daß ein Gleichgewichtszustand der Zielfunktionswerte der Stufe k eintritt. Die Anzahl N_k wird i.a. in polynomialer Abhängigkeit von der betrachteten Problemgröße gewählt[466]. Zur Analyse dieses Wertes wird sowohl die Start-Anzahl N_0, als auch die Anzahl N_k, die in jeder Temperaturstufe k untersucht wird, anhand der Faktoren ρ (Rho) und ß (Beta) variiert:

$$N_0 = \rho \cdot R \tag{337}$$

$$N_{k+1} = \beta \cdot N_k \qquad\qquad k{=}0,1,2,.. \tag{338}$$

ad)   Veränderung der Temperatur zwischen zwei Stufen k und k+1, ΔT_k

Die Veränderung der Temperatur zwischen zwei Stufen k und k+1, ΔT_k erfolgt mit Hilfe des Reduzierungsfaktors φ (Phi)[467]:

$$T_{k+1} = \varphi \cdot T_k \tag{339}$$

Der Einsatz eines "einfachen Kühlplans" verlangt die eindeutige Festlegung der beschriebenen Steuerungsparameter. Anhand des Problemfalls aus Abbildung 65 wird mit Hilfe der Start-Temperatur T_0 (nach Gl. (336) ist $T_0 \approx 1000$) sowie der Faktoren φ, ß und ρ eine Analyse der unterschiedlichen Steuerungsparameter vorgenommen. Zunächst wird die Start-Temperatur T_0 und der Reduzierungsfaktor φ wie folgt variiert:

$$T_0 = [100, 200,..., 1000]$$

---

464 vgl. White, S. R., Concepts of Scale in Simulated Annealing, Proc. IEEE Int. Conference on Computer Design, Port Chester, November 1984, S.646-651; zitiert nach Laarhoven, Aarts (1987), S.63-64

465 Drexl wählt als Start-Temperatur die Differenz aus maximalen und minimalen Zielfunktionskoeffizienten und umgeht somit die Durchführung eines Verfahrensvorlaufs (vgl. Drexl (1988), S.4). Diese Vorgehensweise ist nur dann möglich, wenn anhand der Zielfunktionskoeffizienten auf die Höhe einer Zielfunktionswertverschlechterung geschlossen werden kann, die erforderlich ist, um in jeden Einzugsbereich eines lokalen Minimums zu gelangen.

466 vgl. Laarhoven, Aarts (1987), S.60

467 vgl. Laarhoven, Aarts (1987), S.61-62

$\varphi = [0.05, 0.10,..., 0.95]$

Die Anzahl der in jeder Temperaturstufe k untersuchten Nachbarschaftskonfigurationen N_k bleibt unverändert ($N_k = R$). Für jede Parameterkonstellation werden zwei Versuche durchgeführt. In der folgenden Abbildung sind der mittlere Zielfunktionswert, der in den Versuchen realisierte minimale bzw. der maximale Zielfunktionswert sowie die mittlere benötigte CPU-Zeit[468] für die Parametergruppen $\varphi = 0.05,..,0.35$ und $\varphi = 0.7,..,0.95$ in Abhängigkeit von der Start-Temperatur T_0 aufgeführt.

Die obere Graphik der Abbildung 67 zeigt, daß für schnelle Abkühlungen ($\varphi = 0.05,..,0.35$) keine befriedigenden Ergebnisse erzielt werden können. Selbst eine Erhöhung der Start-Temperatur T_0 führt zu keiner Lösungsverbesserung. Die erzielte Lösungsqualität ist unter diesen Bedingungen mit der des deterministischen Suchverfahrens **CLUST_D** vergleichbar. Bei langsamerer Abkühlungsgeschwindigkeit ($\varphi = 0.7,..,0.95$) kommt es insgesamt zu besseren Ergebnissen. Ungünstige Lösungen ($Z > 6000$) treten nicht mehr auf. Im Gegensatz zu einer schnellen Abkühlung ($\varphi = 0.05,..,0.35$) werden bei langsamer Abkühlungsgeschwindigkeit ($\varphi = 0.7,..,0.95$) mit zunehmender Start-Temperatur T_0 günstigere Ergebnisse erreicht. Eine Start-Temperatur von $T_0 > 700$ kann die Lösungsqualität jedoch nicht mehr verbessern.

Die Abhängigkeit der Zielfunktionswerte und der benötigten Rechenzeiten von dem Reduzierungsfaktor φ zeigt die folgende Abbildung, wobei die beiden Parametergruppen $T_0 = 100,..,400$ und $T_0 = 700,..,1000$ unterschieden werden.

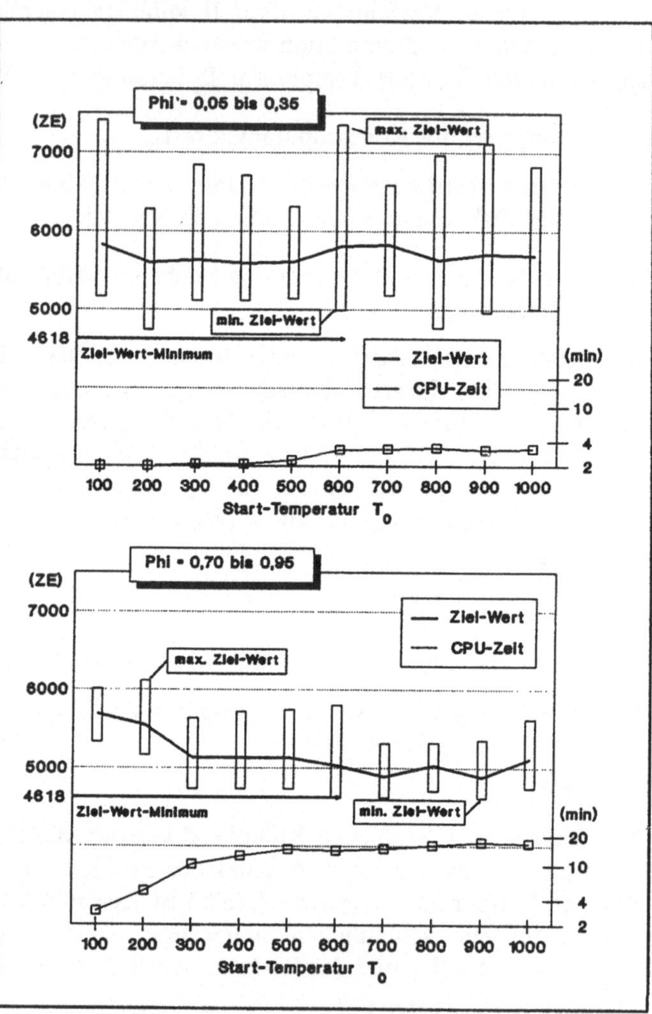

Abb. 67: Zielfunktionswert und Lösungszeit in Abhängigkeit der Start-Temperatur T_0

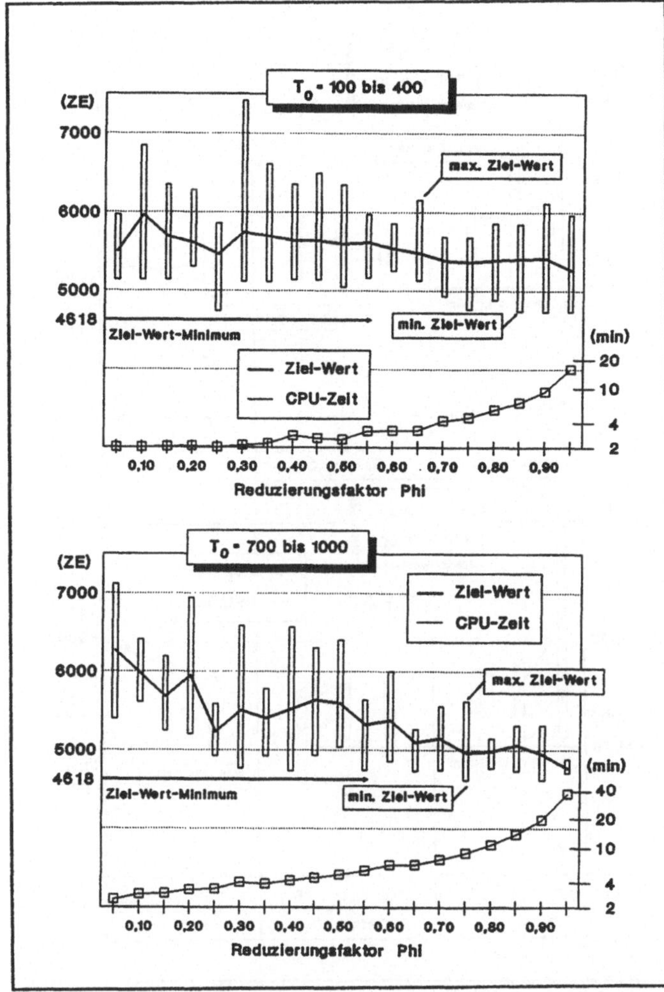

Sehr gute Lösungen sind nur bei sehr langsamer Abkühlungsgeschwindigkeit ($\gamma = 0.95$) und ausreichend hoher Start-Temperatur T_0 zu erreichen (untere Hälfte der Abbildung 68). Unter diesen Bedingungen liegen alle Versuche nahe der besten gefundenen Lösung ($Z_{min} = 4618$). Eine ausreichend hohe Start-Temperatur T_0 ist notwendig, damit die Möglichkeit besteht, den Einzugsbereich eines lokalen Minimums zu wechseln, für den eine relativ große Zielfunktionswertverschlechterung in Kauf genommen werden muß. Eine langsame Abkühlungsgeschwindigkeit ist erforderlich, um in jeder Temperaturstufe T_k erneut einen Gleichgewichtszustand herzustellen. Ansonsten besteht die Gefahr, daß das Verfahren aus einem zufällig gewählten, aber ungünstigen Einzugsbereich nicht mehr herausfindet. Beide Parameter erfordern daher eine gegenseitige Abstimmung, um ungünstige Ergebnisse zu vermeiden und/oder unnötige Programm-

Abb. 68:   Zielfunktionswert und Lösungszeit in Abhängigkeit von dem Reduzierungsfaktor γ (Phi)

laufzeit zu verhindern. Das Problem wird durch die in den beiden Abbildungen 67 und 68 dargestellten Ergebnisse (obere Graphiken) verdeutlicht. Um eine bestimmte Lösungsqualität zu erreichen, läßt sich ein zu niedrig gewählter Reduzierungsfaktor γ nur bedingt durch eine größere Start-Temperatur T_0 kompensieren und umgekehrt. Die Rechenzeit nimmt aber in beiden Fällen zu. Insgesamt zeigt sich für den untersuchten Problemfall, daß unbefriedigende Ergebnisse dann erzielt werden, wenn der Reduzierungsparameter $\gamma < 0.7$ ist und wenn eine Start-Temperatur T_0 gewählt wurde, die kleiner als die Hälfte der ermittelten Start-Temperatur aus Gleichung (336) ist. Bei der Untersuchung anderer Problemfälle wurden entsprechende Ergebnisse erzielt.

In der folgenden Analyse wird die Anzahl der untersuchten Nachbarschaftskonfigurationen variiert. Der Reduzierungsfaktor γ ($\gamma = 0.8$ bzw. $\gamma = 0.9$) und die Start-Temperatur ($T_0 = 800$) bleiben unverändert. Die Variation des Startwertes N_0 und die Veränderung der Werte in jeder neuen Stufe k, N_k erfolgt anhand der Faktoren ρ und ß (s.

Gl. (337) und (338)). Ist $ß<1$ bzw. $ß>1$, so wird in jeder neuen Temperaturstufe k die Anzahl der untersuchten Nachbarschaftskonfigurationen N_k verringert bzw. erhöht. Für jede Parameterkonstellation werden zehn Versuche durchgeführt. Die minimalen, maximalen und mittleren Zielfunktionswerte sowie die mittleren benötigten Rechenzeiten (CPU-Zeit) der jeweiligen Parameterkonstellationen sind in der Abbildung 69 aufgetragen.

Wird innerhalb des Verfahrens die Anzahl der untersuchten Nachbarschaftskonfigurationen in jeder Temperaturstufe k, N_k ($ß=0.8$) reduziert, so ergeben sich gegenüber einer konstanten Anzahl N_k erheblich ungünstigere Ergebnisse. Demgegenüber führt eine Vergrößerung der Anzahl untersuchter Nachbarschaftskonfigurationen in jeder Temperaturstufe k, N_k ($ß=1.2$) zu wesentlich verbesserten Ergebnissen. Auffällig ist, daß sich die Ergebnisstreuung bei zunehmenden Werten von N_k vermindert. Die benötigte Rechenzeit wird jedoch erheblich erhöht. Die stabilsten Ergeb-

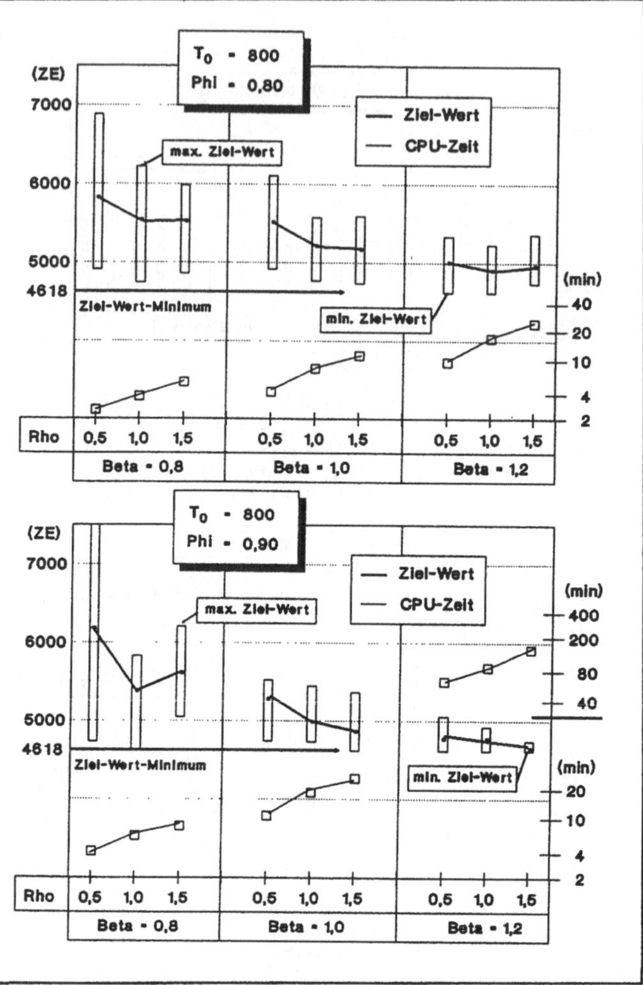

Abb. 69: Zielfunktionswert und Lösungszeit in Abhängigkeit der Anzahl untersuchter Nachbarschaftskonfigurationen N_k

nisse wurden bei einer Parameterkonstellation von $\varphi=0.9$, $\rho=1.5$ und $ß=1.2$ erreicht. Unter diesen Bedingungen wichen die Ergebnisse kaum von dem gefundenen Bestwert ($Z_{min}=4618$) ab. Jeder Versuch benötigte allerdings eine mittlere Rechenzeit von 150 min.

Vergleicht man die Ergebnisse der Parameterkonstellation $\varphi=0.9$ und $ß=1.0$ mit den Ergebnissen der Parameterkonstellation $\varphi=0.8$ und $ß=1.2$, so zeigen sich sowohl ähnliche Lösungsqualitäten als auch ähnliche Rechenzeitbedarfe. Daraus ist zu schließen, daß zwischen dem Reduzierungsfaktor φ und der Anzahl der untersuchten Nachbarschaftskonfigurationen N_k ein gewisser kompensatorischer Effekt besteht. Der Reduzierungsfaktor φ und die Anzahl der untersuchten Nachbarschaftskonfigurationen in jeder Temperaturstufe k, N_k determinieren gemeinsam die Abkühlungsgeschwindigkeit des Verfahrens. Somit kann eine bestimmte Abkühlungsgeschwindigkeit sowohl über die Anzahl der untersuchten Nachbarschaftskonfigurationen N_k, als auch über den Temperaturgradienten ΔT_k erreicht werden. Dies erklärt, warum homogene und inhomogene Algorithmen zu entsprechend guten Ergebnissen gelangen. Im Gegensatz zu einem homogenen Algorithmus besitzt ein inhomogener Algorithmus einen erheblich größeren Reduzierungsfaktor γ (kleiner Temperaturgradient ΔT_k). Dafür wird in jeder Temperaturstufe k nur eine Nachbarschaftskonfiguration untersucht. Dieser kompensatorische Effekt wird durch die beiden Parameterkonstellationen $\gamma = 0.95$, $\rho = 1.0$, $\beta = 1.0$ (s. Abb. 68) und $\gamma = 0.90$, $\rho = 1.0$, $\beta = 1.2$ (s. Abb. 69) ebenfalls verdeutlicht. In beiden Fällen werden ähnlich gute Lösungsqualitäten erreicht.

Die gefundenen Ergebnisse zeigen die Problematik der "einfachen Kühlpläne". Für jedes Anwendungsproblem ist eine eigene Parameteranalyse durchzuführen. Die "ausgefeilten Kühlpläne" umgehen dieses Problem dadurch, daß sie während des Verfahrensablaufs sowohl den Temperaturgradienten ΔT_k als auch die Stopp-Temperatur T_{Stop} problemspezifisch festlegen. Aufgrund dieser Vorgehensweise sollten sie den "einfachen Kühlplänen" in Lösungsgüte und/oder Laufzeitverhalten überlegen sein.

b)   "Ausgefeilter Kühlplan"

Die Steuerungsparameter des "ausgefeilten Kühlplans" werden wie folgt festgelegt:

ba)   Startwert des Kontrollparameters T_0

Der Startwert des Kontrollparameters, T_0 wird entsprechend dem "einfachen Kühlplan" bestimmt (s. Gleichung (336)).

bb)   Stoppwert des Kontrollparameters T_{Stop}

Der Stoppwert des Kontrollparameters T_{Stop} wird so festgelegt, daß die Differenz zwischen dem mittleren Zielfunktionswert und dem Optimum über eine Reihe von Transformationen genügend klein ist. Dies wird durch die Gleichung (340) und einer kleinen Zahl ϵ ($\epsilon = 0.001$) abgeschätzt[469].

$$\epsilon > \frac{\langle Z^2(T_{Stop})\rangle - [\langle Z(T_{Stop})\rangle]^2}{T_{Stop} \cdot \langle Z(T_0)\rangle} = \frac{\sigma^2(T_{Stop})}{T_{Stop} \cdot \langle Z(T_0)\rangle} \qquad (340)$$

$\langle Z(T_k)\rangle$ ist der mittlere Zielfunktionswert, $\langle Z^2(T_k)\rangle$ der mittlere quadratische Zielfunktionswert und $\sigma^2(T_k)$ ist die Varianz der Zielfunktionswerte jeweils bei der Temperatur T_k. Ist die Stopp-Temperatur erreicht, dann wird $T_k = 0$ gesetzt und das deterministische Suchverfahren solange weitergeführt, bis nach R untersuchten Nachbarschaftskonfigurationen keine Zielfunktionswertverbesserung mehr auftritt.

bc)   Anzahl der zu untersuchenden Nachbarschaftskonfigurationen in jeder Temperaturstufe k, N_k

Die Anzahl der zu untersuchenden Nachbarschaftskonfigurationen in jeder Temperaturstufe k, N_k wird durch die mögliche Anzahl unterschiedlicher Nachbarschaftskonfigurationen j festgelegt, die jeweils von einer Konfiguration i erreichbar sind. Aarts und van Laarhoven nehmen an, daß sich hierdurch ein ausreichender Gleichgewichtszu-

---

469   vgl. Aarts, Laarhoven (1985a), S.215-216; Aarts, Laarhoven (1985b), S.207; Laarhoven, Aarts (1987), S.65; Aarts, Korst, Laarhoven (1988), S.191

stand einstellt[470]). In dem Algorithmus CLUST_S zur Lösung der Problemstellung CLUST
wird dieser Wert von der Anzahl zuzuordnender Aufträge R determiniert.

$$N_k = R \qquad\qquad k=0,1,2,\ldots \qquad\qquad (341)$$

bd)   Veränderung der Temperatur zwischen zwei Stufen k und k+1, ΔT_k

Die Veränderung der Temperatur zwischen zwei Stufen k und k+1, ΔT_k sollte derart
gestaltet sein, daß sich in der neuen Stufe k+1 der Gleichgewichtszustand relativ schnell
wieder einstellt. Dies streben Aarts und van Laarhoven durch die Abschätzung[471]

$$T_{k+1} = T_k \cdot \left[1 + \frac{\ln(1+\delta) \cdot T_k}{3 \cdot \sigma(T_k)} \right]^{-1} \qquad\qquad k=0,1,2,\ldots \qquad\qquad (342)$$

an, wobei δ ($\delta = 0.1$) eine kleine Zahl ist und sich die Temperatur der Stufe k+1, T_{k+1} mit

$$\sigma(T_k) = \sqrt{\langle Z^2(T_k)\rangle - [\langle Z(T_k)\rangle]^2} \qquad\qquad k=0,1,2,\ldots \qquad\qquad (343)$$

wie folgt ergibt:

$$T_{k+1} = T_k \cdot \left[1 + \frac{\ln(1+\delta) \cdot T_k}{3 \cdot \sqrt{\langle Z^2(T_k)\rangle - [\langle Z(T_k)\rangle]^2}} \right]^{-1} \qquad\qquad k=0,1,2,\ldots \qquad\qquad (344)$$

Der vorgeschlagene "ausgefeilte Kühlplan" sieht eine definierte Anzahl zu untersuchender
Nachbarschaftskonfigurationen in jeder Temperaturstufe k, N_k vor. Die Anzahl N_k läßt
sich entsprechend dem "einfachen Kühlplan" variieren, wodurch Lösungsgüte und Rechenzeit beeinflußbar sind. Am Beispiel des oben angeführten Problemfalls (s. Abb. 65) wird
eine derartige Parametervariation für einen "einfachen" ($\gamma = 0.90$, $\beta = 1.0$) und einen
"ausgefeilten Kühlplan" vorgenommen. Die Abbildung 70 zeigt die maximalen, minimalen
und mittleren Zielfunktionswerte sowie die mittleren benötigten Rechenzeiten (CPU-
Zeit), die bei jeweils zehn unterschiedlichen Versuchen in Abhängigkeit des Faktors ρ und
Faktors ß (s. Gl. (337) und (338)) erzielt wurden. Zusätzlich sind in der Abbildung 70 die
Ergebnisse des deterministischen Verfahrens CLUST_D (zehn unterschiedliche Ausgangslösungen) aufgetragen.

470   vgl. Aarts, Laarhoven (1985a), S.215; Aarts, Laarhoven (1985b), S.207; Laarhoven, Aarts (1987), S.72;
      Aarts, Korst, Laarhoven (1988), S.192
471   vgl. Aarts, Laarhoven (1985a), S.215; Aarts, Laarhoven (1985b), S.207; Laarhoven, Aarts (1987), S.67-68;
      Aarts, Korst, Laarhoven (1988), S.191-192

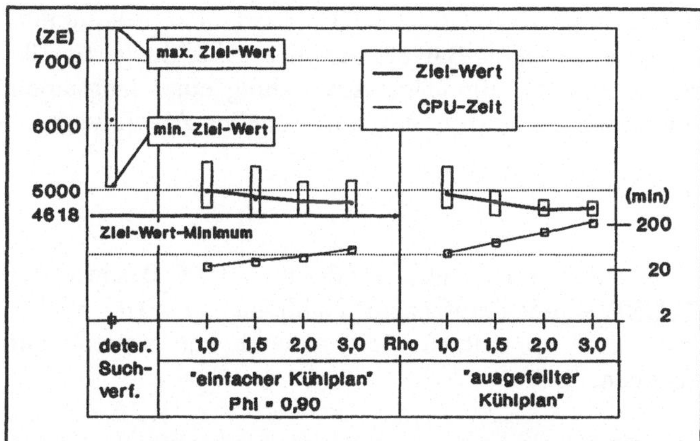

Abb. 70: Zielfunktionswert und Lösungszeit in Abhängigkeit von der Anzahl untersuchter Nachbarschaftskonfigurationen N_k für einen "einfachen" und einen "ausgefeilten Kühlplan"

Bei einem "ausgefeilten Kühlplan" wird dem "einfachen Kühlplänen" entsprechend mit einer größeren Anzahl von untersuchten Nachbarschaftskonfigurationen in jeder Temperaturstufe k, N_k die Lösungsgüte verbessert und die Rechenzeit verlängert. Wird bei dem "ausgefeilten Kühlplan" ein Faktor von $\rho \geq 2,0$ gewählt, dann ergeben sich äußerst günstige Ergebnisse. In allen Versuchen wurde der Bestwert erreicht oder nur knapp verfehlt. Die unter diesen Bedingungen verbrauchte Rechenzeit ist jedoch um 100- bis 200-mal größer als bei dem deterministischen Suchverfahren CLUST_D.

Insgesamt wird deutlich, daß gute Ergebnisse hohe Rechenzeiten beanspruchen. Zu überlegen ist, ob durch die mehrmalige Anwendung einer weniger günstigen Parameterkonstellation (eventuell sogar mehrmalige Anwendung des deterministischen Suchverfahrens mit unterschiedlichen Ausgangslösungen) ebenso gute Ergebnisse erreichbar sind, wie bei einer einmaligen Anwendung einer günstigen Parameterkonstellation. In der folgenden Untersuchung wird dieser Frage nachgegangen. Die Durchführung einer Parameterkonstellation beinhaltet zehn unterschiedliche Versuche. Der Zielfunktionswert einer Parameterkonstellation ergibt sich aus dem minimalen Zielfunktionswert, der bei diesen zehn Versuchen erreicht wurde. Die benötigte Rechenzeit resultiert aus der Summe aller Versuche. Für alle Mehr-Versuchs-Parameterkonstellationen werden wiederum zehn Versuche durchgeführt, so daß die unter diesen Bedingungen auftretende Ergebnisstreuung feststellbar ist (s. Abb. 71).

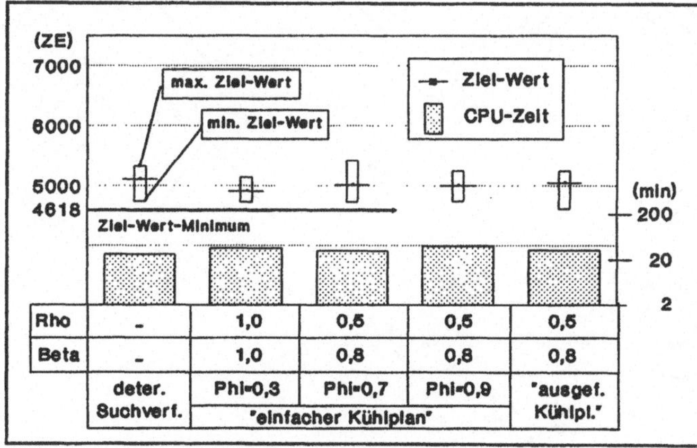

Rho	–	1,0	0,5	0,5	0,5
Beta	–	1,0	0,8	0,8	0,8
	deter. Suchverf.	Phi=0,3	Phi=0,7	Phi=0,9	'ausgef. Kühlpl.'
		'einfacher Kühlplan'			

Abb. 71: Zielfunktionswert und Lösungszeit für Mehr-Versuchs-Parameterkonstellationen

Die Anwendung einer Mehr-Versuchs-Parameterkonstellation (mehrere Versuche bei jeweils schneller Abkühlungsgeschwindigkeit) führt bezüglich Lösungsgüte und Rechenzeit zu ähnlichen Resultaten wie die einmalige Anwendung einer günstigen Parameterkonstellation (langsame Abkühlungsgeschwindigkeit) mit größerem Rechenzeitbedarf. Bemerkenswert ist, daß alle Mehr-Versuchs-Parameterkonstellationen (ausgenommen des "ausgefeilten Kühlplans") das Ziel-Wert-Minimum (Bestwert aller bestimmten Lösungen) nicht finden, obwohl jedem Ergebnis-Balken aus der Abbildung 71 100 Versuche zugrunde liegen. Insofern scheint die einmalige Anwendung einer langsamen Abkühlungsgeschwindigkeit einer mehrmaligen Anwendung mit schneller Abkühlungsgeschwindigkeit überlegen zu sein.

6.5.2.3 Ergebnisse

Im folgenden werden das deterministische Verbesserungsverfahren **CLUST_D** sowie das simulated annealing-Verfahren **CLUST_S** mit "einfachem Kühlplan" ($\gamma = 0.9$, $\rho = 1.0$, $ß = 1.0$) und mit "ausgefeiltem Kühlplan" ($\rho = 1.0$, $ß = 1.0$) anhand unterschiedlicher Problemstellungen miteinander verglichen.

6.5.2.3.1 Vergleich mit optimierendem Verfahren

Zum Vergleich der unterschiedlichen Verfahrens-Varianten werden zunächst die erzielbaren Ergebnisse den Resultaten eines exakten B&B-Verfahrens gegenübergestellt.

6.5.2.3.1.1 B&B-Verfahren

Zur Erzeugung optimaler Lösungen wird das folgende Branch-and-Bound-Verfahren (**B&B**-Verfahren) eingesetzt:

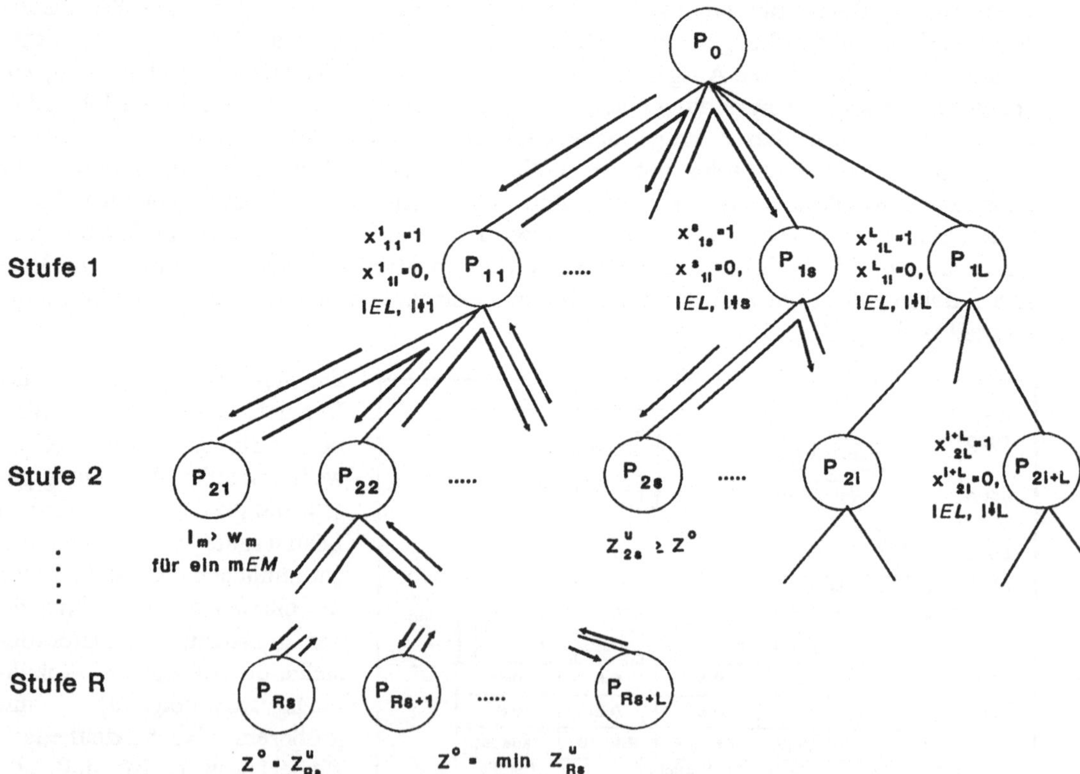

Abb. 72: Branch-and-Bound-Verfahren zur Lösung der Problemstellung **CLUST**

Im Knoten P_0 wird der erste Auftrag r aus der Menge aller Aufträge R_0 ausgewählt. Für jede Serie l, der der Auftrag r zugeordnet werden kann, erfolgt die Bildung eines Knotens P_{rs}, r=1, s=1,..,S_r, S_1=L. In jedem Knoten P_{rs} wird die Variable x^s_{rk}, k=s zu Eins fixiert, während die Variablen x^s_{rl}, ∀ l∈L, l≠s zu Null fixiert werden. Zum weiteren Aufbau des Lösungsbaums werden an jedem Knoten P_{rs}, ∀ s∈S_r für den nächsten Auftrag r+1 aus der Restmenge R_k ebenfalls L Knoten P_{rs}, r=r+1, s=i,..,i+L gebildet. In jeder Stufe r ergeben sich somit S_r=L^r Knoten. Die weitere Aufspaltung eines Knotens P_{rs} geschieht solange, bis dieser ausgelotet ist. Ein Knoten ist ausgelotet, wenn alle Aufträge r einer Serie l zugeordnet sind, d.h. die letzte Stufe des Lösungsbaums erreicht wurde, oder wenn die aktuell beste Lösung kleiner oder gleich der Untergrenze des Teilproblems P_{rs} ist (Z^u_{rs}≥Z^o), oder wenn keine zulässige Lösung vorliegt (Verletzung der Werkzeugmagazin-restriktionen, I_m>w_m für ein m∈M_l, l∈L). Ferner ist ein Knoten dann ausgelotet, wenn im weiteren Verlauf des Lösungsbaums nicht mehr gewährleistet werden kann, daß jede Serie l∈L mindestens einen Auftrag r enthält. Ergibt sich in der letzten Stufe L des Lösungsbaums eine zulässige Lösung, so ist dies gleichzeitig eine zulässige Lösung für das gesamte Problem P_0. Resultiert für diese Lösung ein Zielfunktionswert Z^u_{Rs}<Z^o, so wird dieser Wert als die aktuell beste Lösung von P_0 gespeichert.

$$Z^o = \min_{s \in S_R} Z^u_{Rs} \tag{345}$$

Eine untere Schranke im Knoten P_{rs} ergibt sich aus der Bewertung der bis zu diesem Knoten fixierten Variablen x^s_{kl}:

$$Z^u_{rs} = f(x^s_{kl} | x^s_{kl}=1, k \in \{1,\ldots,r\}) \tag{346}$$

Die Verzweigung im Lösungsbaum erfolgt nach der Last-In-First-Out-Regel (LIFO-Regel). Eine Beschleunigung des Verfahrens konnte durch eine Sortierung der Aufträge r in aufsteigender Reihenfolge ihrer Fälligkeitstermine d_r erreicht werden.

6.5.2.3.1.2 Vergleich B&B- , CLUST_D- und CLUST_S-Verfahren

Aufgrund der Komplexität der vorliegenden Problemstellung und dem Fehlen einer guten unteren Schranke Z^u_{rs} für das **B&B**-Verfahren sind Optimallösungen in akzeptabler Rechenzeit nur für sehr eingeschränkte Problemstellungen zu erzielen. Für ein Problem mit R=10 Aufträgen, die in L=5 Serien aufzuspalten sind, ergeben sich nach Gleichung (333) 5.10·10^6 Lösungsalternativen. Zehn unterschiedliche Problemfälle dieser Größe werden im folgenden untersucht:

| i | CLUST_D | | CLUST_S | | | | B&B-Verfahren | | | |
| | | | "einfacher Kühlplan" | | "ausgefeilter Kühlplan" | | | | | |
	$\dfrac{Z_D}{Z_{B\&B}}$	CPU-Zeit [min]	$\dfrac{Z_{S/E}^{*}}{Z_{B\&B}}$	CPU-Zeit [min]	$\dfrac{Z_{S/A}^{**}}{Z_{B\&B}}$	CPU-Zeit [min]	$Z_{B\&B}$	CPU-Zeit [min]	berech. Knoten	mögl. Knoten
1	1.000	0.05	1.000	0.17	1.000	0.12	526	681.67	1103725	1.2E+07
2	1.000	0.05	1.000	0.35	1.000	0.13	579	383.47	645475	1.2E+07
3	1.005	0.07	1.005	0.28	1.005	0.17	630	193.80	328100	1.2E+07
4	1.018	0.05	1.000	0.32	1.000	0.32	489	335.35	1059440	1.2E+07
5	1.002	0.05	1.000	0.33	1.000	0.13	529	74.17	236715	1.2E+07
6	1.000	0.07	1.000	0.40	1.000	0.55	621	706.40	1689135	1.2E+07
7	1.044	0.03	1.000	0.38	1.044	0.17	407	155.15	433710	1.2E+07
8	1.000	0.03	1.000	0.18	1.000	0.23	323	166.02	632235	1.2E+07
9	1.038	0.05	1.000	0.43	1.000	0.47	501	241.63	695340	1.2E+07
10	1.031	0.07	1.000	0.43	1.000	0.27	577	1182.32	2148925	1.2E+07
Ø	1.014	0.05	1.000	0.33	1.005	0.26	518	320.63	897280	1.2E+07

* $\gamma=0.9$ $\rho=1.0$, $\beta=1.0$;   ** $\rho=1.0$, $\beta=1.0$

Tab. 19: Ergebnisvergleich mit Optimallösung für die Problemfälle 1-10

Die Tabelle 19 zeigt die Ergebnisse des Verfahrens CLUST_D, Z_D, des Verfahrens CLUST_S mit "einfachem Kühlplan", $Z_{S/E}$, des Verfahrens CLUST_S mit "ausgefeiltem Kühlplan", $Z_{S/A}$ und die Ergebnisse des B&B-Verfahrens, $Z_{B\&B}$. Zur besseren Vergleichbarkeit der einzelnen Verfahren wurde das Verhältnis aus den erzielten Zielfunktionswerten und dem Ergebnis des B&B-Verfahrens gebildet. Neben der benötigten Rechenzeit (CPU-Zeit) ist für das B&B-Verfahren die Anzahl der berechneten bzw. möglichen Knoten des Lösungsbaums angegeben. Das deterministische Suchverfahren erreicht aufgrund der geringen Problemgröße relativ häufig die optimalen Zielfunktionswerte. Die stochastischen Suchverfahren führen gegenüber dem deterministischen Verfahren zu besseren Ergebnissen. Zwischen "einfachem" und "ausgefeiltem Kühlplan" zeigen sich nur geringe Unterschiede.

6.5.2.3.2 Gegenseitiger Verfahrensvergleich

Zur Analyse von größeren Problemstellungen ist aufgrund der eingeschränkten Anwendbarkeit des B&B-Verfahrens lediglich ein Vergleich mit dem gefundenen Bestwert möglich. In der folgenden Analyse werden zehn Problemfälle herangezogen, deren Problemgrößen der Problembeschreibung aus Abbildung 65 entsprechen. Die einzelnen Fälle unterscheiden sich im wesentlichen durch die Fertigstellungstermine der einzelnen Aufträge sowie durch die Anzahl der im FFS befindlichen Maschinen. Zur Lösung der Problemfälle wurde das Verfahren CLUST_D (deterministisches Suchverfahren), das Verfahren CLUST_S mit "einfachem Kühlplan" und das Verfahren CLUST_S mit "ausgefeiltem Kühlplan" herangezogen. Zur besseren Vergleichbarkeit der unterschiedlichen Problemfälle wurden die Ergebnisse auf den gefundenen Bestwert (Ziel-Wert-Minimum = 1,00) skaliert (s. Abb. 73).

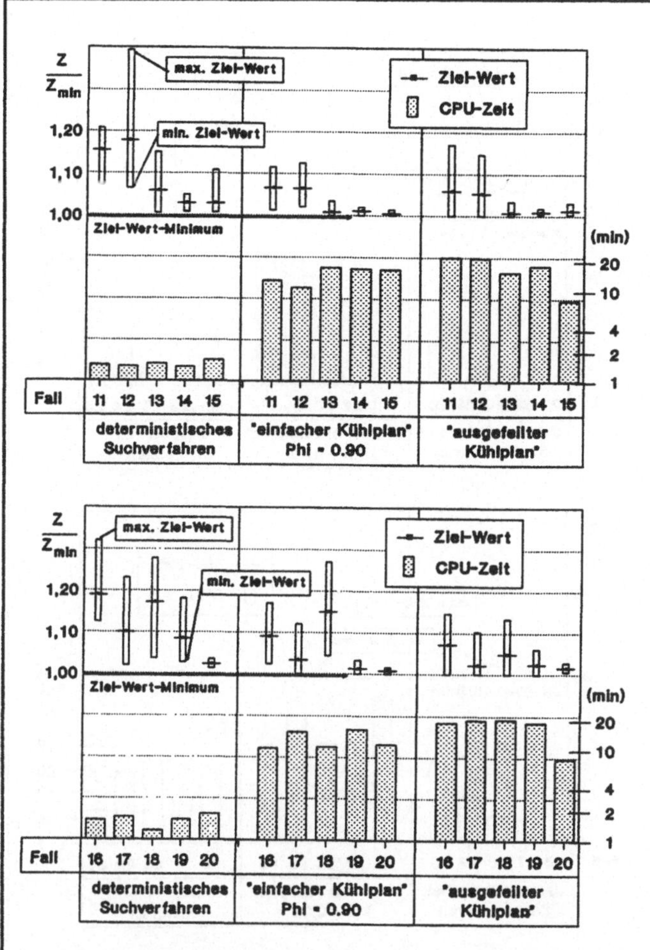

Abb. 73: Zielfunktionswert und Lösungszeit für die Problemfälle 11-20

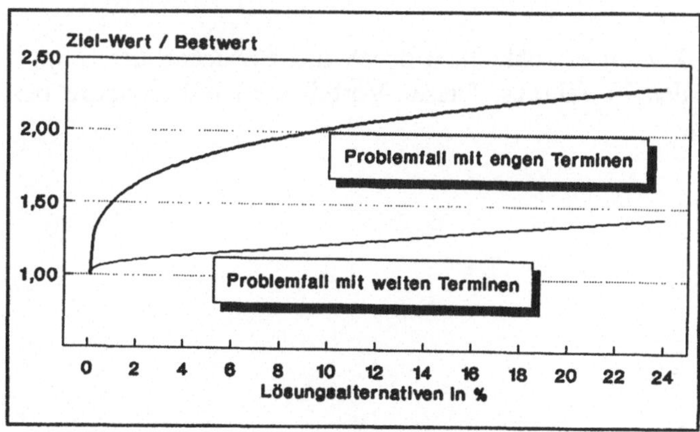

Abb. 74: Zielfunktionsverlauf für weite und enge Fälligkeitstermine der Aufträge

Die Verfahren CLUST_S mit "einfachem Kühlplan" ($\varphi = 0{,}90$) und mit "ausgefeiltem Kühlplan" sind bezüglich der Lösungsqualität und der Rechenzeit vergleichbar. Beim Verfahren CLUST_S mit "ausgefeiltem Kühlplan" scheint die Streuung der Ergebnisse geringer zu sein. Das deterministische Suchverfahren erreicht insbesondere bei den Problemfällen 11, 12, 13, 16, 17, 18 und 19 unbefriedigende Ergebnisse. In diesen Fällen kommt es aufgrund von engen Fälligkeitsterminen der Aufträge zu Terminüberschreitungen. Diese Tatsache führt gegenüber weiten Fälligkeitsterminen (die Termine der Aufträge können leicht eingehalten werden) zu einem steileren Zielfunktionsverlauf (s. Abb. 74).

Mit steilerem Zielfunktionsverlauf wächst für ein deterministisches Suchverfahren die Gefahr, in einem lokalen Minimum zu geraten. Die stochastischen Suchverfahren sind daher insbesondere bei Vorliegen eines steilen Zielfunktionsverlaufs vorteilhaft. Diese Hypothese wird an weiteren zehn Problemfällen mit jeweils 50 Aufträgen verdeutlicht (s. Abb. 75). Bis auf den Fall 22 sind für alle Problemfälle Lösungen ohne Terminüberschreitungen möglich.

Aufgrund des flachen Zielfunktionsverlaufs gelangt das deterministische Suchverfahren mit Ausnahme des Problems 22 zu vergleichbaren Ergebnissen wie die beiden Varianten des stochastischen Suchverfahrens. Weiterhin zeigt die Abbildung 75, daß der "ausgefeilte Kühlplan" gegenüber dem "einfachen Kühlplan" bezüglich der beanspruchten Rechenzeit einen erheblichen Vorteil aufweist. Insbesondere im Fall 26 benötigt der "ausgefeilte Kühlplan" nur 10% von der Rechenzeit des "einfachen Kühlplans". Die Ursache für diesen Vorteil liegt darin, daß der "ausgefeilte Kühlplan" die Stopp-Temperatur T_{Stop} und den Temperaturgradienten ΔT_k (s. Gl. (340) und (344)) problemspezifisch festlegt. Streuen die Zielfunktionswerte einer Temperaturstufe k nur geringfügig, so ergibt sich aus Gleichung (344) ein relativ großer Temperaturgradient ΔT_k. Dies führt zu einer schnelleren Abkühlgeschwindigkeit und damit zu einem schnelleren Verfahrensende. Bei genügend kleiner Zielfunktionswertstreuung kommt es schließlich durch das Erreichen der Stopp-Temperatur T_{Stop} zum Abbruch des Verfahrens. Dieser Vorteil wird insbesondere bei großen Problemstellungen deutlich.

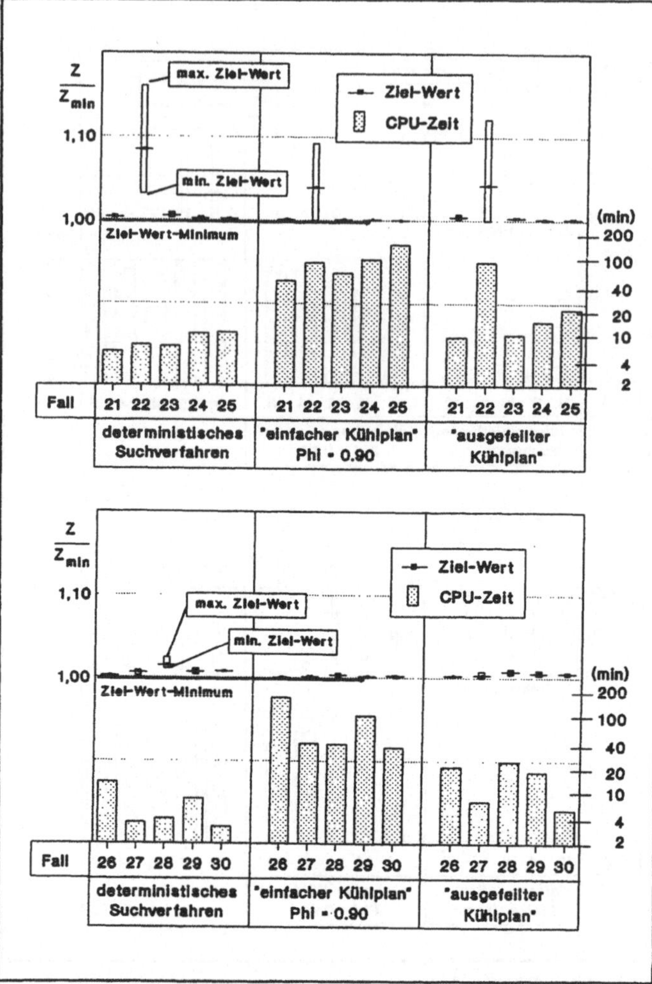

Abb. 75: Zielfunktionswert und Lösungszeit für die Problemfälle 21-30

6.5.3 Zuordnung der Arbeitsgänge zu den ersetzenden Maschinen

Das dritte Teilproblem der Gesamtproblemstellung **ENL** ist die Bestimmung der Zuordnung von Arbeitsgängen zu den ersetzenden Maschinen des FFS (Systemrüstungsplanung). Ausgangspunkt dieses Teilproblems sind die einer Serie zugeordneten Aufträge bzw. Werkstücke (Lösung des CLUST-Problems). Für die Arbeitsgänge dieser Werkstücke ist eine optimale Zuordnung zu den ersetzenden Maschinen zu finden. Die Schwierigkeiten der Systemrüstungsplanung ergeben sich dadurch, daß die an einer Maschine bereitgestellten Werkzeuge von verschiedenen Arbeitsgängen genutzt werden können. Es besteht daher das Bestreben, die Arbeitsgänge, die ähnliche Werkzeugsätze benötigen, einer gemeinsamen Maschine zuzuordnen, um hierdurch die knappen Werkzeuge und Werkzeugmagazine auszunutzen[472]. Dieses Vorgehen kann aber dem eigentlich verfolgten Zielkriterium entgegenstehen.

Wie in Kapitel 5.2.2 dargestellt, ist die Systemrüstungsplanung in der Literatur vielfältig behandelt worden. Zur Lösung dieser Problemstellung ist vorwiegend die Anwendung von Standardprogrammen der gemischt-ganzzahligen Optimierung vorgeschlagen worden[473]. Berrada und Stecke beschreiben zur exakten Lösung des Problems ein spezialisiertes Branch-and-Bound-Verfahren[474], während andere Autoren lediglich einfache heuristische Sortierverfahren[475] entwickeln. Sowohl die Anwendung von Standardprogrammen, als auch die Anwendung des B&B-Verfahrens von Berrada und Stecke, sind auf kleine Problemgrößen beschränkt. Demgegenüber liefert der Einsatz von einfachen Sortierverfahren häufig keine befriedigenden Ergebnisse. Aufgrund dieser Problempunkte wird im Anschluß an die Modellformulierung ein heuristisches Lösungsverfahren entwickelt, das in akzeptabler Rechenzeit für praxisorientierte Problemgrößen gute Ergebnisse erzielt.

6.5.3.1 Modellformulierung

Zur vereinfachten Schreibweise der Modellformulierung werden die folgenden Transformationen vorgenommen. Da das vorliegende Teilproblem für jede Serie l und jede Maschinengruppe j unabhängig gelöst werden kann, beinhalten die Arbeitsgangmenge K und die Maschinenmenge M nur die jeweilig betrachteten Mengen und nicht die Gesamtmengen des Problems.

$$M \leftarrow M_j, \quad K \leftarrow \{ k \mid k \in K_r, \ r \in C_l, \ M_k \subseteq M_j \} \tag{347}$$

Weiterhin wird davon ausgegangen, daß die Ausführungszeit eines Arbeitsgangs p_{km} die Ausführungszeit des gesamten Loses ausdrückt.

$$p_{km} \leftarrow n_r \cdot p_{km} \quad \forall \ r \in R, \ k \in K_r, \ m \in M \tag{348}$$

Zur Formulierung von Zielvorschrift und Nebenbedingungen des Optimierungsmodells werden die folgenden Annahmen unterstellt:

a)   Es liegen $k = 1,2,..,K$ Arbeitsgänge vor.

472   Chams, Hertz und de Werra schlagen zur Lösung des Gruppierungsproblems von Aufträgen bzw. Arbeitsgängen mit gemeinsamen Werkzeugen dessen Formulierung als gewichtetes graph coloring-Problem vor (vgl. Chams, Hertz, Werra (1987), S.260-261)

473   vgl. Stecke (1983), S.273-288; Kusiak (1985a), S.119-132; Sarin, Chen (1987), S.1081-1094; Bastos (1988), S.230-244

474   vgl. Berrada, Stecke (1986), S.1316-1335

475   vgl. Stecke, Talbot (1985), S.73-85; Whitney, Gaul (1985), S.301-316

b)   Jeder Arbeitsgang kann auf einer der $m = 1,2,..,M$ Maschinen des FFS ausgeführt werden.

c)   Ein Arbeitsgang kann gleichzeitig nur von einer Maschine ausgeführt werden. Eine Maschine kann gleichzeitig nur einen Arbeitsgang ausführen. Die Ausführung eines Arbeitsgangs darf nicht unterbrochen werden.

d)   Jeder Arbeitsgang wird nur einer Maschine zugeordnet.

e)   Jeder Arbeitsgang erfordert eine maschinenabhängige Bearbeitungszeit von p_{km} Zeiteinheiten.

f)   Zur Ausführung eines Arbeitsgangs ist eine bestimmte Werkzeugmenge I_{km} an der Maschine bereitzustellen.

g)   Jede Maschine verfügt über eine Werkzeugmagazinkapazität von w_m Werkzeugen.

Aus der Gesamtzielfunktion der Problemstellung **ENL** leitet sich für das Teilproblem **SYSR** das Zielkriterium der Minimierung der maximalen Maschinenbelastung (Kapazitätsabgleich) ab. Aus den Prämissen und dem Zielkriterium läßt sich das folgende Modell aufstellen:

Modell: SYSR

Daten:

K :   Menge der Arbeitsgänge
M :   Menge der Maschinen
I :   Menge der Werkzeuge
p_{km} :   Bearbeitungszeit des Arbeitsgangs k an Maschine m
w_m :   Werkzeugmagazinkapazität der Maschine m
s_{ki} $=$ $\begin{cases} 1 & \text{, wenn Arbeitsgang k Werkzeug i benötigt} \\ 0 & \text{, sonst} \end{cases}$

Variable:

g_m :   Kapazitätsbedarf der Maschine m
g :   maximaler Kapazitätsbedarf an einer der Maschinen M
y_{im} $=$ $\begin{cases} 1 & \text{, wenn Werkzeug i der Maschine m zugeordnet wird} \\ 0 & \text{, sonst} \end{cases}$
v_{km} $=$ $\begin{cases} 1 & \text{, wenn Arbeitsgang k der Maschine m zugeordnet wird} \\ 0 & \text{, sonst} \end{cases}$

Zielfunktion:

$$\min \quad g = \max_{m \in M} g_m \tag{349}$$

u.B.d.R.

Kapazitätsbelastung der Maschinen M

$$\sum_{k \in K} p_{km} \cdot v_{km} - g_m \leq 0 \qquad\qquad \forall\, m \in M \tag{350}$$

Werkzeugmagazinbeschränkung der Maschinen M

$$\sum_{i \in I} y_{im} \leq w_m \qquad\qquad \forall\ m \in M \qquad (351)$$

Wenn Arbeitsgang k der Maschine m zugewiesen wird, dann sind auch die benötigten Werkzeuge an der Maschine m bereitzustellen:

$$\sum_{k \in K} s_{ki} \cdot v_{km} \leq K \cdot y_{im} \qquad\qquad \forall\ i \in I,\ \forall\ m \in M \qquad (352)$$

Jeder Arbeitsgang ist genau einer Maschine zuzuordnen:

$$\sum_{m \in M} v_{km} = 1 \qquad\qquad \forall\ k \in K \qquad (353)$$

Binär- und Nichtnegativitätsbedingungen:

$$v_{km} = \{0,1\} \qquad\qquad \forall\ k \in K,\ \forall\ m \in M \qquad (354)$$

$$y_{im} = \{0,1\} \qquad\qquad \forall\ i \in I,\ \forall\ m \in M \qquad (355)$$

$$g_m \geq 0 \qquad\qquad \forall\ m \in M \qquad (356)$$

Zur Komplexitätsanalyse betrachten wir das folgende Zwei-Maschinen-Scheduling Problem, welches NP-vollständig ist[476].

```
·|2|∅|·|max f_k,
│ │ │  │ └ Zielkriterium: Fertigstellung des letzten Arbeitsgangs
│ │ │  └ Beliebige Bearbeitungszeiten p_k an den Maschinen 1 und 2
│ │ └ Die Arbeitsgänge K sind unabhängig voneinander
│ └ Anzahl der identischen Maschinen
└ Beliebige Anzahl an Arbeitsgängen K
```

Kann gezeigt werden, daß das Problem $\cdot |2|\emptyset| \cdot |max\ f_k$ auf ein Entscheidungsproblem SYSR(g) reduzierbar ist, dann ist SYSR(g) ebenfalls NP-vollständig.

Satz: Das $\cdot |2|\emptyset| \cdot |max\ f_k$-Problem ist reduzierbar auf das Problem SYSR(g).

Beweis: Wir betrachten das Entscheidungsproblem SYSR(g) mit

$$M{=}2, \qquad s_{ki}{=}0,\ \forall\ k \in K,\ i \in I, \qquad p_{km}{=}p_k\ \forall\ k \in K,\ m \in M\ \text{und} \qquad max\ f_k{=}g,$$

dann ist SYSR(g) genau dann lösbar, wenn das $\cdot |2|\emptyset| \cdot |max\ f_k$-Problem lösbar ist. **q.e.d.**

Für einen Problemfall mit 5 Maschinen, 50 Arbeitsgängen und 100 Werkzeugen werden zur Modellformulierung 750 Binärvariablen sowie 560 Nebenbedingungen notwendig. Die Anwendung eines gemischt-ganzzahligen Programms wird daher bereits bei kleineren Problemstellungen zu Schwierigkeiten führen.

Überdies zeigt die Anzahl möglicher Zuordnungen von Arbeitsgängen K zu den Maschinen M, wieviele Lösungen im Falle einer vollständigen Enumeration zu untersuchen wären. Für den Fall unabhängiger Maschinen wären dies:

$$\Omega_3 = M^K \qquad\qquad\qquad (357)$$

---

476   vgl. Lenstra, Rinnooy Kan, Brucker (1977), S.353; Brucker (1981), S.197

Lösungen, die sich im Fall identischer Maschinen auf die Stirling-Zahl zweiter Art[477]

$$\Omega_4 = \left\{ \begin{array}{c} M \\ K \end{array} \right\} = \frac{1}{M!} \cdot \sum_{i=0}^{M} (-1)^i \cdot \left[\begin{array}{c} M \\ i \end{array} \right] \cdot (M-i)^K \tag{358}$$

reduzieren würden. Für das oben genannte Beispiel würden sich damit

$$8,882 \cdot 10^{34} \qquad \text{bzw.} \qquad 7,401 \cdot 10^{32}$$

mögliche Lösungen ergeben.

6.5.3.2 Lösungsverfahren

Aufgrund der Komplexität der betrachteten Problemstellung wird im folgenden zur Lösung des Problems **SYSR** ein heuristisches, parametrisches Optimierungsverfahren entwickelt. Die Grundelemente der Vorgehensweise sind ähnlich dem Verfahren von Fisher und Jaikumar zur Lösung des Tourenplanungsproblems[478].

Gibt man jeder Maschine m eine Kapazitätsgrenze g_m vor und minimiert die Anzahl der benötigten Werkzeugplätze, so läßt sich folgendes nichtlineares verallgemeinertes Zuordnungsproblem formulieren:

Zielfunktion:

$$\min_{m \in M} \sum f(v_{km} | v_{km}=1) \tag{359}$$

u.B.d.R.

Kapazitätsbeschränkung der Maschinen *m*:

$$\sum_{k \in K} p_{km} \cdot v_{km} \leq g_m \qquad\qquad \forall\, m \in M \tag{360}$$

Jeder Arbeitsgang ist genau einer Maschine zuzuordnen:

$$\sum_{m \in M} v_{km} = 1 \qquad\qquad \forall\, k \in K \tag{361}$$

Binärbedingungen:

$$v_{km} = \{0,1\} \qquad\qquad \forall\, k \in K,\ \forall\, m \in M \tag{362}$$

Dabei bezeichnet $f(v_{km} | v_{km}=1)$ die Anzahl der benötigten Werkzeugplätze an der Maschine m, durch die der Maschine m zugeordneten Arbeitsgänge. Die Funktion ist nichtlinear, da die an einer Maschine m einsparbaren Werkzeugplätze erst dann gegeben sind, wenn die Zuordnungen der Arbeitsgänge zu den Maschinen bekannt sind. Approximiert man die nichtlinearen Koeffizienten der Zielfunktion (359) durch lineare Schätzwerte c_{km}, dann ergibt sich die folgende lineare Zielfunktion:

$$\min_{m \in M} \sum_{k \in K} \sum c_{km} \cdot v_{km} \tag{363}$$

---

477   vgl. Steinhausen, Langer (1977) S.17; s. auch Kap. 6.5.2
478   vgl. Fisher, Jaikumar (1981), S.109-124

Man erhält dadurch ein lineares verallgemeinertes Zuordnungsproblem (Modell: (360)-(363)), zu dessen Lösung effiziente Verfahren existieren[479].

Die linearen Schätzwerte c_{km} haben die Aufgabe, Gruppierungen von Arbeitsgängen zu erzeugen, die möglichst dieselben Werkzeuge benötigen. Zur Bestimmung der Schätzwerte c_{km} kann folgendermaßen vorgegangen werden: Man gruppiert die K Arbeitsgänge in M Gruppen derart, daß unter Einhaltung der Werkzeugmagazinrestriktion w_m möglichst wenig Werkzeugplätze an den Maschinen benötigt werden. Anschließend ordnet man jeden Arbeitsgang k jeder Gruppe m probeweise zu und bestimmt die hierbei zusätzlich notwendigen Werkzeugplätze c_{km}. Folglich wird für jeden Arbeitsgang k der Bedarfsanstieg an Werkzeugplätzen bestimmt, der dann entsteht, wenn die Gruppe m um den Arbeitsgang k erweitert wird (Differenzwerkzeuge).

$$c_{km} = |\underset{\uparrow}{I_{km}} \setminus \underset{\uparrow}{I_m}| \qquad\qquad \forall\, k \in K,\ \forall\, m \in M \qquad (364)$$

Menge der Werkzeuge, die sich aktuell an der Maschine m befinden

Menge der Werkzeuge, die Arbeitsgang k an Maschine m benötigt

Gibt man jetzt für jede Maschine eine Kapazitätsgrenze g_m vor, dann wird durch die Lösung des Modells (360)-(363) eine Zuordnung der Arbeitsgänge zu den Maschinen erzeugt, die unter Einhaltung der Kapazitätsgrenzen einen möglichst geringen Werkzeugplatzbedarf verursacht.

Durch dieses Vorgehen werden die begrenzten Werkzeugmagazine nur implizit berücksichtigt. Es ist daher nach jeder Lösung des verallgemeinerten Zuordnungsproblems (generalized assignment problem - GAP) die Einhaltung der Werkzeugmagazinrestriktionen zu überprüfen. Ist eine der Restriktionen verletzt, wird mit veränderten Schätzwerten c^*_{km} versucht, eine zulässige Lösung zu finden.

Um das ursprüngliche Zielkriterium zu verfolgen, reduziert man bei jedem Vorliegen einer zulässigen Lösung des Problems (360)-(363),(351),(352),(355) die Kapazitätsgrenzen g_m der Maschinen m. Dies wird solange durchgeführt, bis auch durch eine mehrmalige Anpassung der Schätzwerte c^*_{km} keine zulässige Lösung mehr erzeugt werden kann. Die letzte zulässige Lösung ist das Ergebnis des Verfahrens. Die Schätzwerte c_{km} werden hierbei nach jedem Vorliegen einer zulässigen Lösung neu bestimmt.

Die Umformulierung der ursprünglichen Problemstellung SYSR führt damit zu einem parametrischen verallgemeinerten Zuordnungs-Problem, welches innerhalb eines heuristischen Verfahrens (SYSR) zur Lösung der ursprünglichen Problemstellung dient. Die Parametrisierung erlaubt es, Lösungsgüte und Rechenzeit des Verfahrens zu beeinflussen. Innerhalb des Algorithmus kann jedes Verfahren zur Lösung eines verallgemeinerten Zuordnungsproblems eingesetzt werden. Dies kann auch ein heuristisches Verfahren sein[480].

Um einen definierten Abbruch des Verfahrens zu erhalten, ist es sinnvoll, neben der Anzahl der durchzuführenden Schätzwertanpassungen it^+ innerhalb einer Kapazitätsgrenze, weitere Abbruchkriterien vorzugeben. Als weitere Abbruchkriterien werden vorgeschlagen: eine Grenze für den Zielfunktionswert g^+, eine Laufzeitgrenze für das GAP-Verfahren t^+_{GAP} und eine obere Grenze der gesamten Programmlaufzeit t^+_{SYSR}.

---

479   vgl. Ross, Soland (1975); Martello, Toth (1981); Fisher, Jaikumar, Wassenhove (1986)
480   Ein heuristisches Verfahren zur Lösung des verallgemeinerten Zuordnungsproblems beschreiben Martello, Toth (vgl. Martello, Toth (1981)).

Den schematischen Ablauf des vorgeschlagenen **SYSR**-Verfahrens zeigt Abbildung 76

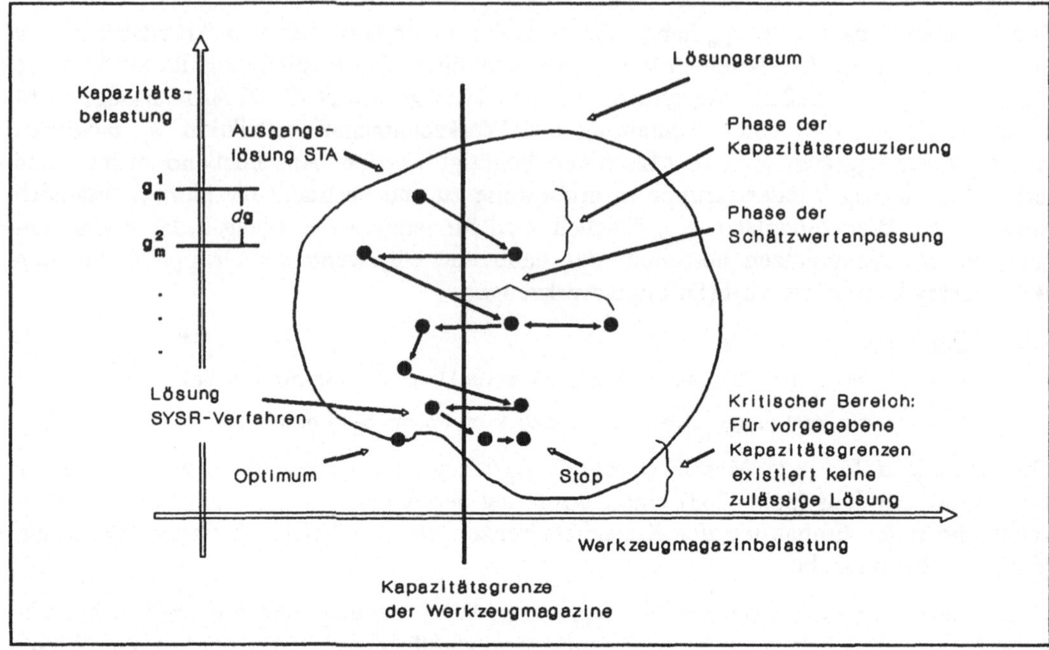

Abb. 76: Schematischer Ablauf des Verfahrens **SYSR**

Der genaue Ablauf des Verfahrens **SYSR** ist der Abbildung 77 zu entnehmen, wobei zur Bestimmung einer Ausgangslösung das Verfahren **STA** aus Kapitel 6.5.1.2.2 herangezogen wird (s. Abb. 57). Die Anpassung der Schätzwerte ist in Abbildung 78 dargestellt.

Stufe 0: Initialisierung

$n = 1$; δg : Kapazitätsreduzierung; g^+: unterer Grenzwert der Kapazitätsbelastung; it^+: Iterationsgrenze der Schätzwertanpassung; t^+_{GAP}: Laufzeitgrenze des GAP-Verfahrens; t^+_{SYSR}: Laufzeitgrenze des SYSR-Verfahrens

Stufe 1: Bestimmung einer zulässigen Ausgangslösung

1a: Bestimme eine zulässige Ausgangslösung für das Problem (350)-(356) mit dem Verfahren **STA** (s. Abb. 57, Kap. 6.5.1.2.2)

1b: Bestimme die resultierende maximale Kapazitätsbelastung g^n und setze die Kapazitätsgrenzen g_m^n ($g_m^n = g^n$) der Maschinen m.

Stufe 2: Reduzierung der Kapazitätsgrenzen und Berechnung der Schätzwerte

2a: Wenn Grenzwert g^+ größer oder gleich der maximalen Kapazitätsbelastung g^n ist oder die vorgegebene Programmlaufzeit überschritten wurde $t_{SYSR} > t^+_{SYSR}$, dann gehe zu Stufe 4

2b: Reduziere die Kapazitätsgrenzen g_m^n an den Maschinen m um δg ($g_m^{n+1} = g^n\text{-}\delta g$)

2c: Bestimme für jeden Arbeitsgang die Differenzwerkzeuge (Schätzwerte) c^n_{km} zur Maschinenwerkzeugbelegung aus der letzten zulässigen Lösung

Stufe 3: Erzeugung einer zulässigen Lösung

3a: Löse das Problem (360)-(363), verallgemeinertes Zuordnungsproblem

3b: Wenn keine zulässige Lösung des Problems (360)-(363) existiert oder die vorgegebene Laufzeit des GAP-Verfahrens $t_{GAP} > t^+_{GAP}$ oder des gesamten Verfahrens $t_{SYSR} > t^+_{SYSR}$ überschritten wurde, dann gehe zu Stufe 4

3c: Wenn eine zulässige Werkzeugmagazinbelegung erreicht wurde (Problem (351),(352),(355)), dann setze $n = n + 1$ und gehe zu Stufe 2a

3d: Wenn die Iterationsgrenze der Schätzwertanpassungen überschritten wurde $it > it^+$, dann gehe zu Stufe 4

3e: Führe eine Anpassung der Schätzwerte c^n_{km} (s. Abb. 78) durch, setze $it = it + 1$ und gehe zu Stufe 3a

Stufe 4: Stopp

Letzte zulässige Lösung ist das Ergebnis des Verfahrens.

Abb. 77: Verfahren **SYSR**

Voraussetzung für die Anwendung des Verfahrens **SYSR** ist, daß für die Problemstellung eine zulässige Lösung vorliegt. Dies kann i.a. nicht garantiert werden. Daher ist im Rahmen des Verfahrens **CLUST** darauf zu achten, daß durch die Prozedur **STA** eine zulässige Ausgangslösung gefunden wird.[481] Die Startlösung selbst ist für die Lösungsqualität des Verfahrens **SYSR** unbedeutend, da innerhalb jedes Iterationsschrittes eine

---

481 Werden bei der Festlegung eines Problemfalls die Werkzeugmagazinbeschränkungen sehr eng gewählt, dann kann das bzgl. des gewählten Zielkriteriums unvorteilhaft sein (s. Kap. 7.4), da unter Umständen die Möglichkeit eines Kapazitätsabgleichs eingeschränkt wird.

verbesserte zulässige Lösung gleich einer Startlösung behandelt wird. Eine verbesserte Ausgangslösung würde lediglich zu einer Beschleunigung des Verfahrens führen. Auf die Ermittlung einer ausgefeilteren Startlösung wird jedoch verzichtet, da anzunehmen ist, daß dann die Gefahr zunimmt, keine zulässige Ausgangslösung zu finden.

Ein wesentlicher Problempunkt des vorgeschlagenen Verfahrens besteht darin, daß während des Verfahrensablaufs nicht erkennbar ist, ob eine zulässige Lösung für eine vorgegebene Maschinenkapazität existiert. Das ist insbesondere dann problematisch, wenn die Kapazitätsgrenzen inner- oder unterhalb des kritischen Bereichs der Abbildung 76 gewählt wurden. Liegen die Kapazitätsgrenzen erst einmal unterhalb des optimalen Wertes, dann ist ein Rückschritt nicht mehr möglich. Aus diesem Grund besteht keine Möglichkeit sich von beiden Seiten an die optimal Lösung heranzutasten (z.B. Mittelwert aus unterer und oberer Schranke[482]). Der Reduzierung der Kapazitätsgrenzen g_m um δg kommt damit eine entscheidende Bedeutung zu. Um möglichst nahe an die optimale Lösung heranzukommen, wird die Reduzierung der Kapazitätsgrenzen δg auf den kleinsten Wert festgelegt, um den sich der Zielfunktionswert theoretisch verbessern läßt. In der quantitativen Untersuchung (Kap. 6.5.3.3) wurde deutlich, daß der Zielfunktionswert sich innerhalb einer Iteration häufig um einen wesentlich größeren Betrag als lediglich um δg verbessert. Insofern scheint die Wahl eines relativ kleinen Wertes für δg unproblematisch. Demgegenüber könnte durch eine größere Schrittweite (größere δg Werte), die eventuell auf die Anfangsphase der Prozedur beschränkt sein kann, das Verfahren **SYSR** beschleunigt werden. Von dieser Möglichkeit wird kein Gebrauch gemacht, da das verallgemeinerte Zuordnungsproblem zu Beginn des Verfahrens aufgrund der weiten Kapazitätsgrenzen relativ schnell gelöst werden kann. Mit zunehmend knapper werdenden Kapazitätsgrenzen steigt die Gefahr, daß keine zulässige Lösung existiert. In diesem Stadium des Lösungsprozesses ist es daher wichtig, sich langsam an den Optimalwert heranzutasten, um nicht mit einer zu großen Schrittweite in den beschriebenen unzulässigen Bereich zu gelangen.

Die Lösung des verallgemeinerten Zuordnungsproblems führt nicht notwendigerweise auch zu einer zulässigen Lösung der gesamten Problemstellung. Da jedoch durchaus eine zulässige Lösung existieren kann, wird der Suchprozeß mit veränderten Schätzwerten c^{*}_{km} fortgeführt. Diese Schätzwertanpassung stellt einen weiteren Problempunkt des Verfahrens dar. Günstige Ergebnisse konnten durch die folgende Vorgehensweise der Schätzwertanpassung erzielt werden (s. Abb. 78): An der Maschine m mit dem größten Werkzeugüberhang wird der Arbeitsgang k herausgegriffen, der die wenigsten gemeinsamen Werkzeuge zu allen anderen Arbeitsgängen an dieser Maschine aufweist. Der Schätzwert c_{km} dieses Arbeitsgangs k wird um δc erhöht, wobei δc wie folgt festgesetzt wurde:

$$\delta c = \max_{k \in K,\ m \in M} l_{km}$$

$$\uparrow$$
$$\llcorner\ \text{Anzahl der Werkzeuge die Arbeitsgang k an der Maschine m benötigt}$$

---

482   zu einem solchen Vorgehen vgl. Berrada, Stecke (1986), S.1321-1322

Stufe 1: Auswahl einer Maschine j

Suche die Maschine j, an der der größte Überhang an Werkzeugen existiert. Bei Gleichheit wähle die erste Maschine.

$$j = \arg\max_{m \in M} [l_m - w_m]$$

Stufe 2: Sortierung der Arbeitsgänge an der Maschine j

Sortiere an der Maschine j die zugeordneten Arbeitsgänge k in aufsteigender Folge ihrer gemeinsamen Werkzeuge mit den übrigen der Maschine j zugeordneten Arbeitsgängen.

2a: $t=0$

2b: $t=t+1$

2c:

$$k_t = \arg\min_{k \in K_{tj}} \left| I_{kj} \cap \left(\bigcup_{l \in K_{kj}} I_{lj} \right) \right|$$

$$K_{tj} = \{k \mid v_{kj}=1, k \neq t=1,\ldots,t-1, k \in K\}$$

$$K_{kj} = \{l \mid v_{lj}=1, l \neq k, l \in K\}$$

2d: wenn $t=K$, dann gehe zu Stufe 3

             ansonsten gehe zu Stufe 2b

Stufe 3: Durchführung der Schätzwertanpassung

Wähle aus der Reihenfolge den ersten Arbeitsgang, für den noch keine Schätzwertanpassung durchgeführt wurde. Erhöhe für diesen Arbeitsgang die Kosten $c_{k(t)j}$ um δc. Wurde für alle Arbeitsgänge an der Maschine j bereits eine Schätzwertanpassung durchgeführt, dann wähle den ersten Arbeitsgang

3a: $t=0$

3b: $t=t+1$

wenn: $c^*_{k(t)j} = c_{k(t)j}$, dann: $c^*_{k(t)j} = c_{k(t)j} + \delta c$, gehe zu Stufe 4

wenn $t=T$, dann gehe zu Stufe 3c

      ansonsten: gehe zu Stufe 3b

3c: $c^*_{k(1)j} = c^*_{k(1)j} + \delta c$

Stufe 4: Stopp

Abb. 78: Anpassung der Schätzwerte c_{km}

Eine Schätzwertanpassung wird jeweils nur für einen Wert c_{km} durchgeführt. Dadurch wird erreicht, daß bei einer erneuten Lösung des verallgemeinerten Zuordnungsproblems der Arbeitsgang k möglichst nicht mehr der Maschine m zugeordnet wird. Um Endlosschleifen zu vermeiden, wird die Veränderung der Schätzwerte zuerst an den Arbeitgängen vorgenommen, an denen noch keine Anpassung vorgenommen wurde. Erst wenn an allen einer Maschine zugeordneten Arbeitsgängen eine Anpassung vorgenommen wurde, wird eine erneute Veränderung des Schätzwertes durchgeführt.

Die weiteren Verfahrensparameter g^+, it^+, t^+_{GAP} und t^+_{SYSR} werden im Rahmen der nachfolgenden quantitativen Untersuchung des **SYSR**-Verfahrens analysiert und festgelegt.

6.5.3.3 Ergebnisse

Die Analyse des **SYSR**-Verfahrens wurde auf die Untersuchung von identischen Maschinen beschränkt ($p_{km} = p_k$), obgleich das beschriebene Verfahren für maschinenabhängige Bearbeitungszeiten anwendbar ist. Das geschieht zum einen, um den Untersuchungsaufwand zu begrenzen und basiert zum anderen auf der Überlegung, daß es sich bei den ersetzenden Maschinen von realen FFS häufig um identische Maschinen handelt.[483]

Vor der Anwendung des **SYSR**-Verfahrens sind die Abbruchparameter g^+, t^+_{SYSR}, t^+_{GAP} und it^+ festzulegen. Die Untergrenze des Zielfunktionswertes g^+ kann für den hier betrachteten Fall durch ein Verfahren zur Lösung der Ablaufplanung von identischen Maschinen erfolgen (Problem (349), (350), (353), (354) und (356)). Das hat den Vorteil, daß dem Verfahren zur Lösung des verallgemeinerten Zuordnungsproblems keine Problemstellung vorgegeben wird, die keine zulässige Lösung besitzt. Zwei bekannte Verfahren zur Maschinenbelegung von identischen Maschinen sind die LPT-Heuristik[484] und die **MULTIFIT**-Heuristik[485]. Lee und Massey[486] haben eine Erweiterung (**MUL_E**) der **MULTIFIT**-Heuristik vorgeschlagen. Im weiteren Verlauf werden die Vorzüge der **MUL_E**-Heuristik gegenüber der LPT-Heuristik dargestellt und gezeigt, daß die Anwendung dieser Verfahren auf die gewählten Problemfälle zu einer Verletzung der Werkzeugmagazinrestriktionen (351) führt. Die **MUL_E**-Heuristik wird innerhalb des Verfahrens **SYSR** eingesetzt, um das Abbruchkriterium g^+ festzusetzen. In einem weiteren Analyseschritt (Kap. 6.5.3.3.2) wird der Einfluß der Abbruchkriterien t^+_{SYSR}, t^+_{GAP} und it^+ auf die Lösungsgüte und das Laufzeitverhalten des vorgeschlagenen Verfahrens untersucht. Im letzten Teil der quantitativen Untersuchung (Kap. 6.5.3.3.3) werden die Ergebnisse des **SYSR**-Verfahrens mit den Ergebnissen eines exakten **B&B**-Verfahrens verglichen.

Bei allen Analysen wird der Zielfunktionswert der Ausgangslösung (Verfahren **STA**, Kap. 6.5.1.2.2) als Vergleichskriterium angegeben. Zur besseren Vergleichbarkeit der unterschiedlichen Verfahren wurde das Verhältnis der resultierenden Zielfunktionswerte Z_{LPT}, Z_{MUL_E}, Z_{SYSR}, $Z_{B\&B}$ und Z_{STA} zu einer unteren Schranke Z_u als Vergleichsmaßstab gewählt. Eine untere Schranke für die Problemstellung **SYSR** unter der Bedingung $p_{km} = p_k$ ergibt sich wie folgt[487]:

$$Z_u = \max \left[\max_{k \in K} p_k, \ \sum_{k \in K} p_k \ / \ M \right] \tag{14}$$

Für den allgemeinen Fall maschinenabhängiger Bearbeitungszeiten verändert sich die untere Schranke zu:

$$Z'_u = \max \left[\max_{k \in K} (\min_{m \in M} p_{km}), \ (\sum_{k \in K} \min_{m \in M} p_{km}) \ / \ M \right] \tag{15}$$

Die behandelten Problemfälle wurden künstlich erzeugt, wobei die Maschinenanzahl M und die Werkzeugmagazinkapazitäten w_m, $\forall\ m \in M$, wie in den nachfolgenden Ergebnis-

---

483   Zur Lösung des verallgemeinerten Zuordnungsproblems wird das Verfahren von Fisher, Jaikumar, van Wassenhove verwendet (vgl. Fisher, Jaikumar, Wassenhove (1986)). Der Verfasser dankt J. B. Mazzola für die Bereitstellung des FORTRAN-Quell-Codes.

484   vgl. Graham (1969), S.263-269

485   vgl. Coffman, Garey, Johnson (1978), S.1-17

486   vgl. Lee, Massey (1988)

487   vgl. Baker (1974) S.114

Tabellen angegeben, variiert wurden. Die Kennwerte der Arbeitsgänge der Problemstellungen wurden mit Hilfe eines Zufallszahlengenerators erzeugt. Die Arbeitsgangzahl pro Problemfall ergab sich wie folgt: Nach jeder Generierung eines Arbeitsgangs wurde dieser entspreched dem Verfahren **STA** (s. Abb. 57, Kap. 6.5.1.2.2) den Maschinen *M* zugewiesen. Die Arbeitsganggenerierung wurde abgebrochen, wenn an allen Maschinen die Werkzeugmagazinkapazität erschöpft war. Daher ist neben den Kennwerten der Arbeitsgänge auch die Anzahl der Arbeitsgänge eines Problemfalls zufallsbedingt. Diese Vorgehensweise hat den Vorteil, daß Problemfälle mit engen Werkzeugmagazinkapazitäten erzeugt werden.

Die Spannweiten der Kennwerte der Arbeitsgänge sind der Abbildung 79 zu entnehmen. Sie wurden gleichverteilt in den angegebenen Intervallen erzeugt.

Bearbeitungszeit:	$p_k = 1,..,30$	
Werkzeuge:	$I_k = 10,..,20$	
Anzahl/Anteil Standardwerkzeuge:	$i_1 = 1,...,50$	$a_1 = 75\%$
Anzahl/Anteil Spezialwerkzeuge:	$i_2 = 51,..,500$	$a_2 = 25\%$

Abb. 79: Kennwerte der Arbeitsgänge für Problemgruppe I

Die Werkzeugnummern wurden derart festgelegt, daß die benötigten Werkzeuge zu 75% aus Standardwerkzeugen und zu 25% aus Spezialwerkzeugen bestehen. Insgesamt wurde von 500 unterschiedlichen Werkzeugen ausgegangen[488].

6.5.3.3.1 Anwendung der LPT- und MUL_E-Heuristik

In der Tabelle 20 sind für 81 Problemfälle die Ergebnisse der **LPT**-Heuristik und der **MUL_E**-Heuristik dargestellt.

---

488 Die quantitative Analyse wurde an einem PC-AT (10 Mhz, Coprozessor) durchgeführt.

M	w_m	K	$\dfrac{Z_{STA}}{Z_u}$	$\dfrac{Z_{LPT}}{Z_u}$	$\dfrac{Z_{MUL-E}}{Z_u}$	Werkz.-überhang
2	40	5	1.29	1.00	1.00	0
2	45	8	1.35	1.03	1.02	1
2	50	8	1.05	1.01	1.00	0
2	55	9	1.18	1.03	1.00	6
2	60	11	1.00	1.00	1.00	6
2	65	13	1.08	1.01	1.00	5
2	70	13	1.09	1.01	1.00	11
2	75	15	1.03	1.00	1.00	11
2	80	17	1.01	1.00	1.01	4
3	40	9	1.44	1.02	1.02	7
3	45	11	1.15	1.00	1.00	0
3	50	11	1.21	1.03	1.00	6
3	55	15	1.09	1.01	1.01	22
3	60	18	1.27	1.03	1.00	23
3	65	20	1.16	1.01	1.00	17
3	70	19	1.16	1.01	1.00	22
3	75	24	1.11	1.00	1.00	27
3	80	27	1.09	1.00	1.01	24
4	40	12	1.58	1.02	1.02	11
4	45	13	1.33	1.04	1.00	10
4	50	17	1.23	1.05	1.00	25
4	55	19	1.45	1.02	1.01	7
4	60	24	1.63	1.00	1.00	25
4	65	23	1.52	1.00	1.00	20
4	70	31	1.41	1.00	1.01	29
4	75	30	1.33	1.01	1.01	22
4	80	34	1.18	1.01	1.01	30
5	40	16	1.32	1.02	1.02	16
5	45	18	1.25	1.00	1.00	10
5	50	24	1.30	1.03	1.01	15
5	55	24	1.36	1.01	1.00	20
5	60	32	1.46	1.02	1.00	32
5	65	32	1.37	1.02	1.01	32
5	70	38	1.19	1.01	1.01	27
5	75	39	1.31	1.01	1.00	29
5	80	45	1.25	1.01	1.01	28
6	40	20	1.60	1.04	1.00	32
6	45	21	1.37	1.02	1.00	18
6	50	29	1.33	1.02	1.00	29
6	55	31	1.19	1.01	1.00	15
6	60	35	1.23	1.00	1.00	34
6	65	40	1.17	1.00	1.00	47
6	70	44	1.61	1.00	1.00	49
6	75	51	1.19	1.01	1.01	37
6	80	56	1.21	1.01	1.01	53
7	40	23	1.35	1.05	1.02	24
7	45	28	1.84	1.01	1.00	27
7	50	32	1.28	1.01	1.00	34
7	55	35	1.40	1.01	1.00	32
7	60	43	1.19	1.02	1.00	34
7	65	43	1.23	1.00	1.00	41
7	70	51	1.24	1.00	1.00	40
7	75	58	1.43	1.01	1.01	49
7	80	64	1.32	1.01	1.00	59
8	40	25	1.30	1.05	1.02	18
8	45	30	1.46	1.02	1.00	26
8	50	38	1.41	1.01	1.00	41
8	55	42	1.46	1.02	1.00	44
8	60	49	1.59	1.00	1.00	37
8	65	55	1.36	1.01	1.00	53
8	70	62	1.34	1.01	1.00	60
8	75	63	1.20	1.00	1.00	53
8	80	75	1.20	1.00	1.01	64
9	40	29	1.58	1.02	1.00	37
9	45	38	1.77	1.00	1.00	45
9	50	46	1.36	1.02	1.00	53
9	55	47	1.45	1.01	1.00	37
9	60	54	1.57	1.01	1.00	55
9	65	62	1.47	1.01	1.00	63
9	70	67	1.30	1.01	1.00	67
9	75	70	1.19	1.01	1.01	48
9	80	83	1.53	1.00	1.01	75
10	40	31	1.79	1.04	1.00	34
10	45	40	1.54	1.04	1.00	46
10	50	47	1.58	1.00	1.00	56
10	55	54	1.25	1.00	1.00	65
10	60	59	1.38	1.02	1.00	55
10	65	64	1.54	1.01	1.00	52
10	70	73	1.36	1.01	1.00	73
10	75	84	1.49	1.01	1.01	73
10	80	90	1.32	1.01	1.01	68
Ø			1.336	1.013	1.004	32.5

Tab. 20: Vergleich **LPT**-Heuristik und **MUL_E**-Heuristik

Die Ergebnisse zeigen die Überlegenheit der **MUL_E**-Heuristik gegenüber der **LPT**-Heuristik. In 44 Fällen konnte das Verfahren **MUL_E** bessere Ergebnisse als die **LPT**-Regel liefern. Nur in 5 Fällen erbrachte die **LPT**-Regel günstigere Ergebnisse.

Weiterhin sind für die Lösungen des Verfahrens **MUL_E** die Anzahl Werkzeuge angegeben, die in den beschränkten Werkzeugmagazinen keinen Platz gefunden haben (Werkz.-überhang). Hierdurch wird gezeigt, daß eine reine Anwendung der **MUL_E**-Heuristik die Werkzeugmagazinrestriktionen verletzen würde. In 3 Testfällen wurden die Werkzeugmagazinrestriktionen nicht verletzt. Das **SYSR**-Verfahren liefert jedoch für diese Fälle ebenso gute Zielfunktionswerte (vgl. Tab. 21) wie das Verfahren **MUL_E**.

6.5.3.3.2 Test der Abbruchparameter des SYSR-Verfahrens

In der folgenden Analyse werden die Abbruchgrenzen des Verfahrens für die gleichen 81 Problemstellungen wie in Tabelle 20 untersucht. Die Abbruchkriterien wurden dabei, wie in Abbildung 80 dargestellt, festgelegt.

Abbruch- parameter	t^+_{GAP} [sek]	t^+_{SYSR} [sek]	it^+
Par. 1	100	500	20
Par. 2	2000	20000	100
Par. 3	100	500	20
Par. 4	2000	20000	100

Abb. 80: Abbruchkriterien

Jeder Ergebniswert ist durch einen Buchstaben gekennzeichnet. Dieser Buchstabe gibt an, durch welche Schranke das Verfahren **SYSR** abgebrochen wurde (s. Abb. 81).

O : Lösungsgüte der **MULT_E**-Heuritsik wurde erreicht $Z_{SYSR} \leq g^+ = Z_{MULT\_E}$

I : Iterationsgrenze der Schätzwertanpassung wurde überschritten $it > it^+$

G : Zeitschranke für die Lösung des GAP wurde überschritten $t_{GAP} > t^+_{GAP}$

P : Zeitschranke für das SYSR-Verfahren wurde überschritten $t_{SYSR} > t^+_{SYSR}$

Abb. 81: Ursachen eines Verfahrensabbruchs

Die Analyse wurde in drei Problemklassen unterschieden. In den Klassen I, II und III variieren die Maschinenzahlen zwischen $M = 2,3,4$; $M = 5,6,7$ bzw. $M = 8,9,10$.

| it^+ | | | | 20 Iterationen | | | | 100 Iterationen | | | |
| t^+_{SYSR} t^+_{GAP} | | | | 500 sek 100 sek | | 20000 sek 2000 sek | | 500 sek 100 sek | | 20000 sek 2000 sek | |
M	w_m	K	$\frac{z_{STA}}{z_u}$	$\frac{z_{SYSR}}{z_u}$	CPU-Z. [min]	$\frac{z_{SYSR}}{z_u}$	CPU-Z. [min]	$\frac{z_{SYSR}}{z_u}$	CPU-Z. [min]	$\frac{z_{SYSR}}{z_u}$	CPU-Z. [min]
2	40	5	1.29	1.00	.02 O	1.00	.00 O	1.00	.00 O	1.00	.02 O
2	45	8	1.35	1.06	.12 I	1.06	.12 I	1.06	.90 I	1.06	.88 I
2	50	8	1.05	1.00	.02 O	1.00	.02 O	1.00	.02 O	1.00	.02 O
2	55	9	1.18	1.00	.02 O	1.00	.02 O	1.00	.02 O	1.00	.02 O
2	60	11	1.00	1.00	.03 O	1.00	.03 O	1.00	.03 O	1.00	.03 O
2	65	13	1.08	1.00	.18 O	1.00	.18 O	1.00	.18 O	1.00	.18 O
2	70	13	1.09	1.00	.20 O	1.00	.20 O	1.00	.22 O	1.00	.20 O
2	75	15	1.03	1.00	.58 O	1.00	.58 O	1.00	.58 O	1.00	.58 O
2	80	17	1.01	1.01	.62 O	1.01	.62 O	1.01	.62 O	1.01	.62 O
3	40	9	1.44	1.02	.13 O	1.02	.13 O	1.02	.13 O	1.02	.13 O
3	45	11	1.15	1.00	.10 O	1.00	.10 O	1.00	.10 O	1.00	.10 O
3	50	11	1.21	1.00	.10 O	1.00	.12 O	1.00	.10 O	1.00	.10 O
3	55	15	1.09	1.09	1.58 I	1.09	1.58 I	1.02	6.38 I	1.02	6.38 I
3	60	18	1.27	1.01	7.20 I	1.01	7.20 I	1.01	8.37 P	1.01	9.12 I
3	65	20	1.16	1.00	.13 O	1.00	.13 O	1.00	.13 O	1.00	.13 O
3	70	19	1.16	1.00	.60 O	1.00	.60 O	1.00	.60 O	1.00	.60 O
3	75	24	1.11	1.01	1.22 I	1.01	1.22 I	1.00	1.42 O	1.00	1.42 O
3	80	27	1.09	1.01	.75 O	1.01	.75 O	1.01	.75 O	1.01	.77 O
4	40	12	1.58	1.04	.43 I	1.04	.43 I	1.02	.87 O	1.02	.87 O
4	45	13	1.33	1.06	1.18 I	1.06	1.18 I	1.06	6.60 I	1.06	6.60 I
4	50	17	1.23	1.03	2.13 I	1.03	2.13 I	1.03	8.43 P	1.03	10.45 I
4	55	19	1.45	1.02	4.78 I	1.02	4.78 I	1.02	8.38 P	1.01	13.20 O
4	60	24	1.63	1.01	4.50 I	1.01	4.50 I	1.01	8.37 P	1.01	10.55 I
4	65	23	1.52	1.01	1.80 I	1.01	1.78 I	1.01	5.32 G	1.00	24.27 O
4	70	31	1.41	1.02	5.95 G	1.01	16.68 O	1.02	5.95 G	1.01	16.68 O
4	75	30	1.33	1.01	.43 O	1.01	.43 O	1.01	.43 O	1.01	.43 O
4	80	34	1.18	1.00	3.37 O	1.00	3.37 O	1.00	3.37 O	1.00	3.37 O
Ø			1.23	1.0152	1.41	1.0148	1.81	1.0115	2.52	1.0104	3.98

Tab. 21: Problemklasse I, M = 2,3,4

In der Problemklasse I wurden 10 der 27 Probleme aufgrund der Iterationsschranke $it^+ = 20$ abgebrochen. Von diesen 10 Fällen konnten lediglich 4 Fälle durch eine Erhöhung der Iterationsschranke in ihrer Lösungsqualität verbessert werden. Eine Erhöhung der Laufzeitschranken brachte für diese Problemklasse nur eine geringe Lösungsverbesserung. Nur in einem Fall wurde das Verfahren bei kleiner Iterationsschranke und kleinen Laufzeitschranken wegen einer Laufzeitüberschreitung abgebrochen. Die Mehrzahl der Probleme wurden durch das Erreichen der Kapazitätsschranke g^+ beendet.

Tabelle 22 und 23 zeigen die Ergebnisse der Problemklassen II, M = 5,6,7 bzw. III, M = 8,9,10.

it$^+$			20 Iterationen					100 Iterationen				
t^+_{SYSR} t^+_{GAP}			500 sek 100 sek			20000 sek 2000 sek			500 sek 100 sek		20000 sek 2000 sek	
M	w_m	K	$\dfrac{Z_{STA}}{Z_u}$	$\dfrac{Z_{SYSR}}{Z_u}$	CPU-Z. [min]	$\dfrac{Z_{SYSR}}{Z_u}$	CPU-Z. [min]	$\dfrac{Z_{SYSR}}{Z_u}$	CPU-Z. [min]		$\dfrac{Z_{SYSR}}{Z_u}$	CPU-Z. [min]
5	40	16	1.32	1.13	8.43 G	1.06	13.37 I	1.13	8.43 G		1.06	20.87 I
5	45	18	1.25	1.03	3.30 I	1.03	3.30 I	1.03	8.43 P		1.03	46.28 I
5	50	24	1.30	1.01	.72 O	1.01	.72 O	1.01	.72 O		1.01	.72 O
5	55	24	1.36	1.06	8.62 P	1.05	13.32 I	1.06	8.62 P		1.01	59.62 I
5	60	32	1.46	1.03	4.10 G	1.03	232.48 I	1.03	4.10 G		1.03	321.95 G
5	65	32	1.37	1.01	7.48 O	1.01	7.47 O	1.01	7.47 O		1.01	7.45 O
5	70	38	1.19	1.03	5.68 G	1.01	20.20 I	1.03	5.68 G		1.01	85.87 G
5	75	39	1.31	1.02	6.22 I	1.02	6.22 I	1.02	8.12 G		1.00	31.15 O
5	80	45	1.25	1.02	4.73 G	1.02	141.07 G	1.02	4.73 G		1.02	140.83 G
6	40	20	1.60	1.05	9.08 G	1.02	20.15 I	1.05	9.08 G		1.02	29.77 I
6	45	21	1.37	1.04	2.03 I	1.04	2.03 I	1.04	9.17 G		1.04	43.07 I
6	50	29	1.33	1.01	2.88 I	1.01	2.88 I	1.01	8.58 P		1.01	45.58 G
6	55	31	1.19	1.04	6.22 I	1.04	6.20 I	1.04	8.42 P		1.04	42.43 I
6	60	35	1.23	1.01	4.78 I	1.01	4.78 I	1.01	8.37 P		1.01	26.90 I
6	65	40	1.17	1.01	8.10 I	1.01	8.08 I	1.01	8.37 P		1.01	73.08 I
6	70	44	1.61	1.05	9.13 P	1.02	26.10 I	1.05	9.13 P		1.02	63.93 G
6	75	51	1.19	1.05	9.35 P	1.05	80.02 G	1.05	9.35 P		1.05	80.12 G
6	80	56	1.21	1.03	8.50 P	1.01	144.63 G	1.03	8.50 P		1.01	144.53 G
7	40	23	1.35	1.05	3.33 I	1.05	3.32 I	1.05	8.42 P		1.05	79.85 I
7	45	28	1.84	1.04	4.02 G	1.03	105.53 G	1.04	4.02 G		1.03	105.67 G
7	50	32	1.28	1.06	5.15 G	1.02	137.13 G	1.06	5.15 G		1.02	137.23 G
7	55	35	1.40	1.05	4.68 G	1.02	48.27 I	1.05	4.68 G		1.02	82.82 I
7	60	43	1.19	1.04	9.98 G	1.04	153.78 I	1.04	10.00 G		1.04	209.57 G
7	65	43	1.23	1.05	8.58 P	1.01	38.12 I	1.05	8.58 P		1.01	114.93 I
7	70	51	1.24	1.05	5.02 G	1.05	182.58 G	1.05	5.02 G		1.05	182.60 G
7	75	58	1.43	1.05	8.68 P	1.02	22.65 I	1.05	8.67 P		1.02	128.13 I
7	80	64	1.32	1.02	3.67 G	1.01	30.10 I	1.02	3.67 G		1.01	160.88 I
Ø			1.33	1.0385	6.02	1.0259	53.87	1.0385	7.16		1.0237	91.32

Tab. 22: Problemklasse II, M = 5,6,7

it$^+$			20 Iterationen				100 Iterationen			
t^+_{SYSR} t^+_{GAP}			500 sek 100 sek		20000 sek 2000 sek		500 sek 100 sek		20000 sek 2000 sek	
M w_m K			$\frac{Z_{STA}}{Z_u}$	$\frac{Z_{SYSR}}{Z_u}$ CPU-Z. [min]	$\frac{Z_{SYSR}}{Z_u}$	CPU-Z. [min]	$\frac{Z_{SYSR}}{Z_u}$	CPU-Z. [min]	$\frac{Z_{SYSR}}{Z_u}$	CPU-Z. [min]
8	40	25	1.30	1.12	7.28 G	1.07	26.38 I	1.12	7.27 G	1.07	72.82 G
8	45	30	1.46	1.08	4.00 G	1.08	84.58 I	1.08	4.00 G	1.08	276.65 G
8	50	38	1.41	1.04	3.08 G	1.04	44.95 G	1.04	3.08 G	1.04	44.95 G
8	55	42	1.46	1.04	9.33 P	1.04	47.17 G	1.04	9.33 P	1.04	47.17 G
8	60	49	1.59	1.09	8.40 P	1.03	83.78 G	1.09	8.38 P	1.03	83.78 G
8	65	55	1.36	1.05	7.05 G	1.02	208.02 G	1.05	7.03 G	1.02	208.02 G
8	70	62	1.34	1.03	8.42 P	1.02	145.45 G	1.03	8.40 P	1.02	145.47 G
8	75	63	1.20	1.06	2.88 G	1.02	58.25 G	1.06	2.88 G	1.02	58.25 G
8	80	75	1.20	1.04	7.43 G	1.01	10.30 O	1.04	7.43 G	1.01	10.30 O
9	40	29	1.58	1.21	3.55 I	1.21	3.53 I	1.21	9.20 P	1.04	129.78 I
9	45	38	1.77	1.23	8.67 P	1.23	10.68 I	1.23	8.65 P	1.07	335.63 P
9	50	46	1.36	1.09	9.57 P	1.09	156.27 I	1.09	9.55 P	1.09	240.42 G
9	55	47	1.45	1.10	8.43 P	1.04	224.18 G	1.10	8.43 P	1.04	224.17 G
9	60	54	1.57	1.08	8.67 P	1.07	56.47 I	1.08	8.65 P	1.05	154.18 G
9	65	62	1.47	1.07	8.57 P	1.07	127.42 I	1.07	8.57 P	1.07	160.92 G
9	70	67	1.30	1.10	7.57 G	1.03	83.92 G	1.10	7.58 G	1.03	83.92 G
9	75	70	1.19	1.02	15.02 G	1.01	18.23 O	1.02	15.02 G	1.01	18.23 O
9	80	83	1.53	1.11	7.38 G	1.03	140.07 G	1.11	7.38 G	1.03	140.07 G
10	40	31	1.79	1.43	1.40 I	1.43	1.40 I	1.32	8.37 P	1.32	276.23 G
10	45	40	1.54	1.07	8.37 P	1.03	32.25 I	1.07	8.37 P	1.03	104.58 I
10	50	47	1.58	1.10	6.08 G	1.10	66.63 I	1.10	6.07 G	1.10	240.52 G
10	55	54	1.25	1.16	9.78 P	1.16	18.82 I	1.16	9.77 P	1.01	184.55 I
10	60	59	1.38	1.08	4.47 G	1.04	117.33 G	1.08	4.47 G	1.04	117.33 G
10	65	64	1.54	1.04	9.22 P	1.02	65.90 G	1.04	9.22 P	1.02	65.50 G
10	70	73	1.36	1.09	9.20 P	1.04	92.63 G	1.09	9.18 P	1.04	92.63 G
10	75	84	1.49	1.07	9.75 P	1.02	167.10 G	1.07	9.73 P	1.02	167.10 G
10	80	90	1.32	1.09	9.00 P	1.03	201.53 G	1.09	8.98 P	1.03	201.53 G
Ø			1.44	1.0996 7.50		1.0733 84.93		1.0956 7.96		1.0507 143.87	

Tab. 23:   Problemklasse III, M = 8,9,10

In den Tabellen 22 und 23 zeigt sich mit zunehmender Problemgröße eine von der Rechenzeit abhängige Lösungsqualität des **SYSR**-Verfahrens. Im Gegensatz zur Rechenzeitverlängerung führt bei diesen Problemen eine Erhöhung der Schätzwertanpassungen (Iterationen) zu keiner signifikanten Lösungsverbesserung. Lediglich im Fall der Problemklasse III ermöglicht das Zusammenwirken von Laufzeit- und Iterationserhöhung eine gegenüber einer reinen Laufzeitverlängerung weitere Lösungsverbesserung von 2,1% (s. Abb. 82).

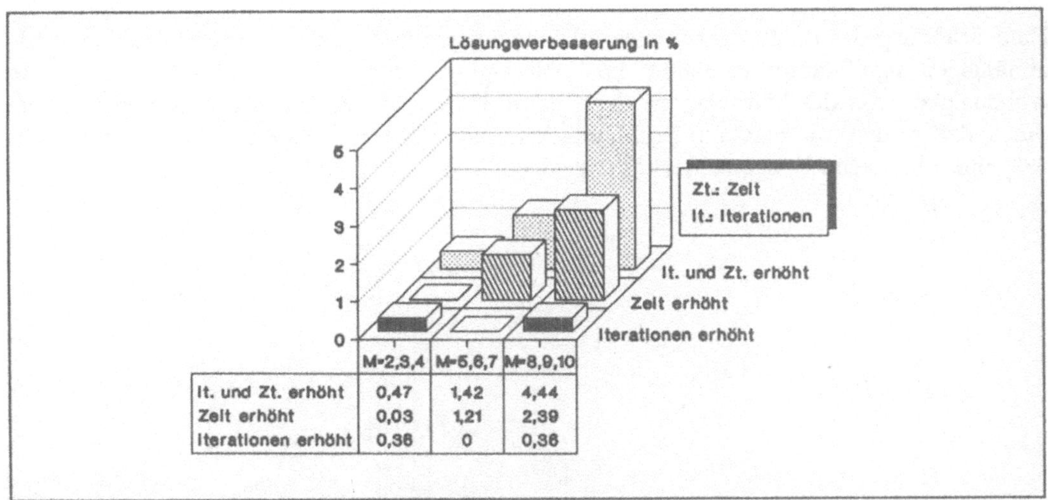

	M=2,3,4	M=5,6,7	M=8,9,10
It. und Zt. erhöht	0,47	1,42	4,44
Zeit erhöht	0,03	1,21	2,39
Iterationen erhöht	0,36	0	0,36

Abb. 82: Prozentuale Lösungsverbesserung in Abhängigkeit von der Parameteranpassung

Diese Verbesserung ist vornehmlich auf die Problemfälle $M=9$, $w_m=40$ und $M=9$, $w_m=45$ (s. Tab. 23) zurückzuführen, bei denen eine erhebliche Lösungsverbesserung erzielbar war. Betrachtete man die Gegenüberstellung der Häufigkeiten einer Lösungsverbesserung (s. Abb. 83), dann konnten für den Fall $M=8,9,10$ allein 17 der 27 untersuchten Probleme durch eine Laufzeiterhöhung verbessert werden. Durch eine Erhöhung der Iterationsgrenze konnte demgegenüber nur bei 5 Problemen eine Verbesserung erreicht werden.

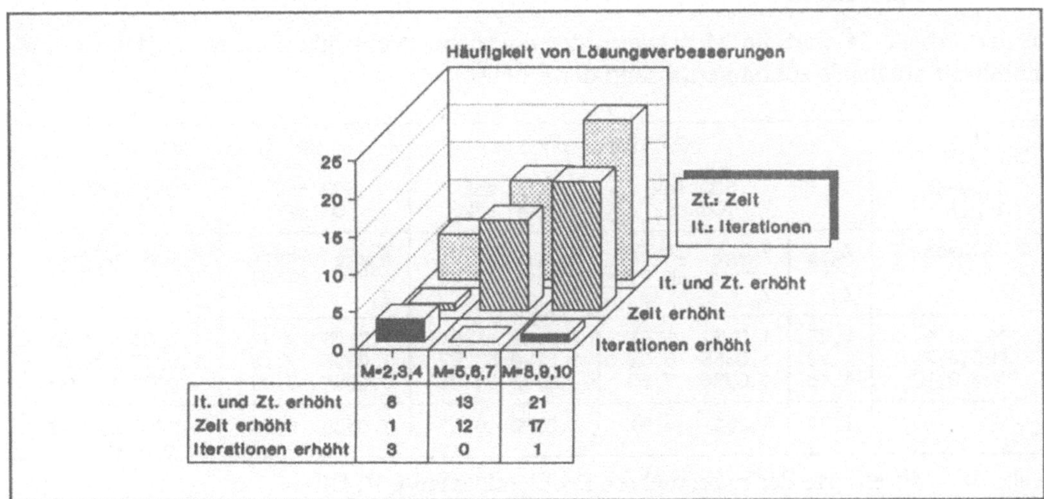

	M=2,3,4	M=5,6,7	M=8,9,10
It. und Zt. erhöht	6	13	21
Zeit erhöht	1	12	17
Iterationen erhöht	3	0	1

Abb. 83: Häufigkeit einer Lösungsverbesserung in Abhängigkeit von der Parameteranpassung

Insgesamt scheint eine Erhöhung der Iterationen zur Anpassung der Schätzwerte c_{km} zu keinen wesentlichen Verbesserungen zu führen. Das wird auch dadurch deutlich, daß die Anzahl der Iterationen innerhalb einer Kapazitätsgrenze fast immer unter 10 liegt. Trotzdem ist, was noch zu zeigen sein wird, die Schätzwertanpassung ein kritischer Punkt des Verfahrens.

Eine Erhöhung der Laufzeitschranken führt demgegenüber zu einer von der Problemgröße abhängigen, signifikanten Zunahme der Lösungsgüte. Daher sollten die Laufzeitgrenzen in Abhängigkeit von der betrachteten Problemgröße gewählt werden. Zu beachten ist allerdings, daß in den untersuchten Problemfällen einer Verbesserung der Lösungsgüte um 2-4%, eine 10-20fache Rechenzeiterhöhung gegenüberstand (s. Abb. 84).

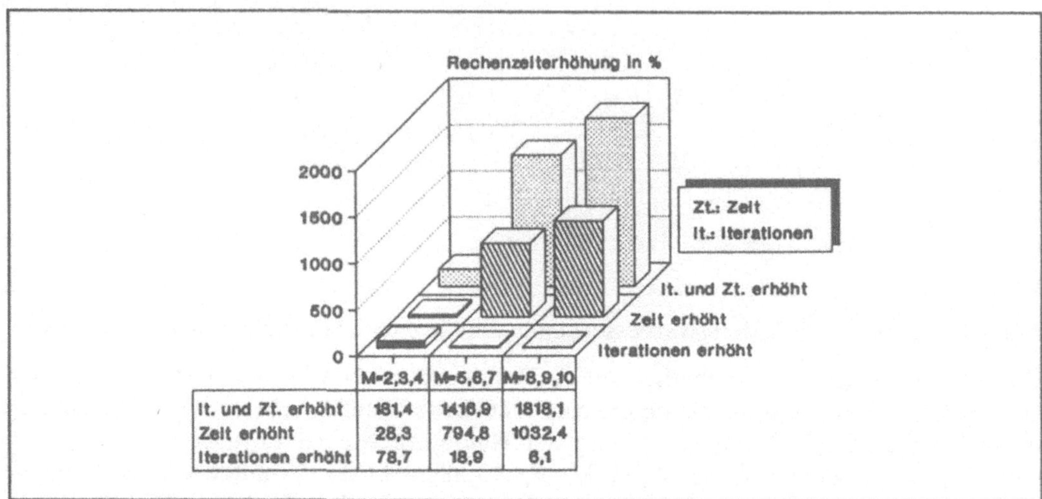

Abb. 84: Prozentuale Rechenzeiterhöhung in Abhängigkeit von den Parameteranpassungen

In der Tabelle 24 sind die Mittelwerte der einzelnen Problemklassen sowie der Gesamtmittelwert nochmals zusammenfassend dargestellt.

it^+ $\begin{array}{c}t^+_{SYSR}\\ t^+_{GAP}\end{array}$	20 Iterationen				100 Iterationen			
	500 sek 100 sek		20000 sek 2000 sek		500 sek 100 sek		20000 sek 2000 sek	
Klasse	$\dfrac{\overline{z}_{STA}}{\overline{z}_u}$	$\dfrac{\overline{z}_{SYSR}}{\overline{z}_u}$	CPU-Z. [min]	$\dfrac{\overline{z}_{SYSR}}{\overline{z}_u}$	CPU-Z. [min]	$\dfrac{\overline{z}_{SYSR}}{\overline{z}_u}$	CPU-Z. [min]	$\dfrac{\overline{z}_{SYSR}}{\overline{z}_u}$	CPU-Z. [min]
M=2,3,4	1.23	1.0152	1.41	1.0148	1.81	1.0115	2.52	1.0104	3.98
M=5,6,7	1.33	1.0385	6.02	1.0259	53.87	1.0385	7.16	1.0237	91.32
M=8,9,10	1.44	1.0996	7.50	1.0733	84.93	1.0956	7.96	1.0507	143.87
Ø	1.33	1.0511	4.97	1.0380	46.87	1.0485	5.88	1.0283	79.73

Tab. 24:   Mittelwerte der untersuchten Problemklassen I, II, III

6.5.3.3.3 Vergleich mit optimierendem Verfahren

Neben dem Vergeich der Heuristik mit einer unteren Schranke ist vor allem auch ein Vergleich mit einem optimierenden Verfahren von Interesse. Ein ε-optimales Verfahren zur Lösung der betrachteten Problemstellung SYSR beschreiben Berrada und Stecke (s. Kap. 5.2.2.3). Dieses Verfahren besitzt für den hier untersuchten Fall maschinenunabhängiger Bearbeitungszeiten gegenüber dem nachfolgend vorgeschlagenen B&B-Verfahren Nachteile im Laufzeitverhalten.

6.5.3.3.3.1 B&B-Verfahren

Zur Erzeugung von optimalen Lösungen wird das folgende Branch-and-Bound-Verfahren
(B&B-Verfahren) eingesetzt:

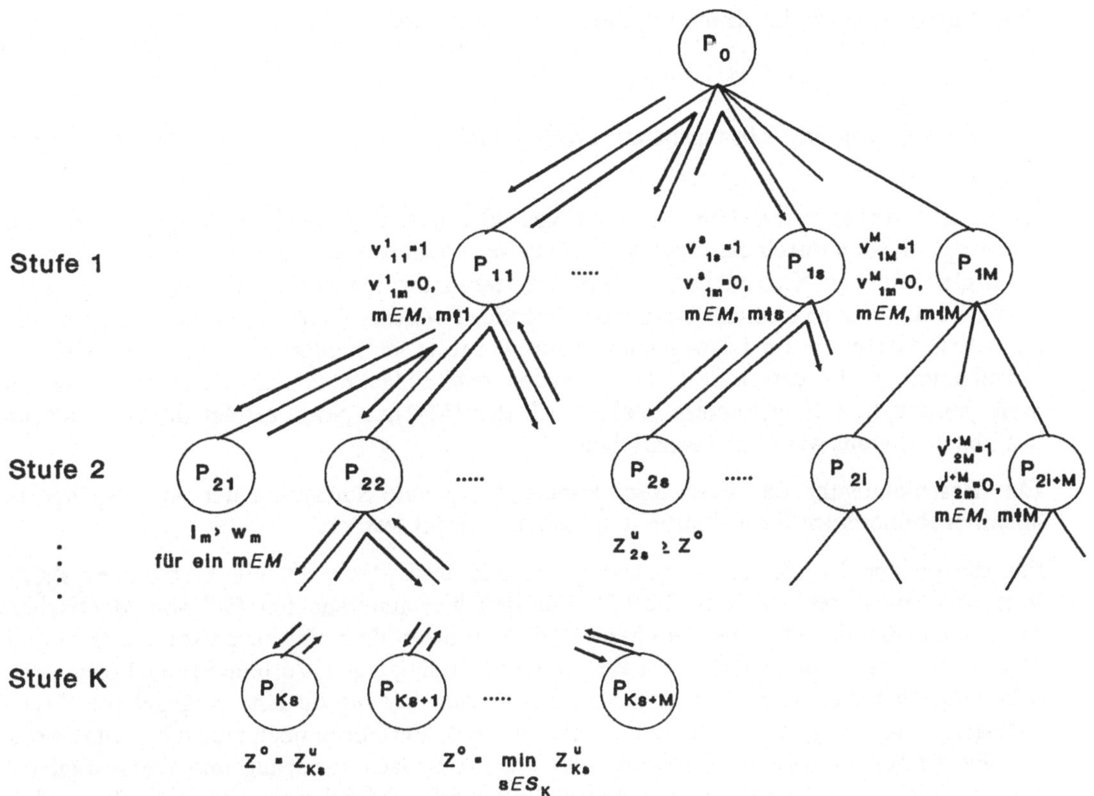

Abb. 85: Branch-and-Bound-Verfahren zur Systemrüstung

Im Knoten P_0 wird der erste Arbeitsgang k aus der Menge aller Arbeitsgänge K_0 ausgewählt und für jede Maschine m, der der Arbeitsgang k zugeordnet werden kann, wird
ein Knoten P_{ks} $k=1$, $s=1,..,S_k$, $S_1=M$ gebildet. In jedem Knoten wird die Variable v^s_{k1},
$l=s$ zu Eins und die Variablen v^s_{km}, $\forall\ m \in M$, $m \neq s$ werden zu Null fixiert. Zum weiteren
Aufbau des Lösungsbaums werden an jedem Knoten P_{ks}, $\forall\ s \in S_k$ für den nächsten
Arbeitsgang $k+1$ aus der Restmenge K_k ebenfalls M Knoten P_{ks}, $k=k+1$, $s=i,..,i+M$
gebildet. In jeder Stufe k ergeben sich damit $S_k=M^k$ Knoten. Die weitere Aufspaltung
eines Knotens P_{ks} geschieht solange, bis dieser Knoten ausgelotet ist.

Ein Knoten ist ausgelotet, wenn alle Arbeitsgänge k einer Maschine m zugeordnet sind,
d.h. die letzte Stufe des Lösungsbaums erreicht wurde, oder wenn die aktuell beste Lösung
kleiner oder gleich der Untergrenze des Teilproblems P_{ks} ist ($Z^u_{ks} \geq Z^o$), oder wenn keine
zulässige Lösung vorliegt (Verletzung der Werkzeugmagazinrestriktionen, $I_m > w_m$ für ein
$m \in M$). Ergibt sich in der letzten Stufe K des Lösungsbaums eine zulässige Lösung, so ist
dies gleichzeitig eine zulässige Lösung für das gesamte Problem P_0. Resultiert für diese

Lösung ein Zielfunktionswert $Z^u{}_{Ks} < Z^o$, so wird dieser Wert als die aktuell beste Lösung von P_0 gespeichert.

$$Z^o = \min_{s \in S_K} Z^u{}_{Ks}$$

Eine untere Schranke im Knoten P_{ks} ergibt sich wie folgt:

$$Z^u{}_{ks} = \max_{m \in M} \sum_{l \in \{1,\dots,k\}} v^s{}_{lm} \cdot p_{lm}$$

Die Verzweigung im Lösungsbaum erfolgt nach der Last-In-First-Out-Regel (LIFO-Regel).

Da in der vorliegenden Untersuchung von identischen Maschinen ausgegangen wird ($p_{km} = p_k$), werden durch die obige Vorgehensweise mehrere gleichwertige Knoten erzeugt. Zwei gleichwertige Knoten liegen dann vor, wenn die jeweiligen Lösungen durch eine Vertauschung der Maschinen ineinander überführt werden können. Die Generierung von überflüssigen Knoten im Lösungsbaum kann wie folgt vermieden werden: In P_0 wird ein Folgeknoten, in der ersten Stufe $k = 1$ werden zwei Folgeknoten,..., und in der (M-2)ten Stufe werden M-1 Folgeknoten gebildet. Ab der (M-1)ten Stufe erfolgt die Aufspaltung des Lösungsbaums wie oben beschrieben.

Eine Beschleunigung des Verfahrens konnte durch eine Sortierung der Arbeitsgänge in fallender Reihenfolge ihrer Bearbeitungszeiten erreicht werden.

Für die gleiche Problemstellung haben Berrada und Stecke[489] ein ϵ-optimales **B&B**-Verfahren entwickelt (s. Kap. 5.2.2.3). Für den hier untersuchten Fall von identischen Maschinen wird das oben beschriebene **B&B**-Verfahren dem Verfahren von Berrada und Stecke vorgezogen, da es unter den betrachteten Bedingungen Vorteile in der Lösungsgeschwindigkeit bietet. Zum Auffinden einer zulässigen Lösung für eine vorgegebene Kapazitätsgrenze verzweigen Berrada und Stecke in ihrem Verfahren nach einem Prioritätswert, der die Zielfunktionswertveränderung, die Werkzeugplatzeinsparung und die verfügbare Maschinenkapazität einbezieht. Für den Fall identischer Maschinen wird dieser Prioritätswert zu Null. Damit liefert der Prioritätswert keine eindeutige Aussage und es wird eine zufällige Verzweigung vorgenommen. Die zufällige Verzweigung eines **B&B**-Verfahrens entspricht der LIFO-Regel. Da Berrada und Stecke ihr **B&B**-Verfahren für jede vorgegebene Kapazitätsgrenze anwenden, müssen mindestens so viele Knoten berechnet werden, wie in dem oben beschriebenen **B&B**-Verfahren. Das vorgeschlagene Vergleichsverfahren liefert damit für den Fall identischer Maschinen eine untere Grenze der Lösungsgeschwindigkeit für das Verfahren von Berrada und Stecke.

Für den Fall, daß innerhalb einer Kapazitätsschranke keine zulässige Lösung existiert, müssen bei dem Verfahren von Berrada und Stecke alle zulässigen Lösungen bezüglich der Werkzeugmagazinrestriktion berechnet werden. Unter dieser Bedingung entspricht das Verfahren von Berrada und Stecke demnach auch für maschinenabhängige Bearbeitungszeiten dem oben beschriebenen **B&B**-Verfahren. Die theoretische Analyse zeigt, daß das Verfahren von Berrada und Stecke nur bei maschinenabhängigen Bearbeitungszeiten und nicht strengen Werkzeugmagazingrenzen zu akzeptablen Laufzeiten führt.

---

489   vgl. Berrada, Stecke (1986), S.1321-1325

6.5.3.3.3.2 Vergleich B&B- und SYSR-Verfahren

Zum Vergleich des oben beschriebenen B&B-Verfahrens mit dem SYSR-Verfahren wurden die folgenden Abbruchparameter gewählt:

g^+	: Lösungsgüte der **MULT_E**-Heuristik Z_{MULT_E}
it^+	: 20 Iterationen
t^+_{GAP}	: 100 sek
t^+_{SYSR}	: 500 sek

Abb. 86: Abbruchkriterien

Die Ergebnisse werden in den nachfolgenden Tabellen wie folgt dargestellt: Nach der Problembezeichnung enthält die erste Ergebnisspalte die Lösungsgüte der Heuristik **STA**, anschließend ist der Zielwert und die Rechenzeit des **SYSR**-Verfahrens angeführt. In der dritten Ergebnisspalte ist die Rechenzeit dargestellt, die das **B&B**-Verfahren benötigte, um dieselbe Lösungsgüte wie das **SYSR**-Verfahren zu erreichen. In der vierten Ergebnisspalte ist die Rechenzeit und die Optimallösung des **B&B**-Verfahrens angeführt.

Für kleine Problemgrößen $K < 18$ und $M = 2,3,4$ (s. Tab. 25) liefert das B&B-Verfahren relativ schnell die optimale Lösung, da der Lösungsbaum aus verhältnismäßig wenigen Knoten besteht.

			STA	SYSR		B&B	B&B			
M	w_m	K	$\dfrac{Z_{STA}}{Z_u}$	$\dfrac{Z_{SYSR}}{Z_u}$	CPU-Zeit [min]	CPU-Zeit [min]	$\dfrac{Z_{B\&B}}{Z_u}$	CPU-Zeit [min]	berech. Knoten	mögl. Knoten
2	40	5	1.29	1.00	.02 0	.00	1.00	.00	7	31
2	45	8	1.35	1.06	.12 I	.02	1.02	.02	58	255
2	50	8	1.05	1.00	.02 0	.02	1.00	.02	18	255
2	55	9	1.18	1.00	.02 0	.00	1.00	.00	26	511
2	60	11	1.00	1.00	.03 0	.03	1.00	.03	65	2047
2	65	13	1.08	1.00	.18 0	.15	1.00	.15	198	8191
2	70	13	1.09	1.00	.20 0	.17	1.00	.17	241	8191
2	75	15	1.03	1.00	.58 0	.27	1.00	.27	299	32767
2	80	17	1.01	1.01	.62 0	.30	1.00	.30	285	131071
3	40	9	1.44	1.02	.13 0	.02	1.00	.02	70	6561
3	45	11	1.15	1.00	.10 I	.05	1.00	.08	300	59049
3	50	11	1.21	1.00	.10 0	.23	1.00	.23	907	59049
3	55	15	1.09	1.09	1.58 I	1.03	1.00	1.68	3062	4782969
4	40	12	1.58	1.04	.43 I	.03	1.00	.05	277	2097153
4	45	13	1.33	1.06	1.18 I	.15	1.00	.23	845	8388609
4	50	17	1.23	1.03	2.13 I	.20	1.00	3.27	10691	2147483649
Ø			1.19	1.0194	.46	.17	1.0013	.41	1084	135191300

Tab. 25: Ergebnisvergleich mit Optimallösung; $M = 2,3,4$ und $K < 18$

Für derartige Problemgrößen ergeben sich für das **SYSR**-Verfahren keine Vorteile gegenüber dem optimierenden Vergleichsverfahren. Betrachtet man hingegen größere Problemstellungen, wie $M \geq 3$ und $K \geq 16$, so zeigen sich die Vorteile der vorgeschlagenen Heuristik (s. Tab. 26).

M	w_m	K	STA $\frac{Z_{STA}}{Z_u}$	SYSR $\frac{Z_{SYSR}}{Z_u}$	SYSR CPU–Zeit [min]	B&B CPU–Zeit [min]	B&B $\frac{Z_{B\&B}}{Z_u}$	B&B CPU–Zeit [min]	B&B berech. Knoten	B&B mögl. Knoten
3	60	18	1.27	1.01	7.20 I	5.15	1.00	6.65	11404	1.29E+08
3	65	20	1.16	1.00	.08 O	9.62	1.00	9.62	9924	1.16E+09
3	70	19	1.16	1.00	.37 O	3.43	1.00	3.43	3751	3.87E+08
3	75	24	1.11	1.01	.77 I	130.27	1.00	136.87	111603	9.41E+10
3	80	27	1.09	1.01	.47 O	518.48	1.00	528.40	377849	2.54E+12
4	55	19	1.45	1.02	4.78 I	1.12	1.00	1.78	4213	3.44E+10
4	60	24	1.63	1.01	2.73 I	16.13	1.00	22.78	39494	3.52E+13
4	65	23	1.52	1.01	1.10 I	3.60	1.00	4.02	6161	8.80E+12
5	40	16	1.32	1.13	8.43 G	1.30	1.02	11.62	33847	7.32E+09
5	45	18	1.25	1.03	3.30 I	.27	1.00	3.97	13357	1.83E+11
5	50	24	1.30	1.01	.72 O	6.17	1.00	9.00	15536	2.86E+15
5	55	24	1.36	1.04	4.98 I	9.63	1.00	317.37	670079	2.86E+15
6	40	20	1.60	1.05	9.07 G	17.08	1.02	788.33	663022	6.77E+13
7	40	22	1.69	1.05	2.82 I	8.03	1.00	93.90	527805	2.79E+16
8	40	23	1.46	1.07	8.42 P	.37	1.00	497.35	2354196	1.62E+18
8	45	32	1.57	1.04	8.32 I	218.55	1.00	865.03	2612518	2.18E+26
Ø			1.37	1.0306	3.97	59.33	1.0025	206.26	465922	1.36E+25

Tab. 26: Ergebnisvergleich mit Optimallösung; $M \geq 3$ und $K \geq 16$

Um einige als besonders schwierig erachtete Problemfälle zu testen, wurden für eine weitere Problemgruppe die in Abbildung 87 dargestellten Arbeitsgangkennwerte verwendet. Die jeweiligen Probleme beinhalten hierbei jeweils M Arbeitsganggruppen mit relativ ähnlichem Werkzeugbedarf.

Bearbeitungszeit:	$p_k = 1,..,105$ schiefverteilt		
Werkzeuge:	$I_k = 10,..,20$		
Anzahl/Anteil Standardwerkzeuge:		M = 3	M = 4
	$i_1 = 1,...,40; a_2 = 25\%$	K/3	K/4
	$i_1 = 36,...,70$	K/3	K/4
	$i_1 = 66,...,100$	K/3	K/4
	$i_1 = 96,...,130$		K/4
Anzahl/Anteil Spezialwerkzeuge:	$i_2 = 151,..,300; a_2 = 25\%$		

Abb. 87: Kennwerte der Arbeitsgänge für Problemgruppe II

Die Tabelle 27 enthält die Ergebnisse dieser Testreihe. Auch für diese Problemgruppe liefert das **SYSR**-Verfahren relativ gute Lösungen und verfehlt die Optimalwerte des **B&B**-Verfahrens im Durchschnitt lediglich um 3%. Wesentlich ist, daß das **B&B**-Verfahren zum Erreichen der gleichen Lösungsgüte und zum Erreichen der Optimallösung im Mittel für diese Testreihe die 16- bzw. 32-fache Rechenzeit benötigte.

M	w_m	K	STA $\frac{Z_{STA}}{Z_u}$	SYSR $\frac{Z_{SYSR}}{Z_u}$	CPU-Zeit [min]	B&B CPU-Zeit [min]	B&B $\frac{Z_{B\&B}}{Z_u}$	CPU-Zeit [min]	berech. Knoten	mögl. Knoten
3	40	9	1.38	1.06	.18 I	.00	1.06	.05	100	6.56E+03
3	45	11	1.29	1.18	.72 I	.20	1.17	.22	361	5.90E+04
3	50	10	1.20	1.08	.12 I	.10	1.08	.12	151	1.97E+04
3	55	16	1.46	1.24	.47 I	2.28	1.06	4.97	4249	1.43E+07
3	60	14	1.41	1.06	.83 I	.33	1.05	1.00	1186	1.59E+06
3	65	18	1.22	1.01	7.85 I	4.92	1.00	16.50	14583	1.29E+08
3	70	19	1.22	1.01	8.53 P	12.92	1.00	19.88	12211	3.87E+08
3	70	22	1.61	1.00	.52 O	228.28	1.00	230.53	295484	1.05E+10
3	71	20	1.75	1.05	3.02 I	2.37	1.00	14.55	20922	1.16E+09
3	72	21	1.66	1.03	8.50 P	.18	1.00	94.02	188674	3.49E+09
3	73	19	1.22	1.01	2.30 O	13.13	1.00	14.12	17451	3.87E+08
3	74	22	2.09	1.14	8.52 P	32.93	1.04	121.05	137695	1.05E+10
3	75	22	1.53	1.05	8.93 P	12.95	1.00	376.57	488183	1.05E+10
3	75	22	1.44	1.01	3.28 I	15.03	1.00	23.28	31997	1.05E+10
3	76	22	1.20	1.11	8.38 P	12.95	1.05	375.93	487270	1.05E+10
3	76	22	1.51	1.08	6.52 I	172.47	1.03	322.57	444496	1.05E+10
3	77	22	1.43	1.00	2.72 O	48.87	1.00	75.13	94664	1.05E+10
3	78	22	1.34	1.00	7.38 I	77.67	1.00	77.68	81355	1.05E+10
3	79	21	1.45	1.02	8.62 P	14.32	1.01	28.10	41371	3.49E+09
3	80	22	1.51	1.00	.90 O	20.08	1.00	27.77	57754	1.05E+10
3	75	24	1.08	1.01	6.72 G	769.17	1.00	933.88	495089	9.41E+10
3	80	24	1.11	1.02	8.73 P	652.68	1.00	801.20	377524	9.41E+10
4	40	10	2.10	1.12	.48 I	.12	1.12	.18	295	1.31E+05
4	45	14	1.25	1.09	3.17 I	.18	1.07	.80	803	3.36E+07
4	50	14	1.04	1.01	.27 I	.02	1.00	14.58	15371	3.36E+07
4	55	20	1.59	1.09	8.38 P	3.12	1.01	291.25	470351	1.37E+11
4	60	17	1.51	1.12	5.33 I	.08	1.06	12.68	12119	2.15E+09
Ø			1.43	1.0593	4.49	77.68	1.0300	143.65	140434	1.60E+10

Tab. 27: Ergebnisvergleich mit Optimallösung der Problemgruppe II[490]

Neben den positiven Ergebnissen für das SYSR-Verfahren wird deutlich, daß die Schätzwertanpassung einen äußerst kritischen Punkt des Verfahrens darstellt. In den Tabellen 26 und 27 ist zu erkennen, daß einige Verfahren aufgrund des Erreichens der Iterationsgrenze abgebrochen wurden, obgleich noch keine optimale Lösung vorlag. Dies läßt vermuten, daß für diese Probleme relativ wenige zulässige Lösungen existieren, so daß die Anpassung der Schätzwerte nicht ausreichte, eine zulässige Lösung zu erzeugen.

Ein Problem des B&B-Verfahrens ist es, daß dessen Rechenzeit für größere Problemstellungen stark anwächst. Dies ist sogar dann der Fall, wenn das Verfahren beim Erreichen der Lösungsgüte des SYSR-Verfahrens abgebrochen wird. Um auch größere Probleme zu analysieren, wurde in einem weiteren Vergleich für die Problemgruppe 1 das B&B-Verfahren grundsätzlich nach 20 min Rechenzeit abgebrochen. Die Ergebnisse für Probleme von 4-10 Maschinen und 21 bis 90 Arbeitsgängen sind in den Tabellen 28 und 29 dargestellt.

---

490 Aufgrund der spezifischen Problemstellung wurde die Abbruchgrenze für die Schätzwertanpassung auf 40 erhöht.

			STA	SYSR			B&B			
M	w_m	K	$\dfrac{Z_{STA}}{Z_u}$	$\dfrac{Z_{SYSR}}{Z_u}$	CPU–Zeit [min]		$\dfrac{Z_{B\&B}}{Z_u}$	CPU–Zeit [min]	berech. Knoten	mögl. Knoten
4	70	31	1.41	1.02	7.33	G	1.40	20.00	15726	5.76E+17
4	75	30	1.33	1.01	.28	O	1.09	20.00	20952	1.44E+17
4	80	34	1.18	1.00	2.02	O	1.35	20.00	11658	3.69E+19
5	60	32	1.46	1.03	3.17	G	1.37	20.00	20956	1.12E+21
5	65	32	1.37	1.01	4.50	O	1.23	20.02	16024	1.12E+21
5	70	38	1.19	1.01	7.60	G	1.24	20.00	17635	1.75E+25
5	75	39	1.31	1.02	3.10	I	1.19	20.00	15880	8.73E+25
5	80	45	1.25	1.09	8.38	G	1.27	20.02	11771	1.36E+30
6	45	21	1.37	1.02	2.32	I	1.00	.35	765	4.06E+14
6	50	29	1.33	1.01	1.93	I	1.06	20.00	40389	6.82E+20
6	55	31	1.19	1.02	5.43	I	1.28	20.00	22189	2.46E+22
6	60	35	1.23	1.01	4.25	I	1.42	20.00	10868	3.18E+25
6	65	40	1.17	1.01	5.60	I	1.33	20.00	14196	2.48E+290
6	70	44	1.61	1.03	7.97	P	1.39	20.02	11248	3.21E+32
6	75	50	1.22	1.02	7.72	G	1.35	20.00	12404	1.50E+37
6	80	50	1.31	1.02	3.02	G	1.25	20.00	14976	1.50E+37
6	75	51	1.19	1.05	9.35	P	1.37	20.00	11638	8.98E+37
6	80	56	1.21	1.03	8.50	P	1.71	20.02	6093	6.98E+41
7	40	23	1.35	1.05	3.33	I	1.00	6.00	12470	1.95E+17
7	45	28	1.84	1.04	4.02	G	1.09	20.00	44222	3.28E+21
7	50	32	1.28	1.06	5.15	G	1.18	20.00	24796	7.89E+24
7	55	35	1.40	1.05	4.68	G	1.13	20.00	25104	2.70E+27
7	60	43	1.19	1.04	9.98	G	1.33	20.00	13502	1.56E+34
7	65	43	1.23	1.05	8.58	P	1.54	20.02	7996	1.56E+34
7	70	51	1.24	1.05	5.02	G	1.29	20.00	10448	8.99E+40
7	75	58	1.43	1.05	8.68	P	1.41	20.02	9571	7.40E+46
7	80	64	1.32	1.02	3.67	G	1.51	20.00	10522	8.71E+51
Ø			1.32	1.0304	5.39		1.2881	18.75	16074	3.23E+50

Tab. 28:   Ergebnisvergleich M = 4-7

M	w_m	K	$\dfrac{Z_{STA}}{Z_u}$	$\dfrac{Z_{SYSR}}{Z_u}$	CPU-Zeit [min]		$\dfrac{Z_{B\&B}}{Z_u}$	CPU-Zeit [min]	berech. Knoten	mögl. Knoten
8	40	25	1.30	1.12	7.28	G	1.00	8.88	33910	1.04E+20
8	45	30	1.46	1.08	4.00	G	1.02	20.00	61305	3.40E+24
8	50	38	1.41	1.04	3.08	G	1.27	20.00	19862	5.70E+31
8	55	42	1.46	1.04	9.33	P	1.46	20.02	11143	2.34E+35
8	60	49	1.59	1.09	8.40	P	1.34	20.00	13275	4.90E+41
8	65	55	1.36	1.05	7.05	G	1.65	20.03	7173	1.28E+47
8	70	62	1.34	1.03	8.42	P	1.49	20.00	8777	2.69E+53
8	75	63	1.20	1.06	2.88	G	1.46	20.00	12707	2.16E+54
8	80	75	1.20	1.04	7.43	G	1.61	20.03	4429	1.48E+65
9	40	29	1.58	1.21	3.55	I	--*	20.00	19900	4.96E+24
9	45	38	1.77	1.23	8.67	P	1.42	20.02	13909	1.92E+33
9	50	46	1.36	1.09	9.57	P	1.40	20.00	12282	8.28E+40
9	55	47	1.45	1.10	8.43	P	1.24	20.00	13633	7.45E+41
9	60	54	1.57	1.08	8.67	P	1.35	20.02	11727	3.56E+48
9	65	62	1.47	1.07	8.57	P	1.75	20.05	6464	1.53E+56
9	70	67	1.30	1.10	7.57	G	1.73	20.02	10301	9.06E+60
9	75	70	1.19	1.02	15.02	G	1.44	20.00	11015	6.60E+63
9	80	83	1.53	1.11	7.38	G	1.66	20.00	7443	1.68E+76
10	40	31	1.79	1.43	1.40	I	--*	20.00	15557	4.03E+27
10	45	40	1.54	1.07	8.37	P	--*	20.02	11357	4.03E+36
10	50	47	1.58	1.10	6.08	G	1.28	20.00	13935	4.03E+43
10	55	54	1.25	1.16	9.78	P	1.72	20.03	9224	4.03E+50
10	60	59	1.38	1.08	4.47	G	1.40	20.02	8114	4.03E+55
10	65	64	1.54	1.04	9.22	P	1.44	20.02	14798	4.03E+60
10	70	73	1.36	1.09	9.20	P	1.58	20.00	12590	4.03E+69
10	75	84	1.49	1.07	9.75	P	1.94	20.07	4625	4.03E+80
10	80	90	1.32	1.09	9.00	P	1.50	20.03	7575	4.03E+86
∅			1.44	1.0996	7.50		1.4837	19.60	13964	1.49E+85

* es wurde keine zulässige Lösung gefunden

Tab. 29: Ergebnisvergleich M = 8-10

Der Ergebnisvergleich zeigt, daß das **SYSR**-Verfahren relativ gute Lösungen in wesentlich geringerer Rechenzeit erzielt, als das optimierende Vergleichsverfahren. Dieser Vorteil kommt insbesondere bei größeren Problemen zum Tragen.

7. Analyse des entwickelten Lösungsverfahrens

Im den vorangegangenen Kapiteln wurde die Vorgehensweise zur Abschätzung der Zykluszeit (Kap. 6.4) und die Lösung der Teilprobleme **CLMIN**, **CLUST** und **SYSR** (Kap. 6.5) dargelegt. Nachdem dies geschehen ist, kann folgend der vorgeschlagene Ansatz zur Lösung der Problemstellung **ENL** (Kap. 6.2 bzw. Kap. 6.3.3) analysiert werden. Zur Ermittlung der Lösungsqualität unterschiedlicher Varianten des heuristischen Verfahrens **ENL** werden mehrere, ebenfalls heuristische Vergleichsverfahren herangezogen. Die Anwendung eines optimierenden Verfahrens ist nur für stark eingeschränkte Problemfälle möglich. Es wird daher auf den Vergleich mit einem derartigen Verfahren verzichtet. Die zur Analyse herangezogenen Vergleichsverfahren basieren ausnahmslos auf dem Konzept einer FFD-Heuristik (Sortierverfahren), in der die Auftrags- bzw. Arbeitsgangzuordnung in Abhängigkeit von einem dynamischen Prioritätswert[491] erfolgt. Folgende Verfahren werden herangezogen: Das Verfahren **TERM**, in dem die Aufträge nach aufsteigenden Fälligkeitsterminen d_r sortiert und den Serien zugeordnet werden; eine Verfahrenskombination aus den Lösungsvorschlägen von Rajagopalan sowie von Shanker und Tzen (Kap. 5.2.1.2.2 und Kap. 5.3.1.2), **RAJ/S**; das Verfahren von Whitney und Gaul, **W/G** (Kap. 5.3.2.1) sowie eine angepaßte Form des Verfahrens von Whitney und Gaul, **W/G_A**.

Die Untersuchung unterstellt FFS-Konfigurationen, in denen sich das Bearbeitungssystem aus mehreren ergänzenden Maschinengruppen j, $j \epsilon J$ mit jeweils M_j identischen Maschinen m, $m \epsilon M_j$ zusammensetzt.

---

491 Bei einem dynamischen Vorgehen werden die Prioritätswerte nach jeder Auftragszuordnung neu bestimmt.

7.1 Vergleichsverfahren

Die im folgenden dargestellten Verfahren setzen die Nomenklatur der Abbildung 88 voraus.

c_l	:	Auftragsmenge der Serie l
d_r	:	Fälligkeitstermin des Auftrags r
g_m	:	Kapazitätsbedarf an der Maschine m
h	:	Rüstzeit zwischen zwei Serien
I_m	:	Werkzeugmenge, die in der aktuellen Serienplanung der Maschine m zugeordnet ist
I_k	:	Werkzeugmenge, die von Arbeitsgang k an der Maschine m benötigt wird
I_{rk}	:	Werkzeugmenge, die von Arbeitsgang k des Werkstücks r an der Maschine m benötigt wird
J	:	Menge der Maschinengruppen j
K	:	Menge der Arbeitsgänge k
K_r	:	Menge der Arbeitsgänge k, die zur Erstellung des Werkstücks r erforderlich sind
L	:	Menge der Serien l
M	:	Menge der Maschinen m; $M = \underset{j \in J}{\cup} M_j$
M_j	:	Menge der Maschinen der Maschinengruppe j
M_k	:	Menge der Maschinen, die Arbeitsgang k ausführen können
n_r	:	Größe des Auftrags r
p_{rj}	:	Bearbeitungszeit des Werkstücks r an der Maschinengruppe j
p_{km}	:	Bearbeitungszeit des Arbeitsgangs k an der Maschinengruppe j
R_0	:	Menge der zuzuordnenden Aufträge r
$R_1, R_2, ..$	:	Mengen von Aufträgen r
v_{km}	=	$\begin{cases} 1 & \text{, wenn Arbeitsgang k der Maschine m zugeordnet wird} \\ 0 & \text{, sonst} \end{cases}$
w_j	:	Werkzeugmagazinkapazität der Maschinengruppe j; $w_j = \underset{m \in M_j}{\Sigma} w_m$
w_m	:	Werkzeugmagazinkapazität der Maschine m

Abb. 88: Nomenklatur zu den Vergleichsverfahren

7.1.1 Verfahren TERM

Das Verfahren **TERM** sortiert die vorliegenden Aufträge R_0 nach aufsteigenden Werten ihres Fälligkeitstermins d_r und bildet in dieser Auftragsreihenfolge die Serien c_l, l = 1,...,L. Anschließend erfolgt für die ersetzenden Maschinen ein Kapazitätsabgleich mit Hilfe des Verfahrens **SYSR** (s. Kap. 6.5.3).

Stufe 0: Initialisierung

    $l=0$

    $R_0=\{r\,|\,r=1,\dots,R\}$: Menge der zuzuordnenden Aufträge

Stufe 1: Neue Serie

    $l=l+1$, $C_l=\{\}$, $R_l=R_0$

Stufe 2: Zuordnen von Aufträgen zu Serien

2a)   wenn $R_l=\{\}$, $R_0=\{\}$, dann $L=l$ und gehe zu Stufe 3

            wenn $R_l=\{\}$, $R_0\neq\{\}$, dann gehe zu Stufe 1

2b)   Wähle den Auftrag mit dem nahesten Fälligkeitstermin d_r

            $r^*=\arg\min\limits_{r\in R_0}\,[d_r]$

            wenn $C_l\cup\{r^*\}$ unzulässig, dann $R_l=\{\}$, gehe zu Stufe 1

                     sonst $C_l=C_l\cup\{r^*\}$, $R_l=R_l\setminus\{r^*\}$, $R_0=R_0\setminus\{r^*\}$

2d)   Bestimme für die ersetzenden Maschinen eine Arbeitsgang/Maschinen-Zuordnung mit dem Verfahren **STA** (Kap. 6.5.1.2.2.) und gehe zu Stufe 2a

Stufe 3: Kapazitätsabgleich der ersetzenden Maschinen

    Führe für jede Serie l, $l\in L$ einen Kapazitätsabgleich der ersetzenden Maschinen M_j einer jeden Maschinengruppe j, $j\in J$ durch:
Verfahren **SYSR**

Stufe 4: Stopp

Abb. 89: Verfahren **TERM**

7.1.2 Verfahren RAJ/S

Das Verfahren **RAJ/S** ist ein kombiniertes Verfahren aus den Lösungsvorschlägen von Rajagopalan sowie Shanker und Tzen. Zur Berücksichtigung des Terminkriteriums werden die Aufträge nach Shanker und Tzen (s. Kap. 5.3.1.2) vier unterschiedlichen Terminklassen zugeordnet[492]. Innerhalb dieser Terminklassen werden die Aufträge nach der Vorgehensweise von Rajagopalan[493] (s. Kap. 5.2.1.2.2) einer Serie l zugewiesen. Dadurch soll dem Zielkriterium der minimalen Zykluszeit entsprochen werden. Das Verfahren **STA** (Kap. 6.5.1.2.2) wird zur Ermittlung einer zulässigen Arbeitsgang/Maschinen-Zuordnung eingesetzt. Im Anschluß an die Serienbildung erfolgt durch das Verfahren **LOSS** ein Kapazitätsabgleich der ersetzenden Maschinen. Der genaue Ablauf des Verfahrens **RAJ/S** ist der Abbildung 90 zu entnehmen.

---

492   vgl. Shanker, Tzen (1985), S.586

493   vgl. Rajagopalan (1985), S.22-23

Stufe 0: Initialisierung

$$l=0$$

$R_0=\{r\mid r=1,\ldots,R\}$: Menge der zuzuordnenden Aufträge

$f(C_1)=0$: Fertigstellungszeitpunkt der Serie 1

$Y=Y_0$: mittlere Serienzykluszeit

Stufe 1: Neue Serie

1a) $l=l+1$, $C_1=\{\}$, $n=0$

1b)   Zuordnen der Aufträge zu Terminklassen

$R_1=\{r\mid d_r\le f(C_{1-1}),$ $r\in R_0\}$: überfällige Aufträge

$R_2=\{r\mid f(C_{1-1})<d_r\le f(C_{1-1})+2Y,$ $r\in R_0\}$: sehr dringende Aufträge

$R_3=\{r\mid f(C_{1-1})+2Y<d_r\le f(C_{1-1})+3Y,$ $r\in R_0\}$: dringende Aufträge

$R_4=\{r\mid f(C_{1-1})+3Y<d_r,$ $r\in R_0\}$: normale Aufträge

Stufe 2: Zuordnen von Aufträgen zu Serien

2a)   wenn $R_4=\{\}$, $R_0=\{\}$, $n=4$, dann $L=1$, bestimme $f(C_1)$ und gehe zu Stufe 3

           wenn $R_4=\{\}$, $R_0\ne\{\}$, $n=4$, dann bestimme $f(C_1)$ und gehe zu Stufe 1a

           wenn $R_n=\{\}$, $n<4$, dann $n=n+1$

2b)   Wähle den Auftrag mit dem kleinsten Prioritätswert raj_r

$$r^*=\arg\min_{r\in R_n}\,[raj_r]$$

      wenn $C_1\cup\{r^*\}$ unzulässig, dann $R_n=R_n\setminus\{r^*\}$, gehe zu Stufe 2a

                  sonst $C_1=C_1\cup\{r^*\}$, $R_n=R_n\setminus\{r^*\}$, $R_0=R_0\setminus\{r^*\}$

2d)   Bestimme für die ersetzenden Maschinen eine Arbeitsgang/Maschinen-Zuordnung mit dem Verfahren **STA** (Kap. 6.5.1.2.2) und gehe zu Stufe 2a

Stufe 3: Kapazitätsabgleich der ersetzenden Maschinen

      Führe für jede Serie l, $l\in L$ einen Kapazitätsabgleich der ersetzenden Maschinen M_j jeder Maschinengruppe j, $j\in J$ durch: Verfahren **LOSS**

Stufe 4: Stopp

Abb. 90: Verfahren **RAJ/S**

Die Bestimmung des Fertigstellungszeitpunkts der Serie l, $f(C_1)$, der mittleren Serienzykluszeit Y_0, des Prioritätswertes raj_r sowie das Vorgehen zur Lösung des Kapazitätsabgleichs (Verfahren **LOSS**) geschieht wie folgt:

a)   Fertigstellungszeitpunkt und Zykluszeit

Zur Einordnung der Aufträge r in die unterschiedlichen Terminklassen ist eine Abschätzung des Fertigstellungszeitpunkts der zuletzt abgeschlossenen Serie l, $f(C_l)$ erforderlich. Diese ergibt sich aus der Summe der Zykluszeiten für alle abgeschlossenen Serien i, $Z_1(C_i)$, $i = 1, ..., l$ und der zwischen den Serien beanspruchten Umrüstzeit h:[494]

$$f(C_l) = \sum_{i=1}^{l} [Z_1(C_i) + h] - h \tag{365}$$

Die Zykluszeit der einzelnen Serien i, $Z_1(C_i)$ wird durch das Verfahren MVA/G approximiert (Kap. 6.4). Dabei wird angenommen, daß in der Systemrüstungsplanung, die an die Serienbildung anschließt, ein vollständiger Kapazitätsabgleich der ersetzenden Maschinen realisierbar ist. Ist der Fertigstellungszeitpunkt der letzten Serie bekannt, so kann aus ihr eine mittlere Serienzykluszeit Y_O abgeschätzt werden:

$$Y_O = \frac{f(C_L)}{L} \tag{366}$$

Die mittlere Serienzykluszeit ist notwendig, um die Zeitintervalle der einzelnen Terminklassen $n = 1, ..., 4$ festzulegen. Da der Fertigstellungszeitpunkt der letzten Serie L, $f(C_L)$ erst nach der Ausführung des Verfahrens zur Verfügung steht, bietet sich folgendes Vorgehen an: Das Verfahren wird zunächst mit $Y_O = 0$ ausgeführt. In einer zweiten Anwendung des Verfahrens ist dann die Abschätzung der mittleren Serienzykluszeit mittels der Gleichung (366) möglich.

b)   Prioritätswert raj_r:

Der von Rajagopalan vorgeschlagene Prioritätswert raj_r[495] soll die Aufträge der aktuellen Serie derart zuordnen, daß das Belastungsprofil der Maschinengruppen der aktuellen Serie l möglichst mit dem Belastungsprofil aller noch anstehenden Aufträge übereinstimmt. Mit diesem Vorgehen soll erreicht werden, daß in jeder Serie l immer dieselbe Engpaßmaschinengruppe e vorzufinden ist. Unter der Voraussetzung einer ausgeglichenen Belastung aller Maschinen m der einzelnen Maschinengruppen j, $m \epsilon M_j$, $j \epsilon J$, einer Vernachlässigung von Rüstzeiten und von An- und Auslaufphasen sowie von ablaufbedingten Leerzeiten an der Engpaßmaschine wird mit der Erfüllung dieses Zielkriteriums die minimale Gesamtzykluszeit erzielt. Um den Prioritätswert raj_r festzulegen, werden zunächst die Arbeitszeitanforderungen aller anstehenden Aufträge R_O an den einzelnen Maschinengruppen j ermittelt und das Belastungsverhältnis jeder dieser Maschinengruppen j zur Engpaßmaschinengruppe e, a_j berechnet.

$$a_j = \frac{\sum_{r \epsilon R_O} p_{rj} \cdot n_r / M_j}{\sum_{r \epsilon R_O} p_{re} \cdot n_r / M_e} \qquad \forall\ j \epsilon J \tag{367}$$

$$e = arg\ \max_{j \epsilon J} \left[\sum_{r \epsilon R_O} p_{rj} \cdot n_r / M_j \right] \tag{368}$$

---

494   vgl. Kap. 6.5.2.2.1
495   vgl. Rajagopalan (1985), S.22; s. auch Kap. 5.2.1.2.2

Dieser Vorgehensweise entsprechend wird für jeden Auftrag r der aktuellen Terminklasse n, $r \in R_n$ vorgegangen. Die Kennzahl a_{rj} bezeichnet dabei das Belastungsverhältnis zwischen Maschinengruppe j und Engpaßmaschinengruppe e unter der Bedingung, daß Auftrag r der Serie 1 zugewiesen wird.

$$a_{rj} = \frac{\left[\sum_{k \in C_1} p_{kj} \cdot n_k / M_j \right] + p_{rj} \cdot n_r / M_j}{\left[\sum_{k \in C_1} p_{ke} \cdot n_k / M_e \right] + p_{rj} \cdot n_r / M_j} \qquad \forall \ r \in R_n, \ j \in J \qquad (369)$$

Der Prioritätswert raj_r resultiert aus der Summe der absoluten Abweichungen von anzustrebenden Belastungsverhältnissen a_j, $j \in J$ und den erzielbaren Verhältnissen a_{rj}, $j \in J$ bei einer Zuordnung des Auftrags r.

$$raj_r = \sum_{j \in J} |a_j - a_{rj}| \qquad \forall \ r \in R_n \qquad (370)$$

c)   Verfahren LOSS:

Um den Kapazitätsabgleich der ersetzenden Maschinen m einer Maschinengruppe j, $m \in M_j$ vorzunehmen, könnte das Verfahren **SYSR** (Kap. 6.5.3) herangezogen werden. Für die vorliegende Problemstellung soll jedoch ein weiterer Lösungsweg analysiert werden, so daß auf den Einsatz des Verfahrens **SYSR** verzichtet wird. Unter der Bedingung, daß eine ausreichende Anzahl von Werkzeugen zur Verfügung steht, können die bislang ungenutzten Werkzeugmagazinplätze für eine mehrfache Bereitstellung von Werkzeugsätzen verwandt werden. Dieses Vorgehen ermöglicht für den zugehörigen Arbeitsgang eine wahlfreie Ausführung an mehreren Maschinen und führt somit zu einer gleichmäßigeren Belastung der ersetzenden Maschinen m einer Maschinengruppe j, $m \in M_j$. Zur Auswahl des Werkzeugsatzes eines Arbeitsgangs k, I_k, der an mehreren Maschinen bereitgestellt wird, wird folgendermaßen vorgegangen: Aus den ersetzenden Maschinen m einer Maschinengruppe M_j wird die am stärksten belastete Maschine m_{max} ermittelt und der Arbeitsgang mit der größten Arbeitslast, k_{max} herausgegriffen. Der Werkzeugsatz $I_{k(max)}$, der zur Ausführung des Arbeitsgangs k_{max} notwendig ist, wird zusätzlich an der Maschine mit der geringsten Kapazitätsbelastung, m_{min} bereitgestellt. Mit abnehmender Kapazitätsbelastung bzw. Arbeitslast wird dieses Vorgehen für alle Maschinen und Arbeitsgänge solange durchgeführt, bis die Werkzeugmagazinkapazität w_m der Maschinen vollständig ausgeschöpft ist. In der Abbildung 91 ist das Verfahren **LOSS** dargestellt, wobei zur Vereinfachung die Menge der ersetzenden Maschinen einer Maschinengruppe j, M_j als M bezeichnet wird. Die Menge der auszuführenden Arbeitsgänge der einer Serie 1 zugeordneten Aufträge C_1 wird als K bezeichnet. Die Binärvariable v_{km} gibt die aus dem Verfahren **STA** (s. Kap. 6.5.1.2.2) resultierende Arbeitsgang/Maschinen-Zuordnung wider.

Stufe 0: Initialisierung

$$M_{max} = M$$

Stufe 1: Auswahl von Maschinen und Werkzeugsatz

1a)   Wähle die Maschine mit der nächsthöchsten Kapazitätsbelastung

wenn $M_{max} = \{\}$, dann gehe zu Stufe 2

$$m_{max} = \arg\max_{m \in M_{max}} g_m$$

$$M_{max} = M_{max} \setminus \{m_{max}\}$$
$$K_{max} = \{k \mid v_{km(max)} = 1, k \in K\}$$

1b)   Wähle den Arbeitsgang mit der nächsthöchsten Arbeitslast, der der Maschine m_{max} zugeordnet wurde

wenn $K_{max} = \{\}$, dann gehe zu Stufe 1a

$$k_{max} = \arg\max_{k \in K_{max}} [p_{km} \cdot n_k]$$

$$K_{max} = K_{max} \setminus \{k_{max}\}$$
$$M_{min} = M \setminus \{m_{max}\}$$

1c)   Wähle die Maschine mit der nächstgeringsten Kapazitätsbelastung

wenn $M_{min} = \{\}$, dann gehe zu Stufe 1b

$$m_{min} = \arg\min_{m \in M_{min}} g_m$$

$$M_{min} = M_{min} \setminus \{m_{min}\}$$

1d)   Versuche den Werkzeugsatz des Arbeitsgangs k_{max}, $I_{k(max)}$ der Maschine m_{min} zuzuordnen

wenn $I_{m(min)} \cup I_{k(max)} > w_{m(min)}$, dann gehe zu Stufe 1c)

$$I_{m(min)} = I_{m(min)} \cup I_{k(max)}, \text{ gehe zu Stufe 1b)}$$

Stufe 2: Stopp

Abb. 91: Verfahren LOSS

7.1.3 Verfahren W/G

In dem von Whitney und Gaul[496] vorgeschlagenen Verfahren W/G wird für jeden Auftrag r ein Prioritätswert[497] $ps_r = 0..1$ bestimmt. Die Aufräge werden dann nach aufsteigenden Werten solange der aktuellen Serie zugeordnet, bis aufgrund der begrenzten Werkzeugmagazine kein weiterer Auftrag zugeordnet werden kann. Anschließend wird eine neue Serie eröffnet und das Verfahren solange wiederholt, bis alle Aufträge einer Serie zugeordnet sind (Serienbildung). Nach jeder Auftragszuordnung werden mit Hilfe des Prioritätswertes ps_{mk} die Arbeitsgänge k des ausgewählten Auftrags r den ersetzenden Maschinen m zugeordnet (Arbeitgang/Maschinen-Zuordnung). Das Vorgehen entspricht somit dem Konzept der simultanen Lösung von Serienbildung und Arbeitsgang/Maschinen-Zuordnung (s. Abb. 92).

---

496 vgl. Whitney, Gaul (1985); s. auch Kap. 5.3.2.1

497 Whitney und Gaul interpretieren die Prioritätswerte als die Wahrscheinlichkeit, mit der der restliche Auftragsbestand nicht mehr erfolgreich zugeordnet werden kann (vgl. Whitney, Gaul (1985), S.305).

Stufe 0: Initialisierung

$1=0$

$R_0=\{r\,|\,r=1,\ldots,R\}$: Menge der zuzuordnenden Aufträge

Stufe 1: Neue Serie

$1=1+1$, $C_1=\{\}$, $R_1=R_0$

Stufe 2: Zuordnen von Aufträgen zu Serien

2a)   wenn $R_1=\{\}$, $R_0=\{\}$, dann $L=1$ und gehe zu Stufe 3

        wenn $R_1=\{\}$, $R_0\neq\{\}$, dann gehe zu Stufe 1

2b)   Wähle den Auftrag mit dem kleinsten Prioritätswert ps_r

$r^*=\arg\min_{r\in R_0}\,[ps_r]$

        wenn $C_1\cup\{r^*\}$ unzulässig, dann $R_1=R_1\setminus\{r^*\}$, gehe zu Stufe 2a)

                sonst $C_1=C_1\cup\{r^*\}$, $R_1=R_1\setminus\{r^*\}$, $R_0=R_0\setminus\{r^*\}$

2d)   Weise die auszuführenden Arbeitsgänge des Auftrags r^*, K_r den ersetzenden Maschinen m, $m\in M_k$ nach aufsteigenden Werten des Prioritätswertes ps_{mk} zu und gehe zu Stufe 2a

Stufe 3: Stopp

Abb. 92: Verfahren W/G

Die Prioritätswerte ps_r und ps_{km} ergeben sich wie folgt:

a) Prioritätswert ps_r zur Serienbildung

Der Prioritätswert zur Serienbildung $ps_r=0..1$ setzt sich aus den Einzelkriterien $pt_r=0..1$, $pw_r=0..1$ und $pn=0..1$ zusammen. Die Einzelkriterien versuchen den Vorteil einer Auftragszuordnung bezüglich eines möglichen Abgleichs der Werkzeugmagazin- und Kapazitätsbelastung der unterschiedlichen Maschinentypen (pt_r), der Werkzeugnutzung (pw_r) und der Termineinhaltung (pn) darzustellen. Große Werte pt_r und große Werte pw_r sowie kleine Werte pn zeigen eine gute Erfüllung der jeweiligen Zielkriterien. Die einzelnen Prioritätswerte werden gemäß der Gleichung (371) zum Gesamtprioritätswert ps_r verknüpft, wobei ein kleiner Wert eine hohe Zielerfüllung demonstriert[498]:

$$ps_r = 1-pt_r\cdot(pw_r\cdot(1-pn)) \qquad\qquad \forall\ r\in R_0 \qquad\qquad (371)$$

Die Art der Verknüpfung basiert auf dem folgenden Gedankengang: Mit dem Prioritätswert $(1-pn)$ der Termineinhaltung wird der Prioritätswert pw_r gewichtet, der die Möglichkeit der Nutzung bereits vorhandener Werkzeuge ausdrückt. Bei kritischen Fertigstellungsterminen wird damit die Wirkung des Prioritätswertes pw_r auf den Gesamtprioritätswert ps_r geschwächt und die Wirkung des ersten Prioritätswertes pt_r gestärkt. Der gestärkte Prioritätswert pt_r versucht eine gleichmäßige Kapazitätsbelastung zu erreichen und wirkt damit indirekt auf die Termineinhaltung der Aufträge. Whitney und Gaul gehen davon aus, daß unter der Bedingung einer termingerechten Fertigstellung des gesamten

---

498 Bei Whitney und Gaul ist der Prioritätswert ps_r wie folgt dargestellt: $ps_r=1-pt_r(1-pw_r(1-pn))$ (vgl. Whitney, Gaul (1985), S.306). Diese Formulierung steht im Widerspruch zu dem von Whitney und Gaul angestrebten Zielkriterium.

Auftragsbestands eventuelle Werkzeugähnlichkeiten der anstehenden Aufträge genutzt werden können. Bestehen jedoch Probleme bei der Einhaltung der Termine, so wird die Nutzung der Werkzeugähnlichkeiten vernachlässigt und dem Kapazitätsabgleich ein höheres Gewicht eingeräumt. Die einzelnen Prioritätswerte ergeben sich wie folgt, wobei neben der Nomenklatur aus Abb. 88 auf die Nomenklatur der Abb. 93 zurückgegriffen wird:

b_r	:	Startzeit des Auftrags r
g	:	maximaler Kapazitätsbedarf an einer der Maschinen M
g_m	:	Kapazitätsbedarf an der Maschine m
g_{ml}	:	Kapazitätsbedarf an der Maschine m in der Serie l
I_j	:	Werkzeugmenge, die in der aktuellen Serienplanung an der Maschinengruppe j vorhanden ist
I_{rj}	:	Werkzeugmenge, die von Werkstück r an der Maschinengruppe j benötigt wird
s_{rj}	:	Anzahl Werkzeugplätze, die Werkstück r an der Maschinengruppe j beansprucht
sp_r	:	verfügbare Anzahl an Paletten für Werkstück r im FFS

Abb. 93: Nomenklatur zum Verfahren von Whitney und Gaul, W/G

aa) Kapazitätsabgleich (pt_r)

Der Prioritätswert pt_r[499] bezeichnet die Güte (Prioritätswert nahe 1), mit der ein Auftrag r zum Abgleich der knappen Kapazitäten beiträgt. Als knappe Kapazitäten betrachten Whitney und Gaul die Werkzeugmagazine sowie die Maschinengruppen selber. Der Prioritätswert dient somit einem Kapazitätsabgleich zwischen den einzelnen Maschinengruppen j, j∈J.

Den Prioritätswert pt_r bestimmen Whitney und Gaul wie folgt:

$$pt_r = \left[\prod_{j \in J} \left[(f_1 + f_2 \frac{zs_{rj}}{zm_r}) \cdot (f_1 + f_2 \frac{ws_{rj}}{wm_r}) \right]^{M_j} \right]^{1/M} \qquad \forall\ r \in R_0 \qquad (372)$$

zs_{rj} und ws_{rj} bezeichnen den Maschinenkapazitäts- bzw. den Werkzeugmagazinplatzbedarf an den einzelnen Maschinengruppen j durch die Zuordnung des Auftrags r zu der aktuellen Serie.

$$zs_{rj} = \left[\sum_{r \in R_1} \frac{n_r \cdot p_{rj}}{M_j} \right] + \frac{n_r \cdot p_{rj}}{M_j} \qquad \forall\ r \in R_0,\ j \in J \qquad (373)$$

$$ws_{rj} = \left[\sum_{r \in R_1} \frac{s_{rj}}{M_j \cdot w_j} \right] + \frac{s_{rj}}{M_j \cdot w_j} \qquad \forall\ r \in R_0,\ j \in J \qquad (374)$$

Den Kapazitätsbelastungen der einzelnen Maschinengruppen j stellen Whitney und Gaul in dem Produktterm der Gleichung (372) die durchschnittlichen Maschinengruppenbelastungen zm_r und wm_r gegenüber.

$$zm_r = \sum_{j \in J} \frac{zs_{rj} \cdot M_j}{M} \qquad \forall\ r \in R_0 \qquad (375)$$

---

499 vgl. Whitney, Gaul (1985), S.309-310

$$wm_r = \sum_{j \in J} \frac{ws_{rj} \cdot M_j}{M} \qquad\qquad \forall \; r \in R_0 \qquad (376)$$

Liegen die einzelnen Belastungen nahe der mittleren Belastung, dann resultiert ein hoher Prioritätswert pt_r, während im umgekehrten Fall die Prioritätswerte kleiner ausfallen. Im Produktterm der Gleichung (372) wird weiterhin die Anzahl der vorhandenen Maschinengruppen J über die Faktoren f_1 und f_2 berücksichtigt.

$$f_1 = 1/J \qquad\qquad (377)$$

$$f_2 = 1 - 1/J \qquad\qquad (378)$$

Mit zunehmender Maschinengruppenzahl J wird dem Kapazitätsabgleich ein höheres Gewicht eingeräumt. Für den Fall einer einzigen Maschinengruppe wird das verfolgte Zielkriterium irrelevant und der Prioritätswert pt_r ergibt sich zu 1.

ab)   Werkzeugähnlichkeit (pw_r)

Der Prioritätswert pw_r[500] soll berücksichtigen, inwieweit der Werkzeugbedarf eines Auftrags r durch die vorhandenen Werkzeuge gm_r befriedigt wird. Dieser Wert resultiert aus der Summe der entsprechenden Einzelwerte für jede Maschinengruppe j, gm_{rj}.

$$gm_{rj} = |I_{rj} \cap I_j| \qquad\qquad \forall \; r \in R_0, \; j \in J \qquad (379)$$

$$gm_r = \sum_{j \in J} gm_{rj} \qquad\qquad \forall \; r \in R_0 \qquad (380)$$

Der Prioritätswert pw_r stellt den Wert gm_r dem Gesamtbedarf an Werkzeugen I_{rj} gegenüber, der für den Auftrag r notwendig ist. Wird die Werkzeugmagazinkapazität an einer Maschinengruppe überschritten, dann wird der Prioritätswert pw_r zu Null gesetzt.

$$pw_r = \begin{cases} 0 & , \; |I_j \cup I_{rj}| > w_j \; \text{für ein } j \in J \\[2ex] \dfrac{1 + gm_r}{1 + \sum\limits_{j \in J} I_{rj}} \cdot \dfrac{1}{M \cdot J} & , \; \text{sonst} \end{cases} \qquad \forall \; r \in R_0 \qquad (381)$$

ac)   Termineinhaltung (pn)

Whitney und Gaul betrachten nicht die Termineinhaltung eines einzelnen Auftrags, sondern die Wahrscheinlichkeit, mit der der gesamte verbleibende Auftragsbestand bei zufälliger Auftragsauswahl termingerecht fertiggestellt werden kann. Der Prioritätswert pn soll hierzu die Gegenwahrscheinlichkeit ausdrücken. Zur Bestimmung des Prioritätswertes pn[501] schätzen Whitney und Gaul die durchschnittlich verfügbare Zeit eines Auftrags bis zum Fälligkeitstermin, T_1 (Fälligkeitstermin d_r abzügl. Starttermin b_r) ab. Diese Abschätzung erfolgt über das harmonische Mittel der verfügbaren Zeiten aller noch anstehenden Aufträge R_0. Die Verfasser wählen das harmonische Mittel, da es eine pessimistischere Abschätzung liefert, als die arithmetische Mittelwertbildung.

---

500   vgl. Whitney, Gaul (1985), S.310

501   vgl. Whitney, Gaul (1985), S.310-311. Gegenüber der Originalfassung werden bei der Berechnung des Prioritätswertes pn Korrekturen vorgenommen, da bei der Darstellung der Formeln Schreibfehler vermutet werden.

$$T_1 = R_0 \cdot \left[\sum_{r \in R_0} \frac{1}{(d_r - b_r) + t_{korr}} \right]^{-1} - t_{korr} \tag{382}$$

Der Original-Term von Whitney und Gaul wurde um einen Korrekturfaktor t_{korr} erweitert. Dadurch werden bei dessen Berechnung numerische Probleme ausgeschlossen.

$$t_{korr} = \left| \min \left[\min_{r \in R_0} [d_r - b_r] , -1 \right] \right| \tag{383}$$

Zur Abschätzung des möglichen Starttermins b_r eines Auftrags r machen Whitney und Gaul keine Angaben. In der Implementierung des Verfahrens W/G wird der Starttermin b_r durch den Bearbeitungszeitbedarf der zugeordneten Aufträge r, $r \in C_i$, i=1,...,l an der Engpaßmaschine plus den notwendigen Rüstzeiten h zwischen den Serien abgeschätzt.

$$b_r = \sum_{i=1}^{l-1} [\max_{m \in M} \delta \cdot g_{mi} + h] + \delta \cdot g_{ml} \qquad \forall\, r \in C_i,\ i=1,\ldots,l \tag{384}$$

Die ablaufbedingten Leerzeiten an der Engpaßmaschine werden dabei mit dem Faktor $\delta = 1.1$ berücksichtigt.

Die durchschnittlich verfügbare Zeit der anstehenden Aufträge, T_1 wird der Abschätzung der mittleren benötigten Zeit T_2 zur Bearbeitung eines der anstehenden Aufträge R_0 gegenübergestellt. Die mittlere Bearbeitungszeit T_2 bestimmen die Autoren aus den notwendigen Bearbeitungszeiten $t_{sum(r)}$ und Transportzeiten $t_{tran(r)}$ der jeweiligen Aufträge r. Durch Berücksichtigung der verfügbaren Paletten jedes Auftrags r, sp_r tragen Whitney und Gaul der parallelen Abarbeitung der Aufträge Rechnung.

$$t_{sum(r)} = \sum_{j \in J} n_r \cdot p_{rj} \qquad\qquad\qquad \forall\, r \in R_0 \tag{385}$$

$$t_{tran(r)} : \text{notwendige Transportzeiten des Auftrags } r$$

$$T_2 = \frac{1}{R_0} \cdot \left[\sum_{r \in R_0} \frac{t_{sum(r)} + t_{tran(r)}}{sp_r} \right] \tag{386}$$

Das Verhältnis von T_1 zu T_2 drückt die Anzahl durchschnittlicher Aufträge T_3 aus, die noch innerhalb des zur Verfügung stehenden Zeitfensters T_1 gefertigt werden können, ohne den Fälligkeitstermin zu überschreiten.

$$T_3 = T_1/T_2 \tag{387}$$

Wird die noch einzuplanende Anzahl von Aufträgen R_0 betrachtet, dann läßt sich bei zufälliger Auswahl aus dem Auftragsbestand der erste Auftrag mit der Wahrscheinlichkeit von T_3/T_3, der zweite mit $(T_3-1)/T_3$, der dritte mit $(T_3-2)/T_3$,..., und der letzte mit $(T_3-R_0)/T_3$ termingerecht fertigstellen. Zur Bestimmung des Prioritätswertes pn bilden Whitney und Gaul aus diesen Einzelwahrscheinlichkeiten den geometrischen Mittelwert.

$$pn = \begin{cases} 1 & ,\ R_0 \geq T_3 + 1 \\[2ex] 1 - \left[\prod_{i=1}^{R_0} \frac{T_3 - i + 1}{T_3} \right]^{1/R_0} & ,\ \text{sonst} \end{cases} \tag{388}$$

b) Prioritätswert ps_{mk} zur Arbeitsgang/Maschinen-Zuordnung

Zur Lösung des Kapazitätsabgleichs der ersetzenden Maschinen M_j einer Maschinengruppe j, $j \in J$ werden für die Arbeitsgänge K_r des ausgewählten Auftrags r die Prioritätswerte ps_{mk} gebildet. Der Prioritätswert der Arbeitsgang/Maschinen-Zuordnung $ps_{mk}=0..1$ setzt sich aus den Einzelkriterien $pt_m=0..1$ und $pw_{mk}=0..1$ zusammen[502]. Dieser Wert versucht sowohl eine ausgeglichene Kapazitätsbelastung der ersetzenden Maschinen (goßer Wert pt_m), als auch eine effiziente Nutzung der Werkzeugmagazine (kleiner Wert pw_{km}) zu erreichen. Die beiden Prioritätswerte werden gemäß der Gleichung (389) miteinander verknüpft, wobei ein kleiner Wert eine hohe Zielerfüllung anzeigen soll:

$$ps_{mk} = 1 - pt_m \cdot (1-pw_{mk}) \qquad \forall\ k \in K_r,\ m \in M_k \qquad (389)$$

ba)   Kapazitätsabgleich der ersetzenden Maschinen (pt_m)

Der Prioritätswert pt_m stellt die an jeder Maschine m verfügbare Maschinenkapazität ($g-g_m$) der Engpaßmaschinenbelastung g der aktuellen Serie l gegenüber. Die Kapazitätsbelastung g_m der einzelnen Maschinen m ergibt sich aus der Arbeitsgang/Maschinen-Zuordnung der aktuellen Serie l (Binärvariable v_{km}), der Losgröße n_r sowie der Ausführungszeit des Arbeitsgangs p_{km}.

$$g_m = \sum_{r \in R_1} \sum_{k \in K_r} v_{km} \cdot n_r \cdot p_{km} \qquad \forall\ m \in M \qquad (390)$$

Die Engpaßmaschinenbelastung g und der Prioritätswert pt_m ergeben sich dann wie folgt:

$$g = \max_{m \in M} [g_m] \qquad (391)$$

$$pt_m = (g-g_m)/g \qquad \forall\ m \in M \qquad (392)$$

bb)   Werkzeugähnlichkeit (pw_{mk})

Mit dem Prioritätswert pw_{mk} sollen die Arbeitsgänge k den Maschinen m zugeordnet werden, welche die wenigsten Differenzwerkzeuge df_{mk} benötigen. Gleichzeitig sollen die verfügbaren Werkzeugplätze (w_m-l_m) berücksichtigt werden. Steht für die benötigten Werkzeuge kein ausreichender Platz zur Verfügung, dann wird der Prioritätswert pw_{mk} zu 1 gesetzt.

$$df_{mk} = |I_{rk} \setminus I_m| \qquad \forall\ k \in K_r,\ m \in M_k \qquad (393)$$

$$pw_{mk} = \begin{cases} 1 & ,\ |I_m \cup I_{rk}| > w_m \\[2mm] \dfrac{df_{mk}}{w_m - l_m + 1} & ,\ \text{sonst} \end{cases} \qquad \forall\ k \in K_r,\ m \in M_k \qquad (394)$$

7.1.4 Verfahren W/G_A

Eine Analyse des Verfahrens von Whitney und Gaul, W/G zeigt Verbesserungs- bzw. Erweiterungsmöglichkeiten, die im Rahmen des Verfahrens W/G_A zur Anwendung gelangen:

a)   Termineinhaltung (pn)

Das von Whitney und Gaul gewählte Kriterium zur Berücksichtigung der Fälligkeitstermine der Aufträge R_0, pn ist problematisch. Das Kriterium stellt ein Maß dafür dar, inwieweit es möglich ist, alle noch anstehenden Aufträge R_0 termingerecht fertigzustellen.

---

502   vgl. Whitney, Gaul (1985), S.311

Einen Anhaltspunkt darüber, welcher spezifische Auftrag r auszuwählen ist, wird jedoch mit dem Kriterium pn nicht gegeben. Es bleibt daher dem Zufall überlassen, ob aus der Auftragsmenge R_0 die terminkritischen Aufträge bevorzugt eingeplant werden. Aufgrund dieses Einwandes wird ein neues, auftragsspezifisches Terminkriterium pn^*_r formuliert.

$$pn^*_r = \left[\frac{d_r - b_r}{max\ [d_{max} - b_r,\ 1]} \right] \qquad\qquad \forall\ r \in R_0 \qquad (395)$$

$$d_{max} = \max_{r \in R_0} d_r \qquad (396)$$

Der Prioritätswert pn^*_r wird maximal 1 (terminunkritische Aufträge), beim Vorliegen einer Terminüberschreitung wird $pn^*_r < 0$. Eine Verknüfung der einzelnen Prioritätswerte pt_r, pw_r und pn^*_r zu dem Gesamtwert ps^*_r läßt sich wie folgt vornehmen:

$$ps^*_r = min\ [pn^*_r,\ \delta \cdot (1 - pw_r \cdot pt_r)] \qquad\qquad \forall\ r \in R_0 \qquad (397)$$

Der empirische Faktor δ bewirkt, daß der Prioritätswert pn^*_r nur zur Geltung kommt, wenn: $pn^*_r < \delta$. Günstige Ergebnisse konnten mit dem Faktor $\delta = 0.2$ erzielt werden.

b)   Mehrfache Bereitstellung von Werkzeugsätzen

Entsprechend dem Verfahren von **RAJ/S** kann im Rahmen der Arbeitsgang/Maschinen-Zuordnung der benötigte Werkzeugsatz eines Arbeitsgangs auch an mehreren ersetzenden Maschinen bereitgestellt werden. Zur Realisierung dieser Vorgehensweise werden die Arbeitsgänge jedes einzelnen Werkstücks eines Auftrags r den ersetzenden Maschinen mit Hilfe des Prioritätswertes ps_{mk} zugeordnet. Die unter diesen Bedingungen relevante Arbeitsgangmenge K'_r ergibt sich aus der Multiplikation der Arbeitsgangmenge K_r eines Auftrags r mit der zugehörigen Auftragsgröße n_r:

$$K'_r = \{1,\ 2,\ ..,\ K_r,\ K_r + 1,\ ..,\ n_r \cdot K_r\}$$

Die Gleichungen (390), (393) und (394) verändern sich dadurch wie folgt:

$$g_m = \sum_{r \in R_1}\ \sum_{k \in K'_r} v_{km} \cdot p_{km} \qquad\qquad \forall\ m \in M \qquad (398)$$

$$df_{mk} = |I_{rk} \setminus I_m| \qquad\qquad \forall\ k \in K'_r,\ m \in M_k \qquad (399)$$

$$pw_{mk} = \begin{cases} 1 & , \qquad |I_m \cup I_{rk}| > w_m \\[2mm] \dfrac{df_{mk}}{w_m - I_m + 1} & ,\ sonst \end{cases} \qquad\qquad \forall\ k \in K'_r,\ m \in M_k \qquad (400)$$

7.2 Verfahren ENL

Das zur Lösung der Problemstellung **ENL** entwickelte Verfahren ENL (Kap. 6.3.3) läßt sich aufgrund seiner Modularität und dem Vorliegen verschiedener Verfahrensvarianten zur Lösung der jeweiligen Teilprobleme in unterschiedlicher Form implementieren. Dadurch lassen sich sowohl Rechenzeit als auch Lösungsgüte des Verfahrens beeinflussen. Zur Bildung der Verfahrensvarianten werden die folgenden Alternativen herangezogen.

a)   Serienbildung

Für die Problemstellung der Serienbildung **CLUST** bestehen zwei Verfahrensalternativen (Kap. 6.5.2): Das deterministische Suchverfahren **CLUST_D** und das stochastische Suchverfahren **CLUST_S**. Beide Alternativen werden im folgenden analysiert, wobei das stochastische Suchverfahren **CLUST_S** mit einem "ausgefeilten Kühlplan" betrieben wird.

b)   Kapazitätsabgleich der ersetzenden Maschinen

In bezug auf den Kapazitätsabgleich der ersetzenden Maschinen ergeben sich zwei mögliche Verfahrensvarianten. Zum einen kann das in Kap. 6.5.3 dargestellte Verfahren **SYSR** eingesetzt werden. Zum anderen besteht die Möglichkeit, das Verfahren **SYSR** derart zu implementieren, daß die benötigten Werkzeugsätze mehrfach an den ersetzenden Maschinen bereitgestellt werden. Die Variante **SYSRS** ergibt sich dadurch, daß zur Arbeitsgang/-Maschinen-Zuordnung nicht das komplette Los eines Arbeitsgangs, sondern die Arbeitsgänge jedes einzelnen Werkstücks eines Auftrags r herangezogen werden[503].

c)   Sukzessiver bzw. simultaner Kapazitätsabgleich der ersetzenden Maschinen.

In der Konzeption des Verfahrens **ENL** (Abb. 37, Kap. 6.3.3) wird der Kapazitätsabgleich der ersetzenden Maschinen (Verfahren **SYSR**) im Anschluß an die Serienbildung (Verfahren **CLUST**) durchgeführt (sukzessiver Ansatz). Grundsätzlich besteht aber auch die Möglichkeit, bei jeder Verschiebungs- und Vertauschungsoperation des Verfahrens **CLUST** die Problemstellung **SYSR** zu lösen. Hierdurch würde der Kapazitätsabgleich der ersetzenden Maschinen während der Serienbildung vorgenommen (simultaner Ansatz). Die simultane Variante läßt sich wiederum danach unterscheiden, ob der Kapazitätsabgleich an allen Maschinengruppen j, $j \in J$ (Gesamt) ausgeführt wird oder nur an der Maschinengruppe, die aktuell die knappe Kapazität (Engpaß)[504] darstellt.

Zur Analyse des Verfahrens **ENL** bieten sich folgende Kombinationsmöglichkeiten an:

Verfahrens-variante	Serienbildung		Kapazitätsabgleich			simultan	
	CLUST_D	CLUST_S	SYSR	SYSRS	sukzessive	Gesamt	Engpaß
ENL_1	x		x		x		
ENL_2		x	x		x		
ENL_3	x			x	x		
ENL_4	x		x			x	
ENL_5	x		x				x

Abb. 94: Varianten des Verfahrens **ENL**

Zur Abschätzung der Serienzykluszeit wird während der Serienbildung das Verfahren **MVA/G** (s. Kap. 6.4) eingesetzt. Hierzu ist eine Annahme über das Ergebnis der Arbeitsgang/Maschinen-Zuordnung erforderlich. Innerhalb der Verfahren **ENL_1** und **ENL_2** wird mit Hilfe der **MUL_E**-Heuristik (Vernachlässigung der Werkzeugmagazinbeschränkung; Kap. 6.5.3.3) eine Arbeitsgang/Maschinen-Zuordnung erzeugt und angenommen, daß im Anschluß an die Serienbildung mit dem Verfahren **SYSR** ein ent-

---

503   vgl. Verfahren **W/G_A** Kap. 7.1.4

504   Unter diesen Bedingungen wird am Ende der Serienbildung ein Kapazitätsabgleich aller Maschinengruppen durchgeführt.

sprechend guter Kapazitätsabgleich möglich ist. Beim Verfahren **ENL_3** wird unterstellt, daß aufgrund der mehrfachen Werkzeugsatzbereitstellung ein vollständiger Kapazitätsabgleich zwischen den ersetzenden Maschinen erreichbar wird. Innerhalb der Verfahren **ENL_4** und **ENL_5** ist aufgrund des simultanen Lösungskonzepts die Arbeitsgang/-Maschinen-Zuordnung während der Serienbildung bekannt, so daß auf sie zurückgeriffen werden kann.

7.3 Simulationsmodell

Die Bewertung der einzelnen Verfahren erfolgt mittels eines Simulationsexperiments, da die Ergebnisse möglichst realitätsgetreu analysiert werden sollen. Insbesondere die Beurteilung der Auftragstermineinhaltung verlangt eine Berücksichtigung von An- und Auslaufphase der Serienfertigung sowie der ablaufbedingten Maschinenleerzeiten. Das Simulationsmodell wurde mit Hilfe des SIMAN-Modul-Prozessors[505] und einer SIMAN-Modulbibliothek zur Simulation von FFS erzeugt. Es handelt sich dabei um ein detailliertes Feinsimulationsmodell, in dem alle wesentlichen Bearbeitungs- und Transportvorgänge realitätsgetreu abgebildet werden. Wesentliche Komponenten des Simulationsmodells sind die Systemelemente des FFS sowie die Steuerung des Bearbeitungsflusses.

7.3.1 Systemelemente

Das Simulationsmodell bildet folgende Systemelemente ab: Spannstation, Bearbeitungsstationen incl. der maschinennahen Pufferplätze, Transportsystem, zentrale Pufferplätze und Werkstückträger. Eine detaillierte Abbildung des Werkzeugversorgungssystems erfolgt nicht, da angenommen wird, daß während einer Serienfertigung keine Werkzeugumrüstungen an den Werkzeugmagazinen vorzunehmen sind.

a)   Spannstation

An der Spannstation werden die Werkstücke auf die Paletten (Werkstückträger) aufgespannt, zwischen zwei Bearbeitungsvorgängen eventuell umgespannt und vor dem Verlassen des Systems von der Palette abgespannt. An der Spannstation kann gleichzeitig nur ein Werkstück auf-, um- oder abgespannt werden. Die lokalen Pufferplätze der Spannstation werden so groß dimensioniert, daß alle im System zirkulierenden Paletten aufgenommen werden können.

b)   Bearbeitungsstationen

An den Bearbeitungsstationen findet die Bearbeitung der einzelnen Werkstücke statt. Die Bearbeitungsvorgänge werden als deterministische Zeitverzögerungen entsprechend den Vorgaben der Arbeitspläne modelliert. Die während des Bearbeitungsvorgangs an einem Werkstück stattfindenden Werkzeugwechsel-, Meß- und Prüfvorgänge werden nicht separat abgebildet, da sie für das zu analysierende Entscheidungsproblem keine Relevanz besitzen. Eine Klassifizierung der Bearbeitungsstationen in Maschinengruppen ist innerhalb der Simulation nicht notwendig, da die Einlastungsverfahren festlegen, welcher Arbeitsgang an welchen Bearbeitungsstationen ausgeführt werden kann. Jede Bearbeitungsstation ist mit zwei lokalen Pufferplätzen ausgestattet, so daß sich neben dem in

---

505 vgl. Tempelmeier, Endesfelder (1987)

Bearbeitung befindlichen Werkstück ein weiteres Werkstück an der Station aufhalten kann. Dieses Werkstück wartet entweder auf seine Bearbeitung an der Maschine oder auf den Abtransport zur nächsten Station.

c)   Zentrale Pufferplätze

In den zentralen Pufferplätzen werden die Paletten zwischengelagert, für die an der nächsten Bearbeitungsstation aktuell kein lokaler Pufferplatz zur Verfügung steht. Die Kapazität des zentralen Puffers ist so groß dimensioniert, daß alle im System zirkulierenden Paletten aufgenommen werden können. Hierdurch werden Service-Blockierungen und Deadlock-Situationen ausgeschlossen[506].

e)   Transportsystem

Die auf den Paletten aufgespannten Werkstücke werden über das Transportsystem zwischen der Spannstation, den Bearbeitungsstationen und den zentralen Pufferplätzen befördert. In dem Simulationsmodell wird ein diskontinuierliches, fahrerloses Transportsystem (FTS) mit einem Fahrzeug abgebildet. Die Transportzeit und die Leerfahrtzeit berechnet sich aus der Geschwindigkeit des FTS und der im FFS zurückgelegten Entfernung.

f)   Werkstückträger

Die Werkstücke werden an der Spannstation auf einen Werkstückträger (Palette) montiert und zirkulieren anschließend gemeinsam durch das System. Die Anzahl der Werkstückträger ist auf die doppelte Stationenzahl des FFS festgelegt. Werkstückspezifische Paletten werden in dieser Untersuchung nicht berücksichtigt. Es ist daher möglich, jeden Werkstücktyp auf jede Palette zu montieren. Werkstück und Palette bilden während der gesamten Arbeitsgangfolge eines Werkstücks eine Einheit. Sind alle Werkstücke einer Serie eingelastet, so werden die freiwerdenden Paletten bis zum Arbeitsbeginn der neuen Serie stillgelegt.

Die folgende Abbildung zeigt das zugrundegelegte FFS der Simulation.

---

506   Zu Service-Blockierung und zur Deadlock-Bedingung vgl. Tempelmeier, Kuhn, Tetzlaff (1989b), S. 1964-1966

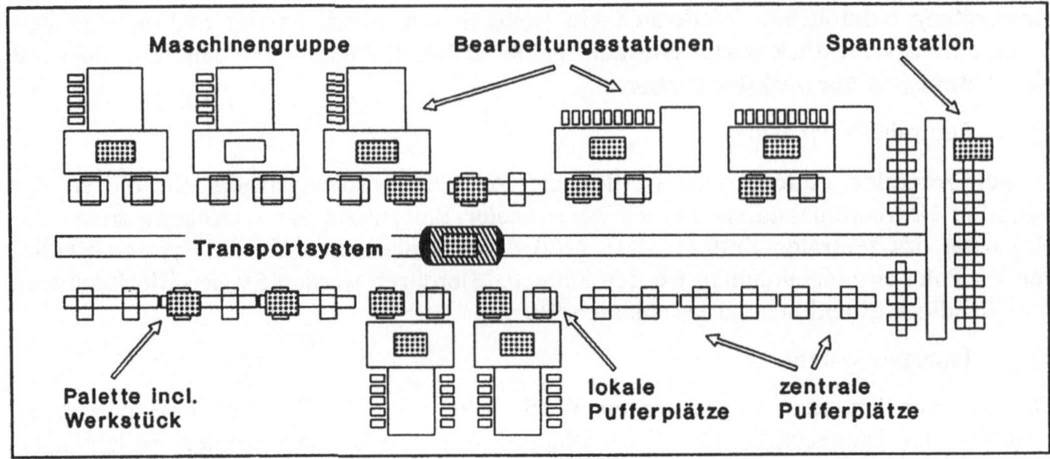

Abb. 95: Skizze eines FFS

7.3.2 Systemsteuerung

Die Systemsteuerung untergliedert sich in die Einsteuerung der Werkstücke in das FFS und die Ablaufsteuerung der im System zirkulierenden Paletten (s. Kap. 3.3).

a)   Einsteuerung

Die Einsteuerung bestimmt die Reihenfolge, in der die zur Bearbeitung bereitstehenden Werkstücke einer Serie in das FFS eingeschleust werden. Dieses Reihenfolgeproblem tritt dann auf, wenn eine Palette frei wird und zu bestimmen ist, welches Werkstück als nächstes aufgespannt werden soll. In der Modellformulierung ENL (Kap. 6.2) wird davon ausgegangen, daß der Fertigstellungszeitpunkt eines Auftrags r an das Fertigungsende der gesamten Serie l, $f(C_l)$, $r \epsilon C_l$ gekoppelt ist. Als Zielkriterium für das vorliegende Entscheidungsproblem ergibt sich daraus die Minimierung der Serienzykluszeit. Die folgende Einsteuerungsstrategie hat sich diesbezüglich als günstig erwiesen: Für jeden Auftrag r der aktuellen Serie l wird das Verhältnis aus der Anzahl der unbearbeiteten Werkstücke x_r und der ursprünglichen Auftragsgröße n_r, pr_r ermittelt.

$$pr_r = \frac{x_r}{n_r} \qquad\qquad\qquad ∀\ r \epsilon C_l \qquad\qquad (401)$$

Es wird der Werkstücktyp r als nächster in das FFS eingesteuert, der den maximalen Prioritätswert pr_r aufweist. Diese Vorgehensweise gewährleistet, daß das Verhältnis der im System zirkulierenden Werkstücktypen r dem Verhältnis der Werkstücktypverteilung der ursprünglichen Serie entspricht. Hierdurch wird für eine gleichmäßige Kapazitätsbelastung gesorgt.

b)   Ablaufsteuerung

Die Ablaufsteuerung der Simulation regelt den Bearbeitungs- und Transportfluß der im System zirkulierenden Paletten. Im wesentlichen sind dabei zwei Entscheidungen zu treffen. Zum einen ist darüber zu entscheiden, zu welcher Station ein Werkstück als nächstes zu transportieren ist und zum anderen darüber, in welcher Reihenfolge eventuell bestehende Warteschlangen abgearbeitet werden sollen. Wird in den Einlastungs-

planungsverfahren (**TERM, W/G, ENL_1, _2, _4** und **_5**) eine eindeutige Arbeitsgang/-
Maschinen-Zuordnung vorgenommen, dann entfällt für einen Arbeitsgang eine Wahlfreiheit zwischen mehreren Stationen. In den Verfahren bzw. Verfahrensvarianten **RAJ/S,
W/G_A** und **ENL_3** findet jedoch eine mehrfache Werkzeugsatzbereitstellung statt. Somit
besteht für einige Arbeitsgänge der Werkstücke eine Wahlfreiheit bezüglich des Orts ihrer
Ausführung. Im Entscheidungsfall werden nacheinander alle Bearbeitungsstationen überprüft, an denen ein Arbeitsgang ausgeführt werden kann. Wird eine freie Bearbeitungsstation gefunden, so wird dieser Station der Arbeitsgang zugewiesen und das Werkstück zugeführt. Liegt keine freie Bearbeitungsstation vor und alle lokalen Pufferplätze der alternativen Stationen sind belegt, dann wird das Werkstück in einem der zentralen Pufferplätze zwischengelagert. Die Abarbeitung von Warteschlangen erfolgt streng nach der
FCFS-Regel.

7.4 Ergebnisse

Zur Analyse der unterschiedlichen Verfahren und Verfahrensvarianten werden zwölf
praxisorientierte Problemfälle herangezogen[507]. Um die Vielfalt möglicher Problemfälle
einzuschränken, werden die folgenden Kenngrößen der FFS-Struktur für alle Problemfälle
konstant gehalten:

Spannstationen:	1
Zentralpufferplätze:	16
Paletten im System (ein Typ):	16
Transportfahrzeuge:	1
mittlere Entfernung zwischen den Stationen:	13 EE[508]
mittlere Transportergeschwindigkeit:	200 EE/ZE[509]
Rüstzeit zwischen zwei Serien:	0 ZE

Abb. 96: Konstante Kenngrößen der FFS-Struktur

Bei der Generierung der Problemfälle werden diejenigen Kenngrößen der FFS-Struktur
variiert, die in besonderem Maße die Qualität der einzelnen Planungsverfahren beeinflussen. Diese sind die Anzahl der ersetzenden bzw. ergänzenden Maschinen und die Werkzeugmagazinkapazität der Bearbeitungsmaschinen (s. Abb. 97). Es wurde grundsätzlich
unterstellt, daß sich die Maschinen M des FFS zu J Maschinengruppen mit jeweils M_J
identischen Maschinen zusammenfassen lassen ($M_j \in M$, $M_j \cap M_k = \{\}$, $\forall$ j,k$\in$J).

Bearbeitungsstationen:	M = 7 bzw. 4
Ergänzende Maschinengruppen:	J = 1-4
Ersetzende Maschinen in einer Gruppe:	M_J = 1-4
Werkzeugmagazinkapazität:	w_m = 12-30

Abb. 97: Variable Kenngrößen der FFS-Struktur

---

507   s. Kap. 2.3. Zur Auftragsstruktur vgl. auch Hintz (1987), S.48-49
508   EE = Entfernungseinheit
509   ZE = Zeiteinheit

Die Anzahl der einzuplanenden Aufträge R betrug bei den ersten zehn Problemfällen 50 und bei den letzten beiden Problemfällen 30 bzw. 20. Die Kennwerte eines Auftrags wurden innerhalb der folgenden Grenzen gleichverteilt erzeugt:

<table>
<tr><td>Auftragsgröße:</td><td>$n_r = 1,...,15$</td></tr>
<tr><td>Fälligkeitstermin:</td><td>$d_r = 200,...,8000$ ZE</td></tr>
<tr><td>Arbeitsgänge pro Werkstück:</td><td>$K_r = 4,...,8$</td></tr>
<tr><td>Ausführungszeit eines Arbeitsgangs:</td><td>$p_{km} = 1,...,30$ ZE</td></tr>
<tr><td>Werkzeugbedarf pro Arbeitsgang:</td><td>$I_{km} = 4,...,10^{510)}$</td></tr>
<tr><td>Werkzeuge</td><td>$I = 200$</td></tr>
<tr><td>   Anzahl/Anteil Standardwerkzeuge:</td><td>$i_1 = 1,...,30 \quad a_1 = 75,...,90\%$</td></tr>
<tr><td>   Anzahl/Anteil Spezialwerkzeuge:</td><td>$i_2 = 31,...,200 \quad a_2 = 10,...,25\%$</td></tr>
</table>

Abb. 98: Kenngrößen der Auftragsstruktur

Für die zwölf Problemfälle wird mittels der Verfahren (**TERM, RAJ/S, W/G, W/G_S, ENL_1 - ENL_5**) eine Einlastungsplanung vorgenommen. Anschließend erfolgt die Bewertung der gefundenen Lösungen mit Hilfe der Simulation. Zur Ergebnisanalyse werden die folgenden Ergebniswerte aufgezeigt: Der Gesamtzielfunktionswert Z, der sich aus der Zykluszeit Z_1 und der Summe der Verspätungszeiten Z_2 zusammensetzt $(Z = Z_1 + Z_2)$. Dabei ist für die Zykluszeit Z_1 zum einen der Simulationswert (SIM) und zum anderen der analytisch approximierte Wert (ANA) angegeben. Der analytisch bestimmte Wert ist der Wert, der innerhalb der Einlastungsplanungsverfahren zur Abschätzung der Zykluszeit Z_1 herangezogen worden ist. Den maximal möglichen Abstand zur optimalen Zykluszeit zeigt das Verhältnis aus der realisierten Zykluszeit Z_1 und der unteren Schranke Z^u_1. Eine untere Schranke der Zykluszeit Z^u_1 ergibt sich aus der Summe der Bearbeitungszeitanforderungen an der Engpaßmaschine bzw. Engpaßmaschinengruppe. Diese untere Schranke ist sehr optimistisch, da sie die ablaufbedingten Leerzeiten der An- und Auslaufphasen vollständig vernachlässigt. Zur Analyse des Terminkriteriums ist in den Tabellen neben der Gesamtverspätungssumme Z_2 (Zeit) jeweils die Anzahl der verspäteten Aufträge (Zahl) angeführt. Der Werkzeugbedarf einer Einlastungsalternative wurde in der Zielformulierung (Kap. 6.2) aus der Gesamtzielfunktion ausgeschlossen. Diesem Kriterium wird jedoch innerhalb der Verfahren implizit Rechnung getragen. Zur Analyse des Werkzeugbedarfs wird die Anzahl notwendiger Werkzeugwechsel sowie der Anteil von Schwesterwerkzeugen an der Gesamtwerkzeugmenge aufgezeigt. Weiterhin sind in den Tabellen die Anzahl der gebildeten Serien L und die mittleren Auslastungen der Bearbeitungsstationen angeführt. Die ergänzenden Maschinengruppen M_j werden jeweils durch eine Leerzeile getrennt. Angaben über Spannstation und Transportsystem unterbleiben. Die Spann- und Transportzeiten wurden derart festgelegt, daß die Auslastung der beiden Systemelemente 60% nicht übersteigt. Den Abschluß der Ergebnistabellen bildet die benötigte CPU-Zeit[511] der jeweiligen Verfahren.

---

510 Der Werkzeugbedarf eines Arbeitsgangs und damit die Werkzeugmagazinkapazität einer Maschine wurden geringer angesetzt, als in realen FFS üblich. Dies geschah, um für die Verfahrensanalyse das Datenvolumen zu reduzieren. Grundsätzlich sind alle Verfahren für praxisrelevante Werkzeugbedarfe anwendbar.

511 Die quantitative Analyse wurde an einem PC-AT (20 MHz, Coprozessor) durchgeführt.

a)　　Problemgruppe A

In den Problemfällen A (A1, A2 und A3) besteht das FFS aus drei ergänzenden Maschinengruppen mit jeweils zwei bzw. drei identischen Maschinen pro Gruppe. Die Werkzeugmagazinkapazitäten sind derart bemessen, daß verhältnismäßig hohe Serienzahlen notwendig werden.

		TERM	RAJ/S	W/G	W/G_A	ENL_1	ENL_2	ENL_3	ENL_4	ENL_5
Ziel-Wert Z		1993	2021	5056	2044	1835	1825	1817	1731	1712
Zykluszeit Z_1	SIM	1993	2021	2279	2044	1835	1825	1817	1731	1712
	ANA	2062	1866	2344	1999	1831	1838	1799	1830	1845
$Z^u_1=1536$	Z_1/Z^u_1	1.30	1.32	1.48	1.33	1.19	1.19	1.18	1.13	1.11
Verspätung Z2	Zeit	0	0	2777	0	0	0	0	0	0
	Zahl	0	0	6	0	0	0	0	0	0
Werkzeugwechsel		902	972	870	1522	878	886	926	886	849
Schwesterwerkzeuge [%]		13.2	27.1	15.0	45.1	14.1	14.5	20.8	15.3	13.5
Serien L,	$L_{min}=10$	12	10	11	18	10	10	10	10	10
	1	77	70	66	70	83	78	81	91	89
	2	77	82	69	80	84	90	88	87	91
Maschinen-	3	58	48	58	50	59	58	68	58	62
auslastung	4	44	54	39	49	57	58	54	64	55
	5	56	53	41	54	55	56	51	60	67
	6	54	48	44	55	56	53	57	59	62
	7	47	52	44	43	54	57	54	58	56
CPU-Zeit	[min]	1	2	1	1	41	61	86	418	158

Tab. 30:　Problemfall A1

Im Problemfall A1 erreichen die Verfahren **ENL** die besten Ergebnisse. Innerhalb dieser Verfahrensgruppe weisen die Varianten günstige Ergebnisse auf, die den Kapazitätsabgleich der ersetzenden Maschinen während der Serienbildung simultan lösen (**ENL_4** und **ENL_5**). Erfolgt der simultane Kapazitätsabgleich nur an der Engpaßmaschinengruppe (**ENL_5**), dann ergeben sich gegenüber einer Ausführung an allen Maschinengruppen (**ENL_4**) deutliche Vorteile im Rechenzeitbedarf, ohne daß die Lösungsqualität negativ beeinflußt wird. Mit dem stochastischen Suchverfahren (**ENL_2**) und mit der Variante einer mehrfachen Werkzeugsatzbereitstellung (**ENL_3**) lassen sich die Ergebnisse nur geringfügig verbessern. Eine mehrfache Werkzeugsatzbereitstellung führt jedoch zu einem erhöhten Werkzeugwechselaufwand und zu einem Zusatzbedarf an Schwesterwerkzeugen. Die Verfahren **RAJ/S**, **W/G** und **W/G_A** zeigen unbefriedigende Ergebnisse, die sogar ungünstiger sind als das Verfahren **TERM**. Auffällig ist die große Terminüberschreitung des Verfahrens **W/G**. Sie unterstreicht die Kritik an dem Prioritätswert pn (Kap. 7.1.4). Das Ersetzen des Prioritätwertes pn durch den Prioritätswert pn*$_r$ (Verfahren **W/G_A**) verhindert das Auftreten von Terminüberschreitungen. Problematisch an dem Verfahren **W/G_A** ist aber, daß die Festlegung der mehrfachen Werkzeugsatzbereitstellung während der Serienbildung erfolgt. Hierdurch wird eine erheblich höhere Anzahl an Serien gebildet und der Werkzeugwechselaufwand und der Bedarf an Schwesterwerkzeugen erhöht.

Die Aufträge des Problemfalls A2 weisen eine relativ enge Terminstruktur auf und verursachen die verhältnismäßig hohe Auslastung von zwei Maschinengruppen.

		TERM	RAJ/S	W/G	W/G_A	ENL_1	ENL_2	ENL_3	ENL_4	ENL_5
Ziel-Wert Z		2556	6192	13196	4411	2242	1865	1846	1914	2040
Zykluszeit Z_1	SIM	2344	1989	2046	1951	1818	1748	1694	1705	1749
	ANA	2381	1757	2143	2231	1822	1800	1757	1811	1852
$Z^u{}_1=1441$	$Z_1/Z^u{}_1$	1.63	1.38	1.42	1.35	1.26	1.21	1.18	1.18	1.21
Verspätung Z2	Zeit	212	4203	11150	2460	424	117	152	209	291
	Zahl	3	21	16	14	6	1	2	3	2
Werkzeugwechsel		892	807	767	1116	804	816	883	838	821
Schwesterwerkzeuge [%]		12.9	25.6	17.3	39.5	15.9	14.1	25.8	14.8	16.0
Serien L,	$L_{min}= 8$	13	8	9	14	10	10	10	10	10
	1	61	82	68	73	86	85	87	85	84
	2	62	63	73	74	73	80	83	84	81
Maschinen-	3	53	61	62	61	62	66	74	67	70
auslastung	4	50	54	60	55	64	68	65	68	64
	5	45	60	48	62	65	65	65	69	65
	6	33	42	41	47	43	45	49	47	43
	7	32	35	34	32	41	43	42	43	45
CPU-Zeit	[min]	1	2	1	1	80	1399	118	946	482

Tab. 31:   Problemfall A2

Für den Problemfall A2 ist es den eingesetzten Verfahren nicht möglich, eine Auftragseinplanung ohne Terminüberschreitung vorzunehmen. In diesem Zusammenhang zeigen sich die Vortei le des stochastischen Suchverfahrens ENL_2 (s. auch Kap. 6.5.2.3.2), welches bezüglich der Termineinhaltung die günstigsten Ergebnisse erzielen konnte. Zu bemerken ist jedoch der erheblich höhere Rechenzeitbedarf dieser Verfahrensvariante. Völlig unbefriedigende Ergebnisse zeigt wiederum das Verfahren W/G. Die an diesem Verfahren vorgenommenen Anpassungen (Verfahren W/G_A) führen zwar zu einer erheblichen Verbesserung der Ergebnisse, die Qualität der übrigen Verfahren wird jedoch nicht erreicht. Eine strikte Auftragszuordnung in aufsteigender Reihenfolge der Fälligkeitstermine (Verfahren TERM) führt in bezug auf das Terminkriterium zu günstigen Ergebnissen, jedoch leidet unter dieser einseitigen Ausrichtung die Güte der Zykluszeit. Besonders auffällig ist, daß die Verfahrensvariante ENL_3 (mehrfache Werkzeugsatzbereitstellung) eine relativ günstige Zykluszeit aufweist. Die Überschreitung der minimalen Serienzahl ($L_{min}=8$) um zwei Serien führt zu freien Werkzeugmagazinplätzen, die in der Systemrüstungsplanung für eine mehrfache Werkzeugsatzbereitstellung eingesetzt werden können. Die erzeugte Serienzahl (L=8) des Verfahrens RAJ/S verdeutlicht das Problem. Ein Kapazitätsabgleich an der Engpaßmaschinengruppe (Maschine 1 und 2) wird aufgrund der knappen Werkzeugmagazinkapazitäten verhindert. Induziert man bei dem Verfahren RAJ/S eine Serienzahl von L=9, dann wird eine mehrfache Werkzeugsatzbereitstellung ermöglicht und die Zykluszeit verringert sich um 12% auf 1742 ZE. Dabei wird die Problematik der Zykluszeitabschätzung deutlich. Wird, wie im Verfahren RAJ/S, angenommen, daß im Anschluß an die Serienbildung ein vollständiger Kapazitätsabgleich der ersetzenden

Maschinen möglich ist, so werden dann ungünstige Abschätzungen vorgenommen, wenn dies nicht realisierbar ist. Der folgende Problemfall A3 unterstreicht die bisher gewonnenen Erkenntnisse.

		TERM	RAJ/S	W/G	W/G_A	ENL_1	ENL_2	ENL_3	ENL_4	ENL_5
Ziel-Wert Z		2202	2138	7851	2183	1985	2013	1978	1930	1914
Zykluszeit Z_1	SIM	2202	2138	2438	2183	1985	2013	1978	1930	1914
	ANA	2257	2075	2491	2399	2045	2039	2010	2057	2066
Z^u_1=1681	Z_1/Z^u_1	1.31	1.27	1.45	1.30	1.18	1.20	1.18	1.15	1.14
Verspätung Z2	Zeit	0	0	5413	0	0	0	0	0	0
	Zahl	0	0	10	0	0	0	0	0	0
Werkzeugwechsel		902	942	867	1407	814	847	857	861	826
Schwesterwerkzeuge [%]		16.7	30.3	19.6	44.9	19.9	18.3	24.5	19.1	18.1
Serien L, L_{min}= 9		12	9	10	16	9	9	9	9	9
	1	44	50	37	43	48	46	52	47	43
	2	38	35	38	40	44	44	40	47	52
Maschinen-	3	78	87	70	82	84	88	86	88	87
auslastung	4	77	73	65	73	83	80	83	88	88
	5	74	76	72	76	87	83	86	86	89
	6	56	58	56	61	64	61	67	67	66
	7	60	62	48	56	65	66	62	66	67
CPU-Zeit [min]		2	2	1	1	32	72	86	1455	1205

Tab. 32: Problemfall A3

b)   Problemgruppe B

Die drei Problemfälle der Problemgruppe B (B1, B2 und B3) weisen die gleiche FFS-Struktur auf, wie die der Problemgruppe A. In der Gruppe B ist lediglich die Werkzeugmagazinkapazität der Maschinen erhöht worden, wodurch den einzelnen Serien eine größere Anzahl unterschiedlicher Aufträge zugeordnet werden kann.

	TERM	RAJ/S	W/G	W/G_A	ENL_1	ENL_2	ENL_3	ENL_4	ENL_5
Ziel-Wert Z	1363	1352	4154	1396	1201	1228	1183	1187	1198
Zykluszeit Z_1 SIM	1363	1352	1386	1396	1201	1228	1183	1187	1198
ANA	1467	1359	1418	1421	1328	1331	1309	1335	1337
Z^u_1=1101 Z_1/Z^u_1	1.24	1.23	1.26	1.27	1.09	1.12	1.07	1.08	1.09
Verspätung Z_2 Zeit	0	0	2768	0	0	0	0	0	0
Zahl	0	0	11	0	0	0	0	0	0
Werkzeugwechsel	658	726	637	1106	650	601	653	626	630
Schwesterwerkzeuge [%]	22.3	35.0	24.7	46.4	25.1	23.4	25.7	23.3	23.9
Serien L, L_{min}= 5	6	6	6	10	5	5	5	5	5
1	81	83	86	79	90	92	92	92	92
2	81	80	73	79	93	87	94	93	92
Maschinen- 3	66	66	56	70	74	72	75	75	74
auslastung 4	64	67	63	61	74	72	74	74	74
5	65	63	72	60	73	72	75	74	73
6	67	65	68	68	75	76	76	75	75
7	65	68	61	60	74	70	75	76	75
CPU-Zeit [min]	2	1	1	1	36	122	65	1727	514

Tab. 33:   Problemfall B1

Die gegenüber der Problemgruppe A erhöhte Anzahl an unterschiedlichen Aufträgen in
einer Serie vereinfacht den Kapazitätsabgleich der ersetzenden Maschinen. Die sukzessive
Lösung von Serienbildung und Systemrüstung (**ENL_1** und **ENL_2**) führt daher im Ver-
gleich zu dem simultanen Ansatz (**ENL_4** und **ENL_5**) zu gleichwertigen Ergebnissen.
Weiterhin verliert die mehrfache Bereitstellung von Werkzeugsätzen an Bedeutung
(Verfahren **RAJ/S**, **W/G_A**, **ENL_3**) (s. auch Fall B2 und B3). Auffällig ist, daß in allen
Varianten des Verfahrens **ENL** die optimale Serienzahl mit der minimalen Serienzahl
übereinstimmt (L_{min} = L = 5). Die übrigen Verfahren weisen dagegen eine Serienzahl von
L = 6 auf. Es erweist sich damit als sinnvoll, den Suchprozeß im Verfahren **ENL** ausgehend
von der minimalen Serienzahl zu beginnen.

Die Aufträge der Problemfälle B2 und B3 sind mit früheren Fälligkeitstermine versehen,
als die Aufträge des Problemfalls B1. Im Unterschied zu B2 wurde bei B3 der Anteil der
Spezialwerkzeuge von a_2 = 25% auf a_2 = 10% reduziert und die Anzahl der Werkzeuge pro
Arbeitsgang wurde auf I_{km} = 8 begrenzt. Als Folge verringert sich in Problemfall B3 die
Anzahl der notwendigen Serien.

	TERM	RAJ/S	W/G	W/G_A	ENL_1	ENL_2	ENL_3	ENL_4	ENL_5
Ziel-Wert Z	1731	2070	10628	1693	1592	1533	1573	1534	1531
Zykluszeit Z_1 SIM	1638	1680	1752	1658	1592	1533	1573	1534	1531
ANA	1807	1620	1819	1730	1671	1666	1635	1668	1669
Z^u_1=1411 Z_1/Z^u_1	1.16	1.19	1.24	1.18	1.13	1.09	1.11	1.09	1.09
Verspätung Z_2 Zeit	93	390	8876	35	0	0	0	0	0
Zahl	2	4	13	1	0	0	0	0	0
Werkzeugwechsel	794	818	733	1302	792	776	818	787	761
Schwesterwerkzeuge [%]	22.2	33.4	23.9	47.9	21.3	22.2	27.9	21.3	21.4
Serien L, L_{min}= 6	8	6	7	12	7	7	7	7	7
1	57	47	43	55	56	58	61	58	57
2	51	59	58	52	56	57	52	58	59
Maschinen- 3	67	65	56	66	68	71	72	71	69
auslastung 4	64	54	64	70	67	71	71	70	71
5	66	74	65	60	67	69	63	70	71
6	87	91	80	88	88	92	89	92	92
7	85	77	81	82	89	92	90	92	92
CPU-Zeit [min]	3	2	1	1	69	207	80	1500	1086

Tab. 34: Problemfall B2

	TERM	RAJ/S	W/G	W/G_A	ENL_1	ENL_2	ENL_3	ENL_4	ENL_5
Ziel-Wert Z	1884	2639	7453	1678	1571	1563	1581	1568	1580
Zykluszeit Z_1 SIM	1595	1687	1757	1638	1571	1563	1581	1568	1580
ANA	1717	1683	1856	1772	1702	1682	1672	1703	1703
Z^u_1=1501 Z_1/Z^u_1	1.06	1.12	1.17	1.09	1.05	1.04	1.05	1.04	1.05
Verspätung Z_2 Zeit	289	952	5696	40	0	0	0	0	0
Zahl	3	6	9	2	0	0	0	0	0
Werkzeugwechsel	445	469	427	712	464	404	475	470	476
Schwesterwerkzeuge [%]	26.4	40.3	29.5	49.0	26.4	25.8	31.3	24.1	25.1
Serien L, L_{min}= 4	5	4	5	7	5	4	5	5	5
1	75	64	65	73	74	76	78	75	75
2	74	76	70	71	76	76	71	76	75
Maschinen- 3	48	48	46	51	46	49	57	49	47
auslastung 4	46	47	47	50	49	48	53	48	49
5	48	40	36	38	50	49	34	48	48
6	94	83	90	92	95	95	95	96	95
7	94	95	81	91	96	97	95	95	95
CPU-Zeit [min]	6	1	1	1	74	579	82	1978	2192

Tab. 35: Problemfall B3

Eine Auftragseinplanung ohne Terminverzug wird in den Problemfällen B2 und B3 nur durch die Varianten des Verfahrens **ENL** erreicht. Auch durch eine strikte Einlastung in

aufsteigender Reihenfolge der Fälligkeitstermine (**TERM**) kann eine Terminüberschreitung nicht verhindert werden. Die Ursache dafür ist, daß der Fertigstellungstermin
eines Auftrags an den Fertigstellungstermin der gesamten Serie gekoppelt ist[512]. Wird,
wie in dem vorliegenden Fall, die Zahl der Aufträge in einer Serie erhöht, so verlängert
sich die Zykluszeit der Serie. Dieser Sachverhalt erschwert bei gleichverteilten
Fälligkeitsterminen die Termineinhaltung der einzelnen Aufträge.

c) Problemgruppe C

Die Problemfälle der Problemgruppe C (C1, C2 und C3) betrachten eine Systemkon-
stellation mit vier Maschinengruppen. In den Fällen C1 und C2 sind die ergänzenden
Maschinen relativ hoch belastet, während die ersetzenden Maschinen nur schwach aus-
gelastet sind. Durch diese Systembedingungen gewinnt die Aufgabe der Serienbildung an
Bedeutung (Kapazitätsabgleich zwischen den ergänzenden Maschinen). Mit Hilfe der
Systemrüstungsplanung (Kapazitätsabgleich zwischen den ersetzenden Maschinen) ist die
Zykluszeit nicht mehr zu verbessern.

		TERM	RAJ/S	W/G	W/G_A	ENL_1	ENL_2	ENL_3	ENL_4	ENL_5
Ziel-Wert Z		3044	2467	3744	2576	2168	2202	2168	2189	2188
Zykluszeit Z_1	SIM	3044	2467	2358	2576	2168	2202	2168	2189	2188
	ANA	3098	2514	2488	2736	2275	2264	2272	2264	2261
Z^u_1=2057	Z_1/Z^u_1	1.48	1.20	1.15	1.25	1.05	1.07	1.05	1.06	1.06
Verspätung Z_2	Zeit	0	0	1386	0	0	0	0	0	0
	Zahl	0	0	1	0	0	0	0	0	0
Werkzeugwechsel		669	755	577	664	574	573	607	624	570
Schwesterwerkzeuge [%]		8.8	37.2	12.4	25.8	13.3	11.1	20.8	10.2	12.4
Serien L,	L_{min}= 8	13	9	9	10	8	9	8	10	8
	1	50	62	65	60	71	70	71	70	70
	2	66	81	85	77	92	91	92	91	91
Maschinen-auslastung	3	68	83	87	80	95	93	95	94	94
	4	31	32	33	45	35	34	48	38	38
	5	28	34	32	31	36	37	34	39	39
	6	27	25	34	21	34	32	35	34	34
	7	15	33	31	22	36	35	24	29	29
CPU-Zeit	[min]	1	2	1	1	19	189	41	118	30

Tab. 36: Problemfall C1

---

512 s. Zielfunktionsformulierung in Kap. 6.2

	TERM	RAJ/S	W/G	W/G_A	ENL_1	ENL_2	ENL_3	ENL_4	ENL_5
Ziel-Wert Z	2098	1658	5390	2049	1561	1569	1579	1574	1519
Zykluszeit Z_1 SIM	2098	1658	1855	2013	1561	1569	1579	1574	1519
ANA	2169	1708	1927	2100	1630	1637	1628	1639	1616
$Z^u_1=1389$ Z_1/Z^u_1	1.51	1.19	1.34	1.45	1.12	1.13	1.14	1.13	1.09
Verspätung Z_2 Zeit	0	0	3535	36	0	0	0	0	0
Zahl	0	0	8	1	0	0	0	0	0
Werkzeugwechsel	694	695	572	655	618	575	678	619	618
Schwesterwerkzeuge [%]	11.0	32.6	14.5	26.0	13.0	13.1	23.0	13.4	14.4
Serien L, $L_{min}=8$	13	8	9	9	9	8	9	9	9
1	66	84	75	69	89	89	88	88	91
2	62	79	70	65	84	83	83	83	86
Maschinen- 3	59	75	67	62	80	79	79	79	82
auslastung 4	36	38	50	36	45	47	61	42	49
5	37	55	36	35	43	47	52	48	48
6	35	43	41	34	51	44	31	47	43
7	29	38	28	37	45	44	37	45	49
CPU-Zeit [min]	1	2	1	1	31	324	49	216	34

Tab. 37: Problemfall C2

Die Einplanung nach dem Verfahren **TERM** beansprucht die längste Zykluszeit (40% länger als Bestwert), da die Serienbildung ausschließlich nach dem Terminkriterium erfolgt. Die Vorgehensweise von Rajagopalan (Verfahren **RAJ/S**), welche speziell auf den Kapazitätsabgleich zwischen den ergänzenden Maschinengruppen ausgerichtet ist, erzielt günstigere Ergebnisse als das Verfahren **TERM**, die Lösungsqualität der Verfahren **ENL** wird jedoch mit dieser Alternative nicht erreicht. Deutlich wird, daß das Verfahren **LOSS**, welches im Rahmen des Verfahrens **RAJ/S** zur Auswahl der mehrfach bereitzustellenden Werkzeugsätze eingesetzt wird, einen erheblichen Bedarf an Schwesterwerkzeugen verursacht, ohne dadurch die Zykluszeit positiv beeinflussen zu können. Entsprechend verhält es sich bei dem angepaßten Verfahren von Whitney und Gaul **W/G_A**, welches sogar eine ungünstigere Zykluszeit erzeugt, als das Originalverfahren **W/G**. Dies verdeutlicht die Problematik des mehrdimensionalen Prioritätswertes ps_r. Die größere Gewichtung der Auftragstermineinhaltung in der Variante **W/G_A** führt zu einer Vernachlässigung des Kapazitätsabgleichs zwischen den Maschinengruppen.

Die Problemkonstellation C3 setzt sich aus drei relativ gleichmäßig belasteten Maschinengruppen zusammen, die jeweils aus zwei identischen Maschinen und einer einzelnen ergänzenden Maschine bestehen. Dabei ist die einzelne Maschine, wie auch in den Fällen C1 und C2, die Engpaßmaschine. Für C3 ergeben sich ähnliche Ergebnisse.

		TERM	RAJ/S	W/G	W/G_A	ENL_1	ENL_2	ENL_3	ENL_4	ENL_5
Ziel-Wert Z		2759	3032	9121	2541	2204	2172	2210	2190	2174
Zykluszeit Z_1	SIM	2759	2606	2687	2539	2204	2172	2210	2190	2174
	ANA	2861	2602	2781	2650	2388	2394	2333	2404	2389
$Z^u_1=1999$ Z_1/Z^u_1		1.38	1.30	1.34	1.27	1.10	1.09	1.11	1.10	1.09
Verspätung Z_2	Zeit	0	426	6434	2	0	0	0	0	0
	Zahl	0	3	11	1	0	0	0	0	0
Werkzeugwechsel		770	721	698	890	693	666	723	702	698
Schwesterwerkzeuge [%]		12.3	26.7	13.5	33.3	14.6	16.6	21.0	15.8	15.1
Serien L, $L_{min}=8$		11	9	10	11	9	8	9	9	9
	1	56	62	55	67	70	73	72	73	71
	2	57	58	61	56	72	71	69	69	72
Maschinen-	3	55	63	50	60	65	67	69	66	66
auslastung	4	48	47	56	52	65	64	60	65	66
	5	63	76	63	70	82	82	81	80	79
	6	65	59	68	69	77	80	79	81	83
	7	72	77	74	79	91	92	90	91	92
CPU-Zeit [min]		1	2	1	1	67	187	76	888	75

Tab. 38:   Problemfall C3

d)   Problemgruppe D

Zur Veranschaulichung der Problematik bei der Systemrüstungsplanung werden die Problemfälle D1, D2 und D3 konstruiert. Im Fall D1 liegt eine stark belastete Maschinengruppe vor (Maschinen 4, 5 und 6). Die Werkzeugmagazine der Maschinen dieser Gruppe sind großzügig dimensioniert. Hierdurch besteht die Möglichkeit, eine mehrfache Werkzeugsatzbereitstellung vorzunehmen.

	TERM	RAJ/S	W/G	W/G_A	ENL_1	ENL_2	ENL_3	ENL_4	ENL_5
Ziel-Wert Z	1467	1315	2361	1412	1296	1328	1301	1264	1291
Zykluszeit Z_1 SIM	1467	1315	1505	1412	1296	1328	1301	1264	1291
ANA	1477	1346	1546	1397	1368	1359	1330	1336	1338
$Z^u_1 = 1125$ Z_1/Z^u_1	1.30	1.17	1.34	1.26	1.15	1.18	1.16	1.12	1.15
Verspätung Z_2 Zeit	0	0	856	0	0	0	0	0	0
Zahl	0	0	2	0	0	0	0	0	0
Werkzeugwechsel	709	646	576	771	582	596	605	603	576
Schwesterwerkzeuge [%]	17.1	39.9	21.5	40.7	20.1	19.5	24.9	20.4	20.4
Serien L, $L_{min}= 9$	12	9	10	12	9	9	9	9	9
1	24	24	22	34	34	28	35	31	34
2	26	23	31	33	23	29	22	26	27
3	27	39	22	13	30	28	30	32	26
Maschinen-auslastung 4	74	84	81	82	85	85	86	88	87
5	81	83	68	83	90	87	87	90	86
6	75	90	75	74	85	82	86	89	88
7	39	43	38	40	44	43	44	45	44
CPU-Zeit [min]	1	2	1	1	12	32	34	159	29

Tab. 39: Problemfall D1

Das Verfahren **RAJ/S** erreicht für den Problemfall D1 eine Zykluszeit, die nahe den Ergebnissen der Verfahren **ENL** liegt. Wird das Verfahren **RAJ/S** ohne das Modul **LOSS** ausgeführt, d.h. auf einen Kapazitätsabgleich zwischen den ersetzenden Maschinen verzichtet, dann ergibt sich eine Zykluszeit von 2048 ZE. Diese Ergebnisqualität des Moduls **LOSS** wird mit Hilfe eines erheblichen Zusatzbedarfs an Schwesterwerkzeugen erreicht. Mit dem Modul **SYSRS** (Verfahren **ENL_3**), welches ebenfalls eine mehrfache Werkzeugsatzbereitstellung vornimmt, unterbleibt ein derartig hoher Werkzeugbedarf. Ursache dafür ist, daß das Verfahren **SYSRS** eine weitere Zuordnung eines Werkzeugsatzes unterläßt, wenn dadurch der Kapazitätsabgleich zwischen den ersetzenden Maschinen nicht weiter verbessert werden kann. Ein Vergleich zwischen den Verfahren **ENL_1** und **ENL_3** zeigt aber, daß eine mehrfache Werkzeugsatzbereitstellung nicht zwingend erforderlich war. Auch ohne diese Maßnahme läßt sich durch eine veränderte Arbeitsgang/Maschinen-Zuordnung eine entsprechende Lösungsgüte erreichen.

Im Problemfall D2 setzt sich das Bearbeitungssystem des FFS aus vier ersetzenden Maschinen zusammen. Die Gesamtzahl der einzuplanenden Aufträge beträgt 30.

		TERM	RAJ/S	W/G	W/G_A	ENL_1	ENL_2	ENL_3	ENL_4	ENL_5
Ziel-Wert Z		2030	2610	3898	2422	2058	2106	2046	1950	1950
Zykluszeit Z_1	SIM	2030	2610	2413	2422	2058	2106	2046	1950	1950
	ANA	2165	2110	2584	3138	2133	2132	2127	2137	2137
$Z^u_1=1842$	Z_1/Z^u_1	1.10	1.42	1.31	1.31	1.12	1.14	1.11	1.06	1.06
Verspätung Z_1	Zeit	0	0	1485	0	0	0	0	0	0
	Zahl	0	0	2	0	0	0	0	0	0
Werkzeugwechsel		324	312	325	644	313	312	321	320	320
Schwesterwerkzeuge [%]		29.8	31.5	28.7	59.2	27.3	26.8	30.3	29.1	29.1
Serien L,	$L_{min}= 5$	6	5	6	11	6	6	6	6	6
	1	93	57	68	91	94	89	93	94	94
Maschinen-	2	89	57	75	73	85	82	88	94	94
auslastung	3	95	86	80	71	86	87	85	95	95
	4	87	83	83	69	93	92	94	95	95
CPU-Zeit	[min]	2	1	1	1	26	63	50	1263	1263

Tab. 40:   Problemfall D2

Der Problemfall D2 zeigt erneut (s. Fall A2) die Problematik des Verfahrens **RAJ/S**. Die knappen Werkzeugmagazinkapazitäten verhindern eine ausreichende Bereitstellung von zusätzlichen Werkzeugsätzen. Die erzielte Zykluszeit (SIM) ist sehr ungünstig, während die Abschätzung der Zykluszeit (ANA) zu positiv ausfällt. Dadurch, daß alle Maschinen sich gegenseitig ersetzen können, entfällt das Problem des Kapazitätsabgleichs der ergänzenden Maschinen. Das Verfahren **TERM** gelangt daher zu ebenso guten Ergebnissen wie die Verfahren **ENL**. Eine mehrfache Werkzeugsatzbereitstellung führt auch hier (s. Fall D1) nicht zu einer Verbesserung der Zykluszeit. Das simultane Lösungskonzept von Serienbildung und Systemrüstung (Verfahren **ENL_4** und **ENL_5**) führt zu einer erheblich besseren Lösungsqualität, erfordert dazu aber eine entsprechend höhere Rechenzeit.

Eine mehrfache Werkzeugsatzbereitstellung wird dann zwingend erforderlich, wenn ein Kapazitätsabgleich zwischen den ersetzenden Maschinen nur durch das Splitten eines Arbeitsgangloses möglich ist. Dies verdeutlicht der Problemfall D3: Das Bearbeitungssystem des FFS setzt sich aus vier ersetzenden Maschinen zusammen. Die Auftragsgröße ist relativ hoch. An jedem Werkstück ist ein Arbeitsgang an einer der ersetzenden Maschinen auszuführen. Die Anzahl der Aufträge einer Serie wurde auf vier begrenzt. Die Gesamtzahl der einzuplanenden Aufträge beträgt 20. Diese Konstellation bedingt, daß die Verfahren **ENL_1**, **ENL_4** und **ENL_5** zu identischen Ergebnissen führen.

		TERM	RAJ/S	W/G	W/G_A	ENL_1	ENL_2	ENL_3	ENL_4	ENL_5
Ziel-Wert Z		889	585	1391	576	674	674	581	674	674
Zykluszeit Z_1	SIM	889	585	878	576	674	674	581	674	674
	ANA	863	587	942	593	666	666	588	666	666
$Z^u_1 = 523$	Z_1/Z^u_1	1.70	1.12	1.68	1.10	1.29	1.29	1.11	1.29	1.29
Verspätung Z_2	Zeit	0	0	513	0	0	0	0	0	0
	Zahl	0	0	1	0	0	0	0	0	0
Werkzeugwechsel		164	380	158	380	170	165	256	170	170
Schwesterwerkzeuge [%]		14.8	72.3	13.1	71.9	14.8	14.8	50.5	14.8	14.8
Serien L, $L_{min} = 5$		5	5	5	5	5	5	5	5	5
Maschinen-	1	40	91	69	96	67	67	90	67	67
auslastung	2	63	93	67	90	72	72	88	72	72
	3	49	87	52	90	94	94	92	94	94
	4	84	87	50	87	78	78	90	78	78
CPU-Zeit	[min]	1	1	1	1	10	25	22	10	10

Tab. 41: Problemfall D3

Die Verfahren, die eine mehrfache Werkzeugsatzbereitstellung vornehmen (Verfahren
RAJ/S, W/G_A, ENL_3), führen zu erheblich günstigeren Zykluszeiten als die Verfahren,
die auf dieses Vorgehen verzichten. Die Realisierung dieser Ergebnisse erfordert aber eine
wesentlich höhere Anzahl von Werkzeugwechseln und erhöht den Bedarf an Schwesterwerkzeugen. Bei den Verfahren RAJ/S und W/G_A liegt der Anteil der Schwesterwerk-
zeuge an der Gesamtwerkzeugmenge bei über 70%. Das bedeutet, daß fast jeder Werkzeugsatz an jeder der vier ersetzenden Maschinen bereitgestellt wurde. Das Modul SYSRS
des Verfahrens ENL_3 verhindert einen derart hohen Werkzeugbedarf.

Die Verfahren ENL zeigen insgesamt sehr positive Ergebnisse. In der Gegenüberstellung
mit den herangezogenen Vergleichsverfahren erzielen sie eine erheblich bessere Lösungsqualität, die ausnahmslos bei allen untersuchten Problemkonstellationen erreicht wurde.
Demzufolge zeigen die Verfahren ENL eine hohe Lösungsbeständigkeit. Die herangezogenen Vergleichsverfahren (TERM, RAJ/S, W/G und W/G_A) führen dagegen zu sehr unbe-
ständigen Ergebnissen, da bei einigen Problemfällen akzeptable, bei anderen dagegen völlig unbefriedigende Ergebnisse erzielt wurden. Insbesondere das von Whitney und Gaul
vorgeschlagene Verfahren W/G kann nicht zufriedenstellen. Es zeigt die Problematik eines
mehrdimensionalen Prioritätswertes. Diese Problematik zeigt sich darin, daß die Abbildung unterschiedlicher Zielkriterien innerhalb eines Prioritätswertes unter Umständen
Lösungen erzeugt, die nicht besser sind, als zufällig erzeugte Lösungen. Das simultane
Lösungskonzept erweist sich vor allem dann als erfolgreich, wenn ein Kapazitätsabgleich
der ersetzenden Maschinen im Anschluß an die Serienbildung Schwierigkeiten bereitet.
Dies ist dann gegeben, wenn knappe Werkzeugmagazinkapazitäten vorliegen. Eine Lösung
des Problems könnte darin bestehen, die Werkzeugmagazinkapazitäten während der
Serienbildung nicht vollständig auszunutzen. Dadurch wird der Kapazitätsabgleich der
ersetzenden Maschinen begünstigt. Der Nachteil der Verfahren ENL gegenüber den einfachen Sortierverfahren liegt in dem erheblich höheren Rechenzeitbedarf. Die erhöhte
Rechenzeit rechtfertigt sich jedoch durch die erzielte Lösungsqualität.

Die Abschätzung der Zykluszeit durch das Verfahren **MVA/G** führt überwiegend zu positiven Ergebnissen. Problematisch ist diese Art der Abschätzung, wenn während der Serienbildung Unklarheit über den Erfolg des Kapazitätsabgleichs der ersetzenden Maschinen besteht (Verfahren **RAJ/S**). Ist die Belegung der ersetzenden Maschinen bekannt (**ENL_4** und **ENL_5**) bzw. unbedeutend (Fall C1, C2 und C3), dann ergeben sich relativ exakte Zykluszeitabschätzungen. Diese liegen, wie erwartet, 10% über den realisierten Werten[513]. Die günstigen Werte der Zykluszeitabschätzung im Verfahren **W/G** und **W/G_A** mittels der Gleichung (384) konnten nur dadurch erreicht werden, daß zum einen ein geeigneter Parameter δ durch mehrere Vorversuche bestimmt wurde und zum anderen die Ermittlung der Arbeitsgang/Maschinen-Zuordnung während der Serienbildung erfolgte. In anderen Systemkonstellationen können sich durch diese Abschätzungsmethode vollkommen unbefriedigende Ergebnisse ergeben.

---

513 Zur Einbeziehung weiterer Effekte, wie Service- und Transportblockierung sowie Maschinenausfälle vgl.
     die in Kap. 6.4 angegebene Literatur.

8. Schlußbetrachtung

Der zunehmende Einsatz von FFS hat zu einer vielfältigen Behandlung der durch den Betrieb eines FFS entstehenden kurzfristigen Planungsprobleme geführt. Dabei nimmt die Einlastungsphase aufgrund ihrer Bedeutung für einen effizienten und effektiven Betrieb eines FFS eine wesentliche Stellung ein. Die in der Literatur angebotenen Modelle und Lösungsverfahren zur Einlastungsplanung von FFS können jedoch nicht zufriedenstellen, da sie entweder wesentliche Entscheidungsparameter vernachlässigen oder zu ungenügenden Ergebnissen führen. Gegenstand der vorliegenden Arbeit war es daher, ein Lösungsverfahren zur Einlastungsplanung von FFS unter Berücksichtigung aller wesentlichen Entscheidungsparameter zu entwickeln, welches in vertretbarer Rechenzeit zu akzeptablen Ergebnissen führt. Hierzu wurden zunächst unterschiedliche Problemtypen der Einlastungsplanung herauskristallisiert, um anschließend ein Einlastungsplanungsmodell für einen dieser Typen (begrenzte Anzahl von Aufträgen im System, serienweiser Einlastungsprozeß, statischer Auftragsankunftsprozeß) zu formulieren. Aufgrund der Problemkomplexität des Modells wurde zu dessen Lösung ein heuristisches Lösungsverfahren entwickelt. Zur Bewertung der Einlastungsalternativen wurde ein Verfahren zur Lösung von geschlossenen Warteschlangennetzwerken eingesetzt. Die Güte des entwickelten Lösungsverfahrens konnte durch den Vergleich mit alternativen in der Literatur veröffentlichten Lösungsansätzen gezeigt werden. Der im Gegensatz zu den Vergleichsverfahren erhöhte Rechenaufwand des vorgeschlagenen Verfahrens scheint akzeptabel, da eine periodische Durchführung des Algorithmus zu Beginn jeder Fertigungsperiode die Inanspruchnahme von längeren Rechenzeiten erlaubt. Desweiteren besteht durch eine problemspezifische Implementierung des Planungsverfahrens die Möglichkeit, die Rechenlaufzeit zu verkürzen.

Ausgangspunkt des Planungsverfahrens waren grobterminierte und freigegebene Fertigungsaufträge (Lose von Werkstücken). Die Wirkung der Einlastungsplanung auf die Losgrößenplanung wurde somit ausgeklammert. Diese Problemstellung bedarf jedoch zukünftig einer besonderen Aufmerksamkeit, da sich die Einflußparameter der Losgrößenplanung durch die spezifischen Bedingungen eines FFS verändern. In diesem Zusammenhang wäre dann auch der Frage nachzugehen, ob ein Auftrag vollständig bzw. teilweise einem FFS oder einer eventuell bestehenden klassischen Werkstatt zuzuordnen ist.

Stochastische Einflüsse, wie Maschinenausfälle, Werkzeugbruch etc., wurden im Rahmen dieser Arbeit ausgeschlossen. Ausgehend von den gewonnenen Erkenntnissen wäre es weiterführend von Interesse, inwiefern sich die gefundenen Ergebnisse durch stochastische Einflüsse verändern. Eventuell besitzt dann eine erhöhte Durchlaufflexibilität durch eine mehrfache Werkzeugsatzbereitstellung eine größere Relevanz, als in der durchgeführten Analyse festgestellt wurde.

Innerhalb des Einlastungsplanungsverfahrens wurden die Reihenfolgebeziehungen zwischen den Arbeitsgängen eines Werkstücks vernachlässigt. Im Zuge der Auswahl einer geeigneten Einsteuerungsroutine konnte festgestellt werden, daß diese Vereinfachung keinen negativen Einfluß auf die Ergebnisgüte ausübt. Zu fragen ist, unter welchen Bedingungen die Reihenfolgebeziehungen zwischen den Arbeitsgängen relevant werden und somit in ein Planungsverfahren zu integrieren sind.

Weiterhin wurde in der vorliegenden Untersuchung unterstellt, daß jeder Werkstücktyp auf jeder im System zirkulierenden Palette aufgespannt werden kann. In der Regel ist dies nicht möglich, da unterschiedliche Werkstücktypen unterschiedliche Spannelementtypen benötigen und diese wiederum nur in begrenzter Zahl vorhanden sind. Es wurde gezeigt, daß eine Abschätzung der Zykluszeit bei mehreren unterscheidbaren Palettentypen möglich ist. In einem Lösungsverfahren zur Bestimmung einer optimalen Verteilung der Spannelementtypen auf die im System zirkulierenden Paletten kann somit auf diese Abschätzungmethode zurückgegriffen werden.

Der zwischen Zykluszeit und Werkzeugbedarf bestehende Zielkonflikt wurde in der Arbeit lediglich aufgezeigt. Er kann gelöst werden, indem eine Bewertung des Werkzeugbedarfs vorgenommen wird oder die eingesetzten Werkzeuge durch eine Restriktion begrenzt werden. Die Einführung einer Werkzeugrestriktion kann problemlos in das in dieser Arbeit entwickelte Lösungskonzept integriert werden. Gelingt eine Bewertung des Werkzeugbedarfs und die Formulierung einer eindimensionalen Gesamtzielfunktion, so ist das Verfahren **CLUST** uneingeschränkt anwendbar. Demgegenüber ist das Verfahren **SYSR** in der dargestellten Form nicht anwendbar, da es auf das Zielkriterium der Minimierung der maximalen Kapazitätsbelastung der ersetzenden Maschinen ausgelegt ist.

Eine weitere Problemstellung sind die Fragen der Werkzeugbereitstellung, die insbesondere im Zusammenhang mit der Bewertung des Werkzeugbedarfs einer Einlastungsalternative zu beachten sind. Die aus den Aufgaben der Werkzeugbereitstellung (Werkzeugverwaltung, -lagerung, -vorbereitung, -aufbereitung, -disposition etc.) entstehenden Planungsprobleme weisen erhebliche Interdependenzen zur Einlastungsplanung auf. Diese Interdependenzen bedürfen zukünftig einer besonderen Kenntnisnahme.

Das vorgeschlagene Lösungsverfahren **ENL** wurde für einen bestimmten Typ von FFS entwickelt. Weiterführend wäre von Interesse, inwieweit dieser Ansatz auch für andere FFS-Konstellationen zu befriedigenden Ergebnissen führt. Insbesondere die Bedingungen eines kontinuierlichen Einlastungsprozesses legen den Vergleich mit einem spezialisierten, auf diese Verhältnisse zugeschnittenen Verfahren nahe. Eine Gegenüberstellung ist jedoch nur dann zulässig, wenn ein Steuerungssystem implementiert wird, das einen fließenden Übergang zwischen den mittels des Verfahrens **ENL** gebildeten Serien ermöglicht.

Symbolverzeichnis

Indizes:

b   :   Ressource

i   :   Werkzeug

j   :   Maschinengruppe

k   :   Arbeitsgang

l   :   Serie

m   :   Maschine

n   :   Prozeßplan

o   :   Palettentyp

r   :   Auftrag bzw. Werkstück

Daten und Variablen:

$I, J, ..$:   Mengen

$I, J, ..$:   Mächtigkeit der Mengen: $I = |I|$, $J = |J|, ..$

B :   Menge der Ressourcen b

B_b :   Ressourcenbegrenzung b

B_{om} :   Wahrscheinlichkeit, daß bei Ankunft des Palettentyps o alle Server an der Station m belegt sind

b   :   Verfügbarkeitszeitpunkt aller Aufträge im System bzw. Startzeitpunkt einer Serienfertigung

b^* :   Ende der Anlaufphase einer Serienfertigung

b_r :   Verfügbarkeitszeitpunkt des Auftrags r im System bzw. Startzeitpunkt des Auftrags r

bd_r :   Resultierender gesamter Werkzeugbedarf an allen Maschinen M nach Zuordnung des Auftrags r:

bd_{rm} :   Resultierender gesamter Werkzeugbedarf an Maschine m nach Zuordnung des Auftrags r:

C :   Menge der Aufträge bzw. der Werkstücke in einer Serie

C_{max} :   Serie, der kein weiteres Werkstück r zugeordnet werden kann

C_l :   Menge der Aufträge bzw. Werkstücke r in Serie l

c_r :   Kosten bzw. Prioritätswert des Auftrags r

c_{km} :   Kosten bzw. Schätzwert des Arbeitsgangs k an der Maschine m

c_{kim} :   Kosten des Arbeitsgangs k mit Werkzeug i an der Maschine m

c_{rb} :   Ressourcenverbrauch b eines Auftrags r

D   :   Gesamtdurchlaufzeit: Summe der Durchlaufzeiten aller Aufträge

D_r :   Durchlaufzeit des Auftrags r

D_{mitt} :   mittlere Durchlaufzeit aller Aufträge

D_m :   mittlere Durchlaufzeit einer Palette an der Station m (Warte- und Abfertigungszeit)

D_{om} :   mittlere Durchlaufzeit des Palettentyps o an der Station m (Warte- und Abfertigungszeit)

d_r	:	Fälligkeitstermin des Auftrags r
d^+_m	:	Überschreitung der Kapazitätsvorgabe an der Maschine m
d^-_m	:	Unterschreitung der Kapazitätsvorgabe an der Maschine m
$d^+_{..}$	:	Überschreitung der Zielvorgabe
$d^-_{..}$	:	Unterschreitung der Zielvorgabe
df_r	:	zusätzlicher Werkzeugbedarf des Auftrags r an allen Maschinen M (Differenzwerkzeuge)
df_{rm}	:	zusätzlicher Werkzeugbedarf des Auftrags r an Maschine m (Differenzwerkzeuge)
ΔE	:	Energiedifferenz
E_i	:	potentielle Energie der Molekülkonfiguration i
e_r	:	Opportunitätserlöse für ein Werkstück des Auftrags r
f	:	Fertigstellungszeitpunkt einer Serienfertigung
f^*	:	Beginn der Auslaufphase einer Serienfertigung
f_r	:	Fertigstellungszeitpunkt eines Auftrags r
f_o	:	Fertigstellungszeitpunkt der Aufträge, die dem Palettentyp o zugeordnet wurden
$f_{1,..}()$	:	allgemeine Funktionen
$f(C_1)$	:	Fertigstellungszeitpunkt des letzten Auftrags der Serie 1
$f(\underline{v})$	:	Zielfunktion in Abhängigkeit von der Belegungsmatrix $\underline{v}$
$G(M,N)$	:	Normierungskonstante des geschlossenen Warteschlangennetzwerkes mit M Stationen und N Paletten
g	:	Zykluszeit, maximaler Kapazitätsbedarf einer Maschine bzw. Kapazitätsvorgabe
Δg	:	zulässige Abweichung der Maschinenbelastungen von der mittleren Kapazitätsbelastung
g_1	:	Zykluszeit der Serie 1
g_m	:	Kapazitätsgrenze bzw. Kapazitätsbedarf der Maschine m
g_{m1}	:	Kapazitätsbedarf an der Maschine m in der Serie 1
$g_{1,..}()$	:	allgemeine Funktionen
gm_r	:	gemeinsamer Werkzeugbedarf des Auftrags r mit allen Maschinen M
gm_{rm}	:	gemeinsamer Werkzeugbedarf des Auftrags r mit Maschine m
h	:	Rüstzeit zwischen zwei Serien
h_m	:	Rüstzeit an der Maschine m
h_{rm}	:	reihenfolgeabhängige Rüstzeit des Auftrags r an der Maschine m
h_1	:	Gewichtungsfaktor des Zielkriteriums 1
h_2	:	Gewichtungsfaktor des Zielkriteriums 2
$h^+_{..}$	:	Gewichtungsfaktor der Zielüberschreitung
$h^-_{..}$	:	Gewichtungsfaktor der Zielunterschreitung
h^+_m	:	Gewichtungsfaktor der Kapazitätsüberschreitung an der Maschine m
h^-_m	:	Gewichtungsfaktor der Kapazitätsunterschreitung an der Maschine m
h_r	:	Gewichtungsfaktor des Werkstücks r
h_{rn}	:	Gewichtungsfaktor für einen Prozeßplan n des Werkstücks r
I	:	Menge der Werkzeuge i
I_i	:	Anzahl der zur Verfügung stehenden Werkzeuge des Typs i

I_m	:	Werkzeugmenge, die in der aktuellen Serienplanung der Maschine m zugeordnet ist
I_j	:	Werkzeugmenge, die an der Maschinengruppe j vorhanden ist
I_{rj}	:	Werkzeugmenge die von Werkstück r an der Maschinengruppe j benötigt wird
I_{rm}	:	Werkzeugmenge, die von Werkstück r an der Maschine m benötigt wird
I_{km}	:	Werkzeugmenge, die von Arbeitsgang k an der Maschine m benötigt wird
I_{rk}	:	Werkzeugmenge, die vom Arbeitsgang k des Werkstücks r benötigt wird
ip_i	:	Standzeitgrenze des Werkzeugs i
J	:	Menge der Maschinengruppen j
K	:	Menge der Arbeitsgänge k
K_r	:	Menge der Arbeitsgänge k, die zur Erstellung des Werkstücks r erforderlich sind
$K(k)$	:	Menge der Vorgängerarbeitsgänge von Arbeitsgang k
$K_{1,2,..}$	:	Kostengrößen
k_B	:	Bolzmannkonstante
L	:	Menge der Serien l
L	:	Anzahl der Serien c_l
LZ	:	Stillstandszeit
l_k	:	Anzahl der Maschinen, die Operation k bearbeiten können
l_{rm}	:	Stillstandszeit der Maschine m unmittelbar vor Auftrag r
M	:	Menge der Maschinen bzw. Stationen m
M_j	:	Menge der Maschinen m in der Maschinengruppe j
M_k	:	Menge der Maschinen, die Arbeitsgang k ausführen können
$M(m)$	:	Menge der Maschinen, von denen Maschine m direkt erreichbar ist
N	:	Menge der Zielvorgaben
N	:	Anzahl der im FFS zirkulierenden Paletten
N_{max}	:	Anzahl der zur Verfügung stehenden Systempaletten
N_o	:	Anzahl der im FFS zirkulierenden Paletten des Typs o
$N_{o(max)}$	:	Anzahl der zur Verfügung stehenden Spannelemente bzw. Paletten des Typs o
N_r	:	Menge der Prozeßpläne eines Werkstücks des Auftrags r
N_k	:	Anzahl der zu untersuchenden Nachbarschaftskonfigurationen in jeder Temperaturstufe k
NQ_m	:	mittlere Palettenzahl an der Station m
NQ_{om}	:	mittlere Palettenzahl des Typs o an der Station m
$NQ_m(N-1)$	:	mittlere Warteschlangenlänge an der Station m incl. der Palette in Abfertigung, für ein FFS (Netzwerk) mit N-1 Paletten
n_k	:	Losgröße des Arbeitsgangs k
n_r	:	Anzahl herzustellender Werkstücke für Auftrag r (Auftragsgröße)
n_o	:	Anzahl der Werkstücke, die dem Palettentyp o zugeordnet wurden
O	:	Menge der Palettentypen o
o_{iml}	:	Anzahl benötigter Werkzeuge des Typs i an der Maschine m in Serie l
P^i	:	Menge der stillgelegten Paletten in der Iterationsstufe i
$P_l(.)$	:	Verteilung der Palettentypen im System in Serie l
$P(\underline{n})$	:	stationäre Wahrscheinlichkeit für den Zustand $\underline{n}$

$P_m(n)$: stationäre Wahrscheinlichkeit, daß sich n Paletten an der Station m befinden

P_O : Wurzel des Lösungsbaums

P_{sv} : Knoten v der Stufe s im Lösungsbaum

p_m : mittlere Abfertigungszeit an der Station m

p_M : mittlere Transportzeit einer Palette zwischen den Stationen

p_{om} : mittlere Abfertigungszeit des Palettentyps o an der Station m

p_{rm} : Bearbeitungszeit des Werkstücks r an der Maschine m

p_{rj} : Bearbeitungszeit des Werkstücks r an der Maschinengruppe j

p_{km} : Bearbeitungszeit des Arbeitsgangs k an Maschine m

p_{kmi} : Eingriffszeit des Werkzeugs i bei Ausführung des Arbeitsgangs k an der Maschine m

p_{rkm} : Bearbeitungszeit des Arbeitsgangs k des Werkstücks r an der Maschine m

p_{rnm} : Bearbeitungszeit des Prozeßplans n des Werkstücks r an der Maschine m

Q_{om} : mittlere Warteschlangenlänge an Paletten des Typs o an der Station m

q_r : geforderte Produktionsmengen des Werkstücks r

R : Menge der Aufträge bzw. Werkstücke r

R_O : Menge der Aufträge bzw. Werkstücke r, die noch zuzuordnen sind

$R_{1,2,..}$: bestimmte Mengen an Aufträgen bzw. Werkstücken r

R_s : sortierte Menge an Aufträgen

R_{sv} : Menge der Aufträge bzw. Werkstücke r, die im Knoten v der Stufe s noch nicht fixiert sind

r_M : relative Transporthäufigkeit einer Durchschnittspalette bei einem Durchlauf durch das System (vom Aufspannen bis zum Abspannen eines Werkstücks)

r_m : relative Ankunftshäufigkeit einer Durchschnittspalette an der Station m bei einem Durchlauf durch das System (vom Aufspannen bis zum Abspannen eines Werkstücks)

r_{mj} : Übergangswahrscheinlichkeit von Station m zu Station j

r_{om} : relative Ankunftshäufigkeit des Palettentyps o an der Station m bei einem Durchlauf durch das System (Aufspannung bis Abspannung eines Werkstücks)

S : Menge der Stufen im Lösungsbaum

S_m : Anzahl paralleler Server an der Station m

$S(M,N)$: Zustandsmenge des geschlossenen Warteschlangennetzwerkes

s_i : Anzahl Werkzeugplätze, die Werkzeug i beansprucht

s_{im} : Anzahl Werkzeugplätze, die Werkzeug i an der Maschine m beansprucht

s_{rm} : Anzahl Werkzeugplätze, die Werkstück r an der Maschine m beansprucht

s_{rj} : Anzahl Werkzeugplätze, die Werkstück r an der Maschinengruppe j beansprucht

s_k : Anzahl Werkzeugplätze, die Arbeitsgang k beansprucht

s_{km} : Anzahl Werkzeugplätze, die Arbeitsgang k an der Maschine m beansprucht

s_{rkm} : Anzahl Werkzeugplätze, die Arbeitsgang k des Werkstücks r an der Maschine m beansprucht

s_{rnm} : Anzahl Werkzeugplätze, die der Prozeßplan n des Werkstücks r an der Maschine m beansprucht

s_{rim} $= \begin{cases} 1 \text{ , wenn Auftrag bzw. Werkstück r an Maschine m Werkzeug i benötigt} \\ 0 \text{ , sonst} \end{cases}$

$$s_{kim} = \begin{cases} 1 & \text{, wenn Arbeitsgang k an Maschine m Werkzeug i benötigt} \\ 0 & \text{, sonst} \end{cases}$$

$$s_{ki} = \begin{cases} 1 & \text{, wenn Arbeitsgang k Werkzeug i benötigt} \\ 0 & \text{, sonst} \end{cases}$$

sp_r : Anzahl der Spannelemente bzw. Spannvorrichtungen, die für den Werkstücktyp r zur Verfügung stehen

T : Temperatur

T_k : Temperatur der Stufe k

ΔT_k : Veränderung der Temperatur zwischen zwei Stufen k und k+1

T_0 : Start-Temperatur

T_{Stop} : Stopp-Temperatur

t_i : Aktuelle Zeit im Entscheidungspunkt i

U : Kapazitätsauslastung

U_m : mittlere Auslastung der Station m

U_{om} : mittlerer Auslastungsanteil der Station m durch den Palettentyp o

u^i_m : Auslastung der Maschine m in der Iteration i

$$u_l = \begin{cases} 1 & \text{, wenn Serie l benötigt wird} \\ 0 & \text{, sonst} \end{cases}$$

V_s : Menge der Konten v auf der Stufe s des Lösungsbaums

V^a : Gesamtterminabweichung: Summe der Terminabweichungen aller Aufträge

V^a_a : Anzahl der Terminabweichungen

V^a_{mitt} : mittlere Terminabweichung aller Aufträge

V^u : Gesamtterminüberschreitungen: Summe der Teminüberschreitungen aller Aufträge

V^u_{max} : maximale Terminüberschreitung aller Aufträge

V^u_{mitt} : mittlere Terminüberschreitungen aller Aufträge

VC_{om} : Variationskoeffizient der Bearbeitungszeiten an Station m von der Werkstückmenge, die dem Palettentyp o zugeordnet wurde

v_{km} : Anzahl der Operationen k, die Maschine m zugeordnet werden

$$v_{km} = \begin{cases} 1 & \text{, wenn Arbeitsgang k der Maschine m zugeordnet wird} \\ 0 & \text{, sonst} \end{cases}$$

$$v_{kml} = \begin{cases} 1 & \text{, wenn Arbeitsgang k der Maschine m in Serie l zugeordnet wird} \\ 0 & \text{, sonst} \end{cases}$$

$$v_{kim} = \begin{cases} 1 & \text{, wenn Arbeitsgang k mit Werkzeug i der Maschine m zugeordnet wird} \\ 0 & \text{, sonst} \end{cases}$$

W_{om} : mittlere Wartezeit eines Palettentyps o an der Station m

WO_{om} : mittlere Restbearbeitungszeit eines gerade an Station m in Bearbeitung befindlichen Werkstücks beim Eintreffen des Palettentyps o

$W1_{om}$: mittlere Zeit, in der beim Eintreffen eines Palettentyps o die aktuelle Warteschlange an der Station m abgearbeitet wird

WS_{km} : Kapazitätsbeschränkung der Operationen k an der Maschine m aufgrund von begrenzten Standzeiten der Werkzeuge

$WC_m(\underline{\cdot}_m)$: nichtlineare Funktion der Werkzeugplatzeinsparungen in Abhängigkeit von dem Belegungsvektor $\underline{\cdot}_m$ der Maschine m

w_j : Werkzeugmagazinkapazität der Maschinengruppen j

w_m : Werkzeugmagazinkapazität der Maschinen m

wr_m : relative Arbeitsbelastung der Station m

wr_{sum} :   Summe der Arbeitsbelastung an allen Stationen M (incl. Transportsystem)

wr_{min} :   minimale Arbeitsbelastung an einer der Stationen M (incl. Transportsystem)

wr_{max} :   maximale Arbeitsbelastung an einer der Stationen m (incl. Transportsystem)

wr_{mit} :   mittlere Arbeitsbelastung der Stationen M (incl. Transportsystem)

wr_{om} :   relative Arbeitsbelastung des Palettentyps o an der Station m

$wr_{o(sum)}$:   Summe der Arbeitsbelastung des Palettentyps o an allen Stationen M (incl. Transportsystem)

$wr_{o(max)}$:   maximale Arbeitsbelastung des Palettentyps o an den Station M (incl. Transportsystem)

$wr_{o(mit)}$:   mittlere Arbeitsbelastung des Palettentyps o an den Stationen M (incl. Transportsystem)

X :   mittlere Produktionsrate des FFS (Netzwerkes)

X_m :   mittlere Produktionsrate an der Station m

X^*_A :   mittlere Produktionsrate an der Abspannstation

X^*_{oA} :   mittlere Produktionsrate des Palettentyps o an der Abspannstation

$X_A(t)$:   Produktionsrate an der Abspannstation in Abhängigkeit von der Zeit t

$X_{oA}(t)$:   Produktionsrate des Palettentyps o an der Abspannstation in Abhängigkeit von der Zeit t

$X_r(t,\Gamma)$:   Ausbringungsmenge von Werkstücken r pro Zeiteinheit in Abhängigkeit von der Zeit t unter den Fertigungsbedingungen Γ

X_o :   mittlere Produktionsrate des Palettentyps o im FFS

X_{om} :   mittlere Produktionsrate des Palettentyps o an der Station m

x_r :   Anzahl der gleichzeitig im System zirkulierenden Werkstücke des Auftrags r

x_r :   Produktionsmenge bzw. Produktionsanteil des Auftrags r

x_r = $\begin{cases} 1 & \text{, wenn Auftrag bzw. Werkstück r zugeordnet wird} \\ 0 & \text{, sonst} \end{cases}$

x_{rn} :   Anzahl der Werkstücke r, die mit Prozeßplan n gefertigt werden

x_{rm} :   Produktionsanteil des Auftrags r an der Maschine m

x_{rm} = $\begin{cases} 1 & \text{, wenn Auftrag r der Maschine m zugeordnet wird} \\ 0 & \text{, sonst} \end{cases}$

x_{rl} = $\begin{cases} 1 & \text{, wenn Auftrag r in Serie l gefertigt wird} \\ 0 & \text{, sonst} \end{cases}$

x_{rkm} :   Produktionsanteil des Arbeitsgangs k des Werkstücks r der Maschine m zugewiesen wird.

x_{rkm} = $\begin{cases} 1 & \text{, wenn Arbeitsgang k des Auftrags r der Maschine m zugeordnet wird} \\ 0 & \text{, sonst} \end{cases}$

x_{rml} =   Anteil des Auftrags r der in der Serie l der Maschine m zugeordnet wird

x_{rkl} =   Anzahl der zugeordneten Arbeitsgänge k des Auftrags r in der Serie l

x_{rkl} = $\begin{cases} 1 & \text{, wenn Arbeitsgang k des Auftrags r der Serie l zugeordnet wird} \\ 0 & \text{, sonst} \end{cases}$

Y :   Zykluszeit

Y_o :   mittlere Serienzykluszeit

y_{km} $= \begin{cases} 1 & \text{, wenn Arbeitsgangtyp k der Maschine m zugeordnet wird} \\ 0 & \text{, sonst} \end{cases}$

y_{rn} $= \begin{cases} 1 & \text{, wenn Prozeßplan n des Werkstücks r gewählt wird} \\ 0 & \text{, sonst} \end{cases}$

y_{im} $= \begin{cases} 1 & \text{, wenn Werkzeug i der Maschine m zugeordnet wird} \\ 0 & \text{, sonst} \end{cases}$

y_{iml} $= \begin{cases} 1 & \text{, wenn Werkzeug i der Maschine m in der Serie l zugeordnet wird} \\ 0 & \text{, sonst} \end{cases}$

Z_1 : Zielfunktionswert 1: Zykluszeit

$Z_1(R)$: Zielfunktionswert 1: Zykluszeit der Auftragsmenge R

$Z_1(C_1)$: Zielfunktionswert 1: Zykluszeit der Serie l

Z_2 : Zielfunktionswert 2: Summe der gewichteten Verspätungszeiten

Z_{2r} : Zielfunktionswert 2: Gewichtete Verspätungszeit des Auftrags r

Z_i : Zielfunktionswert der Konfiguration i

ΔZ_{ij} : Zielfunktionswertdifferenz zwischen Konfiguration i und j

$\Delta Z_{1,ij}$: Veränderung des Zielfunktionswertes 1 (Zykluszeit)

$\langle Z(T_k) \rangle$: mittlerer Zielfunktionswert bei der Temperatur T_k

$\langle Z^2(T_k) \rangle$: mittlerer quadratischer Zielfunktionswert bei der Temperatur T_k

Z^o : obere Schranke

Z^u : untere Schranke

Z^o_{sv} : obere Schranke im Knoten v der Stufe s

Z^u_{sv} : untere Schranke im Knoten v der Stufe s

Z_m : Anzahl der Hintergrundmagazine der Maschine m

z_m : Anzahl der benötigten Werkzeugmagazine an Maschine m

α_r : Gewichtungsfaktor der Terminüberschreitung des Auftrags r; $\alpha_r \geq 0$

ϵ : positiver Parameter mit kleinem Wert

$\eta_{Z(1),Z(2)}$: Zielelastizität zwischen Z_1 und Z_2

μ_m : mittlere Abfertigungsrate an der Station m

$\sigma(T_k)$: Standardabweichung der Zielfunktionswerte bei der Temperatur T_k

σ_{om} : Standardabweichung der Bearbeitungszeiten an Station m von den Werkstücken, die dem Palettentyp o zugeordnet wurden

β, ρ, φ : Faktoren

Abkürzungsverzeichnis

DBW	:	Die Betriebswirtschaft
ECPE	:	Engineering Costs and Production Economics
EJOR	:	European Journal of Operational Research
FB/IE	:	Fortschrittliche Betriebsführung und Industrial Engineering
HWProd	:	Handwörterbuch der Produktionswirtschaft
IJFMS	:	The International Journal of Flexible Manufacturing Systems
IJPR	:	International Journal of Production Research
JACM	:	Journal of the Association for Computing Machinery
JMS	:	Journal of Manufacturing Systems
JORS	:	Journal of the Operational Research Society
MS	:	Management Science
MP	:	Mathematical Programming
VDI-Z	:	VDI-Zeitschrift
WiSt	:	Wirtschaftswissenschaftliches Studium
ZfB	:	Zeitschrift für Betriebswirtschaft
ZfbF	:	Zeitschrift für betriebswirtschaftliche Forschung
ZwF	:	Zeitschrift für wirtschaftliche Fertigung

Literaturverzeichnis

Aarts, E. H. L. and Korst, J. H. M. (1989a): Boltzmann Machines for Travelling Salesman Problems, in: EJOR, 39(1989), S. 79-95

Aarts, E. H. L. and Korst, J. H. M. (1989b): Simulated Annealing and Boltzmann Machines, Chichester / New York / Brisbane / Toronto / Singapore 1989

Aarts, E. H. L.; Korst, J. H. M. and Laarhoven van, P. J. M. (1988): A Quantitative Analysis of the Simulated Annealing Algorithm: A Case Study for the Traveling Salesman Problem, in: Journal of Statistical Physics, 50(1988)1/2, S. 187-206

Aarts, E. H. L. and Laarhoven van, P. J. M. (1985a): Statistical Cooling: A General Approach to Combinatorial Optimization Problems, in: Philips Journal of Research, 40(1985)4, S. 193-226

Aarts, E. H. L. and Laarhoven van, P. J. M. (1985b): A new Polynomial-Time Cooling Schedule, in: Proceedings of the IEEE International Conference on Computer Aided Design, Santa Clara, November 1985, S. 206-208

Ablay, P. (1987): Optimierung mit Evolutionsstrategien, in: Spektrum der Wissenschaften, (1987)7, S. 104-115

Adam, D. (1969): Produktionsplanung bei Sortenfertigung, Wiesbaden 1969

Adam, D. (1983a): Kurzlehrbuch Planung, 2. Aufl., Wiesbaden 1983

Adam, D. (1983b): Produktionsdurchführungsplanung, in: Jacob, H. (Hrsg.), Industriebetriebslehre, 2. Aufl., Wiesbaden 1983

Adam, D. (1987): Ansätze zu einem integrierten Konzept der Fertigungssteuerung bei Werkstattfertigung, in: Adam, D. (Hrsg.), Neuere Entwicklungen in der Produktions- und Investitionspolitik, Wiesbaden 1987

Afentakis, P. (1986): Maximum Throughput in Flexible Manufacturing Systems, in: Stecke, K. E. and Suri, R. (Eds.), Proce. of the Second ORSA/TIMS Conference on FMS: OR Models and Applications, Amsterdam 1986, S. 509-520

Agrawal, S. C.; Buzen, J. P. and Shum A. W. (1984): A General Technique for Developing Approximate Algorithms for Queueing Networks, in: Performance Evaluation Review, 12(1984)3, S. 63-77

Agyris, A. (1977): Optimale Fertigungsablaufplanung, Berlin 1977

Akyildiz, I. F. (1988): Mean Value Analysis for Blocking Queueing Networks, in: IEEE Transactions on Software Engineering, 14(1988)4, S. 418-428

Altrogge, G. (1979): Flexibilität in der Produktion, in: Kern, W. (Hrsg.), Handwörterbuch der Produktions-wirtschaft, Stuttgart 1979, Sp. 604-618

Ammons, J. C.; Lofgren, C. B. and McGinnins, L. F. (1985): A Large Scale Machine Loading Problem in Flexible Assembley, in: Annals of Operations Research, 3(1985), S. 319-332

Arnolds, H.; Heege, F. und Tussing, W. (1986): Materialwirtschaft und Einkauf, 5. Aufl., Wiesbaden 1986

Avonts, L. H.; Gelders, L. F. and Wassenhove van, L. N. (1988): Allocating work between an FMS and a conventional jobshop: A case study, in: EJOR, 33(1988), S. 245-256

Avonts, L. H. and Wassenhove van, L. N. (1988): The part mix and routing mix problem in FMS: a coupling between an LP model and a closed queueing network, in: IJPR, 26(1988)12, S. 1891-1902

Baker, K. R. (1974): Introduction to Sequencing and Scheduling, New York 1974

Ballakur, A. (1985): An Investigation of Part Family/Machine Group Formation for Designing Cellur Manufacturing Systems, Ph.D. Thesis, University of Wisconsin - Madison, 1985

Bamberg, G. und Coenenberg, A. G. (1977): Betriebswirtschaftliche Entscheidungslehre, 2. Aufl., München 1977

Barrow, G. M. (1983): Physikalische Chemie, Teil II: Gase, Flüssigkeiten, Festkörper und Mischphasen, 5. Aufl., Wien / Braunschweig / Wiesbaden 1983

Bastos, J. M. (1988): Batching and Routing: Two Functions in the Operational Planning of Flexible Manufacturing Systems, in: EJOR, 33(1988), S. 230-244

Behrbohm, P. (1985): Flexibilität in der industriellen Produktion, Frankfurt am Main 1985

Ben-Arieh, D. (1986): Knowledge Based Control System for Automated Production and Assembly, in: Kusiak, A. (Ed.), Modelling and Design of Flexible Manufacturing Systems, Amsterdam 1986, S. 347-368

Berrada, M. and Stecke, K. E. (1986): A Branch and Bound Approach for Machine Load Balancing in Flexible Manufacturing Systems, in: MS, 32(1986)10, S. 1316-1335

Biendl, P. (1984): Ablaufsteuerung von Montagefertigungen, Bern / Stuttgart 1984

Birgelen, G. (1981): Termingrobplanung in der industriellen Einzel- und Kleinserienfertigung mit linearer Optimierung, Düsseldorf 1981

Blazewicz, J.; Cellary, W.; Slowinski, R. and Weglarz, J. (1986): Scheduling under Resource Constrains, Deterministic Models, Annals of Operations Research 7(1986), Basel 1986

Bock, H. H. (1974): Automatische Klassifikation, Göttingen 1974

Bondi, A. B. and Whitt, W. (1986): The Influence of Service-Time Variability in a Closed Network of Queues, in: Performance Evaluation, 6(1986), S. 219-234

Bonetto, R. (1988): Flexible Manufacturing Systems in Practice, London 1988

Browne, J. et al. (1984): Classification of flexible manufacturing systems, in: The FMS Magazine, (1984) April, S. 114-117

Brucker, P. (1981): Scheduling, Wiesbaden 1981

Bruell, S. C. and Balbo, G. (1980): Computational Algorithms for Closed Queueing Networks, New York / Oxford 1980

Buchholz, T. und Kuhn, R. (1988): Methoden und Verfahren für die Werkzeugüberwachung in der flexiblen Fertigung, in VDI-Z, 130(1988)12, S. 72-76

Bühner, R. (1986): Arbeitseinsatz und Arbeitsstrukturierung in flexiblen Fertigungssystemen (FFS), in: WiSt, (1986)2

Buzacott, J. A. and Shanthikumar, J. G. (1980): Models for Understanding Flexible Manufacturing Systems, in: AIIE Transactions, 12(1980)4, S. 339-350

Buzacott, J. A. and Yao D. D. (1986): Flexible Manufacturing Systems: A Review of Analytical Models, in: MS, 32(1986)7, S. 890-905

Buzen, J. P. (1973): Computational Algorithms for Closed Queueing Networks with Exponential Servers, in: Communications of the ACM, 16(1973)9, S. 527-531

Cavaille, J.-B. and Dubois, D. (1982): Heuristic Methods Based on Mean-Value Analysis for Flexible Manufacturing Systems Performance Evaluation, in: Proceedings of the 21st IEEE Conference of Decision and Control, Orlando FL 1982, S. 1061-1065

Chams, M.; Hertz, A. and Werra de, D. (1987): Some Experiments with Simulated Annealing for Coloring Graphs, in: EJOR, 32(1987), S. 260-266

Charles Stark Draper Laboratory (1984): Flexible Manufacturing Systems Handbook, New Jersey 1984

Co, H. C.; Jaw, T. J. and Chen, S. K. (1988): Sequencing in Flexible Manufacturing Systems and Other Short Queue-length Systems, in: JMS, 7(1988)1, S. 1-9

Coffman, E. G. Jr.; Garey, M. R. and Johnson, D. S. (1978): An Application of Bin-packing to Multiprocessor Scheduling, in: SIAM Journal on Computing, 7(1978), S. 1-17

Conradi, J. (1973): Operationsanalytische Modelle der Kapazitätsdisposition aus Produktionstheoretischer Sicht, Diss. München 1973

Conterno, R.; Menga, G. and Quaglino S. (1986): Performances Evaluation of FMS by Heuristic Queueing Network Analysis, in: Proceedings of the IEEE International Conf. on Robotics and Automation, Washington DC, IEEE Comp. Soc. Press 1986, S. 959-964

Conway, R. W., Maxwell, W.L., Miller, L.W. (1967): Theory of Scheduling, Massachusetts / Palo Alto / London / Don Mills 1967

Croes, G. A. (1958): A Method for Solving Traveling-Salesman Problems, in: OR, 6(1958), S. 791-812

DeLuca, A. (1984): Optimal production planning for FMS: An 'optimum batching' algorithm, in: Warnecke, H.-J. (Ed.) Proc. of the 3rd inter. Conf. on Flexible Manufacturing Systems (17th IPA Conf.), 11.-13. 9. 1984, Boeblingen, West Germany, S. 323-332

Dey, H. J. und Möller, B. (1984): Fertigungszelle, Fertigungsinsel, Fertigungssystem - Konzepte einer flexiblen Fertigung, in: Werkstatt und Betrieb, 117(1984)8, S. 457-528

Döttling, W. (1981): Flexible Fertigungssysteme: Steuerung und Überwachung des Fertigungsablaufs, Berlin / Heidelberg / New York 1981

Domschke, W. (1985a): Logistik: Transport, 2. Aufl., München 1985

Domschke, W. (1985b): Logistik: Rundreisen und Touren, 2. Aufl., München 1985

Domschke, W. (1989): Schedule Synchronization for Public Transit Networks, in: OR Spektrum, 11(1989), S. 17-24

Domschke, W. und Drexl A. (1985): Logistik: Standorte, 2. Aufl., München 1985

Drexl, A. (1988): A Simulated Annealing Approach to the Multiconstraint Zero-One Knapsack Problem, in: Computing, 40(1988)1, S. 1-8

Drexl, A. (1989): Heuristische Planung des Investitionsprogramms, in: WiSt, (1989)2, S. 54-58

Eager D. L. and Sevcik K. C. (1986): Bound Hierarchies for Multiple-Class Queuing Networks, in: JACM, 33(1986)1, S. 179-206

Eisemann, K. (1964): The Generalized Stepping Stone Method for the Machine Loading Model, in: MS 11(1964)1, S. 154-176

Ellinger, Th. (1981): Der Einsatz von OR-Methoden im Bereich der industriellen Produktionsplanung, in: Fandel, G. et al. Eds., Operations Research Proceedings 1980, Berlin / Heidelberg / New York 1981

Erschler, J.; Lévêque, D. and Roubellat, F. (1984): Periodic Loading of Flexible Manufacturing Systems, in: Doumeingts, G. and Carter, W. A. (Eds.), Advances in Production Management Systems, Amsterdam 1984

Erschler, J.; Roubellat, F. and Thuriot, C. (1985): Steady State Scheduling of a Flexible Manufacturing System with Periodic Releasing and Flow Time Constraints, in: Annals of Operations Research 3(1985), S. 279-300

Eversheim, W. und Schaefer F.-W. (1980): Planung des Flexibilitätsbedarfs von Industrieunternehmen, in: DBW, 40(1980)2, S. 229-248

Faigle, U. und Schrader R. (1988): Simulated Annealing - Eine Fallstudie, in: Angewandte Informatik, (1988)6, S. 259-263

Feynman R. P.; Leighton, R. B. und Sands, M. (1987): Feynman Vorlesungen über Physik, Band I: Mechanik, Strahlung und Wärme, München / Wien 1987

Fischer, J. (1981): Heuristische Investitionsplanung, Berlin 1981

Fisher, M. L., Jaikumar, R. (1981): A Generalized Assignment Heuristic for Vehicle Routing in: Networks, 11(1981), S. 109-124

Fisher, M. L., Jaikumar, R., Wassenhove van, L. N. (1986): A Multiplier Adjustment Method for the Generalized Assignment Problem, in: MS, 32(1986)9, S. 1095-1103

Fix-Sterz, J.; Lay, G. und Schultz-Wild, R. (1986): Flexible Fertigungssysteme und Fertigungszellen, in: VDI-Z, 128(1986)11, S. 369-379

Förster, H.-U. (1988): Integration von flexiblen Fertigungszellen in die PPS, Berlin / Heidelberg 1988

French, S. (1982): Sequencing and Scheduling: An Introduction to the Mathematics of the Job-Shop, Chichester 1982

Frenzel, B. und Schmidt G. (1987): IFPS: Ein Konzept zur intelligenten Fertigungsplanung und Steuerung von flexiblen Fertigungssystemen, in: Angewandte Informatik, (1987)11, S. 458-464

Garey, M. R. and Johnson, D. S. (1979): Computers and Intractability: A Guide to the Theory of NP-Completeness, San Francisco 1979

Garey, M. R. and Johnson, D. S. (1981): Approximation Algorithms for Bin Packing Problems: A Survey, in: Ausiello, G. and Lucertini, M. (Eds.), Analysis and Design of Algorithms in Combinatorial Optimization, Wien / New York 1981, S. 147-172

Geitner U. W., (1988): Der technische Leitstand in einer CIM-Umgebung, in: CIM Management, (1988)2, S. 4-8

Gershwin, S. B.; Hildebrant, R. R.; Suri, R. and Mittler, S. K. (1986): A Control Perspective on Recent Trends in Manufacturing Systems, in: IEEE Control Systems Magazine, (1986) April, S. 3-15

Goldberg, D. E. (1989): Genetic Algorithms in Search, Optimization and Machine Learning, Reading, MA u.a. 1989

Gordon, W. J. and Newell, G. F. (1967): Closed Queueing Systems with Exponential Servers, in: OR, 15(1967)2, S. 254-265

Graham, R. L. (1969): Bounds on Multiprocessing Timing Anomalies, in: SIAM Journal on Applied Mathematics, 17(1969), S. 263-269

Grund, P. und Wagner, J. (1986): Softwaremodule zur Steuerung flexibler Fertigungssysteme, in: ZwF 81(1986)6 S. 282-286

Grochla, E. (1978): Grundlagen der Materialwirtschaft, Wiesbaden 1978

Günther, H. (1971): Das Dilemma der Arbeitsablaufplanung, Berlin 1971

Günther, H. (1972): Dilemma und Trilemma der Ablaufplanung, in: ZfB, 42(1971), S. 297-300

Gupta, D. and Buzacott, J. A. (1989): A Framework for Understanding Flexibility of Manufacturing Systems, in: JMS, 8(1989)2, S. 89-97

Gutenberg, E. (1951): Grundlagen der Betriebswirtschaftslehre, 1. Band.: Die Produktion, Berlin / Göttingen / Heidelberg 1951

Gutenberg, E. (1979): Grundlagen der Betriebswirtschaftslehre, 1. Band.: Die Produktion, 23. Aufl., Berlin / Heidelberg / New York 1979

Hackstein, R. (1989): Produktionsplanung und -steuerung, 2. überarb. Aufl., Düsseldorf 1989

Hagelschuer, P. B. (1971): Theorie der linearen Dekomposition, Berlin / Heildelberg / New York 1971

Hammer, H. (1986): Flexible Fertigungssysteme in CIM-Lösungen, in: ZwF, 81(1986)11, S. 637-644

Hartl, R. und Petritsch G. (1989): Kraftwerkseinsatzplanung mittels Zufallsgesteuerter Suchstrategien, Arbeitspapier TU Wien, Institut für Ökonometrie, Operations Research und Systemtheorie, Wien 1989

Haupt, R. (1989): A Survey of Priority Rule-Based Scheduling, in: OR Spektrum, 11(1989)1, S. 3-16

Hausknecht, M. (1988): Basistypen flexibler Automation, in: VDI-Z, 130(1988)12, S. 30-35

Hax, A. C. and Candea, D. (1984): Production and Inventory Management, New Jersey 1984

Hedrich, P. (1983): Flexibilität in der Fertigungstechnik durch Computereinsatz, München 1983

Heinemeyer, W. (1979): Durchlaufzeiten, in: Kern, W. (Hrsg.), HWProd, Stuttgart, S. 421-434

Heinen, E. (1971): Grundlagen betriebswirtschaftlicher Entscheidungen. Das Zielsystem der Unternehmung, 2. Aufl., Wiesbaden 1971

Heinen, E. (1985): Industriebetriebslehre als Entscheidungslehre, in: Heinen, E. (Hrsg.), Industriebetriebslehre, 8. Aufl., Wiesbaden 1985

Heinrich, C. E. (1987): Mehrstufige Losgrößenplanung in hierarchisch strukturierten Produktionsplanungs-systemen, Berlin / Heidelberg / New York 1987

Helberg, P. (1987): PPS als CIM-Baustein: Gestaltung der Produktionsplanung und -steuerung für computer-integrierte Produktion, Berlin 1987

Herrscher, A. (1982): Flexible Fertigungssysteme: Entwurf und Realisierung prozeßnaher Steuerungsfunktionen, Berlin / Heidelberg / New York 1982

Hildebrant, R. R. (1980): Scheduling Flexible Machining Systems Using Mean Value Analysis, in: Proceedings of the IEEE Conference on Decision and Control, Albuquerque 1980, S. 701-706

Hintz, G.-W. (1987): Ein wissensbasiertes System zur Produktionsplanung und -steuerung für Flexible Fertigungssysteme, Düsseldorf 1987

Hitz, K. L. (1979): Scheduling of Flexible Flow Shops, Working Paper LIDS-R-879, Laboratory for Information and Decision Systems, Massachusetts Institute of Technology, Cambridge, Massachusetts 02139, January 1979

Hitz, K. L. (1980): Scheduling of Flexible Flow Shops II, Working Paper LIDS-R-1049, Laboratory for Information and Decision Systems, Massachusetts Institute of Technology, Cambridge, Massachusetts 02139, October 1980

Hoitsch, H.-J. (1985): Produktionswirtschaft, München 1985

Holz, B. F. und Gaebler, W. (1985): Flexible Fertigungssysteme: Der FFS-Report der INGERSOLL Engineers, Berlin / Heidelberg / New York / Tokyo 1985

Hormann, D. (1973): Betrieb rechnergesteuerter Fertigungssysteme, Diss., Aachen 1973

Hornbogen, E. (1987): Werkstoffe, 4. Aufl., Berlin / Heidelberg 1987

Horowitz, E. and Sahni, S. (1981): Algorithmen: Entwurf und Analyse, Berlin / Heidelberg / New York 1981

Horváth, P. und Mayer, R. (1986): Produktionswirtschaftliche Flexibilität, in: WiSt, (1986)2, S. 69-76

Hoss, K. (1965): Fertigungsablaufplanung mittels operationsanalytischer Methoden, Würzburg/Wien, 1965

Hutchinson, G. K. and Sinha, D. (1989): A Quantification of the Value of Flexibility, in: JMS, 8(1989)1, S. 47-57

Hutchinson, G. K. and Wynne, D. E. (1973): A flexible manufacturing system, in: IE, (1973)12, S. 10-17

Hwang, S.-L.; Barfield, W.; Chang, T.-C. and Salvendy, G. (1984): Integration of humans and computers in operation and control of flexible manufacturing systems, in: IJPR, 22(1984)5, S. 841- 856

Hwang, S. S. (1986): A Constraint-Directed Method to Solve the Part Selection Problem in Flexible Manufacturing Systems Planning Stage, in: Stecke, K. E. and Suri, R. (Eds.), Proce. of the Second ORSA/TIMS Conference on FMS: OR Models and Applications, Amsterdam 1986, S. 297-309

Hwang, S. S. and Shogan, A. W. (1989): Modelling and Solving an FMS Part Selection Problem, in: IJPR, 27(1989)8, S. 1349-1366

Jackson, J. R. (1957): Networks of Waiting Lines, in: OR, 5(1957)2, S. 518-521

Jacob, H. (1974): Unsicherheit und Flexibilität: Zur Theorie der Planung bei Unsicherheit, in: ZfB, 44(1974)5, S. 299-326

Jones, A. T. and McLean, C. R. (1986): A Proposed Hierarchical Control Model for Automated Manufacturing Systems, in: JMS, 5(1986)1, S. 15-25

Kern, H. und Schumann, M. (1984): Das Ende der Arbeitsteilung? Rationalisierung in der industriellen Produktion, München 1984

Kilger, W. (1981): Flexible Plankostenrechnung und Deckungsbeitragsrechnung, 8. Aufl., Wiesbaden 1981

Kimemia, J. G. and Gershwin, S. B. (1980): Multicommodity Network Flow Optimization in Flexible Manufacturing Systems, Laboratory for Information and Decision Systems, MIT, Cambridge, USA, Report ESL-FR-834-2, April 1980, S. 37

Kiran, A. S. and Tansel, B. C. (1986): The System Setup in FMS: Concepts and Formulation, in: Stecke, K. E. and Suri, R. (Eds.), Proce. of the Second ORSA/TIMS Conference on FMS: OR Models and Applications, Amsterdam 1986, S. 321-332

Kirkpatrick, S.; Gelatt, C. D. Jr. and Vecchi, M. P. (1983): Optimization by Simulated Annealing, in: Science, 220(1983), S. 671-680

Kirkpatrick, S. (1984): Optimization by Simulated Annealing: Quantitative Studies, in: Journal of Statistical Physics, 34(1984)5/6, S. 975-986

Kistner K.-P., Switalski, M. (1988): Warteschlangentheoretische Ansätze in der hierarchischen Produktionsplanung, Arbeitspapier Nr.184, Universität Bielefeld 1988

Kleinrock, L. (1975): Queueing Systems: Volume 1: Theory, New York / Chichester / Brisbane / Toronto 1975

Knoop, J. (1986): Online-Kostenrechnung für die CIM-Planung, Berlin 1986

Kohler, C. and Schultz-Wild, R. (1985): Flexible Manufacturing Systems - Manpower Problems and Policies, in: JMS, 4(1985)2, S. 135-146

Krallmann, H. (1986): Expertensysteme für die computerintegrierte Fertigung, in: FB/IE, 35(1986)3, S. 100-106

Kruschwitz, L. und Fischer J. (1981): Heuristische Lösungsverfahren, in: WiSt, 10(1981)10, S. 449-458

Krycha, K.-Th. (1972): Methoden der Ablaufplanung, Frankfurt am Main / Zürich 1972

Küpper, H.-U. (1981): Ablauforganisation, Stuttgart/New York 1981

Kumar, V. (1987): Entropic measures of manufacturing flexibility, in: IJPR, 25(1987)7, S. 957-966

Kunz, C. (1982): Reihenfolgeplanung bei identischen Anlagen, Frankfurt am Main 1982

Kusiak, A. (1985a): Loading Models in Flexible Manufacturing Systems, in: Raouf, A. and Ahmad, S. I. (Eds.), Flexible Manufacturing, Amsterdam / Oxfort / New York / Tokyo 1985

Kusiak, A. (1985b): Planning of Flexible Manufacturing Systems, in: Robotica, 3(1985), S. 229-232

Kusiak, A. (1985c): The Part Families Problem in Flexible Manufacturing Systems, in: Annals of Operations Research 3(1985), S. 279-300

Kusiak, A. (1985d): Flexible manufacturing systems: a structural approach, in: IJPR, 23(1985)6, S. 1057-1073

Kusiak, A. (1986): Application of operational research models and techniques in flexible manufacturing systems, in: EJOR, 24(1986)3, S. 336-345

Laarhoven van, P. J. M. and Aarts, E. H. L. (1987): Simulated Annealing: Theory and Applications, Dordrecht, 1987

Laarhoven van, P. J. M.; Aarts, E. H. L. and Lenstra, J. K. (1988): Job Shop Scheduling by Simulated Annealing, Working Paper Philips Research Laboratories, Eindhoven the Netherlands, 1988

Lazowska, E. D.; Zahorjan, J.; Graham, G. S. and Sevcik, K. C. (1984): Quantitative System Performance: Computer System Analysis Using Network Models, New Jersey 1984

Lee, C.-Y. and Massey, J. D. (1988): Multiprocessor Scheduling: An Extension of the MULTIFIT Algorithm, in: JMS 7(1988)1, S. 25-32

Lenstra, J.K.; Rinnooy Kan, A. H. G. and Brucker P. (1977): Complexity of Machine Scheduling Problems, in: Hammer, P. L. et al. (Eds.), Studies in Integer Programming, Amsterdam / New York / Oxford 1977, S. 343-362

Leung, L. C. and Tanchoco, J. M. A. (1986): A Profit Maximization Model for Machine/Part Assignment in a Manufacturing System, in: ECPE, 10(1986), S. 57-67

Liedl, R. (1984): Ablaufplanung bei auftragsorientierter Werkstattfertigung, Münster 1984

Lin, S. (1965): Computer Solutions of the Traveling Salesmann Problem, in: The Bell System Technical Journal, 44(1965), S. 2245-2269

Lin, S. and Kernighan, B. W. (1973): An Effective Heuristic Algorithm for the Traveling-Salesmann Problem, in: OR, 21(1973), S. 498-516

Little, J. D. C. (1961): A Proof for the Queueing Formula: $L = \lambda \cdot W$, in: OR, 9(1961), S. 383-387

Looveren van, A. J.; Gelders, L. F. and Wassenhove van, L. N. (1986): A Review of FMS Planning Models, in: Kusiak, A. (Ed.), Modelling and Design of Flexible Manufacturing Systems, Amsterdam 1986

Luca de, A. (1988): Flexible Manufacturing Cells Modularity and Expandability as a Key Factor for Successful Operation, in: McGuigan, K. (Ed.), Flexible Manufacturing for Small to Medium Enterprises, Bedford August 1988, S. 23-33

Maier, K. (1982): Die Flexibilität betrieblicher Leistungsprozesse, Thun / Frankfurt am Main 1982

Maier, U. (1980): Arbeitsgangterminierung mit variabel strukturierten Arbeitsplänen: Ein Beitrag zur Fertigungssteuerung flexibler Fertigungssysteme, Berlin / Heidelberg / New York 1980

Mandelbaum, M. and Brill, P. H. (1989): Examples of Measurement of Flexibility and Adaptivity in Manufacturing Systems, in: JORS, 40(1989)6, S. 603-609

Martello, S. and Toth, P. (1981): An Algorithm for the Generalized Assignment Problem, in: Brans, J. P. (Ed.), Operational Research '81, 1981, S. 589-603

Mazzola, J. B. (1986): Generalized Assignment with Nonlinear Capacity Interaction, Working Paper 8613, Fuqua School of Business, Duke University, Dezember 1986, forthcoming in MS

Mazzola, J. B.; Neebe, A. W. and Dunn, C. V. R. (1989): Production Planning of a Flexible Manufacturing System in a Material Requirements Planning Environment, in: IJFMS 1(1989)2, S. 115-142

Meffert, H. (1969): Zum Problem der betriebswirtschaftlichen Flexibilität, in: ZfB, 39(1969), S. 779-800

Meffert, H. (1985): Größere Flexibilität als Unternehmungskonzept, in: ZfbF, 37(1985)2, S. 121-137

Mensch, G. (1968): Ablaufplanung, Köln / Opladen 1968

Mensch, G. (1972): Das Trilemma der Ablaufplanung, in: ZfB, 42(1972)2, S. 77-88

Menga, G.; Bruno, G.; Conterno, R. and Dato, M. A. (1984): Modelling FMS by Closed Queueing Network Analysis Methods, in: IEEE Transactions on Components, Hybrids and Manufacturing Technology, 7(1984)3, S. 241-248

Meretz, H. (1989): Flexible Fertigungssysteme in der Praxis - eine unendliche Geschichte, in: Werkstatt und Betrieb, 122(1989)2, S. 143-147

Mertens, P.; Hildebrand, R. J. N. und Kotschenreuther W. (1989): Verteiltes wissensbasiertes Problemlösen im Fertigungsbereich, in: ZfB, 59(1989)8, S. 839-854

Mertins, K. (1985a): Steuerung rechnergeführter Fertigungssysteme, München / Wien 1985

Mertins, K. (1985b): Entwicklungsstand flexibler Fertigungssysteme: Linien-, Netz- und Zellenstrukturen, in: ZwF, 80(1985)6, S. 249-265

Metropolis, N.; Rosenbluth A. W.; Rosenbluth M. N. and Teller A. H. (1953): Equation of State Calculations by Fast Computing Machines, in: The Journal of Chemical Physics, 21(1953)6, S. 1087-1092

Mönig, H. (1985): Fertigungsorganisation und Wirtschaftlichkeit einer Fertigungsinsel, in: ZfbF, 37(1985)1, S. 83-101

Morton, T. E. and Smunt, T. L. (1986): A Planning and Scheduling System for Flexible Manufacturing, in: Kusiak, A. (Ed.), Flexible Manufacturing Systems: Methods and Studies, New York / Oxford 1986, S. 151-164

Müller, W. (1985): Personaleinsatz in hochautomatisierten Fertigungssystemen, in: FB/IE, 24(1985)2, S. 52-56

Müller-Merbach, H. (1981): Heuristics and their design: a survey, in: EJOR, 8(1981), S. 1-23

Mulvey, J. M. and Beck M. P. (1984): Solving Capacitated Clustering Problems, in: EJOR, 18(1984), S. 339-348

Muscati, M. (1967): Die zeitliche Optimierung von Objektfolgen bei kontinuierlichen mehrstufigen Prozessen, in: ZfbF, 19(1967), S. 297-305

Muscati, M. (1970): Zur Optimierung der Zeitplanung unter besonderer Berücksichtigung von ablaufhomogenen Prozessen, Köln 1970

Mussbach-Winter, U. (1985): Disposition of Orders in a Flexible and Highly Automated Factory, in: Bullinger H.-J. and Warnecke, H. J. (Eds.), Towards the Factory of the Future, Berlin 1985, S. 85-88

Nebbe, A. W. and Rao, M. R. (1983): An algorithm for the Fixed-Charge Assigning Users to Sources Problem, in: JORS, 34(1983)11, S. 1107-1113

Nieß, P. S. (1980): Kapazitätsabgleich bei flexiblen Fertigungssystemen, Berlin / Heidelberg / New York 1980

Nof, S. Y.; Barash, M. M. and Solberg J. J. (1979): Operational Control of Item Flow in Versatile Manufacturing Systems, in: IJPR, 17(1979)5, S. 479-489

O'Grady, P. J. and Menon, U. (1984): A Flexible Multiobjective Production Planning Framework for Automated Manufacturing Systems, in: ECPE, 8(1984), S. 189-198

O'Grady, P. J. and Menon, U. (1987): Loading a Flexible Manufacturing System, in: IJPR, 25(1987)7, S. 1053-1068

Ohse, D. (1983): Mathematik für Wirtschaftswissenschaftler I, München 1983

Ondracek, G. (1986): Werkstoffkunde, 2. Aufl., Sindelfingen 1986 o.V. (1989): FFS Produktinformation von Hüller Hille, 1989

Paulik, R. (1984): Kostenorientierte Reihenfolgeplanung in der Werkstattfertigung, Bern/Stuttgart 1984

Pfaffenberger, U. (1963): Probleme der Produktionsplanung bei Mehrprodukt-Mehrstufenfertigung, Diss., Berlin 1963

Pferdmenges, R. (1981): Organisation in flexibel automatisierten Fertigungskonzepten, Düsseldorf 1981

Pfohl, H.-C. und Braun, G. (1981): Entscheidungstheorie, Landsberg am Lech 1981

Pfohl, H.-C. (1985): Logistiksysteme, Berlin/Heidelberg/New York 1985

Rajagopalan, S. (1985): Scheduling Problems in Flexible Manufacturing Systems, Working Paper, Graduate School of Industrial Adminstration, Carnegie-Mellon University, Pittsburgh, PA 15213, September 1985

Rajagopalan, S. (1986): Formulation and Heuristic Solutions for Parts Grouping and Tool Loading in FMS, in: Stecke, K. E. and Suri, R. (Eds.), Proce. of the Second ORSA/TIMS Conference on FMS: OR Models and Applications, Amsterdam 1986, S. 311-320

Ránky, P. G. (1983): The Design and Operation of FMS, Amsterdam / New York / Oxford 1983

Rehwinkel, G. (1978): Erfolgsorientierte Reihenfolgeplanung, Wiesbaden 1978

Reichwald, R. und Behrbohm, P. (1983): Flexibilität als Eigenschaft produktionswirtschaftlicher Systeme, in: ZfB, 53(1983)9, S. 831-853

Reiser, M. (1979): A Queueing Network Analysis of Computer Communication Networks with Window Flow Control, in: IEEE Transactions on Communications, 27(1979)8, S. 1199-1209

Reiser, M. (1981): Mean-Value Analysis and Convolution Method for Queue-Dependent Servers in Closed Queueing Networks, in: Performance Evaluation, 1(1981), S. 7-18

Reiser, M. and Lavenberg, S. S. (1980): Mean-Value Analysis of Closed Multichain Queueing Networks, in: JACM, 27(1980)2, S. 313-322

Reitzle, W. (1984): Industrieroboter, München 1984

Riebel, P, (1982): Einzelkosten- und Deckungsbeitragsrechnung, 4. Aufl., Wiesbaden 1982

Riedesser, A. (1971): Der Diagonalalgorithmus zur Ablaufplanung, in: ZfbF, 23(1971), S. 649-669

Rieper, B. (1985): Hierarchische Entscheidungsmodelle in der Produktionswirtschaft, in: ZfB, 55(1985)8, S. 770-789

Rinnooy Kan, A. H. G. (1976): Machine Scheduling Problems: Classification, Complexity and Computations, The Hague 1976

Ross, G. T. and Soland R. M. (1975): A Branch and Bound Algorithm for the Generalized Assignment Problem, in: MP, 8(1975), S. 91-103

Sarin, S. C. and Chen, C. S. (1987): The Machine Loading and Tool Allocation Problem in a Flexible Manufacturing System, in: IJPR, 25(1987)7, S. 1081-1094

Scheer, A.-W. (1984): EDV-orientierte Betriebswirtschaftslehre, Berlin / Heidelberg / New York / Tokyo 1986

Scheer, A.-W. (1987): CIM: Der computergesteuerte Industriebetrieb, Berlin / Heidelberg 1987

Scheer, A.-W. (1988): Wirtschaftsinformatik: Informationssysteme im Industriebetrieb, Berlin / Heidelberg / New York 1988

Schlingensiepen, J. (1987): Wirtschaftlichkeitsrechnungen und kostenrechnerische Kalküle für flexible Fertigungssysteme (FFS), in: Kostenrechnungspraxis, (1987)5, S. 179-186

Schmidt, G. (1989): CAM: Algorithmen und Decision Support für die Fertigungssteuerung, Berlin / Heidelberg 1989

Schneeweiß, Ch. (1981): Modellierung industrieller Lagerhaltungssysteme, Berlin / Heidelberg / New York 1981

Schneeweiß, Ch. (1987): Einführung in die Produktionswirtschaft, Berlin / Heidelberg / New York 1987

Schnupp, P. und Leibrandt, U. (1986): Expertensysteme - Nicht nur für Informatiker, Berlin / Heidelberg / New York / Tokyo 1986

Schweitzer, M. (1967): Methodologische und entscheidungstheoretische Grundfragen der betriebswirtschaftlichen Prozeßstrukturierung, in: ZfbF, 19(1967), S. 279-305

Schweitzer, M.; Küpper, H.-U. und Hettich, G. O. (1983): Systeme der Kostenrechnung, 3. Aufl., München 1983

Seelbach, H. (1975): Ablaufplanung, Würzburg/Wien 1975

Seliger, G. (1983): Wirtschaftliche Planung automatisierter Fertigungssysteme, München / Wien 1983

Shalev-Oren, S., Seidmann, A., Schweitzer, P. J. (1985): Analysis of Flexible Manufacturing Systems with Priority Scheduling: PMVA, in: Annals of Operations Research, 3(1985), S. 115-139

Shanker, K. and Srinivasulu, A. (1989): Some Solution Methodologies for Loading Problems in a Flexible Manufacturing System, in: IJPR, 27(1989)6, S. 1019-1034

Shanker, K. and Tzen, Y.-J. J. (1985): A Loading and Dispatching Problem in a Random flexible Manufacturing System, in: IJPR, 23(1985)3, S. 579-595

Sharit, J.; Eberts, R. and Salvendy G. (1988): A Proposed Theoretical Framework for Design of Decision Support Systems in Computer-Integrated Manufacturing Systems: A Cognitive Engineering Approach, in: IJPR, 26(1988)6, S. 1037-1063

Siegel, T. (1974): Optimale Maschinenbelegungsplanung, Berlin 1974

Silver, E. A.; Vidal, R. V. V. and Werra de, D. (1980): A tutorial on heuristic methods, in: EJOR, 5(1980), S. 153-162

Snader, K. R. (1986): Flexible Manufacturing Systems: An Industry Overview, in: Production and Inventory Management, (1986)4, S. 1-9

Solberg, J. J. (1977): A mathematical model of comuterized manufacturing systems, in: Proceedings of the 4th International Conference on Production Research, Tokio 1977, S. 1265-1275

Solberg, J. J. (1981): Capacity Planning with a Stochastic Workflow Model, AIIE Transactions, 13(1981)2, S. 116-123

Sonntag, K. (1985): Erforderliche Qualifikation beim Tätigkeitsvollzug in der flexiblen automatisierten Fertigung, in: Zeitschrift für Arbeitswissenschaft, 39(1985)4, S. 193-200

Späth, H. (1975): Cluster-Analyse-Algorithmen zur Objektklassifizierung und Datenreduktion, München/Wien 1975

Spur, G. und Mertins, K. (1981): Flexible Fertigungssysteme, Produktionsanlagen der flexiblen Automatisierung, in: ZwF 76(1981)9, S. 441-448

Spur, G.; Seliger, G. and Viehweger, B. (1986): Cell Concepts for Flexible Automated Manufacturing, in: JMS, 5(1986)3, S. 171-179

Stecke, K. E. (1983): Formulation and solution of nonlinear integer production planning problems for flexible manufacturing systems, in: MS, 29(1983)3, S. 273-288

Stecke, K. E. (1985): Design, Planning, Scheduling and Control Problems of Flexible Manufacturing Systems, in: Annals of Operations Research 3(1985), S. 3-12

Stecke, K. E. (1986): A hierarchical approach to solving machine grouping and loading problems of flexible manufacturing systems, in: EJOR, 24(1986)3, S. 369-378

Stecke, K. E. (1987): Procedures to Determine Part Mix Ratios in Flexible Manufacturing Systems, Working Paper No. 448 R, Division of Research, Graduate School of Business Administration, The University of Michigan, Ann Arbor, Michigan, July 1987

Stecke, K. E. and Browne, J. (1985): Variations in Flexible Manufacturing Systems According to the Relevant Types of Automated Materials Handling, in: Material Flow, (1985)2, S. 179-185

Stecke, K. E. and Kim, I. (1986a): A Flexible Approach to Implementing the Short-Term FMS Planning Function, in: Stecke, K. E. and Suri, R. (Eds.), Proce. of the Second ORSA/TIMS Conference on FMS: OR Models and Applications, Amsterdam 1986, S. 283-295

Stecke, K. E. and Kim, I. (1986b): Decision Aids for FMS Part Type Selection using Aggregate Production Ratios to Study Pooled Machines of Unequal Sizes, Working Paper No. 478, Division of Research, Graduate School of Business Administration, The University of Michigan, Ann Arbor, Michigan, October 1986

Stecke, K. E. and Kim, I. (1987a): A Study of Unbalancing and Balancing for Systems of Pooled Maschines of Unequal Sizes, in: Proc. of the IEEE International Conf. on Robotics and Automation, Raleigh, North Carolina, March 31-April 3, 1987, S. 1350-1354

Stecke, K. E. and Kim, I. (1987b): Comparison of Various Approaches to Part Type Selection Problem in Flexible Manufacturing Systems, in: Proc. of the International Conf. on Production Research, Cincinnati, Ohio, August 17-20, 1987

Stecke, K. E. and Kim, I. (1988): A Study of FMS Part Type Selection Approaches for Short-Term Production Planning, in: IJFMS, 1(1988)1, S. 7-29

Stecke, K. E. and Morin, T. L. (1985): The optimality of balancing workloads in certain types of flexible manufacturing systems, in: EJOR, 20(1985)1, S. 68-82

Stecke, K. E. and Solberg, J. J. (1981a): The Optimal Planning of Computerized Manufacturing Systems: The CMS Loading Problem, School of Industrial Engineering Purdue University, West Lafayette, Indiana 47907, Report No. 20, February 1981

Stecke, K. E. and Solberg, J. J. (1981b): Loading and control policies for a flexible manufacturing system, in: IJPR, 19(1981)5, S. 481-490

Stecke, K. E. and Solberg, J. J. (1985): The Optimality of Unbalancing Both Workloads and Machine Group Sizes in Closed Queueing Networks of Multiserver Queues, in: OR, 33(1985)4, S. 882-910

Stecke, K. E. and Talbot, F. B. (1985): Heuristics for Loading Flexible Manufacturing Systems, in: Raouf, A. and Ahmad, S. I. (Eds.), Flexible Manufacturing, Amsterdam / Oxfort / New York / Tokyo 1985, S. 73-85

Steinhausen, D. und Langer K. (1977): Clusteranalyse, Berlin / New York 1977

Strack, M. (1987): Organisatorische Gestaltung einer zentralen Werkstattsteuerung, Berlin / Heildelberg / New York 1987

Strack, M. (1988): Die Plantafel ist tot, es lebe der CIM-Leitstand?, in: CIM Management, (1988)2, S. 26-31

Streim, H. (1975): Heuristische Lösungsverfahren: Versuch einer Begriffsklärung, in: Zeitschrift für Operations Research, 19(1975), S. 143-162

Subramanyam, S. and Askin, R. G. (1986): An Expert Systems Approach to Scheduling in Flexible Manufacturing Systems, in: Kusiak, A. (Ed.), Flexible Manufacturing Systems: Methods and Studies, Amsterdam 1986, S. 243-256

Suri, R. (1985): An Overview of Evaluative Models for Flexible Manufacturing Systems, in: Annals of Operations Research 3(1985), S. 13-21

Suri, R. and Hildebrant, R. R. (1984): Modelling Flexible Manufacturing Systems Using Mean-Value Analysis, in: JMS, 3(1984)1, S. 27-38

Suri, R. and Whitney, C. K. (1984) Decision Support Requirements in Flexible Manufacturing, in: JMS, 3(1984)1, S. 61-69

Switalski, M. (1988), Hierarchische Produktionsplanung und Aggregation, in: ZfB, 58(1988)3, S. 381-396

Syslo, M. M.; Deo, N. and Kowalik, J. S. (1983): Discrete Optimization Algorithms with Pascal Programs, New Jersey 1983

Taha, H. A. (1987): Operations Research: An Introduction, 4. Edition, New York 1987

Talavage, J. and Hannam, R. G. (1988): Flexible Manufacturing Systems in Practice: Applications Design and Simulation, New York / Basel 1988

Tang, C. S. and Denardo, E. V. (1988a): Models Arising from a Flexible Manufacturing Machine, Part I: Minimization of the Number of Tool Switches, in: OR, 36(1988)5, S. 767-777

Tang, C. S. and Denardo, E. V. (1988b): Models Arising from a Flexible Manufacturing Machine, Part II: Minimization of the Number of Switching Instants, in: OR, 36(1988)5, S. 778-784

Tempelmeier, H. (1980): Standortoptimierung in der Marketing-Logistik, Königstein/Ts. 1980

Tempelmeier, H. (1983): Quantitative Marketing-Logistik, Berlin / Heidelberg / New York 1983

Tempelmeier, H. (1988a): Material-Logistik: Quantitative Grundlagen der Materialbedarfs- und Losgrößen-planung, Berlin / Heidelberg / New York, 1989

Tempelmeier, H. (1988b): Kapazitätsplanung für Flexible Fertigungssysteme, in: ZfB, 58(1988)9, S. 963-980

Tempelmeier, H. (1989): Konfigurierung flexibler Fertigungssysteme auf dem Personal Computer, in: ZwF, 84(1989)8, S. 448-450

Tempelmeier, H. und Endesfelder T. (1987): Der SIMAN MODUL PROZESSOR - Ein flexibles Softwaretool zur Erzeugung von SIMAN-Simulationsmodellen, in: Angewandte Informatik, 29(1987)3, S. 104-110

Tempelmeier, H.; Kuhn, H. und Tetzlaff, U. (1988): Analytische Leistungsabschätzung von flexiblen Fertigungs-systemen mit begrenzten lokalen Puffern: Teil A - Serviceblockierung, Arbeitspapier, Technische Hochschule Darmstadt, Fachgebiet Fertigungs- und Materialwirtschaft, Darmstadt 1988

Tempelmeier, H.; Kuhn, H. und Tetzlaff, U. (1989a): Analytische Leistungsabschätzung von flexiblen Fertigungs-systemen mit begrenzten lokalen Puffern: Teil B - Transportblockierung, Arbeitspapier, Technische Hochschule Darmstadt, Fachgebiet Fertigungs- und Materialwirtschaft, Darmstadt 1989

Tempelmeier, H.; Kuhn, H. and Tetzlaff, U. (1989b): Performance Evaluation of Flexible Manufacturing Systems with Blocking, in: IJPR, 27(1989)11, S. 1963-1979

Tetzlaff, U. (1990): Optimal Design of Flexible Manufacturing Systems, Diss., Darmstadt 1990

Tou, J. T. (1985): Design of Expert Systems for Integrated Production Automation, in: JMS, 4(1985)2, S. 147-156

Tzschach, H. (1989): Produktformlösungen für geschlossene Warteschlangennetzwerke, in: Kall, P. (Hrsg.), Quantitative Methoden in den Wirtschaftswissenschaften, Berlin / Heidelberg 1989, S. 99-107

Vettin, G. (1979): Analyse der Konzeption flexibler Fertigungssysteme, in: VDI-Z, 121(1979)1/2, S. 14-23

Villa, A. and Rossetto S. (1986): Towards a Hierarchical Structure for Production Planning and Control in Flexible Manufacturing Systems, in: Kusiak, A. (Ed.), Modelling and Design of Flexible Manufacturing Systems, Amsterdam 1986, S. 209-228

Vinod, B. and Altiok, T. (1986): Approximating Unreliable Queueing Networks Under the Assumption of Exponentiality, in: JORS, 37(1986)3, S. 309-316

Walker, M. (1988): Beitrag zur Schnittstellenfestlegung zwischen PPS- und Leitsystem, in: wt Werkstatttechnik, 78(1988), S. 445-449

Warnecke, H.-J. (1985): Flexible Fertigungssysteme - Einsatzperspektiven in der Bundesrepublik Deutschland, in: FB/IE, 34(1985)6, S. 268-276

Warnecke, H.-J. and Kölle, J. H. (1979): Production Control for new Work Structures, in: IJPR, 17(1979)6, S. 631-641

Warnecke, H.-J. und Vettin, G. (1977): Rechnerunterstützte Planung flexibler Fertigungssysteme, in: TZ für praktische Metallbearbeitung, 71(1977)3, S. 77-82

Weck, et al. (1983): Flexible Fertigungssysteme für Formfrasteile - Entwicklung der operativen und der organisa-torischen Steuerung, Forschungsbericht KfK-PFT 73, Kernforschungszentrum Karlsruhe, Dezember 1983

Whitney, C. K. and Gaul T. S. (1985): Sequential Decision Procedures for Batching and Balancing in FMSs, in: Annals of Operations Research 3(1985), S. 301-316

Whitney, C. K. and Suri, R. (1985): Algorithms for Part and Machine Selection in Flexible Manufacturing Systems, in: Annals of Operations Research 3(1985), S. 239-261

Wiendahl, H.-P. (1987): Belastungsorientierte Fertigungssteuerung, München / Wien 1987

Wildemann, H. (1987): Investitionsplanung und Wirtschaftlichkeitsrechnung für flexible Fertigungssysteme (FFS), Stuttgart 1987

Wilhelm, M. R. and Ward, T. L. (1987): Solving Quadratic Assignment Problems by 'Simulated Annealing', in: IIE Transactions, 19(1987)3, S. 107-119

Witte, T. (1979): Heuristisches Planen, Wiesbaden 1979

Wöhe, G. (1986): Einführung in die Allgemeine Betriebswirtschaftslehre, 16. Aufl., München 1986

Wolf, J. (1989): Investitionsplanung zur Flexibilisierung der Produktion, Wiesbaden 1989

Yao, D. D. and Buzacott, J. A. (1986): Models of Flexible Manufacturing Systems with Limited Local Buffers, in: IJPR, 24(1986)1, S. 107-118

Zäpfel, G. (1982): Produktionswirtschaft, Operatives Produktions-Management, Berlin / New York 1982

Zäpfel, G. (1989a): Strategisches Produktions-Management, Berlin / New York 1989

Zäpfel, G. (1989b): Taktisches Produktions-Management, Berlin / New York 1989

Zäpfel, G. und Gfrerer, H. (1984): Sukzessive Produktionsplanung, in: WiSt, 13(1984)5, S. 235-241

Zahorjan, J.; Sevcik, K. C.; Eager, D. L. and Galler, B. (1982): Balanced Job Bound Analysis of Queueing Networks, in: Communications of the ACM, 25(1982)2, S. 135-137

Zelewski, S. (1990): PPS-Expertensysteme für die Terminfeinplanung und -steuerung, Teil 1: Konzepte, in: Information Management, (1990)1, S. 56-65

Ziegler, M. (1989): Leitstandsystem sorgt für Transparenz in der Fertigung, in: wt Werkstatttechnik, 79(1989), S. 79-81

Zijm, W. H. M. (1988): Flexible Manufacturing Systems: Background Examples and Models, in: Schellhaas H. et al. (Eds.), Operations Research Proceedings 1987, Berlin / Heidelberg / New York 1988, S. 142-161

Zimmermann, H.-J. (1987): Methoden und Modelle des Operations Research, Braunschweig 1987

Zörntlein G. (1988): Flexible Fertigungssysteme: Belegung, Steuerung, Datenorganisation, München / Wien 1988

Physica-Schriften zur Betriebswirtschaft

Herausgegeben von

K. Bohr, Regensburg · W. Bühler, Dortmund · W. Dinkelbach, Saarbrücken · G. Franke, Konstanz · P. Hammann, Bochum · K.-P. Kistner, Bielefeld · H. Laux, Frankfurt · O. Rosenberg, Paderborn · B. Rudolph, Frankfurt